edra

Small animal surgery

小动物外科学

——外科手术失误与并发症

Surgery atlas,a step-by-step guide

Errors and complications in surgery

（西）
鲁道夫·布吕尔·戴 Rodolfo Brühl Day
玛丽娅·伊琳娜·马丁内斯 María Elena Martínez
帕布罗·迈耶 Pablo Meyer
何塞·罗德里格斯·戈麦斯 José Rodríguez Gómez
著

马玉忠 主译

化学工业出版社

·北京·

This edition of Small animal surgery. Surgery atlas, a step-by-step guide. Errors and complications in surgery by Rodolfo Brühl Day, María Elena Martínez, Pablo Meyer, José Rodríguez Gómez is published by arrangement with GRUPO ASÍS BIOMEDIA S.L.

ISBN 9788417225230

北京市版权局著作权合同登记号：01-2019-1032

edra is an imprint of Grupo Asís

图书在版编目（CIP）数据

小动物外科学：外科手术失误与并发症/（西）鲁道夫·布吕尔·戴（Rodolfo Bruhl Day）等著；马玉忠主译. —北京：化学工业出版社，2021.9

书名原文：Small animal surgery. Surgery atlas, a step-by-step guide. Errors and complications in Surgery

ISBN 978-7-122-39452-1

Ⅰ.①小… Ⅱ.①鲁…②马… Ⅲ.①兽医学-外科学 Ⅳ.①S857.1

中国版本图书馆CIP数据核字（2021）第130742号

责任编辑：邵桂林　　装帧设计：张　辉

责任校对：宋　玮

出版发行：化学工业出版社（北京市东城区青年湖南街13号　邮政编码100011）

印　　装：中煤（北京）印务有限公司

787mm×1092mm　1/16　印张15　字数358千字　2022年1月北京第1版第1次印刷

购书咨询：010-64518888　　售后服务：010-64518899

网　　址：http://www.cip.com.cn

凡购买本书，如有缺损质量问题，本社销售中心负责调换。

定　　价：220.00元

本书翻译人员

主　　译　马玉忠

参　　译　徐丽娜　杜金梁　邹东敏　田梦悦

　　　　　刘若楠　李　可　宣超莹　侯铭源

致谢

首先，我要感谢我的爱人桑德拉对我职业生涯，尤其是个人生活的一贯支持。

感谢我的孩子塔德奥和劳拉，因为他们每天的进步，给了我前进的动力。

我还要感谢我的同事、合著者和合作者们。因为他们对这个新项目的信任，让我们分享了职业生涯中的临床经验。

我很感激我们的患宠们，毫无疑问地说，由于它们的巨大贡献，才有了我们今天的成果。

感谢所有的专业人士和高年级学生，他们对本书做出了重要贡献。

在本书的编辑过程中，非常感谢鲁特·巴雷亚领导下的塞尔韦特高水平专业出版社。我还要感谢 Grupo Asís Biomedia 集团的信任，他们又一次给予我们精心编辑本书的机会。

鲁道夫·布吕尔·戴

我想感谢：

我的同事们，多年来，无论处理的病例是好是坏，他们一直信任我。

这么多信任我们的病例的主人们，把他们特殊的家庭成员委托给我们进行手术。

不管我们处在多么困难和艰苦的情况下，这些动物们给了我们所有的爱。他们让我不断地进步，我希望他们永远不会抛弃我。

我的家人达诺、卡洛塔、罗莎丽托、库斯卡和福利斯特给我提供了很大帮助，让我更加轻松地献身于我所爱的事业中去。

我想把这些来自相关领域的外科医生、所有临床医生和专业人员的复杂案例搜集起来。

在多数情况下，从初次会诊到术后，任何时候都可能发生失误，这可能会牺牲动物的生命。因而，撇开"术者"的角色，扮演"反省外科医生"的角色，分析我们所犯的错误，回溯我们的诊疗过程，把"批判性反思"作为我们学习的重要组成部分，是非常重要的。因为我们没有从经验中学习，而是从反思经验中学习。

我记得杰出的教师和外科医生雷内·法瓦罗罗先生有两句名言：

"当医生不再忍受病人痛苦的那一天，就是扔掉手术刀不再做手术的时候了。"

"医生不再参与到病人的疾病诊疗中，他就不会经历病人死亡的痛苦。他不仅不再是医生了，并且已经停止为人类服务了。"

我只想简单地说声："谢谢！"

玛丽娅·伊琳娜·马丁内斯

我们的第二本书终于出版了，我再次感谢所有为这项新事业支持我们的人们。

我们再次得到了 Grupo Asís Biomedia 集团塞尔韦特出版社的信任。

我的老师，我的家人，我的朋友和我的同事们。

我的女儿和绝对支持我的爱人。

"四条腿的宠物们"，用他们的吠声和喵叫，让我们在这个行业感到满足，再次证明我们选择了世界上最好的职业。

献给挚爱的米姆夫人，在陪了我 20 年后，终于和其他三个同伴相聚到一起，上帝知道，他们"4 个神奇伙伴"在天堂相聚了。另外，本书还献给杰克·斯派洛，我们生活中的新伙伴。

帕布罗·迈耶

作者

鲁道夫·布吕尔·戴，兽医博士（主编）

鲁道夫·布吕尔·戴1977年毕业于阿根廷布宜诺斯艾利斯大学兽医学院。他以优异成绩毕业（优等生），获得最佳学习成绩奖。1984年，他在美国加利福尼亚大学（戴维斯）兽医教学医院完成了小动物外科的住院医师培训。1998年，他成为布宜诺斯艾利斯大学兽医学院具有小动物外科行医许可证的专科医生。此外，他还是大学面向兽医和生物科学（2000）和拉丁美洲兽医眼科医师学院（2002年）的培训专家。他最近被阿根廷兽医专业委员会（2017）任命为小动物外科专家。

在他广泛的职业生涯中，曾在多所大学任教（布宜诺斯艾利斯大学兽医学院，加利福尼亚大学兽医学院和西印度群岛圣基茨罗斯大学兽医学院）。从2008年起，他一直是圣乔治大学（西印度群岛格林纳达）兽医学院小动物外科教授、小动物医学和外科系主任，他还是该大学小动物诊所的外科医生。

布吕尔·戴博士获得了无数的资助、奖励和荣誉，出版了大量的书籍、期刊论文和教材。他也曾多次在研讨会和课程上演讲。在他的职业生涯中，不断接受训练，继续专业发展。

玛丽娅·伊琳娜·马丁内斯，兽医博士

玛丽娅·伊琳娜·马丁内斯1991年毕业于阿根廷布宜诺斯艾利斯大学兽医学院。1998—2006年，她是布宜诺斯艾利斯大学兽医学院小动物外科和麻醉学系的教授。2002年，她获得了布宜诺斯艾利斯大学小动物外科的专业文凭。

她是阿根廷神经病学协会（阿根廷兽医神经病学协会）的创始成员，负责外科部分。她是拉潘帕国立大学（阿根廷）讲授神经病学预科课程一部分内容的神经外科主任，也是拉丁美洲兽医神经病学协会的成员。她在国外的研究中心，如格雷梅西公园医院（美国纽约）和密苏里大学（美国），在自己的专业领域积累了丰富的经验，以发言人的身份参加了在哥伦比亚、智利、秘鲁和玻利维亚举行的许多会议和专业培训。

帕布罗·迈耶，兽医博士

帕布罗·迈耶1986年毕业于阿根廷布宜诺斯艾利斯大学兽医学院。2003年，他获得了布宜诺斯艾利斯大学小动物外科的专业文凭。2007—2009年，他在布宜诺斯艾利斯大学讲授小动物外科的专业课——皮肤外科和重建。2010年起他开始讲授同一专业的胸外科课程。他也是布宜诺斯艾利斯大学兽医学院兽医教学医院的外科门诊医生，也是智利和秘鲁的肿瘤学教授和学术演讲人。迈耶博士在专业刊物上发表过数篇论文和出版过出版物，参加过许多肿瘤和外科方面的会议。

合作者

何塞·罗德里格斯·戈麦斯，兽医博士，哲学博士

何塞·罗德里格斯·戈麦斯毕业于马德里康普卢滕塞大学兽医专业（西班牙）。他是萨拉戈萨大学（西班牙）动物病理系主任、瓦伦西亚苏尔动物医院（西班牙瓦伦西亚）的兽医外科医生。

汤姆斯·格雷罗，兽医博士，哲学博士，欧洲兽医外科学院文凭

汤姆斯·格雷罗1993年毕业于阿根廷布宜诺斯艾利斯拉普拉塔国立大学兽医专业。2000年，他在苏黎世大学（瑞士）开始了小动物外科生涯，在那里完成了实习，之后成为小动物外科的住院医师。2003年，他在苏黎世大学获得兽医学博士学位，论文的题目是“胫骨结节对于犬膝关节前十字韧带缺损治疗的研究进展”。2005—2011年，他是苏黎世大学小动物医院外科领域的助理教授。2006年，他获得欧洲兽医外科学院文凭。2013年，他获得苏黎世大学任教资格证书。2011年起，他是圣乔治大学兽医学院（西印度群岛格林纳达）小动物外科领域的教授。

他是国际兽医骨科协会的资深成员，目前担任国际兽医骨科协会拉丁美洲地区委员会主席。

格雷罗博士是塞尔韦特出版社之前所出版作品的合著者，这些作品如《犬主要关节病变的三维关节解剖》《膝关节手术入路与骨科病理》。

序言

“最糟糕的不是犯错误，而是试图为失误辩护，而不是作为上天警告我们不要盲目或无知。”

圣地亚哥·拉莫尼·卡哈尔

兽医文献中有许多著作致力于证明或怀疑假设、理论、方法、诊断和治疗等。如果有的话，很少专注于如何识别、分析和纠正一些错误。这些错误，无论其来源如何，常被视为伴侣动物外科手术的结果。

从这个意义上说，本书给兽医外科医生提供了一个机会去找出他们失败的原因，同时，用适当的方法来纠正它们。儒勒·凡尔纳说过：“科学是由错误组成的，反过来，这是通向真理的步骤。”

笔者在书中详细论述了普外科原理和胸腔手术、腹腔手术、骨科手术，甚至肿瘤手术中的各种失误和并发症。所有这些都以清晰和描述性的方式呈现，并配以高清照片和清晰精确的图片。相关信息用彩色文本框作了突出显示，有时，读者可参考本系列丛书中的其他分册。

总之，这是一本易读的书，设计精良、插图精美。它以其高质量和全新的内容，毫无疑问将为每一位兽医外科医生提供有益的参考。

米歇尔·德·蒙田提到医生的失误时说道：“医生是幸运的。阳光照耀着他们的成功……地球掩盖了他们的失败。”本书的作者们做了很大的努力来消除这种观点。

爱德华多·杜兰特　博士　教授

高级副院长

圣乔治大学兽医学院

（格林纳达，西印度群岛）

前言

“手术的第一大错误是不必要的手术；第二大错误是外科医生缺乏足够的技术而进行手术”

M·索雷克

本书的目的是回顾日常外科临床实践中出现的失误。有些是无意识的，而另一些则是能力有限或训练不足、缺乏专业知识、缺乏适当的外科技术或执行特定的手术所必需器械的结果。缺乏经验也是影响治疗效果的重要原因。

转诊病例有时要求来自这一领域的专业外科医生具有多年的专业培训经验和个人执业实践，一步一步地解释每个病例是如何诊断出来的，又是如何通过手术解决的。

面对来自于另一位专业人士的错误，往往会陷入严重的道德困境。这就意味着不知道如何面对不谴责同事工作的事实。

本书的目的不是要举起指责的手指，而是回顾一下在小动物外科日常实践中发生的失误和手术并发症。

我们希望这是一本参考书，尽管没有提供所有的解决方案。本书将有助于指出证据，促使我们继续关注、学习、研究，提供一个理想的空间来提高手术团队在手术室内的手术操作技能。

从临床和实践的角度看，本书遵循了《小动物外科学系列》其他分册的方向。它面向新外科医生和住院医生，以及更有经验的外科医生。因为不管是谁，如果不进行充分的考虑，总会有出错的余地。

任何人都可能发生事故，只不过有多有少罢了。哪个猎人在某个时候没有失去一只野兔呢？也就是说，在所描述的案例中，也有属于我们的案例。正确的想法是，我们应该毫不羞愧地分享我们所出的问题，防止其他同事绊倒在同一块石头上。这叫做获得技能，避免失误。

所有的兽医外科医生都应该接受培训并获得培训证书。他们不应该做他们不知道的事，也不能在不胜任的时候进行临床实践。

人会犯错，但掩饰是不可原谅的，不学习更是不可宽恕的。

重要的是知道如何识别发生了什么，如何解决这些复杂疑难的问题或并发症。对托付给我们护理的病例所造成的伤害是不可推脱的。

只展示成功的人没有充分展示他们的经验。

总而言之，为了使病例受益，鼓励从错误中吸取教训，强调每一个手术细节的重要性，来确保所必要的成功是非常重要的。

鲁道夫·布吕尔·戴

如何使用本书

本书名为《小动物外科学——外科手术失误与并发症》，旨在回顾可能发生在猫和狗的外科实践中最常见的手术失误和并发症。

本书以总论开始，论述了与手术失误相关的概念和定义。接下来几章描述了手术的失误和并发症（术前、围手术期、术中或术后）。

在有些病例中，包括了正确手术步骤的视频。本书面向刚开始从业的外科医生、住院实习医生，和最有经验的兽医外科医生。因此，不要忘记，不管临床经验如何，失误总会发生的。

总之，本书可用作工具书。谢谢各位作者的经验分享，使得临床医生在手术中预测可能发生的失误。

内容

文本框提供了手术的技术难点和所描述疾病的流行情况（从1到5）

失误及其后遗症在另一个列表中突出显示

在每个病例的开始，都对病例的情况有详细的描述

外科手术失误与并发症

头部、颈部、胸部和腹部手术中的失误 / 胸腔内异物残留

病例16/胸腔内异物残留

患病率	■■
技术难度	■■■■

- 失误：由于持续的右主动脉弓手术矫正血管环后残留手术纱布海绵。
- 失误的后果：延长手术时间，用新的胸廓切开术去除纱布海绵。

病例特征	
名字	Pancho
种属	犬
品种	金毛巡回猎犬
性别	公
年龄	4个月

临床病史

Pancho因出现呕吐/持续性餐后反流（特别是在摄入固体食物时）的临床症状而被带到诊所。据宠主说，Pancho是在家里出生的，是一窝中最弱的，而且这些症状是在哺乳期之后开始的。有时，病犬也因一次摄入过多而呕吐。

它的总体状况良好，只是生长速度慢。基本指标正常，无咳嗽或吸入性肺炎迹象。根据所获得的数据，怀疑临床表现是反胃而不是呕吐，因为大多数时候Pancho在进食后不久就会吐出未消化的食物，偶尔也会有经过几个小时的未消化食物呕吐出来。

病犬的食欲旺盛，但它的体重和身体状况很差。

它被要求进行水平胸部X射线检查和食道造影（图1和图2）。最有可能的诊断结果是，由于右侧第四主动脉弓的持续扩张，导致了心前巨食管血管环的存在。为了解决异常血管环的问题，决定进行开胸探查术，然后用弗利（Foley）导管球囊扩张食管。

临床经过

经左侧第四肋间隙行肋间开胸手术。进入胸腔后，肺尖叶后缩，并在纱布海绵的辅助下固定在这个位置（图3和图4）。从手术通路上没有看见主动脉，说明主动脉发生了右侧移位。对血管环进行识别和剥离，然后用2-0丝线结扎并切断（图5和图6）。通常使用丝线，因为它具有优良的摩擦性，可以更好地固定缝合。

去除位于食管外造成食管狭窄的纤维化边缘，然后麻醉师将30-法国弗利（French Foley）导管插入食管。当导管的球囊插到狭窄处时，用球囊充气以扩张食管。然后放置胸腔造口管，常规关闭胸腔，并抽吸胸腔以恢复肺扩张所需的负压。

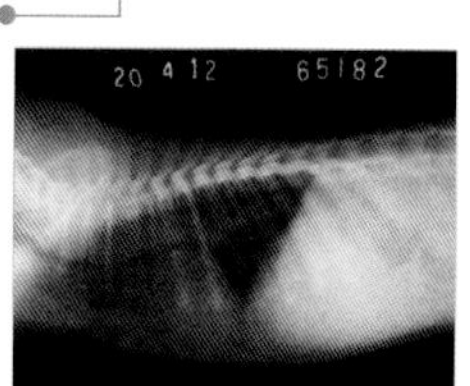

图1 胸部的X射线照片。心脏轮廓的前部不明显

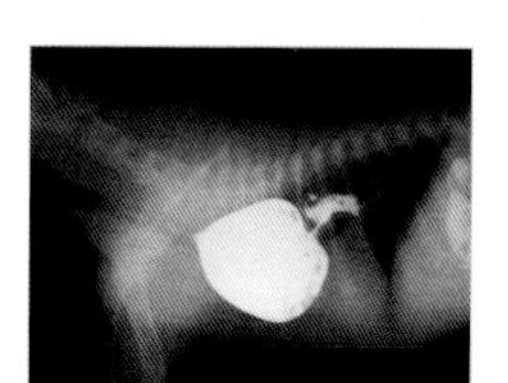

图2 食管造影发现了血管环和心前巨食管

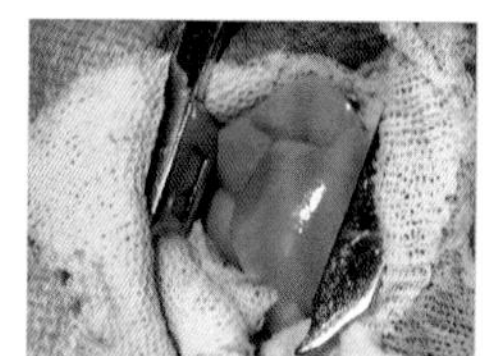

图3 胸腔的外科手术入路。左肺尖叶暴露

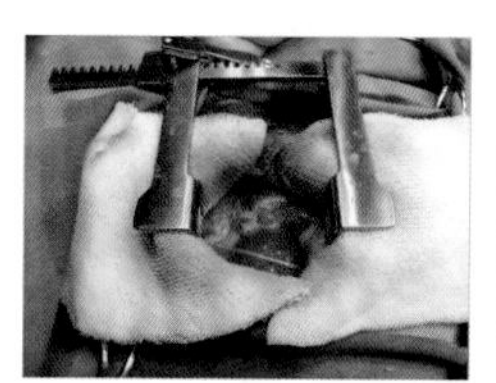

图4 用纱布包裹的肺尖叶回缩

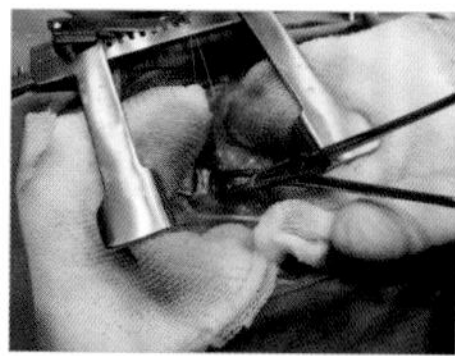

图5 血管环的剥离（用kantrowitz钳）

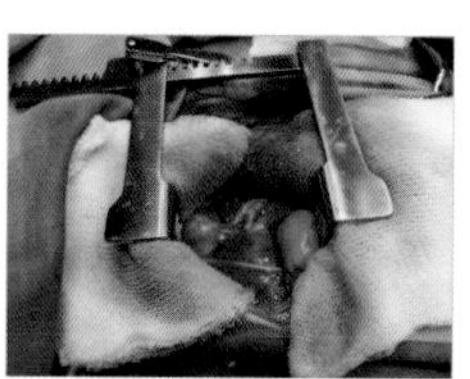

图6 血管环的结扎和切断

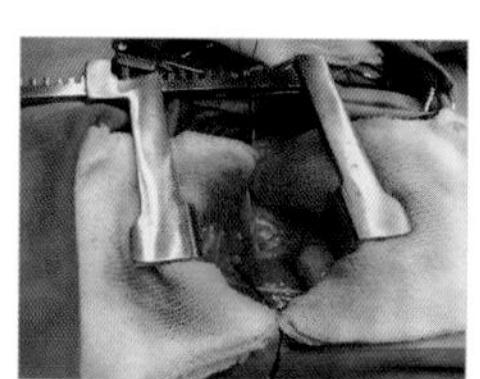

图7 Foley导管的球囊通过狭窄的食管腔

112

这些注释说明了手术的风险或需要特别注意的步骤

如果不能清楚地看到对侧的卵巢并加以切除时，就不能进行耿部剖腹手术来进行卵巢的切除。通常选择右侧切口，因为右侧卵巢更难发现和暴露。除此之外，左侧卵巢不仅更靠近后部，而且活动性强，使患犬在左侧卧位时更容易操作。

正确的方法

猫左侧卵巢更容易外露，这就是为什么单侧卵巢切除术更为常见。对于狗，如果左侧卵巢的暴露对于患犬来说可能有困难甚至有危险，则应在移除右侧卵巢之后将动物置于相反的卧位以进行左侧卵巢的卵巢切除术。患犬的左侧与右侧的术前准备方式一样，但必须更换使用的创巾和器械，术者和助手都必须更换手套，并且助手应监测患犬移动时气管导管不会对气管造成任何伤害。

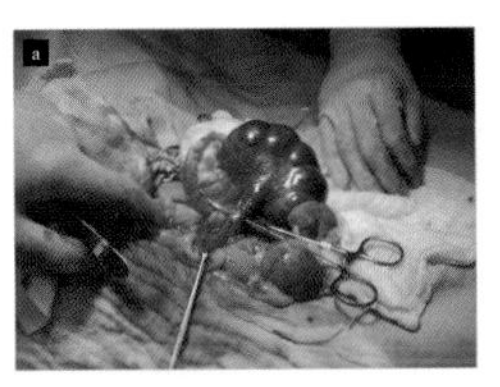

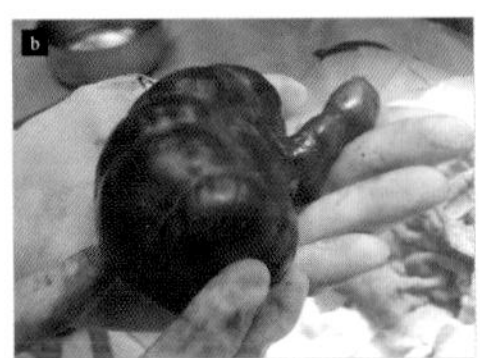

高质量照片一步一步地展示了手术过程

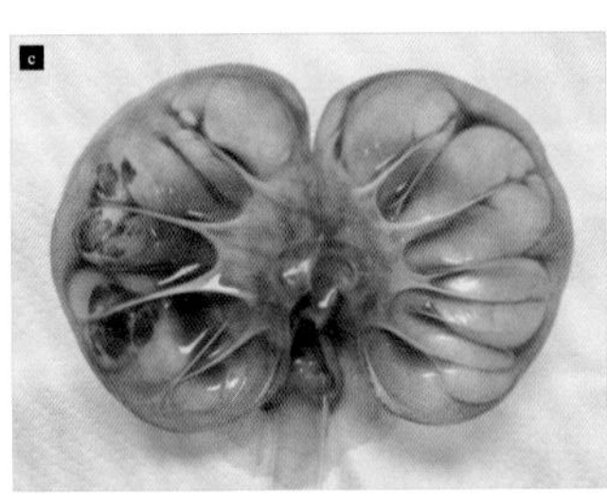

图 8　肾积水导致肾切除术（a）和（b），只有形成肾脏骨架的结缔组织保留下来（c）

问题所在的章数及标题

由于角膜病变不深，这个问题的解决方案很简单。一旦缝合线被拆除，并结合以下治疗方案，角膜会迅速愈合：

- 氯霉素滴眼液，每 8 小时滴 1 滴。
- 人工泪液，尽可能频繁地滴。
- 睫状肌麻痹滴眼液，每 12 小时滴 1 滴。

通过拆除磨损角膜的缝合材料，该问题得以解决，患宠治疗效果良好。角膜病变在 10 天后愈合（图 5）。

此病例中，没有造成严重后果，但在类似病例中，角膜病变可能更严重，并导致后弹力膜膨出，甚至可能造成眼睛穿孔，这就需要进行复杂的角膜重建手术来解决。

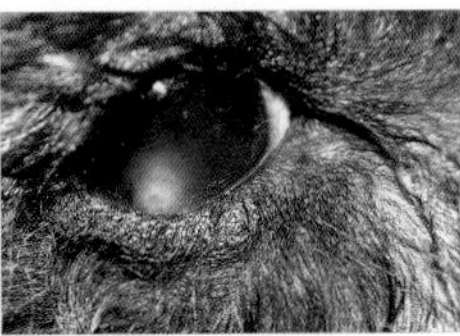

图 5　10 天后，荧光素染色呈阴性，给予地塞米松滴眼液以减少瘢痕形成（1 滴 /8 小时，持续 2 周）

病例分析

失误或手术并发症?

Otto 的角膜病变是在切除肿瘤后缝合下眼睑时出现失误而造成的。眼睑缝合应包括睑板膜，但不应包括结膜，以避免缝合材料与角膜相接触。如果缝合线穿过结膜，其与角膜的摩擦会引起疼痛，并可导致包括眼穿孔在内的重大损伤（图 6 和图 7）。

正确的方法

要使眼睑缝合稳定，必须包括睑板膜，睑板膜是结膜的一部分。但是，我们应该尽量避免让缝线穿过结膜，这种情况一旦发生，缝合材料将与眼睛表面接触，这可能导致非常严重的角膜损伤。

眼睑肿瘤切除术是小动物诊疗中常见的外科手术。一般来说，由于眼睑有丰富的血液供应，伤口愈合很快，感染的概率也很小，所以手术效果很好。

文本框包括感兴趣的信息和有用的提示

观看视频 5
眼睑肿瘤的高频电刀切除

扫描二维码可观看书中附带的视频

图片说明文字清楚而简短地描述了每一步

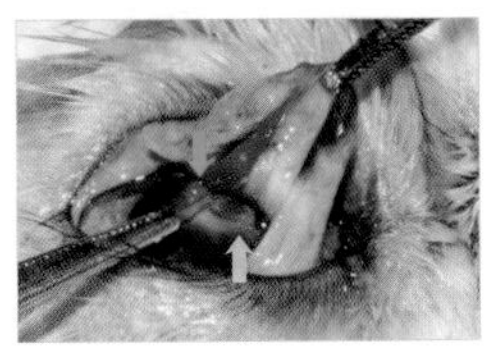

图 6　该患宠进行了瞬膜上的外科手术。其中一根缝合线与角膜接触（蓝色箭头）并导致了后弹力膜膨出（黄色箭头）

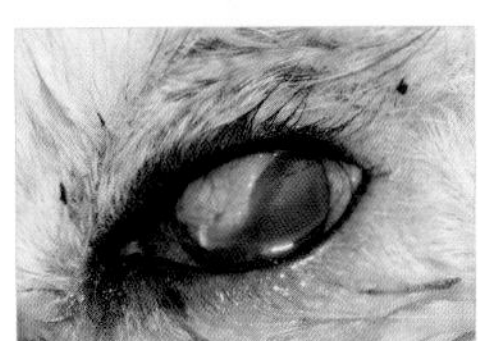

图 7　在上部做滑动结膜瓣以治疗角膜病变

目录

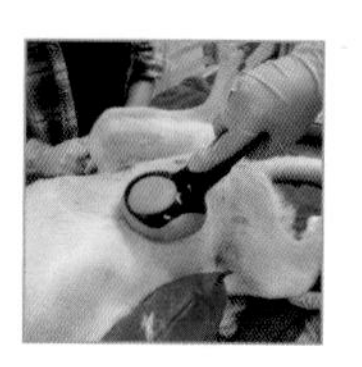
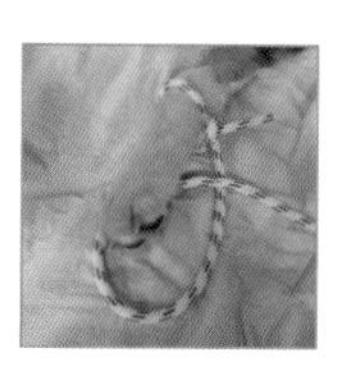
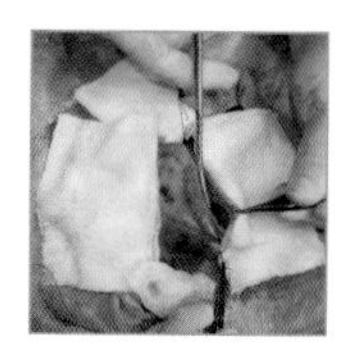

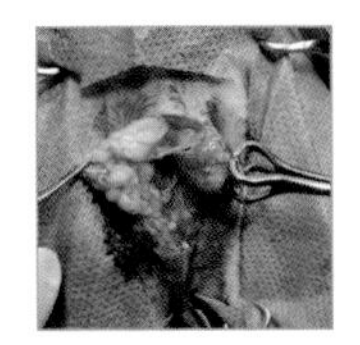 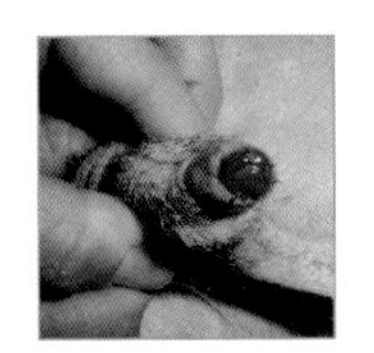 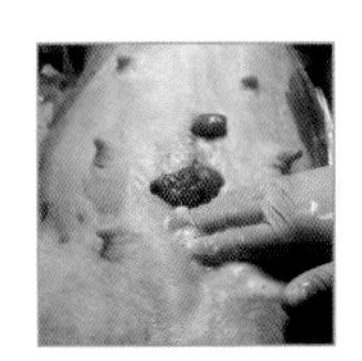 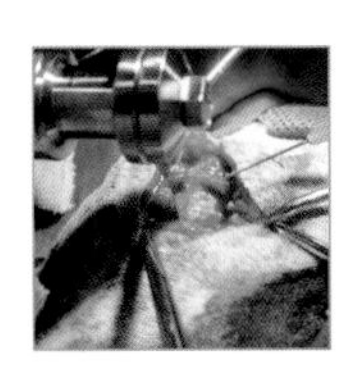  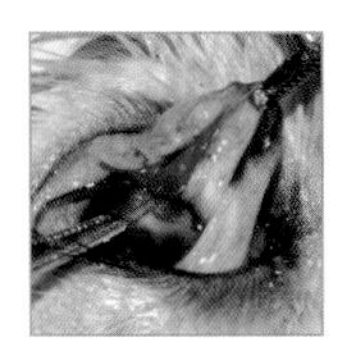

小动物外科学

外科手术失误与并发症

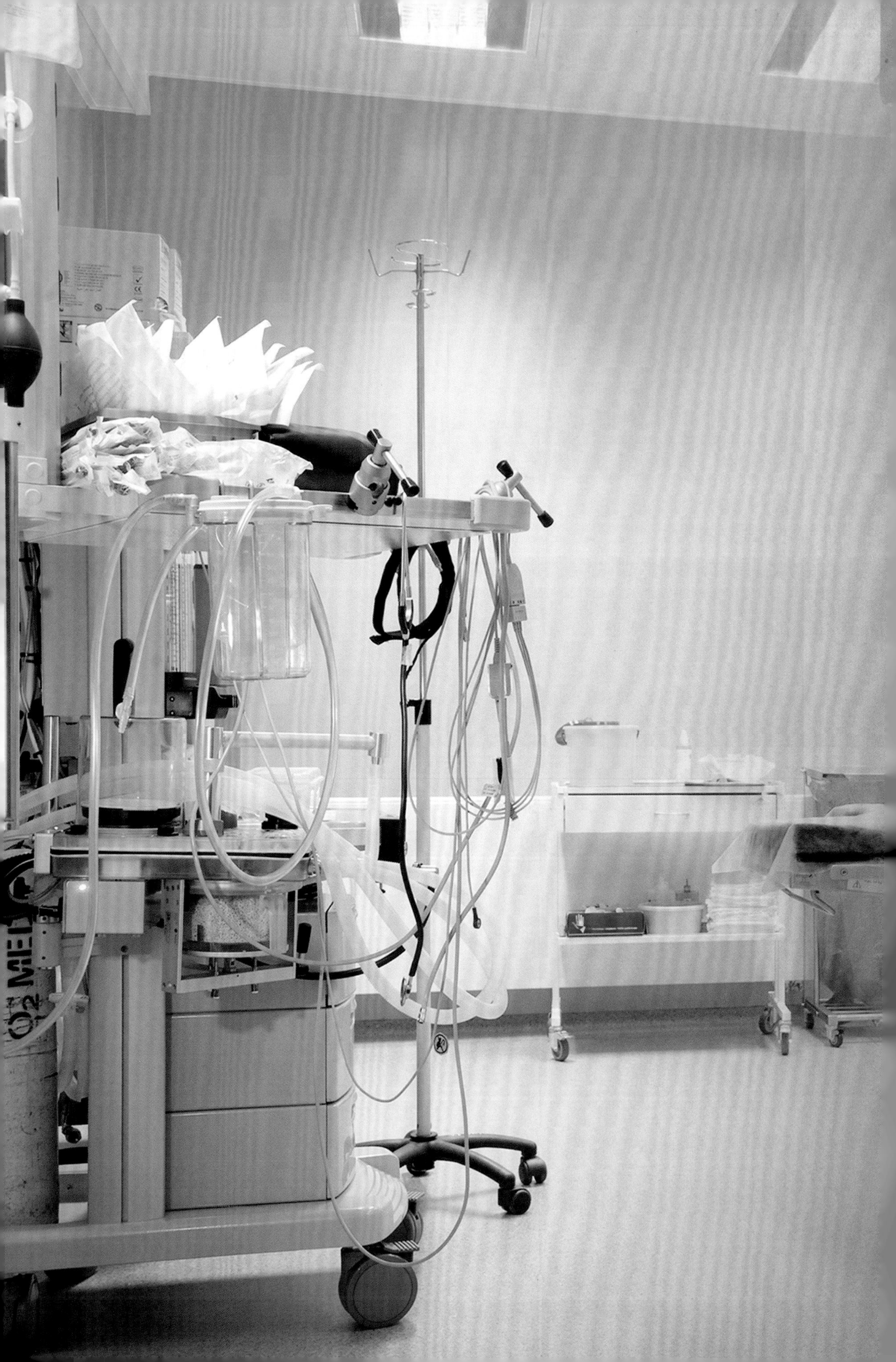

总论

失误的定义

术前失误

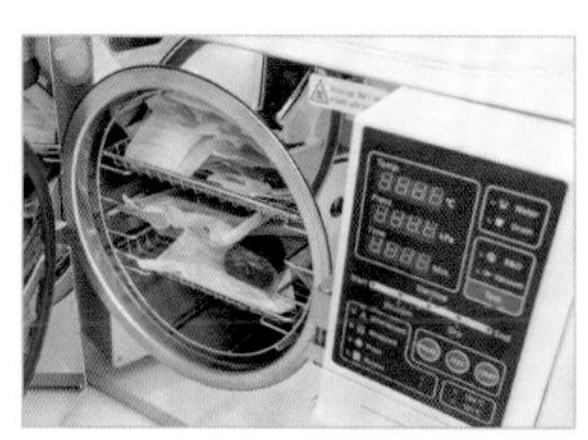

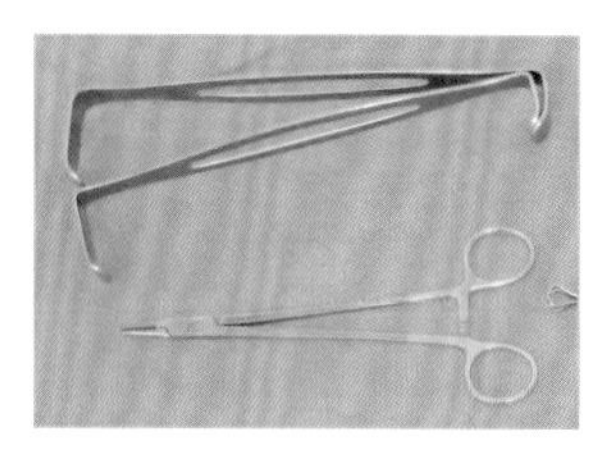

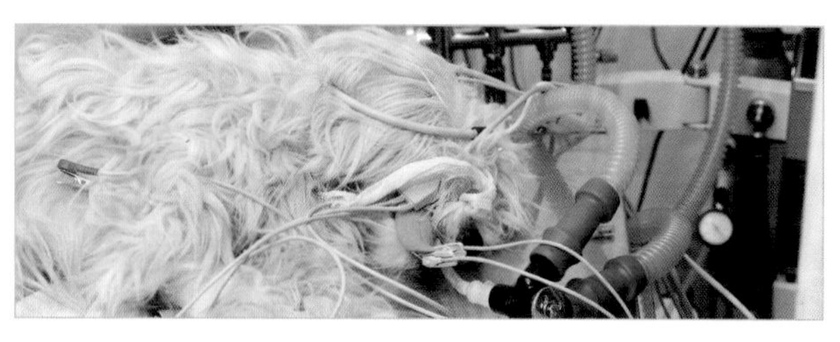

术中失误

术后失误

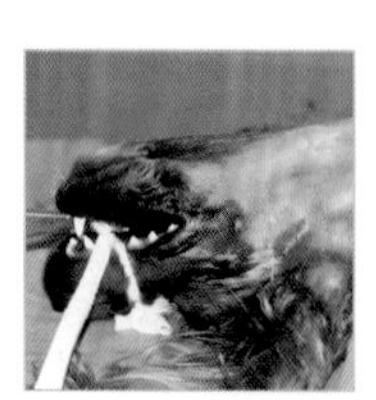

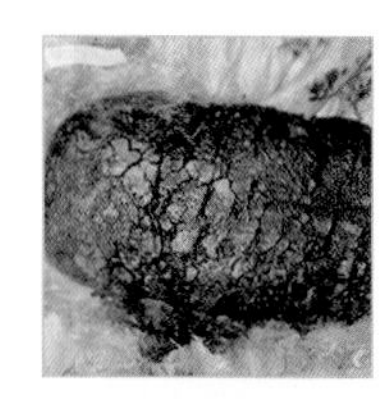

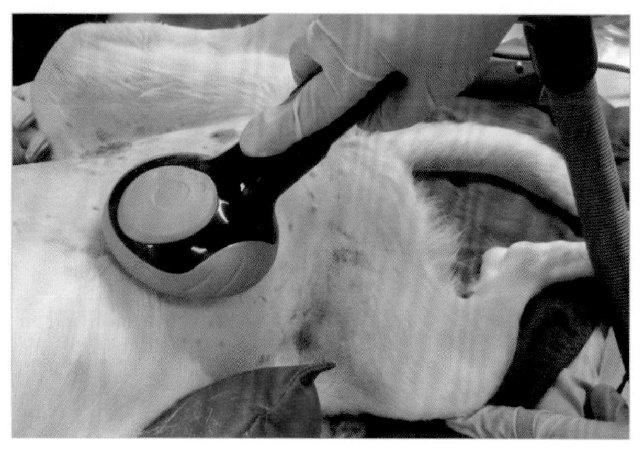

失误的定义

兽医的职责主要包括三个方面：保护生命，减轻病痛，提高动物福利和生活质量。作为兽医工作者不仅要有良好的职业素养，还必须保持卓越的专业知识和技能水平，以尽量减少出错的可能性；这是兽医外科实践中固有的一个问题。因此，应该对手术进行良好的管理和监控，以避免出现失误。

作为要研究的任何问题，首先需要定义它。任何没有定义的问题都不能量化，没有量化的问题既不能预防也不能根除。事实上，对于医疗事故的严格定义，国际上也没有共识，更不用说兽医学上的失误了。因此，我们将尽最大努力来遵循人类医学的格言“行医的目的就是为了健康”。

> 综合了众多专家的观点，提出了失误的定义：它是一种不遵循正确流程的行为；它是无意和不可避免的，没有达到预期的结果；它是一种错误的行为，但不是故意的，而是由意外造成的。

通常，失误可能会发生而不会有进一步的后果。但是，这种风险不应低估，必须知道如何应对这种情况。兽医可以用另一套治疗方案来解决患宠的问题，同时让宠物主人满意，也不会对同事产生负面影响。一般来说，解决医疗或外科问题的方法通常不止一种。

大学里应该讲授兽医学中的失误，以便兽医能够在技术和心理上应对它们。

人类在医学上的失误发生在三个认知水平上（Reason，1990）：

① 在获得知识水平的层面：信息不充分或不正确。

② 在基于规则的层面：正确的信息但不正确的方法。

③ 在技能或能力层面：正确的信息和方法，但执行不完善。

考虑到这一点，出现一个失误会引发两个道德问题：

① 失误的行为本身与对患宠的护理质量有关；它显示了我们的专业弱点，并暗示了造成伤害的可能性。

② 公开承认失误，这是一种显示个人正直的美德，但在社会和道德上被贬低。由于害怕被制裁，对失误披露产生了一定的抵触。

一般来说，失误很少被承认，更不用说医疗方面的失误了。对于那些容易犯错的人来说，他们会被视为“人为失误”，或者仅仅是因为人性或经济原因（例如，要求赔偿损害或合法利益）。

> 我们必须学会发现失误并从中吸取教训。

失误分类

可以根据不同的标准对失误进行分类，如下所示。

> 根据失误原因分类：
> - 缺乏远见。
> - 缺乏知识。
> - 缺乏资源。
> - 缺乏技能。
> - 缺乏时间。
> - 手术团队成员之间沟通不畅。

通常，临床医师会将大部分临床策略用于治疗或缓解症状，而不是寻找临床症状发生的原因。虽然减轻临床症状以确保患宠更好的生活质量是很重要的，尽管已经解决了临床症状，但我们不能忽视原因仍然存在的事实。

例如，这种情况的一个明显例子是，应用冲击疗法抑制疑似胃肠道线性异物所致的患宠呕吐。虽然我们知道呕吐对患宠来说是不舒服的，它会导致电解质紊乱，增加吸入性肺炎的风险，加剧营养不良，因此应该进行治疗，我们不能忽视根本问题仍然存在这一事实。

通常，由于抑制了临床症状，患宠可能表现出短暂的改善，导致宠物主人相信他们的宠物感觉更好，因此花费更多的时间来决定其他方法和/或治疗。显然，如果呕吐的原因是线性异物引起，推迟剖腹探查和手术只会使患宠的预后恶化。

失误可以根据兽医所扮演的角色来分类。

- 情形：意外事件会破坏计划的执行，从而阻碍了兽医实现目标。
- 计划：采用失误的策略来实现预期目标。
- 行动：鲁莽、仓促和不合理的行为会对患宠造成严重伤害，即行动的鲁莽和缺乏能力。
- 疏忽：兽医外科医生没有对患宠进行系统的检查，没有诊断结果，也没有给出治疗方案。失误几乎总是由于疏忽而发生。
- 外科手术失误：由于粗心、无知或缺乏技巧而导致的外科手术失误。
- 药理学失误：开具处方或药物配伍出现混乱。

根据 Leape（1993）的标准，失误分类如下

基于临床会诊的时刻进行分类。

诊断失误：
- 诊断的失误或延误。
- 未能进行正确的检测。
- 未能根据监测或诊断测试结果采取行动。
- 使用过时的治疗试验。

治疗失误：
- 不适当或不必要的护理。
- 方法或药物剂量的失误。
- 治疗的实施失误。
- 施行手术时、手术过程或诊断测试中的失误。
- 可以避免的治疗或异常检查结果反应的延迟。

预防性失误：
- 未开具预防性治疗处方。
- 对不当治疗的不当监控。

其他：
- 设备故障。
- 通信故障。
- 其他系统故障。

除了本节中描述的分类外，还可以在文献中找到更多的分类。另外，还应该包括道德或伦理上的失误：

- 由于缺乏道德价值观。
- 由于虚荣或骄傲。
- 由于疏忽。
- 由于残忍、仇恨和报复。
- 由于不负责任。
- 由于自我欺骗（拒绝接受现实和得出了错误的结论）。
- 由于准备了虚假文件。

根据临床过程中发生的时间进行分类，手术失误可以包括以下几种可能性：

- 在相反的一侧进行手术。
- 在不同的解剖区域进行手术。
- 手术时选错了患宠。
- 手术治疗过程中出错。
- 外科治疗中的并发症。

将失误视作改进的机会

尽管如此，失误仍然是我们获得经验的丰富来源。我们必须做好准备，把失误变成进步和改进的机会。

> 失误是人类获得经验最丰富的来源

从这个意义上说，人类医学在制定减少失误发生率的策略方面比兽医更加积极主动，并确保很好地吸取教训。以下是一旦确定了失误的原因，可能采取的一些措施（Wears，1999）：

- 强调系统检测而不是凭人的经验。
- 使用非统一方法。
- 确定失误的多因素性质。
- 估计可能发生的失误。
- 发展“安全文化”。

发现并揭示失误

发现失误

揭示失误使我们能够从中学习。这是一个改进的机会，改善并增加了与宠物主人的沟通，并允许他们参与对宠物有益的工作。相反，不揭示失误可能会导致对患宠机体更大的伤害，从而危及患宠的安全。最重要的是，可能会违背兽医为主人所提供的服务承诺。

因此，当在临床实践中发现失误时，首先必须找到并明确问题。一旦完成这一阶段，高效和常规的诊断就应成为日常实践的一部分；员工必须表现出创造性的思维和协作精神，以便将来采取预防措施。

> 当事故发生时，临床医生要承担责任、道歉，并取得宠物主人的信任。吸取教训将减少重复发生失误。

当面对失误时，可以采取不同的态度。具体细节如下：

- 否认失误（自我中心主义）。
- 隐藏失误。
- 忍受失误。
- 寻找失误的原因。
- 逃避责任并责怪他人。
- 面对失误并加以解决。
- 寻求宽恕和弥补。

如前所述，鉴于临床医生对其专业实践的判断，他们害怕暴露失误。然而，当临床医生或外科医生严肃对待医疗事故，这是专业性和透明度的标志。这意味着他们首先考虑患宠的需求，并承担部分责任。然而，不应该对临床医生产生负面影响。在任何情况下，如果所有可用资源都被利用而没有获得预期的成功，兽医外科医生必须使自己脱离不利的结果。

> * 承认失误是一种负责任的行为，不承认或隐藏失误比实际失误本身严重得多。

对新兽医外科医生行为的研究
（Mellanby 和 Herrtage, 2004）

兽医学的实际情况不如人类医学定期调查所反映的那样准确。

一项对英国近期毕业生的研究表明：

- 78% 的人表示自己犯了错误，导致负面后果的发生。
- 83% 的人在工作环境差或无监督的情况下工作。
- 约 40% 的人没有讨论或告知宠物主人所发生的失误。

新的临床兽医由于团队合作失败而犯错误的风险非常高，特别是缺乏经验丰富的兽医的监督。

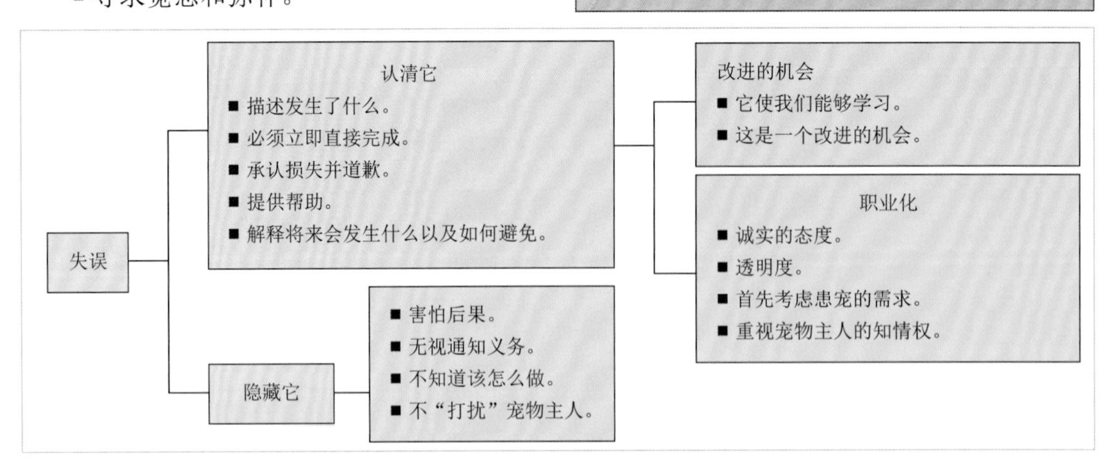

图 1 面对失误，专业人员可能会采取不同的措施，获得的结果也不同

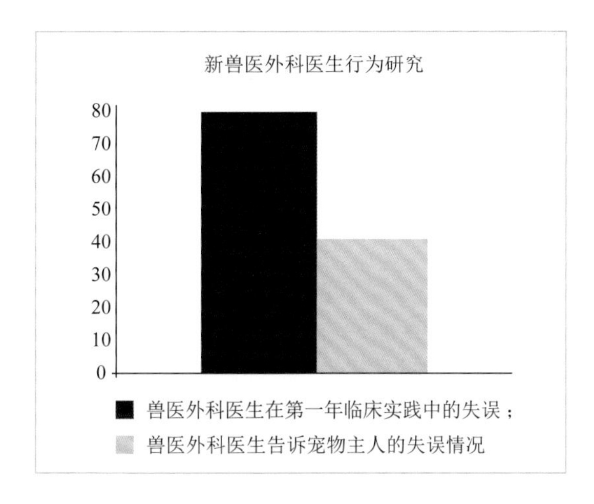

医源性定义

从人类医学推断，医源性疾病是一种由兽医临床医生、治疗方法或药物引起的健康状况或伤害，通常是非本意的，并导致治疗的并发症。

综上所述，医源性疾病可能由以下原因引起：

- 医疗失误。
- 诊断失误。
- 医疗疏忽或程序不当。
- 处方错误或难以理解的处方。
- 处方药之间的相互作用，或其副作用或反作用。
- 药物过度使用导致耐药性。
- 医院获得性感染。

下列行为与其他行为有区别，可能发生在会诊室或手术室，不被认为是医源性的：

- 无法预见的情况。
- 医疗事故。
- 疼痛。
- 不道德的医学实验。
- 负责人不遵守规定或未实施治疗。

医源性疾病常被用作医疗事故的同义词，尽管后者仅指治疗程序缺陷造成的伤害。

医疗事故的定义

为了清楚地了解人医或兽医不正确（无论是否主动）的医疗行为，有必要定义以下术语：

- 不称职是指缺乏本领或能力（技能或特殊能力），尤其指技术上的缺乏，因无知而行医，判断失误（误判）或执行不力（因无能或笨拙）。
- 鲁莽是指没有采取适当的预防措施来防止风险和不必要的仓促行事，没有停下来思考该行动可能导致的后果。
- 疏忽是不正当医疗行为的结果，不管是粗心大意还是缺乏远见，都要具备必要的知识才能避免失误。损伤不是故意造成的，但也没有采取必要的预防措施。在所有的医疗事故中，这是最严重的一种。因为仅仅是兽医的粗心，就会让动物受到伤害。

由于兽医学并不是一门精确的科学技术（2 加 2 不一定等于 4），所以会存在有争议之处，因为生物学模式每时每刻都在变化。这会影响兽医在诊断、开具处方和治疗方面的决策过程。

- 医疗事故是指兽医专业人员因疏忽或缺乏专业知识而发生不可原谅的失误，是未能履行正确的职责而导致的后果。
- 无法预见的情况。无法预见的情况是指任何不可预见的事件；或虽有预见，但不可避免的事件。

医疗失误与医疗事故不同，前者被认为是诚实的失误或事故，而后者则是疏忽、无知或故意为之。

那么如何定义失误呢？

在不同的专家看来，失误可以被定义为一种作为或不作为的无意行为，达不到预期的效果或结果。有一种倾向认为失误和医源性是同义的；但事实并非如此，因为医源性会造成损伤或破坏，而大多数失误不会。然而，我们必须牢记，高比例的医源性操作是由失误引起的。

术前失误

以下段落将按时间顺序揭示兽医实践中最常见失误的特征，具体取决于就诊期间的时间：

病例

病历作为书面记录，必须包括每日评估结果，并记录治疗过程。此外，它必须包括麻醉方案和使用的药物以及给药时间、术中评估、恢复期间的观察以及手术报告。同样重要的是，要适当注意客户拒绝的任何建议，或宠物主人采取的任何行动，例如中断治疗或反对兽医的建议而将住院患宠从诊所带走。

病历的特征

- 不能弥补不正确的医疗行为。
- 专业行为的真实反映。
- 字迹清晰，并有书写人的签名或姓名的首字母标注。
- 清楚地描述了方案、评估或观察结果。
- 指定了所用缩写词的含义，且必须被普遍接受。
- 包括手术报告。
- 收集了宠物主人前期干预有关的任何方面。
- 病历应该记录对每一位患宠护理和照料的细节，这将有助于在社会上建立良好的声誉。

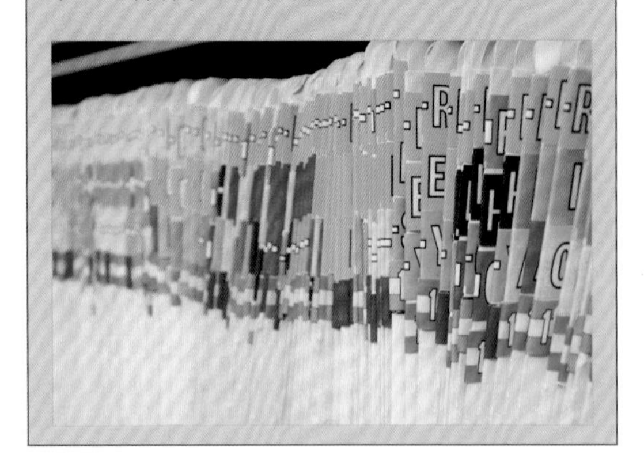

> ✱ 病历中没有包含的内容从未发生过。针对诉讼或类似行为，这是一份构成最佳保护的法律文件。

仔细保存病历并不能弥补错误的医疗行为。也就是说，无论它写得多好，如果没有对患宠进行正确的诊断、治疗和随访，它只是一纸空文。病历只是反映了兽医的参与，这是保护他们参与的最好方法。事实上，大多数投诉案例都与病历记录不佳有关。

涉嫌医疗事故或失误

面对不同专业人士的失误或所谓的失误，可能会面临两难境地。幸运的是，有许多参考可以帮助做出正确的决策，因为很少有一个单一的答案或简单的解决方案适用于所有情况。

在批评其他兽医专业人员的行为之前，必须收集必要的信息。因此，对所发生的事情进行尽可能全面的描述是很重要的。这将使我们在面对宠物主人或客户时能够找到参考。

以下两种情况需要引起兽医的注意：一是宠物主人对以前提供诊疗服务的兽医感到担忧；二是兽医对转诊后患宠进行了适当的评估之后，怀疑之前的兽医工作者犯了错误。

图 1 临床病史收集的信息可以包括临床过程中的失误

处理新病例的第一步是确定我们的怀疑是否真实，因为在没有对病例进行彻底调查的情况下批评同行不仅是不公平的，而且是不专业的。

即使患宠主人决定不继续对病例进行初步调查，鉴于宠物主人提供的信息，现在负责治疗的兽医必须考虑到委托人的顾虑，同时努力维护兽医行业的声誉。

虽然我们可以从患宠主人那里获得病史，但应注意的是，患宠护理方面可能存在差异并不一定暗示先前的诊断是失误的，或者既定的治疗是错误的，并且产生了错误的怀疑。这也并不意味着新的兽医已经做出了完全不同的诊断或治疗方法。

当不能确定是否是另一位临床医生的行为或疏忽导致失误和并发症时，可能会发现完全不同的情况而影响了病程进展。例如，宠物主人可能没有按照规定使用伊丽莎白项圈或把宠物关一段时间。再者，宠物主人不能清楚地理解兽医师给出的说明，从而导致了对病例实际情况的误解。专家应避免批评缺乏专业知识的从业人员，因为在许多情况下专业标准是多样和苛刻的。

因此，规范的临床病历应及时详细地记录临床或外科病例的每一项措施和操作。当任何专业人士看到它时，都容易了解已经采取了哪些措施。

病历应包括完整的回顾，先前和最新的病历，就诊原因和目前的问题以及先前的诊断和治疗情况。它还应包括新的体格检查的结果以及当前的诊断，治疗，预后和意见信息。兽医应通过口头或书面形式与顾客沟通可能存在的鉴别诊断与现有治疗的副作用，以及任何有关嘱托顾客的信息。

全面的体格检查将决定患宠是否需要进一步补充检查。请注意，这些检查并不会检查出最初体检中未发现的临床结果。

后续研究不应取代兽医行动。

如果可能的话，应联系先前负责宠物诊疗的兽医，以了解其情况。信息的收集和记录应该基于事实，而不是主观臆测。因为该兽医工作者可能已采用不同但合理的诊断程序来解决该问题。无论如何，我们应该尝试建立友好对话，强调与他或她联系是为了患宠的健康着想（作为兽医我们有一个共同的目标，即对我们患宠充满爱心），而不是提起诉讼。

这种情况可能会引发宠物主人与先前兽医的法律纠纷。但在这种情况下，最重要的是试图纠正以前所做的治疗，使患宠的病况得到改善或使其完全康复。

重要的是要记住，我们都会失误，并且在有时候没有人能够幸免陷入困境。

身体状况的重要性

重要的是要考虑身体状况评分，因为体重变化会影响患宠的管理，并可能导致手术期间或术后并发症。此外，这种级别的措施有助于以最有效的方式确定麻醉药和镇痛药的剂量。例如，瘦弱患宠对某些麻醉剂的作用更为敏感，比如超短效巴比妥类药物，更容易遭受体温过低的困扰。另一方面，肥胖患宠在麻醉过程中也会出现问题，因为肥胖可能导致患宠心血管功能受损和肺功能下降。

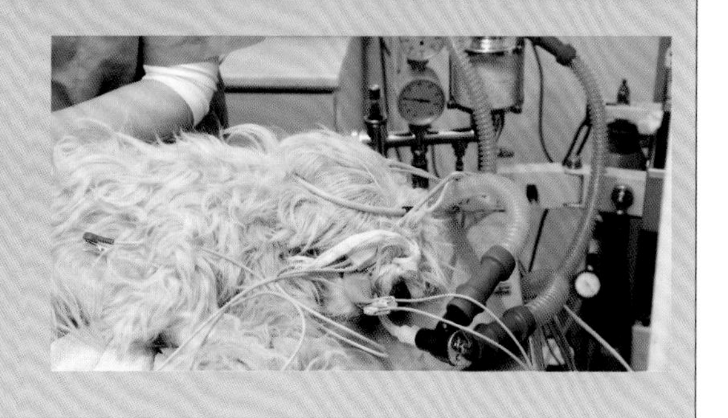

诊断失误

在兽医诊断这个阶段可能发生的一些失误包括：

a. 没有对病例作出正确的评估。没有足够认真地对待一个病例，因为它类似于先前用此程序解决的另一个病例，没有考虑可能的并发症。

b. 不愿意涉及某个病例以免损害自己的声誉。在很多情况下，兽医工作者不知道如何转诊或者不转诊某个病例，以避免人们常说的声誉损害。兽医工作者必须始终把患宠健康放在首位，不能因为兽医工作者的自我行为而让患宠处于危险之中。最好是承认对患宠所患疾病认识不足。

c. 不寻求“最佳解决办法”。我们面临着缺乏谦虚谨慎的态度和承认自己知识局限性的意识。承认存在不足之处是很重要的，这意味着兽医工作者必须保持谦虚谨慎的态度。医学上犯的错误主要是由于过度自信导致。

d. 不要求适当的补充分析。上述研究不应取代初次临床检查中忽略的检查。不必要的分析或测试只会增加服务的成本，不能提供额外的信息来做清晰明确的诊断或制定适当的治疗方案。

e. 错误地解释结果。仅仅依赖以往对此类病症的经验，不经常对数据结果进行分析很难发现一些病例的具体异常情况。这样很容易导致对结果的错误解释，从而导致错误的诊断。

f. 丢失或“忽略”结果。实验室检查结果没有及时归档存储很容易出现数据丢失或被意外忽略。因此，关于患宠的一切检查结果均需及时归档储存起来，避免数据丢失事件的发生。即使现代社会已经进入了数字化时代，如果发生纠纷，书面病历仍然被认为是有效的文件。

g. 放射学或超声检查不当。这是由于不知道如何将初次检查与其它影像学结果联系起来，或者不知道该病例是否还需要进一步检查。例如，不知道研究鼓膜泡是需要以嘴巴张开的动作用 X 射线拍摄前后位的图像，而不是仅仅拍摄头骨侧位和背腹位的图像。或者，为了全面评估可能的胸腔转移，需要进行三张 X 线光片：左、右、侧位，如果不影响患宠的呼吸，也可以进行背腹侧或腹背侧位检查。

> 学会说“我不知道”或“我不能”。在面对复杂病例时，学会转诊患宠或寻求第二种意见。

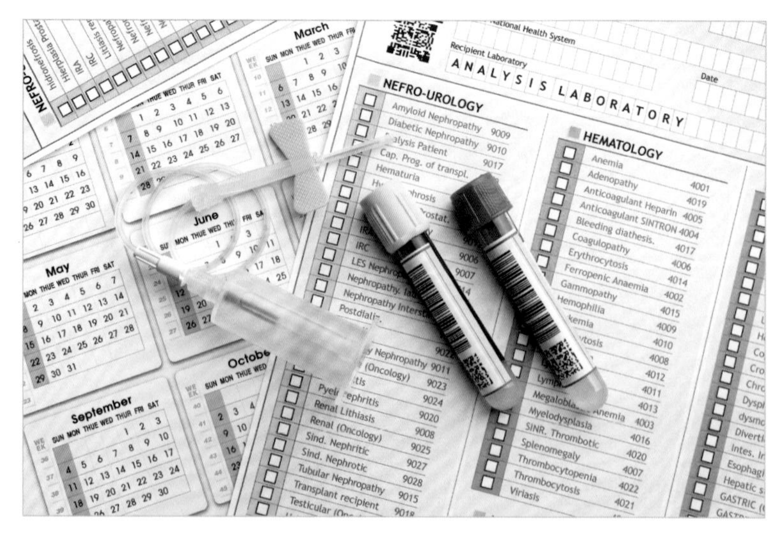

图 2　以合理的方式做必要的分析

评估手术风险

在给患宠做手术前，应评估造成每个病例弊大于利的风险。例如，卵巢 - 子宫切除术或去势几乎总是可选择性手术而非必要性手术。因此，预先评估患宠面临的风险是至关重要的。

手术与否的最终决定权掌握在外科医生手中。应评估以下风险：

- 麻醉方式。
- 手术时间长短。
- 患宠的年龄和身体状况。
- 错误评估了患宠病情的严重程度。
- 术后恢复期间，对患宠当前身体状况的影响。

> 对手术风险的错误判断可能导致不必要的疤痕、活动能力或运动范围丧失、瘫痪、感觉丧失、慢性疼痛、额外的医学治疗或永久性功能丧失。

手术患宠的稳定

手术前最大的隐患就是患宠情绪，要尽量消除患宠的不安情绪。然而，也有一些共识认为，应该积极地按照明确的目标或规范进行手术操作。

> 手术前必须尽可能稳定患宠。在某些情况下，我们不能急于求成，我们将尽量做到“完美”。

最常用的测定参数有血压、组织含氧量、尿液分泌量、氧饱和度、血液乳酸水平和中心静脉压。先前的目标是要达到比以上指标的参考值更高的值，当前的目标是获得一个“最小”值，以维持足够的组织灌注量（根据血液中的乳酸水平和稳定的血压来评估），确保最小的尿量，即使这个值低于所确定的参考值。虽然每个指标的参考值存在一些争议，但普遍接受标准的如表1所示。

表1　可以接受的参考指标
■ 粉红色黏膜，毛细血管充盈时间 1.5 ～ 2s，股动脉搏动正常
■ 血乳酸 <4mmol/l
■ 平均动脉压 >80mmHg
■ 尿量等于或大于 1 ～ 2ml/（kg・h）

我们必须在合理的范围内努力践行“手术前保证动物足够健康”的格言。就这一点而言，在出现紧急情况时由于无法获得相关参数的参考值，我们可以通过“优化”一些检测程序以便患宠可以快速接受检查。否则，在等待检查患宠身体状况所需的参数参考值时，可能会危及患宠生命。

在讨论稳定的概念时，R.Gfeller 博士提出了“优化”的概念。这个术语已经被业界承认，比如腹腔出血严重的患宠，除非出血情况得到控制，否则无法使其稳定下来。

总而言之，只要有可能，以下几点都是至关重要的：

- 给予正确的液体治疗。
- 加压素和胶体适当地结合。
- 电解质紊乱得到调节。
- 疼痛得到了治疗。
- 麻醉前评估了镇静剂和麻醉药物可能产生的有害影响。

禁食

- 禁食时间必须有 6 ～ 8 小时。从体内平衡的角度来看，过去规定的长禁食期有时弊大于利，而且不能很好地为患宠做好术前准备。

手术器械和设备的清洁和消毒

在准备手术中使用的材料时的失误也是导致患宠安全性事故的根源。为了充分消毒，必须满足：

在进行手术之前，必须确定器械和耗材的消毒方法。有些兽医手术室没有高压锅。但是，在任何情况下，手术前都必须提供无菌手术巾、纱布和器械（表2）。

在特殊情况下，对于有些手术，手术器械的化学消毒是可以接受的。

表2 所需的无菌设备和用品

- 仪器。
- 手套。
- 纱布垫。
- 缝合材料。
- 手术创巾和手术服。
- 至少具有270目的纱布。
- 防水纸。

图3 所有物品都经过消毒，包括创巾和手术衣

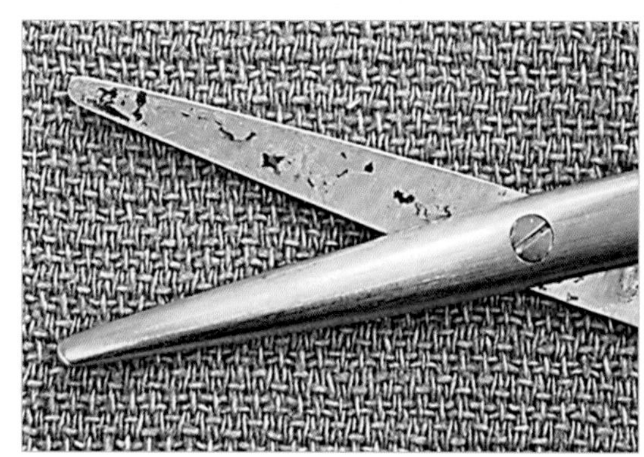

图4 手术器械清洁不彻底。很明显，剪刀没有经过足够的清洁

热灭菌

a. 通过蒸汽灭菌。灭菌是用高压蒸汽进行的，热蒸汽灭菌是对手术材料和用品进行灭菌的首选方法。负责操作此设备的人员应了解灭菌设备的详细信息和特性。此外，应特别注意灭菌设备的循环时间、温度和通风，以确保杀灭包括芽孢在内的所有微生物。灭菌过程中不得关闭灭菌器。灭菌指示条应放置在包裹的内部和外部，以确保充分灭菌（图5）。当处于正确的蒸汽压力和温度下时，这些条带会发生反应并改变颜色，但不会显示灭菌物品的灭菌时间。

b. 通过化学方法。这些方法会使微生物丧失活力。

> 只要灭菌时间、温度和压力正确，蒸汽灭菌即可杀灭包括芽孢在内的所有活微生物。

循环持续时间和高压灭菌器可接受的最低温度
■ 121℃（250℉），15Pa 持续 30 分钟 ■ 132℃（272℉），15Pa 持续 15 分钟 ■ 1Pa：1 个大气压力

设备必须用蒸汽渗透材料适当包裹。
最少 270 目的纱布 ■ 蒸汽耐热纸

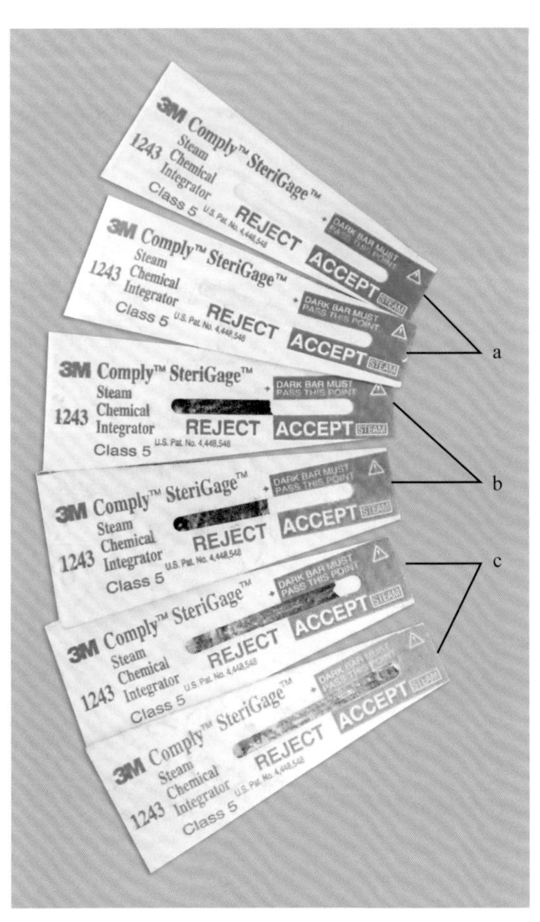

图 5　灭菌指示条，中心带为灭菌指示：没使用（a）；不可接受的灭菌（b）；可接受的灭菌（c）

环氧乙烷

常用于医药行业的气体灭菌。它杀灭了包括病毒在内的所有微生物。被用于对热敏材料进行灭菌，例如一次性用品（橡胶、塑料、纸张等）、电子设备、呼吸机和金属等。使用的灭菌指示器与以前提到的相似。

✱ 环氧乙烷具有高度危险性，高度易燃、易爆，还具有致癌性。应谨慎使用。

干热灭菌

它可以使细胞干涸，其作用原理主要是由于高含量电解质与细胞膜发生融合，将热量从材料传递给与之接触的微生物。

如果材料干燥或介质的水活性较低，则对蛋白质和脂类的破坏需要更高的温度。

干热的用途有限，仅用于特殊的金属或玻璃容器的消毒。

为了确保能够对物品充分灭菌，市场上有特定的反应性胶条或胶带可用于湿热灭菌、环氧乙烷灭菌和干热灭菌。

化学消毒

虽然蒸汽灭菌是首选的方法。但在许多情况下，按照说明进行化学消毒也是外科手术器械消毒的一种可接受的方法。

> 除芽孢外，所使用的消毒液能杀灭大多数微生物（按照制造商的说明）。

了解特定溶液的化学性质以避免可能出现的副作用。是很重要的，如化学性的腹膜炎。

化学消毒的最低可接受标准是：

- 应根据制造商的说明制备溶液。
- 消毒的器械必须清洁干燥。
- 消毒的器械必须完全浸入溶液中。
- 消毒的器械必须打开（而不是关闭）。
- 消毒时间应遵循制造商的说明。
- 消毒的器械必须用无菌止血钳取出。
- 消毒的器械必须无菌放置。

在将消毒液用于体腔或组织之前，必须了解消毒液的性质，并根据制造商的说明浸泡仪器，以免产生负面的化学反应。使用的产品不应对动物的组织造成刺激。

设备和仪器的检查和维护

当准备器械时，应检查一般器械和专用器械。在一些手术，可以使用多种器械，通常使用一般器械，也使用特殊器械。这在骨科手术中更为常见。

> 外科医生在手术前应该知道如何使用特殊的器械。

术前抗生素的应用

外科创伤感染是最常见的手术并发症之一。Bratzler（2005）和 Classen（1992）的研究表明，术前 1 小时内使用抗生素可将手术区感染的风险降低 50%。Beal 和他的合作者（2000）认为，手术过程的持续时间是人和动物发生手术部位感染的最重要因素，患宠在手术中感染概率几乎每小时就翻一倍。Eugster 和他的团队（2004）的一项研究表明，在围手术期接受抗生素治疗的患宠手术部位感染的可能性是暴露于污染手术中的 1/8 ～ 1/6。

> 预防性抗生素应在手术前 1 小时内进行肌内注射，或在麻醉诱导前 30 分钟内静脉注射。

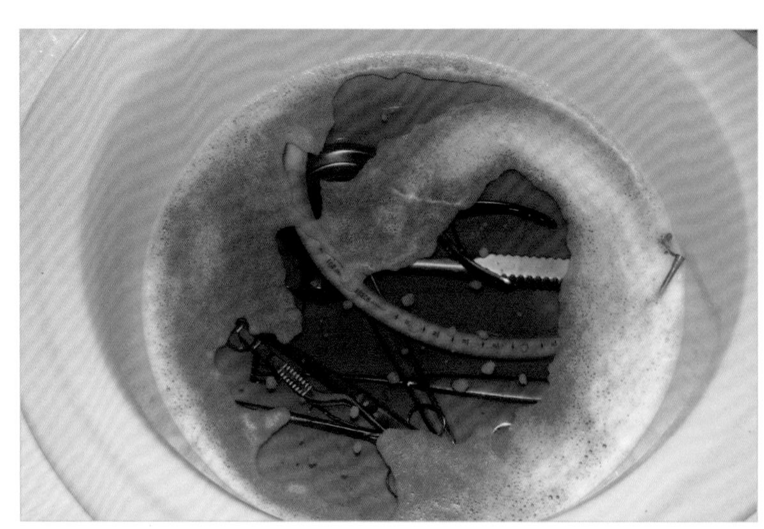

图 6　不正确的器械化学消毒方法
正如你所看到的，器械的一部分从消毒液中伸出。
消毒的器械必须完全浸没足够的时间，才能达到最佳消毒效果

据我们所知，手术伤口在术中最容易受到污染，有些感染直到术后 48 ～ 72 小时才出现。手术前预防性抗生素应在第一次切口前达到有效的组织药物浓度。为此，抗生素应采用推荐剂量和给药次数：手术前和首次给药后 90 分钟，以尽量减少微生物耐药性。必须记住，组织损伤会导致术后感染。

在缺乏细菌培养和药敏试验的情况下，根据最有可能的微生物及其敏感性来选择合适的抗生素。例如，正常皮肤菌群中含有革兰氏阳性微生物。因此，在皮肤切口时，我们会选择革兰氏阳性谱抗生素，如阿莫西林或克拉维酸盐。对于胃肠道手术，选择革兰氏阴性谱抗生素，如氨基糖苷或头孢菌素。静脉插管容易感染包括厌氧菌在内的皮肤或粪便污染物。在这种情况下，建议联合使用广谱抗生素（如氟喹诺酮类）与抗厌氧菌抗生素（如甲硝唑）。

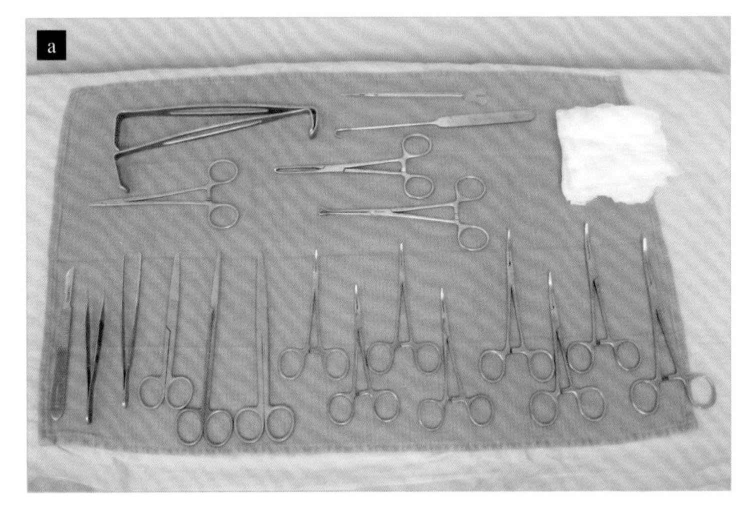

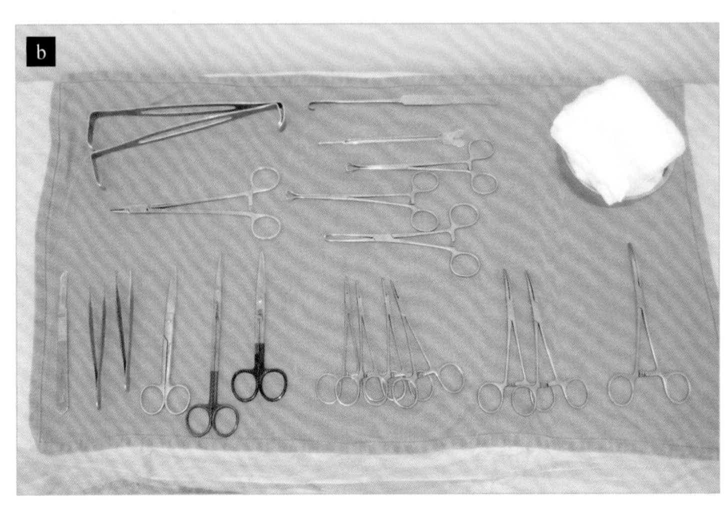

图 7 把器械放在桌子上

> ✱ 处理组织时，抗生素不能代替无菌操作和细致的技术操作。

术中失误

从道德和伦理的角度来看，外科兽医必须接受全面的培训。他们还应遵守特殊的人道条件。在文献中，许多专家对术中失误进行了深入的研究（Stich 和 Makkas，1930；Thorek, 1937；Forgue 和 Aimes, 1939；Debenedetti，1947）。索雷克说：“手术中的第一大失误是不必要的手术；第二个是进行手术的外科医生缺乏足够的技能。”为此，我们可以引用 Shoemaker 的话：“如果我们不了解病理生理学或监测不充分，则患宠的死亡可能归因于疾病，而不是不正确的治疗方法。”

安全手术十大准则

准则 1. 团队将在正确的解剖部位对正确的患宠进行手术。
准则 2. 团队将使用已知的方法来防止麻醉药的伤害，同时保护患宠免受痛苦。
准则 3. 团队将认识到呼吸道不通或呼吸功能抑制，并做好充分准备。
准则 4. 团队将认识到失血过多的情况，并做好充分准备。
准则 5. 团队将避免使用对患宠造成严重风险的过敏或不良反应的药物。
准则 6. 团队将始终使用已知的方法，以最大程度地减少手术部位感染的风险。
准则 7. 团队将防止器械和纱布意外留在手术伤口中。
准则 8. 团队将确保并准确识别所有手术样品。
准则 9. 为了安全地进行手术，团队将有效地沟通和交换重要的患宠信息。
准则 10. 医院和公共卫生系统将建立对手术能力、手术容量和手术结果的常规监测。

2008 年世界卫生组织安全手术指南

无菌术

无菌术被定义为防止接触微生物以避免感染的行为。在这一点上，为确保无菌，有三个方面的措施是极其重要的。这些措施包括：限制手术时间、减少创伤、减少污染。手术的持续时间是一个重要因素：手术时间越长，受污染的机会就越多，引起感染的机会也就越多。操作不当造成的组织损伤、长时间暴露而脱水、过多的死腔、异物和不适当的温度等都是造成感染的因素。

医疗条件的降低容易导致细菌或异物造成的污染情况增加。由于不能立即看到非无菌手术的后果，因此必须在整个手术过程中保持无菌状态。

* 抗生素的应用不能够替代无菌技术。

患宠的保定体位

最常见的体位是仰卧位（图 1）、侧卧位和俯卧位。但是，根据手术需要，其他体位可能更合适（图 2 ～图 7）。

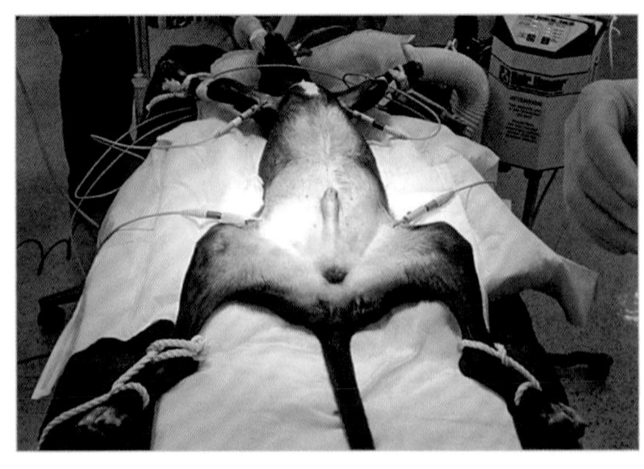

图 1　经典的仰卧位

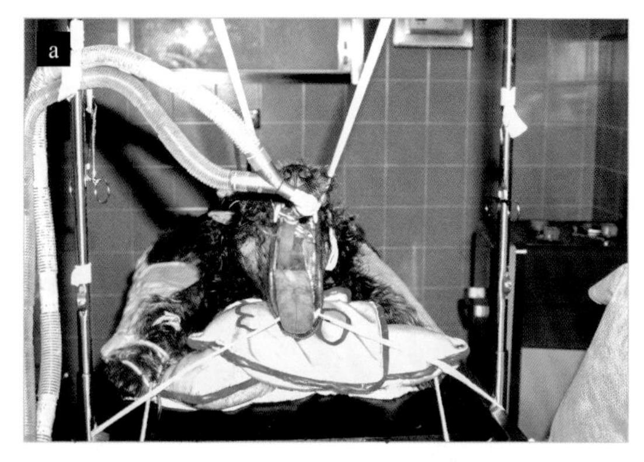

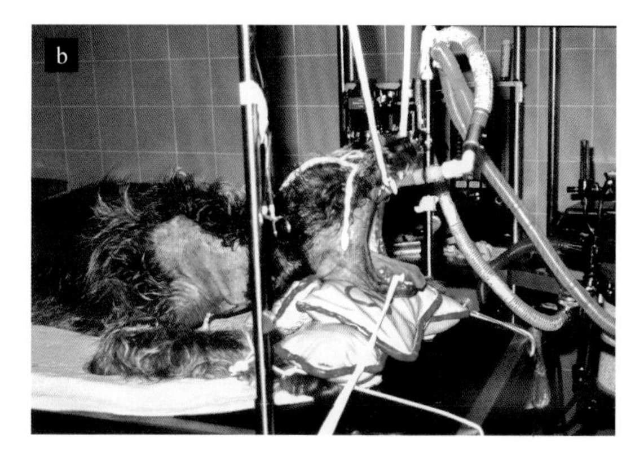

图 2　咽腭手术

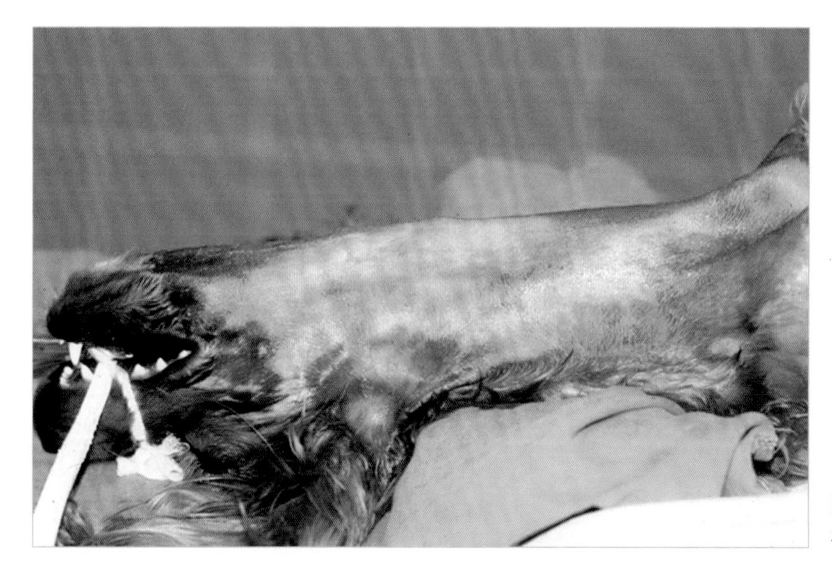

图 3　颈部、气管、食管或甲状腺的外科手术

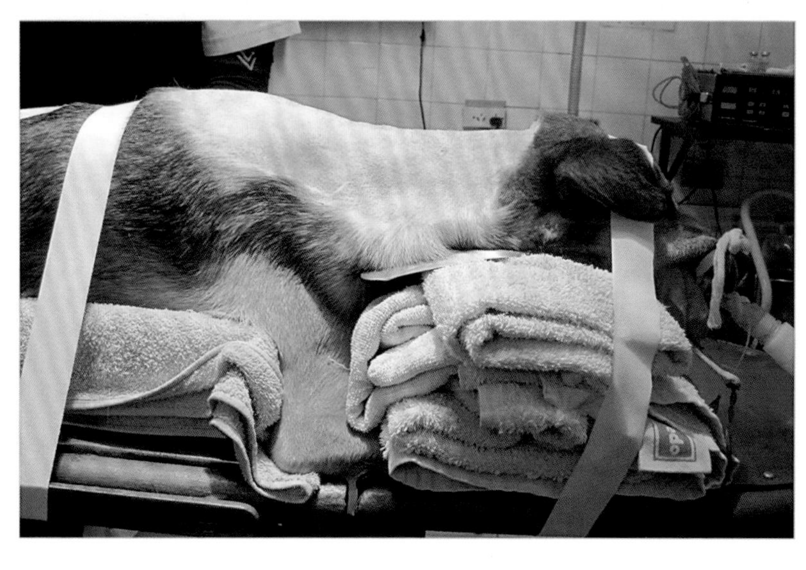

图 4　背侧脊柱手术

除了正确的体位，进行手术时，我们还需要：

- 一个手术台（高度可调）。
- 一个器械台。
- 一个废物处理容器。
- 核实如何处理生物危险废物和材料。

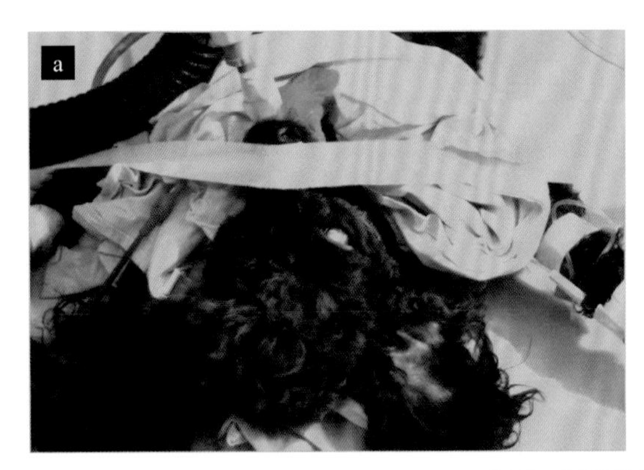

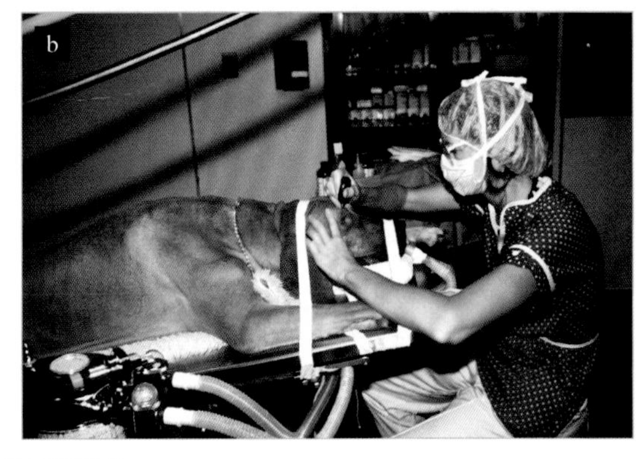

图 5　眼科手术的不同体位

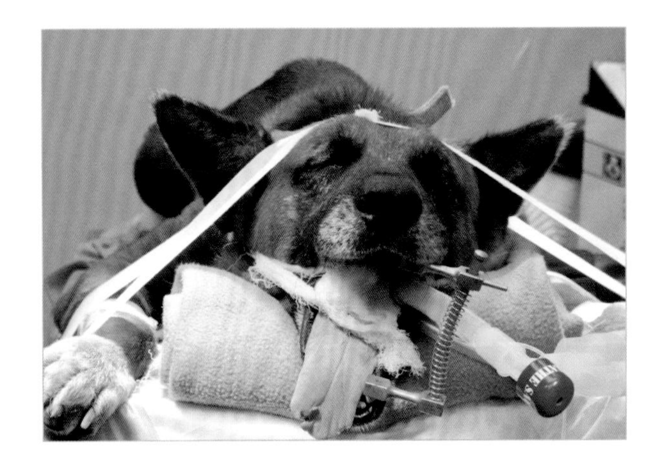

图 6　口腔手术

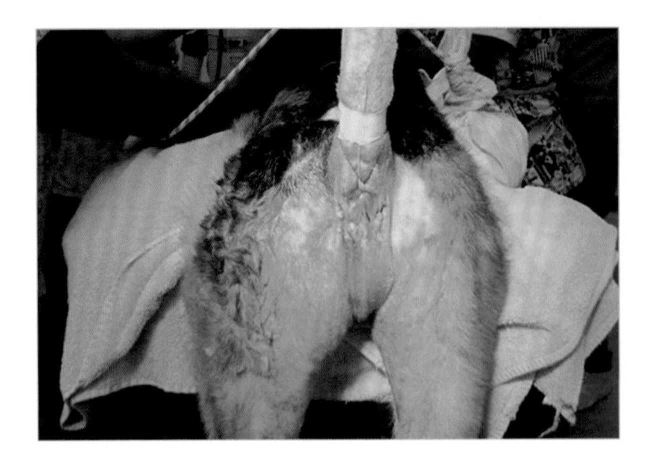

图 7　会阴手术

体温和血糖控制

许多医源性体温过低的病例是由于缺乏预防措施来避免高危患宠的热量流失导致。在手术室中暴露于低温下，尤其是打开大的体腔时，导致患宠体温过低（可能会被忽视）。全身麻醉的第一个小时，患宠的体温可能会下降 1 ～ 1.5℃。温度降低会降低机体功能、减缓新陈代谢。

术中低温会干扰免疫功能，特别是中性粒细胞的氧化能力。它会引起皮肤血管收缩，从而减少血液流量手术组织的和氧气供应，从而增加了术后感染的风险。它还可以降低血小板活性，造成失血，引起寒战并激活中枢神经系统，增加心血管疾病的发病率，还可能会导致心律不齐和心脏传导障碍。即使中度的体温降低，也会降低机体的新陈代谢率。反过来，这也延长了某些麻醉药的持续时间，从而降低了其药物清除率和延长了作用时间。有多种方法（空气或水加热系统）可以提供热量以维持患宠的正常体温（图 8 和图 9）。

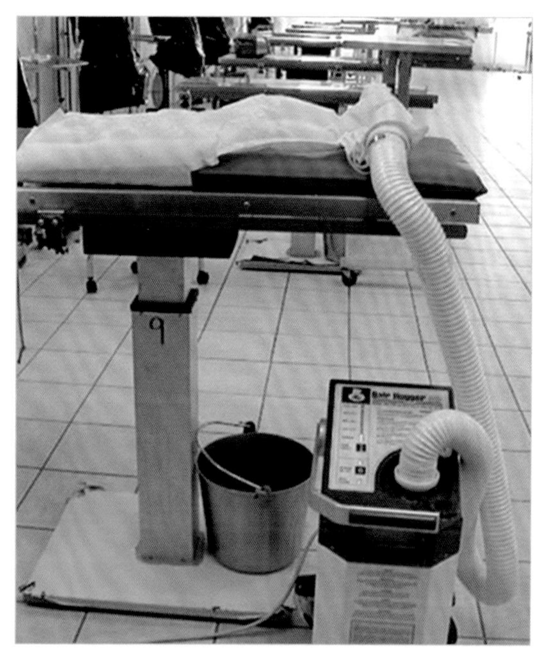

图 8 市场上有几种空气加热系统，旨在将热空气通过管道传导到垫子上，以保持患宠的体温

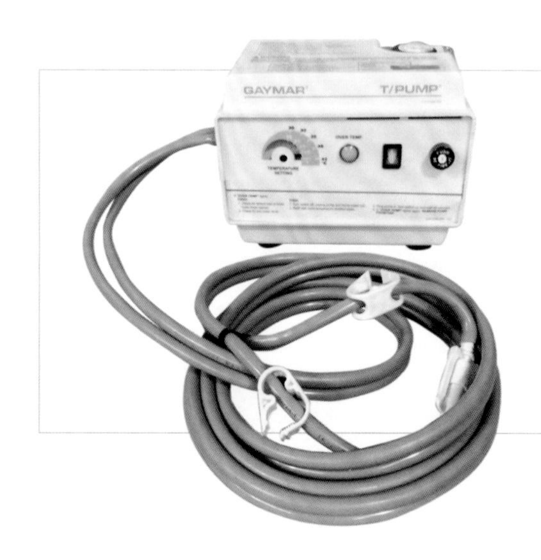

图 9 热水泵和垫子，循环温水，以保持患宠的体温

不建议使用电热毯，因为这有烧伤的危险（图 10）。如果使用，切勿将热源直接放在患宠的皮肤上，因为它们可能会意外引起灼伤（图 11）。此外，应注意不要让患宠咬毯子的电缆，否则有触电的危险。

血糖是大脑唯一的能量来源。与身体其他细胞不同的是，葡萄糖是通过浓度梯度从高到低的扩散方式进入神经元的。所以如果葡萄糖浓度过低，葡萄糖就不会进入神经元（Makary, 2006；Altpeter, 2007）。

> ✱ 由于有烧伤或触电的危险，应避免使用电热毯。

手术区域的准备

手术区域的准备是在接受手术之前，对患宠手术部位进行的净化过程。目的是消除所有可控污染源、暂时存在于和常驻表面的菌群。皮肤消毒不可能不破坏组织。但是，要使皮肤变得手术级清洁，必须清除尽可能多的细菌。

必须使用电动或可充电式推子以非创伤性的方式剃毛。完全去除被毛后，应使用手持真空吸尘器清除松散的毛发。在手术前，应使用合适的消毒液（如洗必泰或聚维酮碘）对皮肤进行消毒。

> ✱ 不建议剃毛，因为这会导致继发性炎症，可能导致在手术过程中皮肤深层的微生物（常驻菌群）被“挤出”而成为污染物。

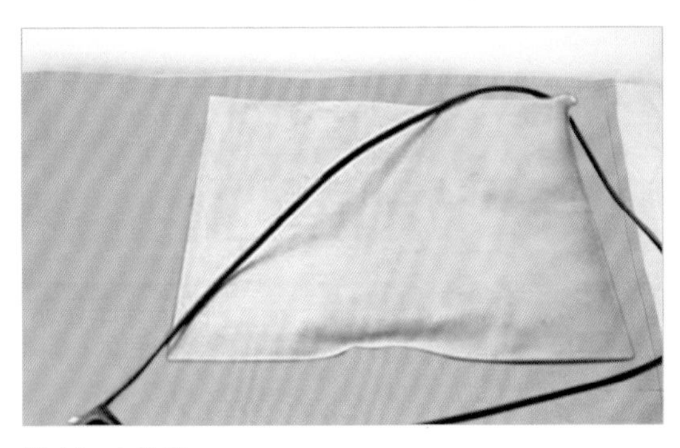

图 10　电热毯

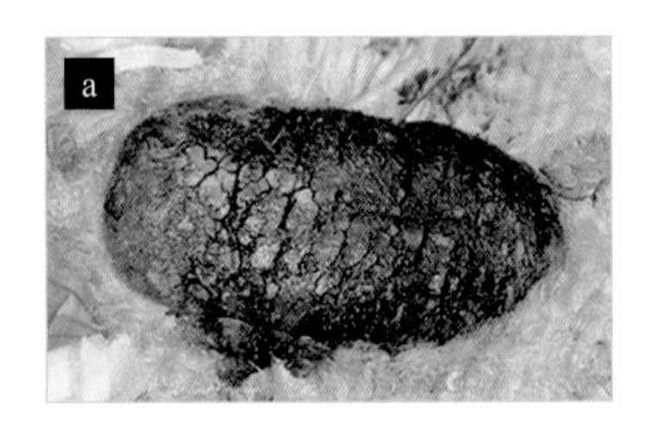

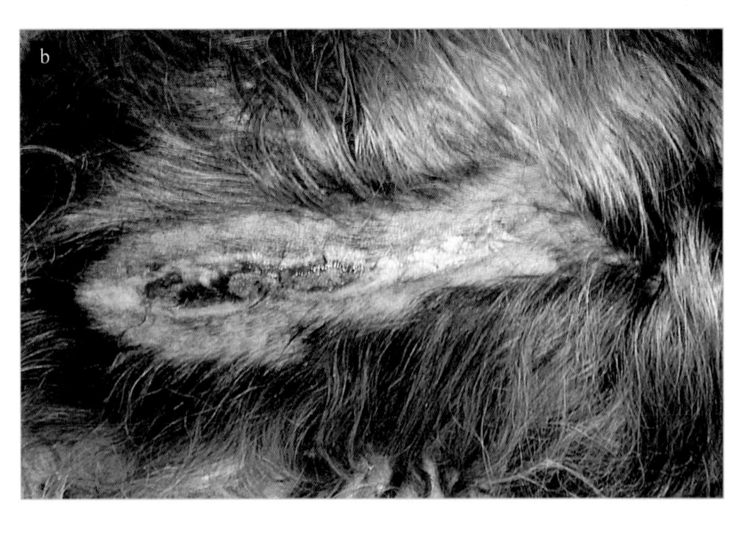

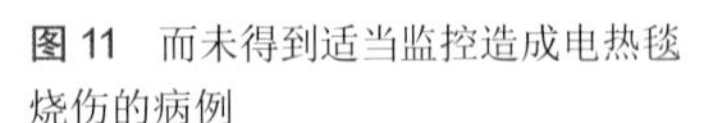

图 11　而未得到适当监控造成电热毯烧伤的病例

在准备室中用浸有消毒剂的纱布清洁手术区域（可使用洗必泰或聚维酮碘的溶液），以清除污染物（图 12）。然后用浸有盐水或酒精的纱布垫小心地除去清洁剂，以免刺激皮肤和引起炎症。尽管酒精对芽孢无效，但它会迅速破坏细菌并起到脱脂作用。重复此操作至少 3 次，或直到用于干燥的纱布垫看起来干净为止。

进入手术室后，将患宠保定，并用喷雾剂或用镊子或手持消毒棉签再次对手术部位进行消毒，给予适当的接触时间，然后覆盖手术创巾。

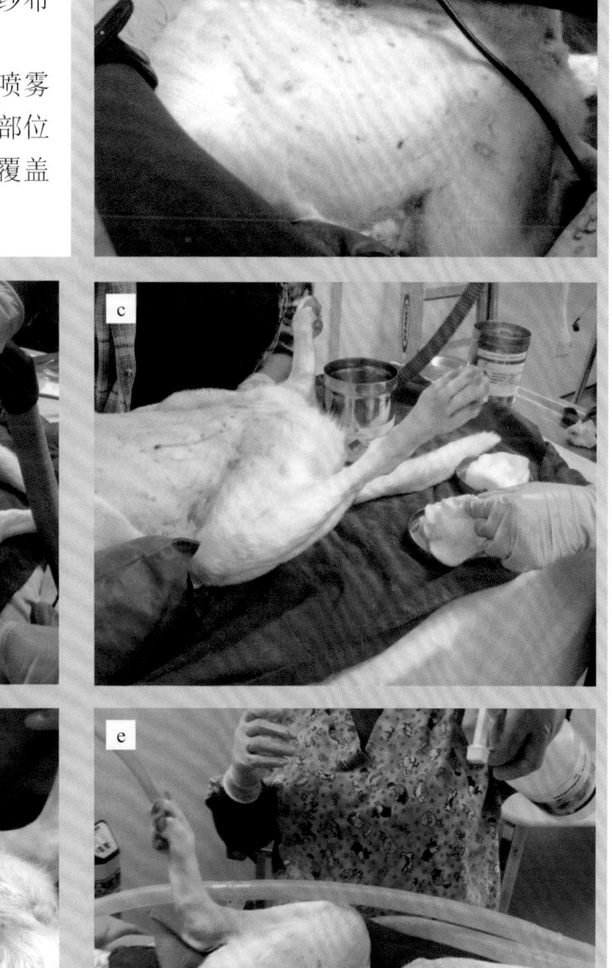

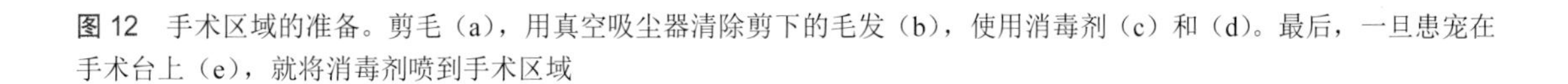

图 12 手术区域的准备。剪毛（a），用真空吸尘器清除剪下的毛发（b），使用消毒剂（c）和（d）。最后，一旦患宠在手术台上（e），就将消毒剂喷到手术区域

手术技术

在手术过程中，由于计划不充分、操作不正确等原因，外科医生随时都可能出错。表 3 详细列出了相对频繁出现的失误。

> ✱ 血淋淋的手术视野妨碍了手术区域的可视化，增加了发生失误的机会。在手术过程中使用过多的止血钳会带来风险，因为有可能将它们留在原处，切口关闭时会将它们遗忘在体腔内。

止血

在进行下一阶段的手术之前，必须止血。再者，流血的区域妨碍了对器械、缝合线或结扎点位置的观察。失误的概率成倍增加。

表3　手术过程中可能出现的失误

与知识水平有关：
- 缺乏知识或经验。
- 缺乏手术方法更新或老方法的循环应用。
- 不征求有经验同事的意见。

与设备有关：
- 使用消毒不当的器械。
- 材料使用不当（止血钳、高频电刀……）。
- 缝合材料或器械不足。
- 使用过多的止血药。

与手术相关：
- 不必要的手术。
- 手术没有计划 / 缺乏远见。
- 没有评估伤口或患宠的情况。
- 忽略血凝块、创伤或坏死组织的存在。这些很容易造成伤口污染（10^5 个微生物 / 克组织），因为正常的组织防御受到抑制。
- 手术延迟。
- 在错误的器官或健侧进行了手术。
- 不正确的切口。
- 器官穿孔。
- 未能充分解决并发症问题（如气管破裂）。
- 止血法有问题。
- 手术时间过长。
- 不正确的采样。
  - 活检。不正确的操作。
  - 从相反的一侧取样。
  - 不正确的安全界限（如肥大细胞瘤）。
- 不充分的麻醉。
- 抗生素使用过量。
- 手术器械遗留，如导管、纱布海绵、临时缝合线、手术引流管……

与手术技术有关：
- 粗心处理组织。
- 错误的缝合材料。
- 错误的打结技术。
- 结扎时张力过大或不足。
- 死腔持续存在。

道德方面的失误：
- 缺乏自我批评。
- 鲁莽。
- 不知道如何或不想在团队中工作。

经济方面的原因：
- 缺乏经济来源

使用高频电刀

高频电刀无疑已成为外科医生的重要工具。但长期使用会增加伤口愈合过程中的清创期，因此增加了患宠的康复时间。

分散电极必须处于良好的状态，例如没有弯曲［图 13（a）］，否则电流在流经患者然后通过单点接触返回时会造成严重伤害，而不是通过电极表面扩散［图 13（b）］。

剖腹探查术

这种手术方法无法解决医疗问题，可能会让很多宠物主人感到沮丧，但使用这种外科手段作为诊断工具是完全可以接受的。对于很危重的病例，综合分析可能无法提供明确的诊断。尽管进行了 X 射线、超声扫描、内窥镜、CT 扫描或磁共振以及实验室检查并做了充分的分析和解释，但不能保证将获得足够的信息。

进行腹腔探查术后没有得到结果，这是很少见的。但是，如果随后进行的活检可以帮助进行明确的诊断，则应被认为是一个极好的方法。通常，由于在腹腔探查过程中缺乏明确而令人信服的初步诊断而使外科医生感到沮丧，可能导致他们关闭腹腔，甚至没有考虑对主要器官和系统进行可能的活检，即使它们只有微小的变化。许多疾病在宏观上不明显，只有病理学家通过细胞学检查或组织活检才能确定。例如，苍白且均质的肝脏可能是肝脂质样变、胆管炎或淋巴瘤的征兆，只有通过病理分析才能区分出差异。

进行腹腔手术而没有获得最终结果是很少见的。这完全取决于如何向宠物主人介绍手术过程。正如 Tello 博士所建议的那样，诚然“我们不知道 Bobby 怎么了，但我们相信这一手术将为我们提供重要的信息”，这通常受到宠物主人的欢迎。应该向宠物主人详细说明手术的优缺点、合理的手术方案以及预期获得的结果。

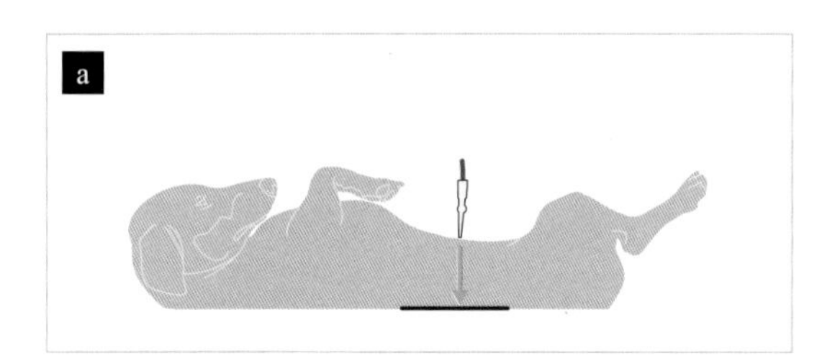

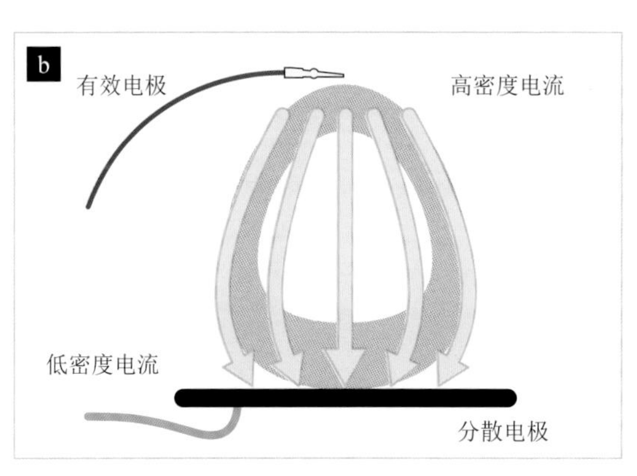

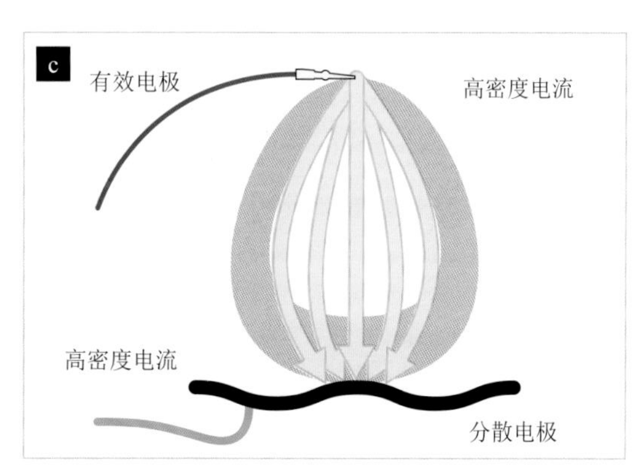

图 13 外科手术中使用高频电刀。患宠的体位（a）。正确应用：电流扩散示意图（b）。不正确应用：电极的弯曲使电流集中在一点（c）

用药失误

用药失误有不同的原因：

■ 用药不当。

■ 难以辨认的处方。

■ 难以理解的说明。

■ 药名、剂量或说明书混淆。

■ 配药错误（药剂师）。

■ 不同数量或稀释倍数的给药方法。

■ 错误的陈述。

■ 剂量或给药途径（护理）出错。

■ 未能验证不完整、难以辨认或可疑的处方。

■ 过敏。

避免这类失误的方法是由兽医进行认真的分析和反思。在术前，外科兽医应该问：这是正确的患宠药物、剂量、给药途径和时间吗？

✱ 90分钟内未使用抗生素，则感染率为1.6%；但是更长的手术时间会使感染率增加到8%。如果使用了抗生素，手术持续时间少于90分钟，则感染率为0.8%，如手术超过这一时间感染率为3.3%。

紧急情况下的用药失误通常是由多种因素造成的，如压力、缺乏适当的知识或培训、指令不完整或口头指令解释不充分。压力、工作环境和病例的类型、接急诊的兽医诊所或医院的工作条件都可能导致特别容易出错。

为避免用药失误，建议在用药前指定一名小组成员监督用药和剂量。

在紧急情况下，所有用药细节都应该重复检查，如给药前的剂量和药物，或者这必须经团队另一个成员通过后实施。这将鼓励团队一起确认信息和解决问题，以避免可能发生的失误。为此，在紧急情况下，最好指定一名小组成员负责准备药物。

药品鉴定不充分通常是由于缺乏时间或人员造成的，有两类事件会导致出现此种情况：没有时间进行药物标记，负责准备药物的人员也负责药物的注射，或直接将其交给他人进行注射。在这些情况下，如果遵循不同于正常静脉给药途径（如气管内给药途径）的方案，则应说明给药途径。

✱ 相似的药瓶盛放不同的药物，例如，止吐药和麻醉剂之间的相似性，可能会导致失误并产生非常严重的后果。

要点

① 人非圣贤，孰能无过。

② 失误不能隐瞒。

③ 不从失误中吸取教训是不可原谅的。

④ 聪明或谨慎永远不够。

⑤ 兽医的培训至关重要：兽医应有的能力、谨慎、保持良好的判断力并跟上时代的步伐。

⑥ 医疗事故不一定导致患宠死亡。

⑦ 医疗失误是可以避免的。

⑧ 必须从一种责备的文化演变成一种鼓励、分享而不是隐藏失误的安全文化。

术后失误

最常见的术后失误与下列因素有关：

■ 伤口清洗。

■ 抗生素的使用。

■ 镇痛剂量不足。

■ 患宠喂养不足（饮食或给药途径有口服、输液、肌内注射）。

■ 未拔除插管或外科引流管。

■ 未能监测患宠的康复情况。

失误的预防

■ 可以采取一些措施来防止失误，并确保遵循正确的手术步骤。

■ 不能仅靠记忆来给药或解释实验结果。这将导致清单所列的影响机体功能和决策步骤的实施。

■ 使用电子化病历来改进信息的获取，提供患宠的详细信息，包括体检结果、辅助诊断方法和处方药物。这将避免不必要的检查或使用可能致命的药物。

■ 针对最关键的病例，制定标准化步骤和规程。

最好的预防措施是训练整个手术团队，使他们意识到失误是手术失败的征兆。这种做法将通过评估和认证来维持，无论员工的技术水平如何，都需要对其进行持续的培训和提高。

世界卫生组织（WHO）以“安全手术挽救生命”为座右铭，提出了一系列基本步骤以确保手术过程各阶段的安全性（表 1）。

表 1　手术安全检查表（改编自世界卫生组织，2008）

1. 诱导麻醉前	2. 手术前	3. 手术后离开手术室前
■ 患宠已确认： ■ 它们的身份。 ■ 手术部位。 ■ 步骤。 ■ 宠主同意。 ■ 手术部位确定。 ■ 麻醉安全检查已完成。 ■ 脉搏血氧仪已经放置和打开。 ■ 患宠有： ■ 明显的过敏。 ■ 呼吸困难 / 吸入有害物质：如果是这样的话，有没有仪器和设备可用？ ■ 是否存在失血量 >500ml（幼宠 7ml/kg 体重）的风险？如果是这样，是否安排了静脉输液和准备了足够的液体？	■ 所有团队成员都按姓名和角色进行了自我介绍。 ■ 外科医生、麻醉师和护士口头确认： ■ 患宠的身份。 ■ 手术部位。 ■ 手术步骤。 ■ 预期的重要事件。 ■ 外科医生报告：关键或非常规步骤，手术持续时间和预期失血量。 ■ 麻醉团队回顾：患宠是否有特殊疾病。 ■ 护理团队回顾：是否确认无菌（包括指标结果），设备是否存在问题。 ■ 在过去 60 分钟内是否进行过抗生素预防？ ■ 是否显示必要的诊断图像？	■ 护士向团队其他成员口头确认： ■ 所做手术的名称。 ■ 器械、纱布和针数正确（拿错与手术相关的物品）。 ■ 样本标签（所有样本上都写有患宠姓名）。 ■ 是否有与仪器设备相关的问题需要解决。 ■ 外科医生、麻醉师和护士对患宠治疗和康复等主要方面的陈述。

临床及手术操作期间的失误

病例 1/ 肺部肿块的活组织检查

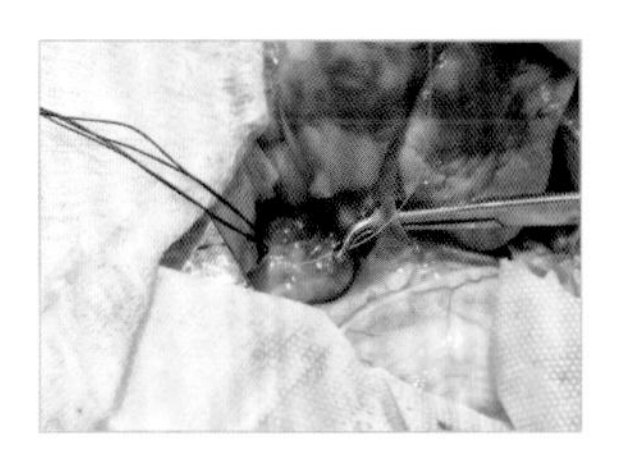

病例 2/ 绷带错打在健肢上

病例 3/ 四肢固定不当

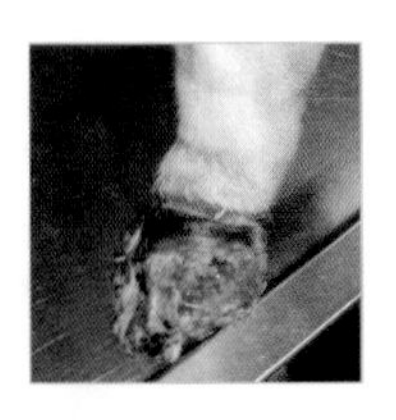
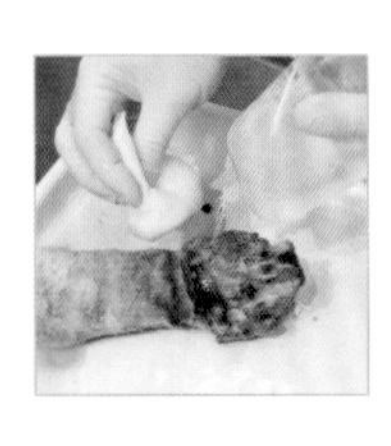
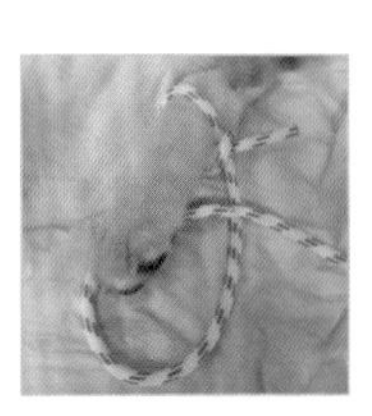

病例 4/ 夹板固定不当

病例 5/ 异位睫毛切除术

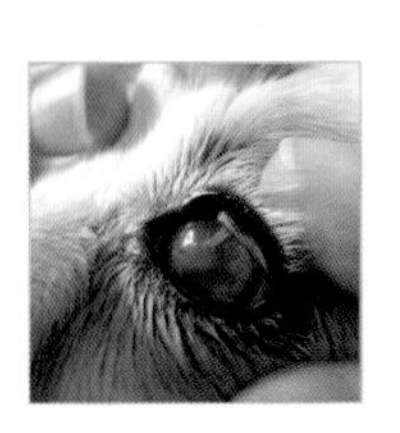
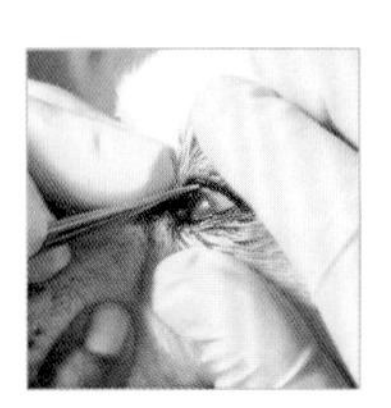

病例 6/ 睾丸肿瘤

病例 7/ 膈肌破裂

病例 1/ 肺部肿块的活组织检查

患病率	■■□□□
技术难度	■■■■□

- 失误：通过活检来诊断肺部肿块。
- 失误后果：肿块增大，宠物病情恶化。

病例特征	
名字	Lucky
种属	犬
品种	德国牧羊犬串
性别	公
年龄	8岁

临床病史

Lucky 来到诊所，偶发咳嗽已经持续了 2 周。抗生素治疗一直没有效果。患宠之前没有重大病史，从未遭受过严重创伤，也没有癌症病史。

为进一步诊断发病原因，Lucky 进行了胸部 X 光检查，在左侧肺膈叶中检测到一个椭圆形新生物。

在绝大多数情况下，单一的肺肿瘤是由原发性肿瘤所引起。然而，不管统计结果显示哪一种是最有可能的，在鉴别诊断中应考虑单一转移性肿瘤、脓肿或寄生性肉芽肿。

对于单一的肿瘤，手术是最好的选择。经胸腔细针活检通常不能做出诊断。而粗针活检，虽然更有可能提供诊断信息，但存在风险，会导致肿瘤病例的出血、气胸和转移或脓肿病例的胸膜炎。

✱ 对于单一的肺肿瘤病例，细针或粗针活检是禁止的。

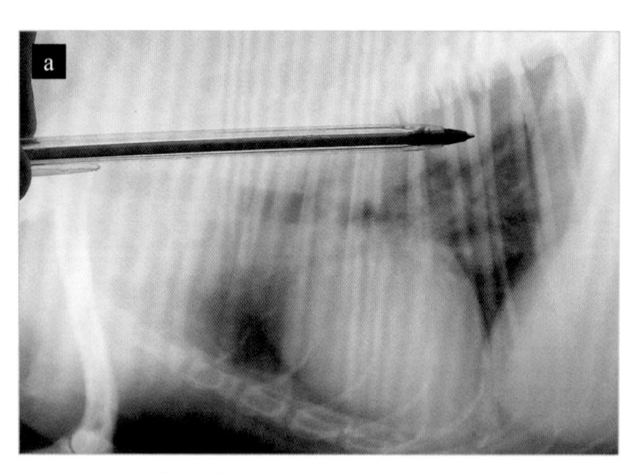

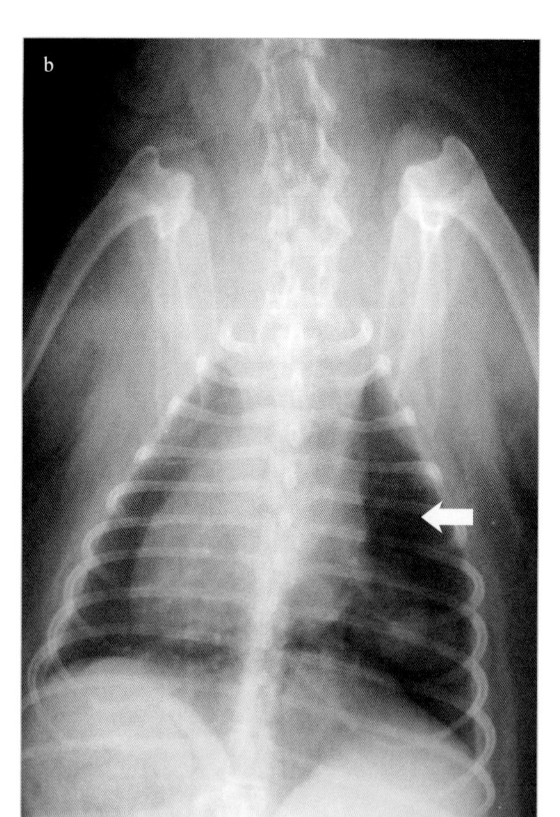

图 1　会诊时拍摄的 X 光片。注意左侧膈叶的椭圆形肿瘤（箭头）。(a) 侧视图；(b) 腹侧视图

临床经过

临床小组决定进行经胸细针活检。要求进行含有凝血象的血液分析，并计划施行全身麻醉进行手术。细胞学检查结果无法诊断（血样）。

一个月后再次拍 X 光片。没有观察到肺部肿块有明显变化。临床小组再次进行经胸穿刺，细胞学检查仍无法诊断（两次检查之间已经过去了两个月）。

三个月后进行新的 X 光检查，发现病情恶化。发现了第二个胸腔肿块似乎位于纵膈尾部，初步诊断为气管支气管腺病。

全身麻醉下进行了粗针活检。这次结果没有定论。

在第一次会诊 5 个月后，拍摄了新的 X 光片，发现症状明显恶化了。进行对症治疗，患宠在这种状态下待了四个月。然后，由于明显的呼吸困难，Lucky 被转到外科诊室。

临床检查表明，患宠严重咳嗽，静息时呼吸困难，前肢外展、颈部伸展、有厌食症和体重明显减轻。新的 X 光片显示，左肺叶的肿块显著增大，两个主支气管分叉处后部的气管、支气管腺显著肿大。

根据这张临床图片，决定对患宠实施安乐死。

独立的肺部肿块、脓肿或肉芽肿需要手术治疗。

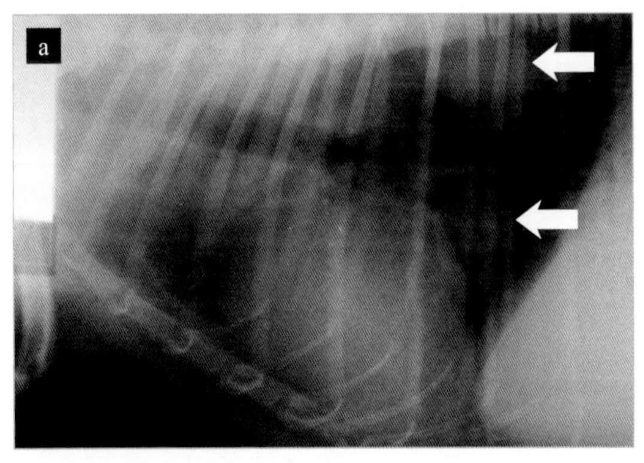

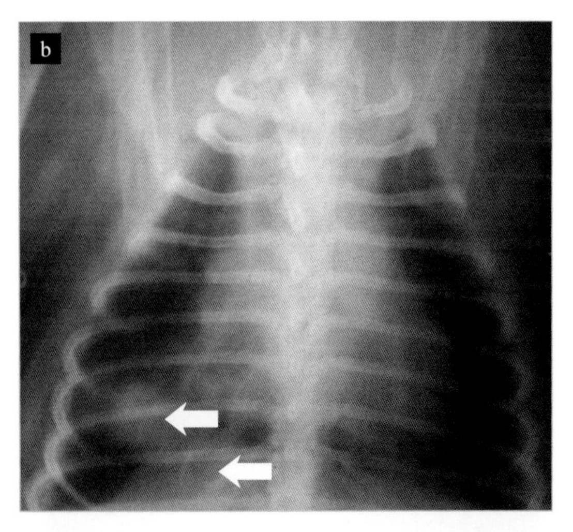

图 2 影像学显示了两个肺部肿块（箭头）。(a) 侧视图；(b) 背腹视图

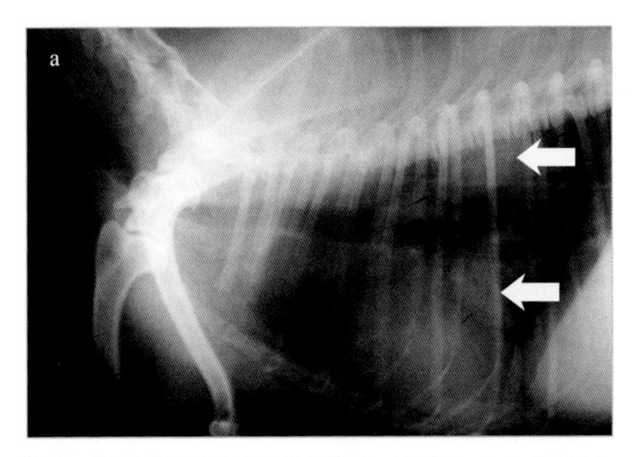

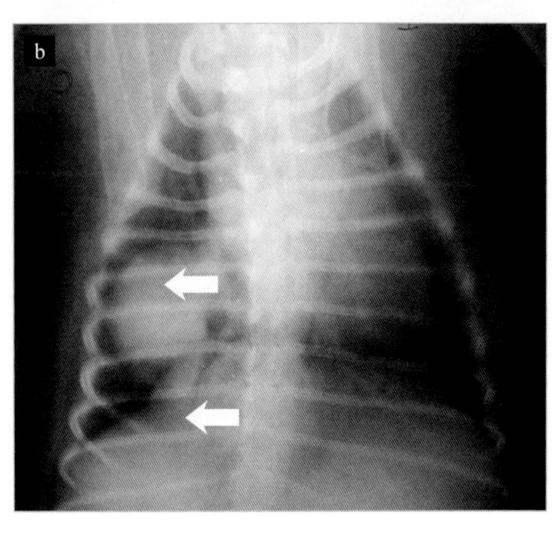

图 3 影像学显示了两个肺部肿块（箭头）。(a) 侧视图；(b) 背腹视图

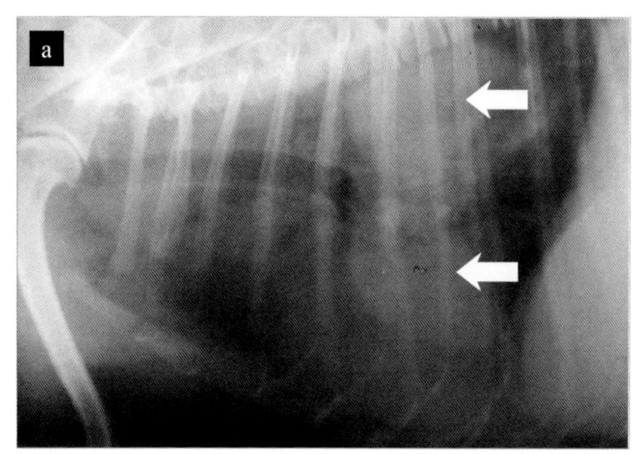

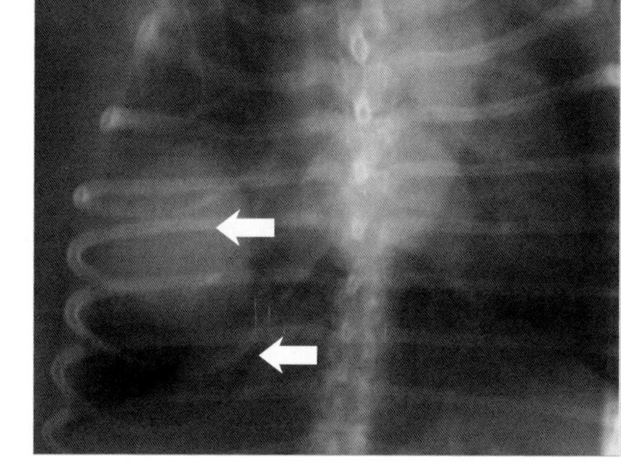

图 4　影像学显示两个肺部肿块大小显著增加（箭头）。（a）侧视图；（b）背腹侧视图

病例分析

失误或手术并发症？

单一肺部肿块应从确诊的那一刻起就接受手术治疗。活检是肿瘤学的黄金法则，它的结果能改变治疗方法。在这个病例中，即使是脓肿或肉芽肿，尽管在统计上它们不太可能，但仍建议进行手术，而禁止进行活检。

重复不适当的方法是浪费时间，有利于病变组织的生长，并导致病犬的安乐死。因为患犬被送到外科诊室时已经太晚了。

> 因为活检没有治疗目的，对于单一肺部肿块病例，建议进行开胸探查术。

正确的方法

正确的做法是首先进行更深入的成像研究，例如 CT（计算机断层扫描）扫描。如果证实存在单一肿块，应将患犬转诊到外科诊室切除肿块。

接下来展示了两个病例：第一个病例，研究表明，由于严重的局部粘连，肿块无法切除（图 5）；另一个病例确认有单一肿块，患宠被施行手术（图 6 ～图 8）。

> 当面对肺部肿块时，应进行深入的诊断影像学研究，以确定最合适的治疗方法。

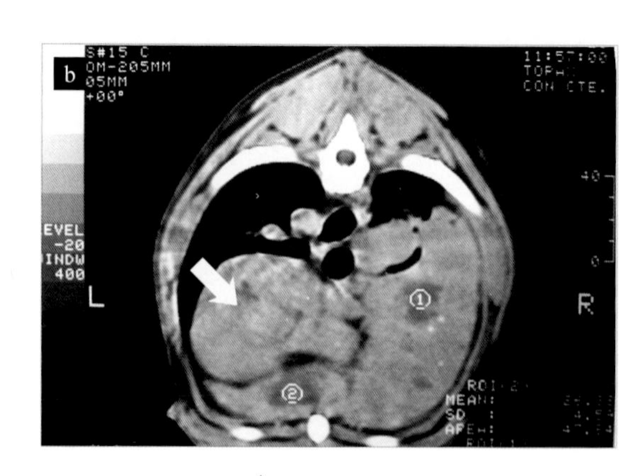

图 5　无法手术的肿块 CT 图像（箭头）

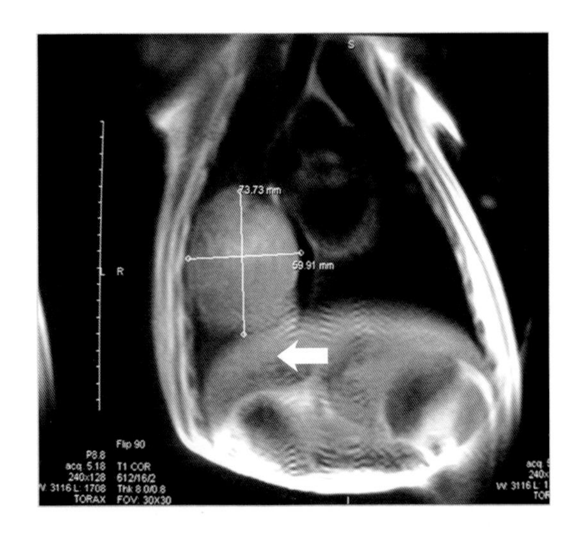

图 6　CT 扫描图像，清楚地显示了单一肿块（箭头）

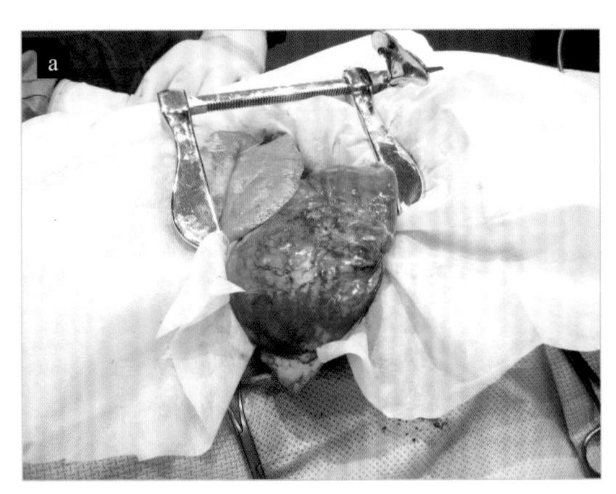

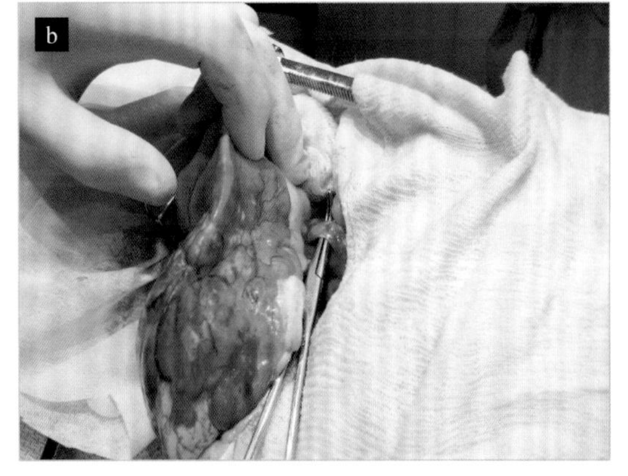

图 7　肋间开胸术。CT 扫描检测到肿块，并进行了肺叶切除术

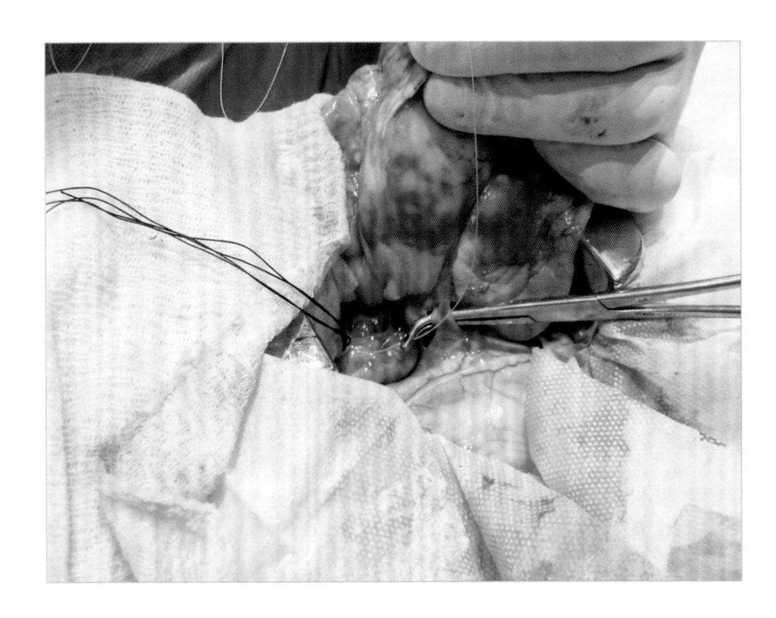

> 在小叶脓肿或肿瘤的病例中，应首先结扎肺静脉，以防止在处理肺肿块时肿瘤细胞或脓肿内容物扩散到血液中。

图 8　先结扎动脉和静脉血管然后切除肺肿块

病例 2/ 绷带错打在健肢上

患病率	■				
技术难度	■	■			

- 失误：绷带打在健肢上。
- 失误的后果：必须取下错打的绷带，并对患肢重新打绷带。

病例特征

名字	Felipe
种属	猫
品种	美国短毛猫
性别	公，去势
年龄	6岁

临床病史

Felipe 从四楼摔下来后被送往医院。

临床经过

Felipe 立即得到了治疗。放置静脉输液管并进行快速检查。它的黏膜呈粉红色，毛细血管充盈时间为 1.5 秒。通气没有受到影响，患宠保持警觉，对外界刺激有反应。检查了膀胱的完整性。经检查，发现左前肢和右后肢胫骨骨折。胸部 X 射线检查，排除了肺损伤或膈肌破裂。患肢的 X 射线检查证实，除了右侧胫骨骨干骨折外，还有左侧桡骨和尺骨近端骨折。

进行了全身体检，并进行了红细胞压积和总蛋白检测。患宠随后被转移到骨科进行重新评估。明确诊断为左前肢桡骨和尺骨近端横断骨折，右后肢中段横断骨折。

计划通过手术治疗骨折。在此之前，用罗伯特 • 琼斯绷带暂时固定骨折并减轻疼痛。

罗伯特 • 琼斯绷带是在全身麻醉下使用的。手术结束时，一名助手发现绷带固定在了健康的前肢上，将绷带从错误的一侧移除，并将新的绷带固定在正确的肢体上（图 1 和图 2）。

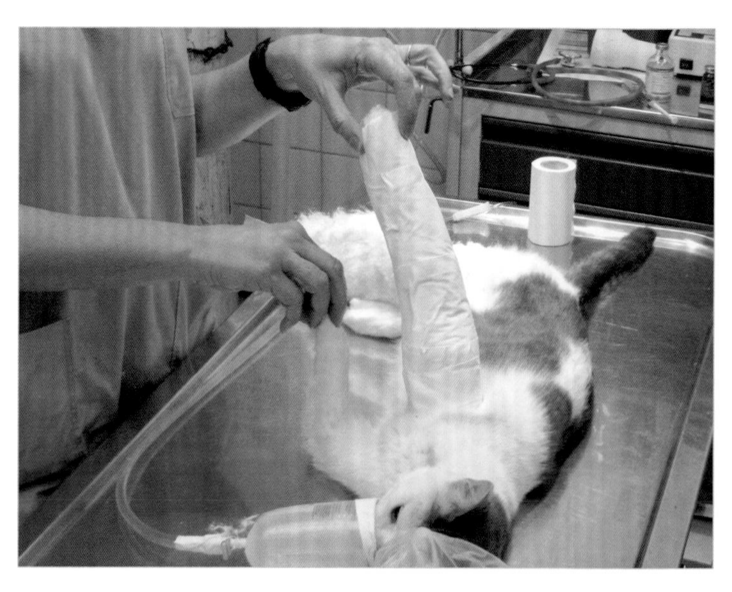

图 1　助手发现绷带被放在另一侧健康肢体上

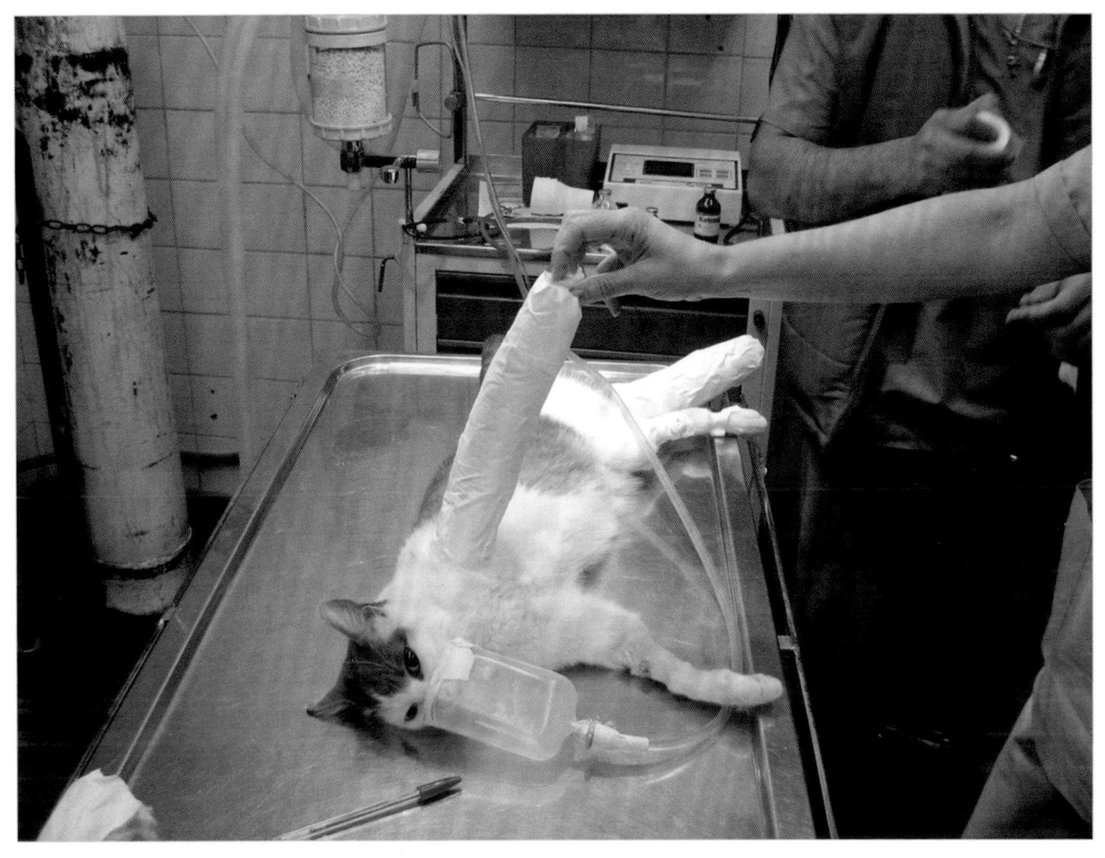

图 2　绷带打在正确的肢体上

病例分析

失误或手术并发症？

在这个病例中，很明显这是一个严重的失误，它对患宠的影响不亚于稍长的麻醉时间。由于粗心大意或注意力不集中，临床或外科手术中常犯错误。在这种情况下，解决方法很简单。然而，在解剖结构被切开和暴露的创伤或骨科手术中，这种性质的错误可能导致严重后果。

✱ 手术失误通常是由于粗心大意或缺乏专注造成的。

正确的方法

在简单的手术中注意力会降低，并且会犯前面描述的错误。

为了避免这种情况的发生，建议治疗小组成员要检查病史，并全程观察患宠的病情变化，确保诊疗过程有条不紊地进行。

病例 3/ 四肢固定不当

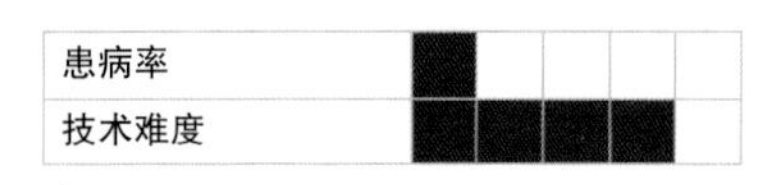

- 失误：在卵巢子宫切除术中用来固定四肢的绳子绑得过紧。
- 失误的后果：由于缺血而导致左后肢的脚趾坏死。

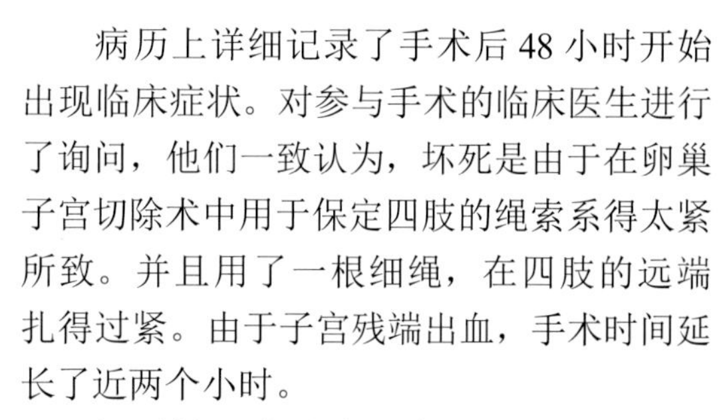

病例特征	
名字	Luna
种属	犬
品种	拉布拉多
性别	母，绝育
年龄	8岁

临床病史

Luna 在接受卵巢子宫切除术 3 周后被带到诊所。会诊的结果是左后肢脚趾严重坏死（图 1）。

转诊前 2 周，它接受了各种抗生素、消炎药和局部消毒液治疗。

在会诊时，患宠的整体情况不好。Luna 食欲减退，皮毛黯淡，精神有点沉郁。当时静脉下有留置针，用来给患宠注射抗生素和进行输液治疗。但留置针的外观很差，并发生了堵塞。对患肢的详细检查显示，跖骨和趾骨之间有一个环形带，将坏死区与“活性”区分隔开来。

病历上详细记录了手术后 48 小时开始出现临床症状。对参与手术的临床医生进行了询问，他们一致认为，坏死是由于在卵巢子宫切除术中用于保定四肢的绳索系得太紧所致。并且用了一根细绳，在四肢的远端扎得过紧。由于子宫残端出血，手术时间延长了近两个小时。

坏死被认为是由于在手术过程中，当 Luna 仰卧保定时，四肢承受了过度的张力所致。

开始进行伤口护理。脚趾和跖骨不能保留，但跖骨垫看起来不错。

因此，本手术的目的是获得足够可接受的肉芽组织，以便将其从解剖学位置向骨垫的远端植入，以试图覆盖因切除脚趾而留下的缺陷，同时加强支撑面。

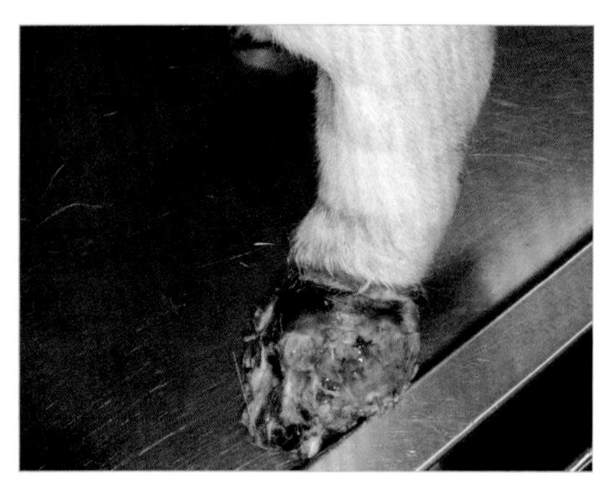

图 1　Luna 刚到达诊所时左后肢脚趾的外观

图 2　静脉留置针外观

临床经过

取样品组织进行培养，用生理盐水冲洗伤口并清创。考虑会有大量渗出液，所以在伤口上放了葡萄糖，并用干燥的绷带包扎（图 3）。

糖在愈合中的好处

糖绷带能使一些伤口愈合良好。水和淋巴液从组织流向糖溶液，促进了体液平衡。由于渗透压升高，创造了对细菌生长不利的环境。因此，它促进了肉芽形成，对伤口的愈合没有不利影响。另一方面，淋巴液为组织提供了营养。

糖还能吸引巨噬细胞参与伤口的清理，加速失活、坏死或坏疽组织的脱落。作为能量来源，糖能创造一个蛋白层来保护伤口。

这类治疗不会引起不良反应，而且对糖尿病动物也没有副作用。

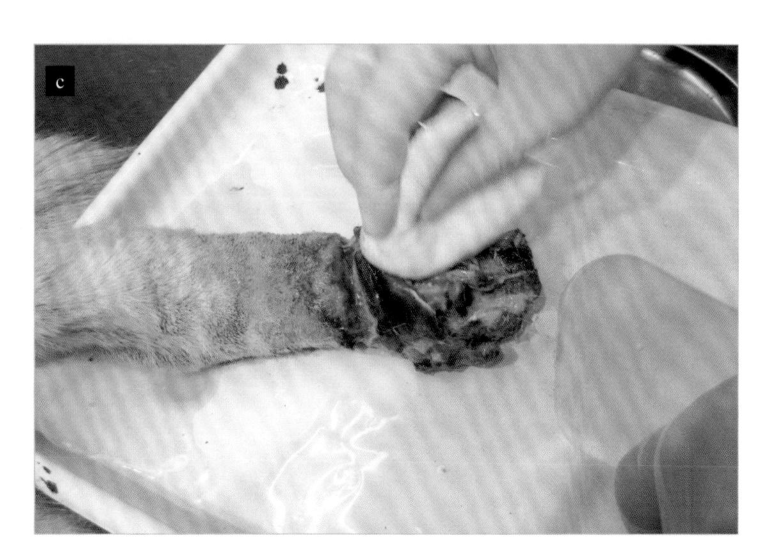

图 3 清洁和第一次清创（a）～（c）

5天后，愈合过程令人满意：伤口颜色更鲜艳，仅有少量渗出物。培养分离的葡萄球菌对第三代头孢菌素敏感，然后立即开始治疗（图4）。

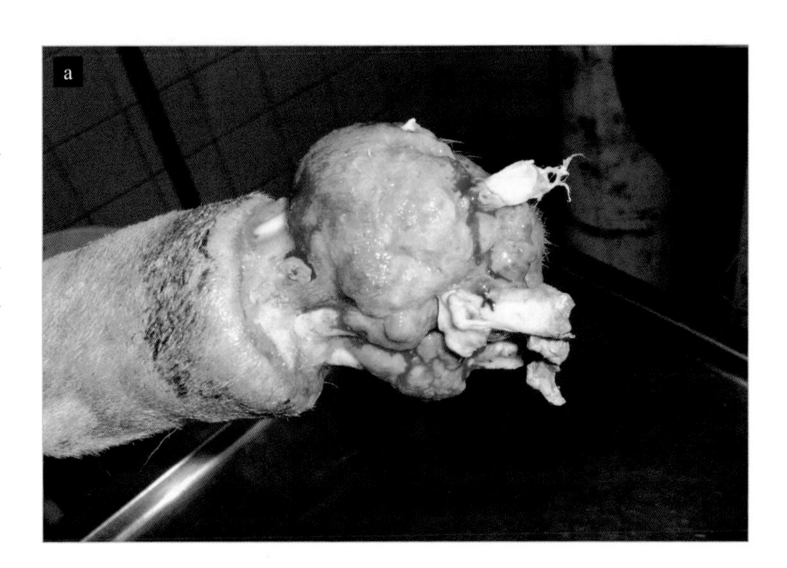

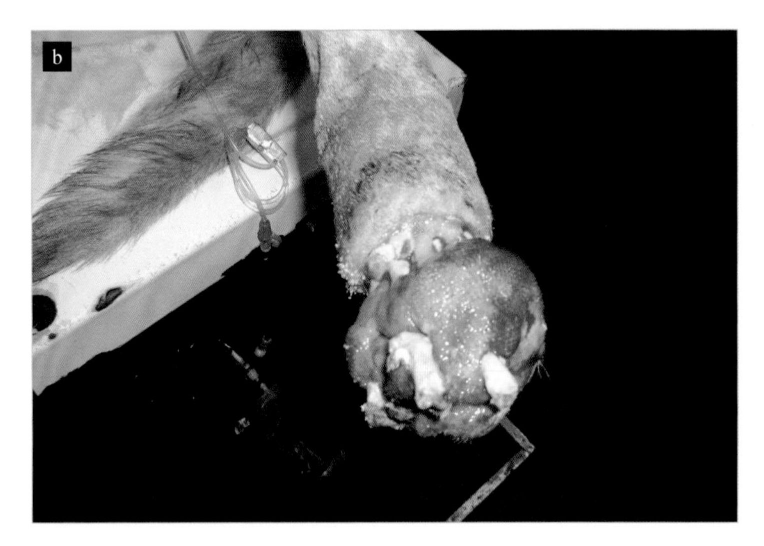

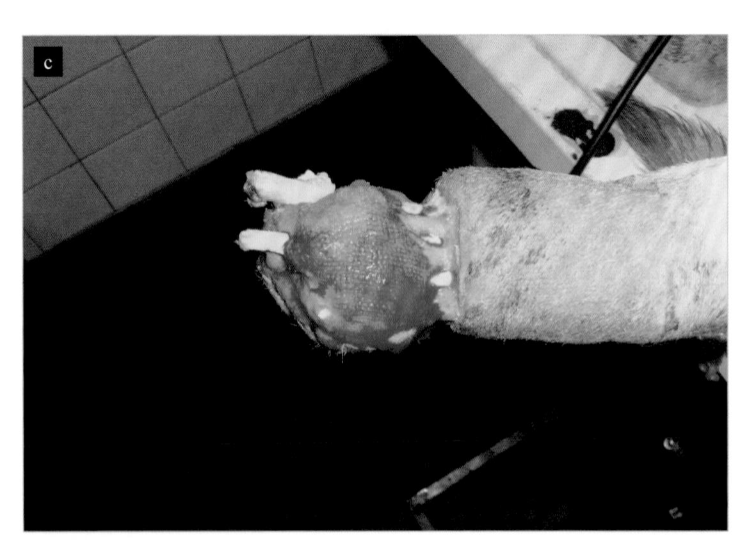

图4　术后7天伤口的外观

14天后，伤口可见肉芽组织（图5）。决定全身麻醉后切除暴露的跖骨和趾骨残余。

绷带在没有糖的情况下继续使用。使用呋喃西林浸渍（呋喃西林纱布）。

这时，决定进行跖骨垫再植入。然而，在整个损伤愈合过程中发现，环状疤痕回缩时可通过限制血流到该区域而损害远端组织（这种回缩可充当“生物止血带”），因此环状疤痕组织在全身麻醉下被切除。

清洁肉芽组织，将跖骨垫向背侧翻转90°，并从远端重新植入上述肉芽组织。跖垫被放置在肢端的新支撑面上。然后放置了保护性绷带，并每天进行检查。

首次随访发现伤口侧壁有轻微裂开（图8）。建议使用糖绷带。在随后的随访中发现开裂程度有所增加。

糖绷带一直持续到跖骨垫手术后21天、伤口完全愈合为止。

跖骨垫的支撑方案是有用和可接受的，所以最终准予Luna手术后出院（图10）。

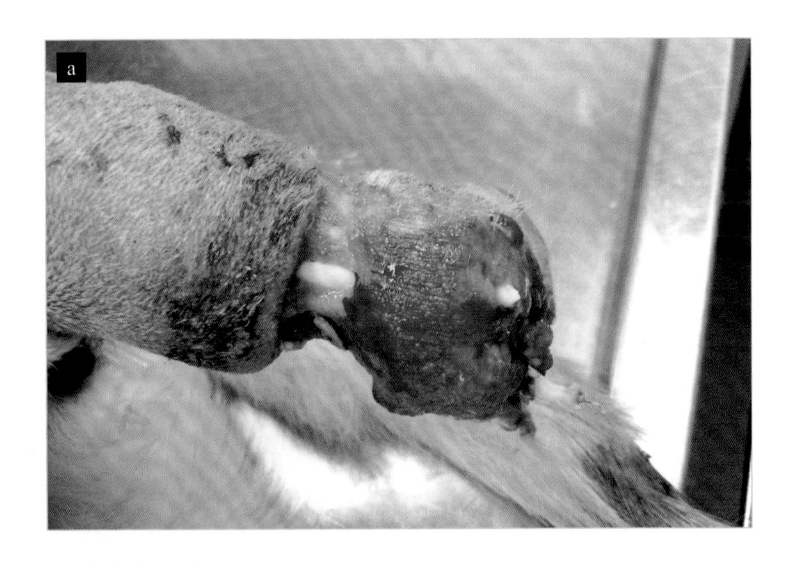

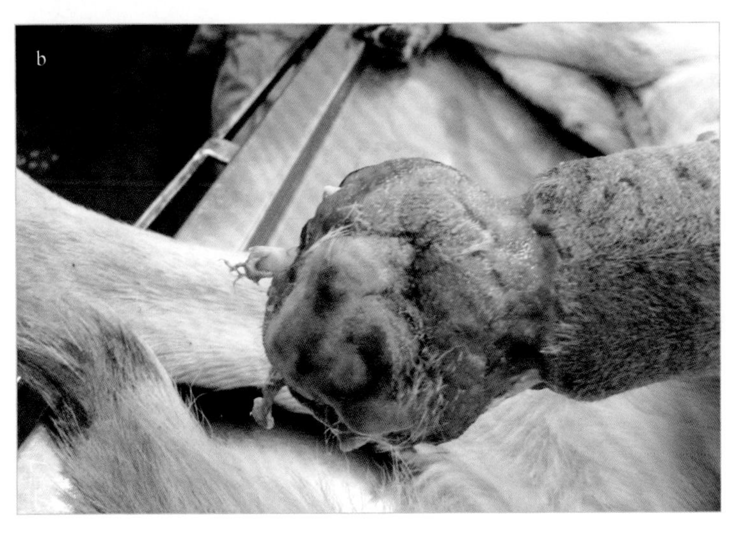

图5 术后14天伤口外观。良好的肉芽（a）；好的跖骨垫外观（b）

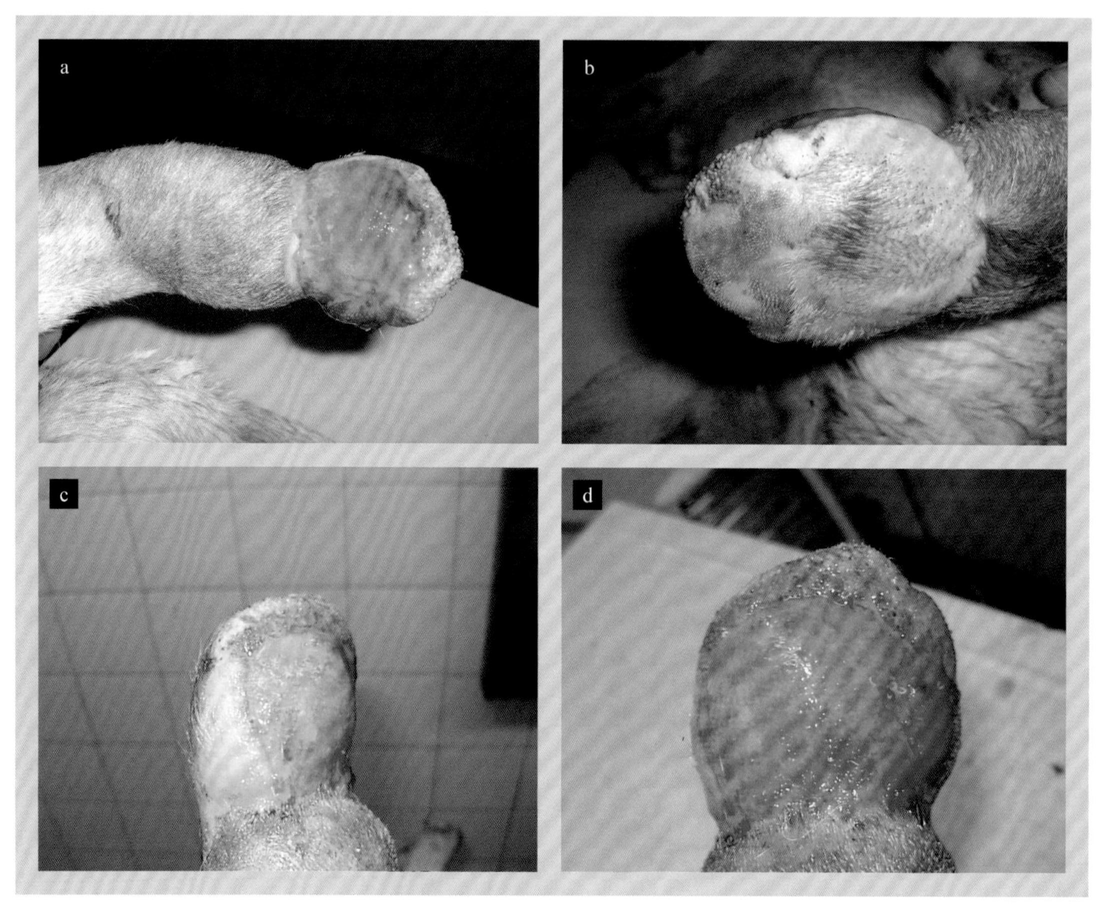

图 6　术后 21 天伤口的外观。非常好的肉芽，跖骨垫状况良好，跖骨已经被切除了

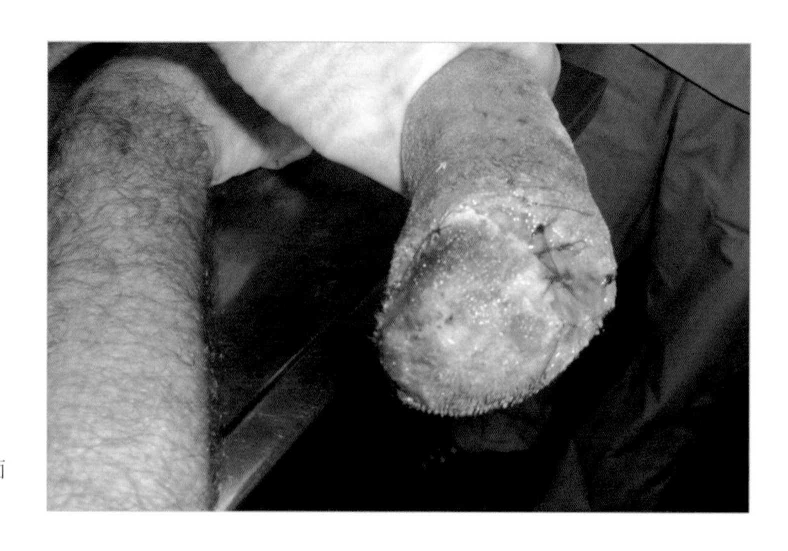

图 7　术后随访。注意到伤口的侧面轻微裂开

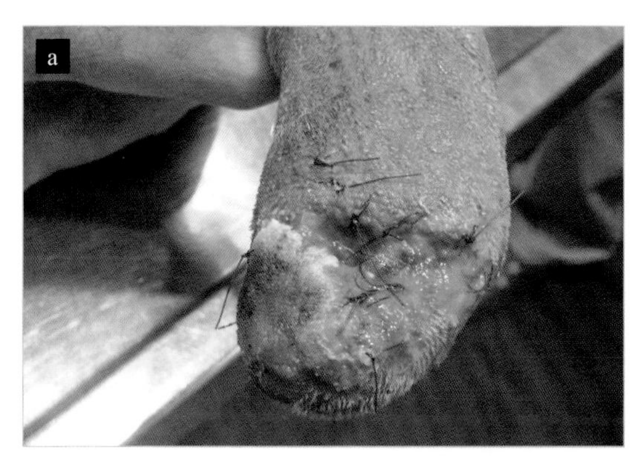

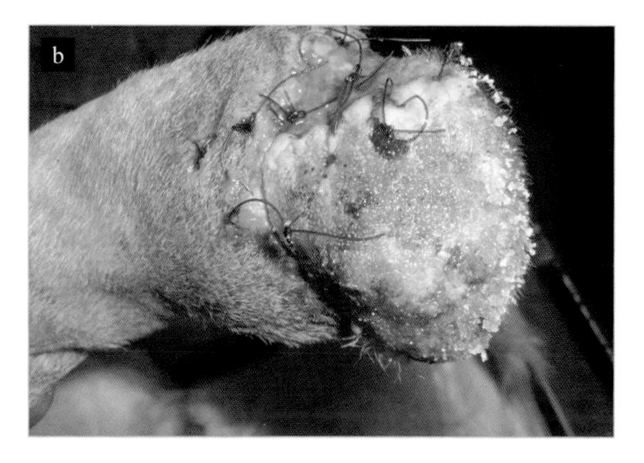

图 8 侧面有裂开（a）。然而，跖骨垫看起来状态很好（b）

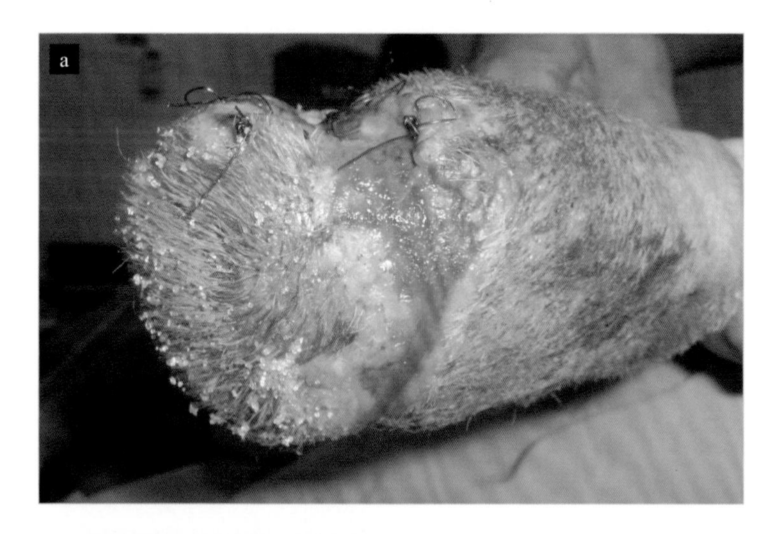

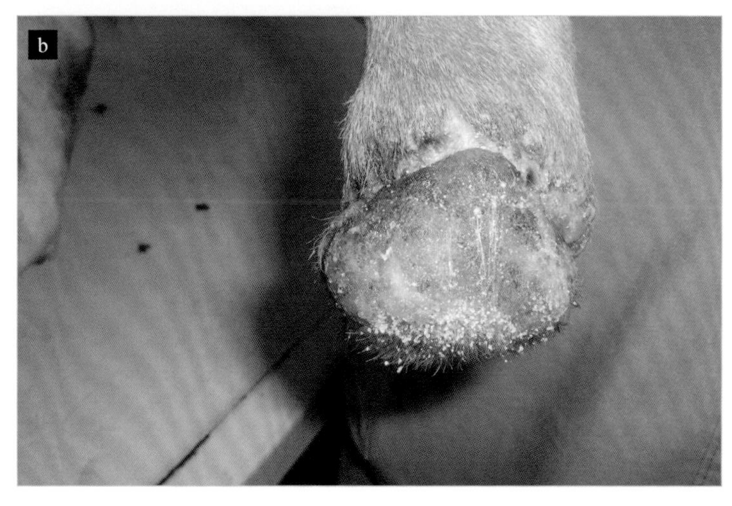

图 9 裂开区的肉芽化和上皮化（a）。衬垫正确植入，裂开区二次愈合（b）

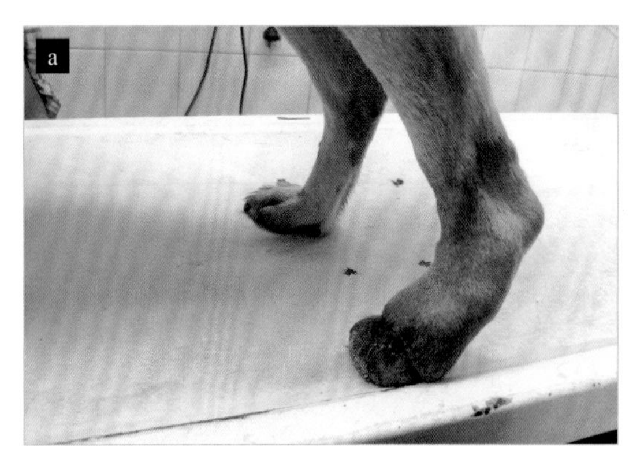

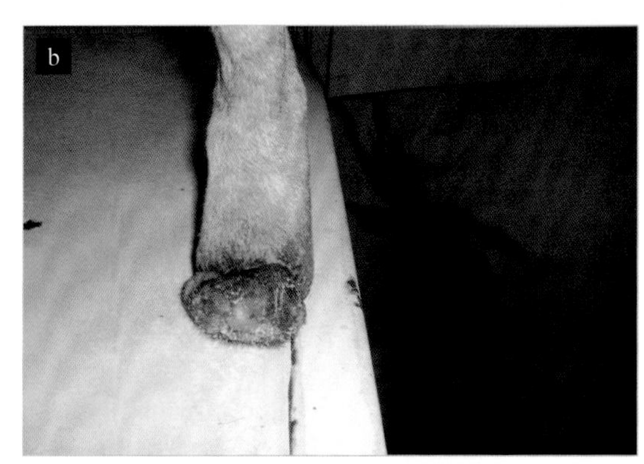

图 10 正确的肢体对齐和功能支持

病例分析

失误或手术并发症?

跖骨和趾骨之间的环形带将坏死区与“活性”区分开。再加上这个过程是在卵巢子宫切除术结束 48 小时后开始的，临床医生和外科医生得出结论，坏死是由于在手术过程中固定四肢的绳索系得过紧，而且手术持续时间比预期长造成的。

这个病例中，因为在卵巢子宫切除术中用来固定四肢的绳索绑得太紧所造成的简单失误，造成了左爪的丢失。如果治疗不当，产生的并发症可能导致截肢。

> 把用来固定四肢的绳子系得太紧可能是导致组织缺血继而坏死的原因。

正确的方法

为了使患宠固定时不致受伤，正确的方法是使用双结扣，如图 11 所示。

在这个病例中，一个小失误导致患宠和主人经历了将近 2 个月的创伤康复期，给患宠带来无法逆转的身体创伤。

作为团队的负责人，外科医生负责监督指导所有的围手术期、术中和术后情况。他们必须考虑到哪怕是最小的细节。当缝合最后一针或关闭麻醉机刻度盘时，手术过程并没有结束。只有仔细检查了术后护理的各个方面，患宠最终出院时，手术才算结束。

> 应仔细审查手术的每一个细节。特别是在最后，当紧张情况有所缓和时，这样就不会忽视任何无关紧要的细节，也不会造成严重后果。
>
> 使用伊丽莎白圈是防止患宠自残的基本手段。

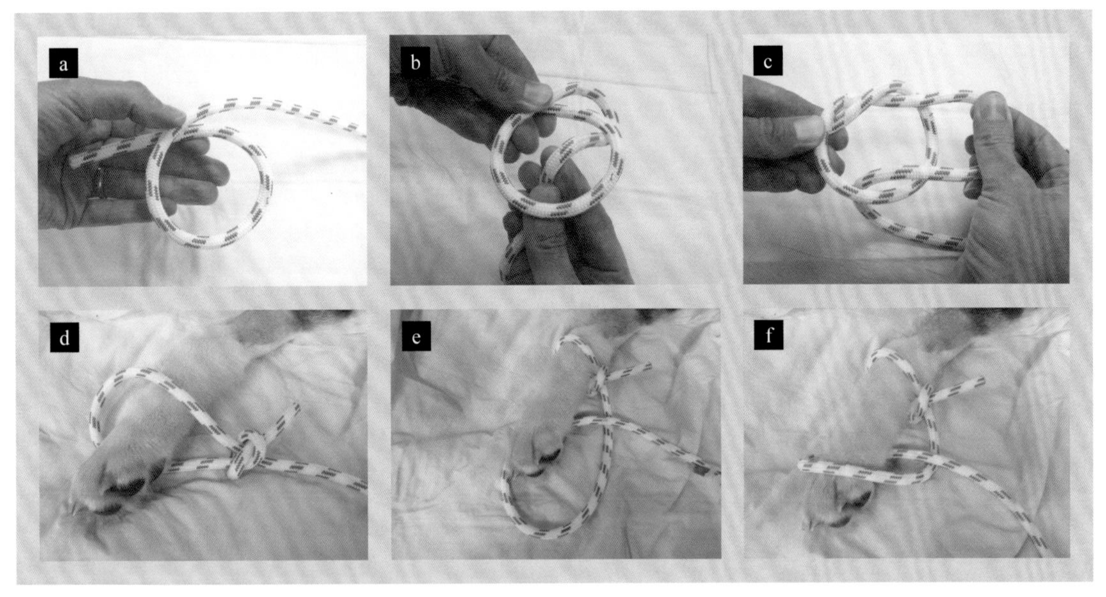

图 11　打结固定患宠四肢的步骤（a）～（e），最终结果（f）

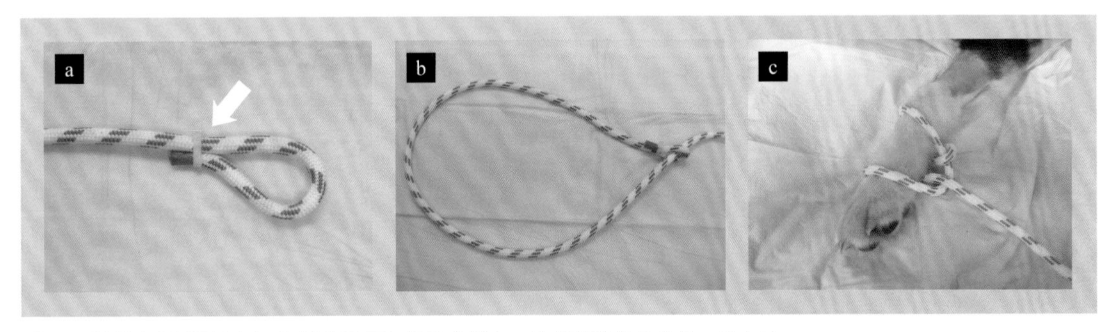

图 12　用带有塑料固定圈（如箭头所示）的绳套固定。这是绳套使用的另一种方法

病例4/夹板固定不当

患病率	■□□□□
技术难度	■■■□□

- 失误：用于患宠四肢骨折的夹板固定过紧。
- 失误的后果：右后肢坏死。

病例特征

名字	Prince
种属	犬
品种	万能梗犬
性别	公
年龄	5月龄

临床病史

Prince因右后肢胫骨骨折从另一个中心转来。骨折已由一位医生进行了紧急治疗，由于没有足够的材料来正确固定，因此用夹板固定了患肢，直到患宠被送到正规兽医诊所。分别在患肢的内侧和外侧下了两块夹板。这些木板上缠着绷带并用胶带固定，确保绷带不会移动。

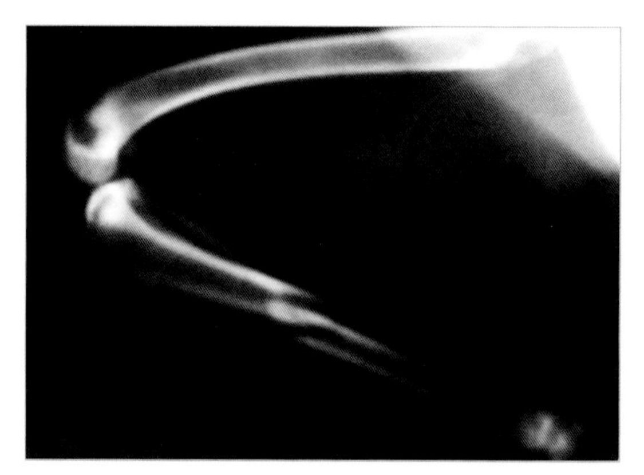

图1　胫骨骨干中段斜形骨折

骨折是在节假日期间发生的，夹板让Prince可以四处走动而不出现大的问题，主人将去兽医诊所检查骨折愈合情况的时间推迟了2天。

在随访期间检查了肢体的状况。绷带内散发出一种不正常的气味，去掉绷带后发现脚趾坏死，并延伸至跗骨上方。

Prince被转到我们的诊所时，骨折部用轻便的绷带进行了包扎。移除绷带，观察到围绕脚趾防止它们移动的胶带，起到了止血带的作用，使脚趾基本上没有了血液供应。

患肢末端如图3所示。这一区域的皮肤和被毛脱落，胫骨远端以下看起来水肿坏死，触诊患肢时呈戈德征（Godet）阳性。刮皮肤时没有出血，脚趾冰冷，没有疼痛感。缺血实际上扩展到跗关节。在骨折处可以看到一个巨大的血肿。

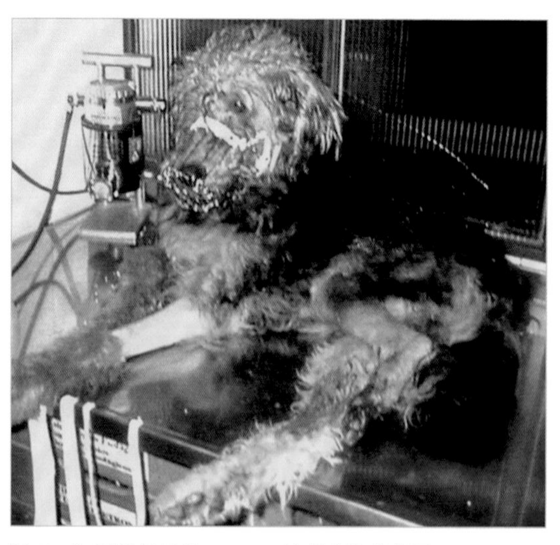

图2　取下绷带后的Prince，注意患肢的状况

临床经过

考虑到患肢的状况，加上患宠的高温和虚弱，以及全身的临床症状，决定对 Prince 进行住院治疗。通过使用液体疗法、广谱抗生素和进行止痛，使病情趋于稳定。此外，用临时绷带防止骨折骨的活动。

术前采集血样，显示白细胞计数增加。其余参数均在正常或可接受范围内。

一旦患宠病情稳定下来，并有缺血和坏死的临床表现，主人就会被告知在髋关节水平进行截肢手术（图 4 和图 5）。

病例分析

失误或手术并发症？

失误可能始于夹板和缺乏随访，导致下肢缺血和坏死。由于在脚趾周围放置了胶带以防止其移位，随后使坏死区域扩大。

缺血损伤发生在放置绷带后 24 ～ 48 小时内，这就是为什么必须每天检查以避免事后发生意外的原因。

> 最好在敷上绷带后的 24 ～ 48 小时内做好日常检查，以预防缺血损伤。

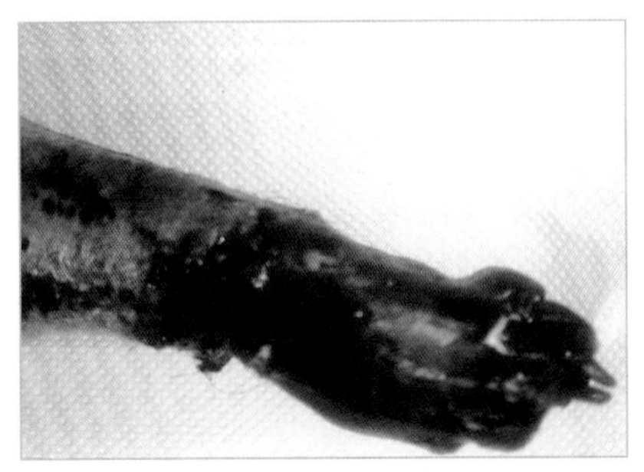

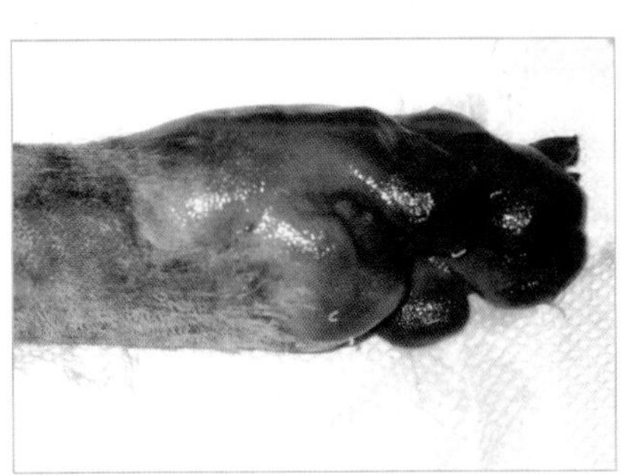

图 3　检查时发现趾端水肿和坏死

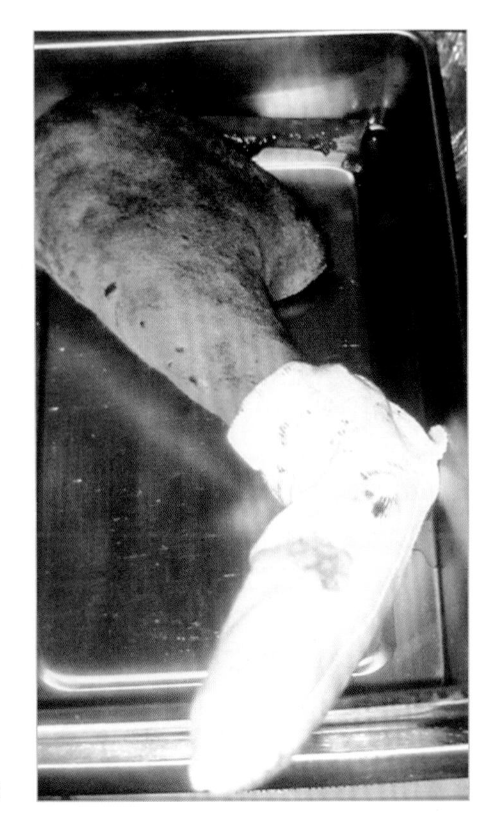

图 4　截肢的图像

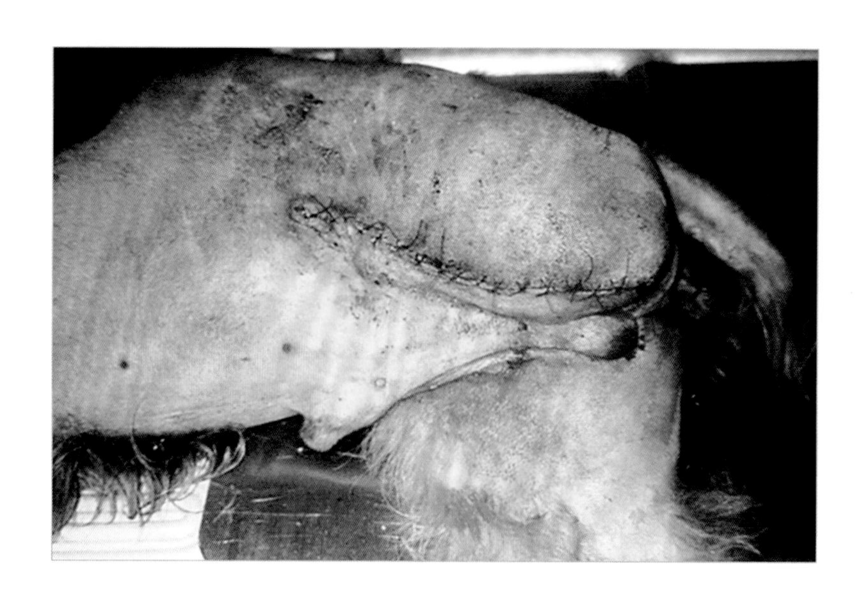

图 5　截肢术后外观

> 大多数缺血性损伤主要是由于骨折固定系统选择错误、绷带放置不当或截肢前缺乏适当的监测。

> 应避免在四肢上使用环形绷带，因为这会引起缺血。

正确的方法

像前面所描述的那样，不正确地使用绷带会给患宠带来严重的并发症。

有许多参考文献描述了如何合理地包扎骨折的患肢。对于这种方法本身而言，用来暂时固定骨折的绷带必须将骨折骨的近端和远端关节固定，所以不建议在股骨或肱骨骨折时使用这些绷带。这种情况下，从腕骨或跗骨远端开始，在其背侧、掌侧或跖侧呈“马镫”状纵向打好绷带，防止绷带的移位。应避免在患肢周围使用胶带而导致产生缺血的可能性。绷带是否放置衬垫根据放置的目的而定。

截肢是从近端关节进行的，因为截肢后留下部分肢体，肌肉组织的牵引导致剩余骨骼过度移位。宠物试图使用残肢，导致残肢的活动性改变、残端痂皮磨损或溃疡的进一步发展，从而导致感染。在这个意义上，临床医生应该清楚地解释为什么必须从肢体的最近端关节截肢，以避免主人的误解。在兽医外科手术中，尽管文献中已经报道了成功的病例，但假肢的使用仍处于实验改进阶段。

需要注意的是，截肢的动物在走动时几乎没有任何困难，而且它们的活动通常是正常的。它们会自动将截肢侧的对侧肢体（前或后）移到离中线较近的位置，与另两个肢体（前或后）形成一种三角形，从而获得更好的支撑。

兽医外科医生应向宠物主人解释这些适应，不要让他们从自己的经验推断截肢是多么痛苦，来同意对他们的患宠进行截肢手术。

病例5/异位睫毛切除术

患病率	■■■□□
技术难度	■■■□□

- 失误：没有检测到异位睫毛的存在。
- 失误的后果：患宠患有复发性角膜溃疡。

病例特征	
名字	Pancha
种属	犬
品种	杂种犬
性别	母
年龄	8月龄

临床病史

Pancha被转诊是由于左眼复发性浅表性角膜溃疡和不适随着时间的推移而恶化。在病史回顾中，主人说Pancha在家中出生，是那窝狗中最弱的，这些症状在年龄小的时候就开始了。一些专家在不同时间对它进行了检查，并进行了对症治疗，但这种缓解只是暂时的。患宠的整体情况良好，但生长缓慢。基本参数正常，双眼清洁，眼睑边缘无结痂或其他泪液残留。患宠不能容忍使用伊丽莎白圈，只要有可能就揉它的眼睛。

临床经过

对Pancha进行了全身检查，发现了肉眼可见的角膜中央损伤（图1）。然后进行荧光素试验以确定角膜表面是否存在溃疡，同时进行Schirmer试验则用于测量泪液产生量，并评估患眼是否产生足够的泪液以保持角膜湿润。眼内压的测定也是眼科检查的一部分。所有的测定都是双侧的。

左眼观察到以下临床症状：

- 眼痛。
- 眼睑痉挛。
- 流泪。
- 结膜和眼部炎症和红肿。

根据获得的数据，在鉴别诊断中包括了对睫毛相关疾病的怀疑。对于角膜溃疡，可以调查非感染性或非外伤性病因，通过评估泪液分泌和寻找眼球附件的异物或缺陷，如异位睫毛的存在。这些睫毛是一种非典型的双层睫毛，它们从睑板腺内的毛囊或腺体导管附近的毛囊长出。

进行彻底的眼科检查，取角膜表面样本进行组织病理学诊断。同时对采集的标本进行培养和药敏试验。

滴加丙美卡因进行局部麻醉以减少操作区域的不适。

检查证实了异位睫毛的存在（图2和图3）。睫毛用放大镜和细镊子去除（图4和图5）。

图1 肉眼可见的角膜中央的损伤

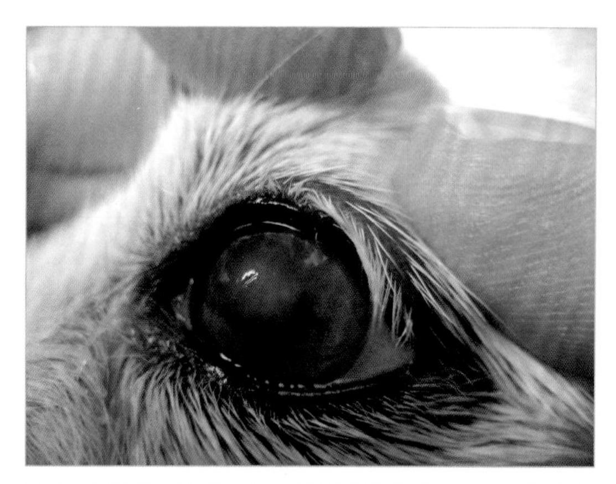

图 2　图像显示上眼睑边缘附近的异位睫毛及其引起的角膜溃疡

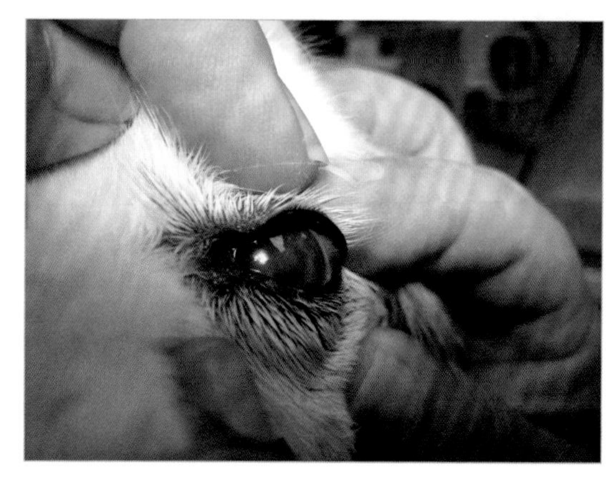

图 3　当眼睑边缘稍微外翻时，可以很好地观察到异位睫毛

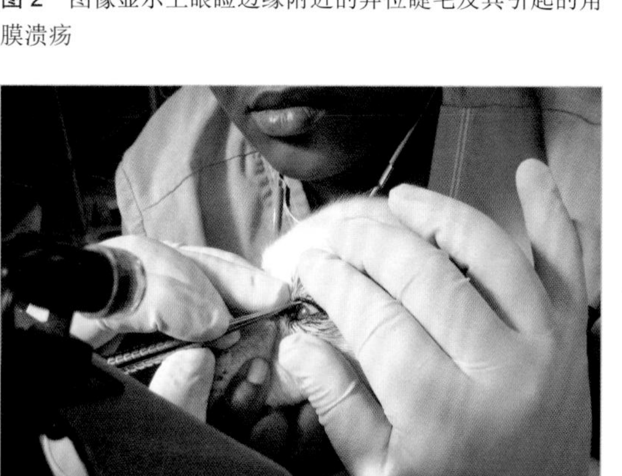

图 4　异位睫毛的去除过程

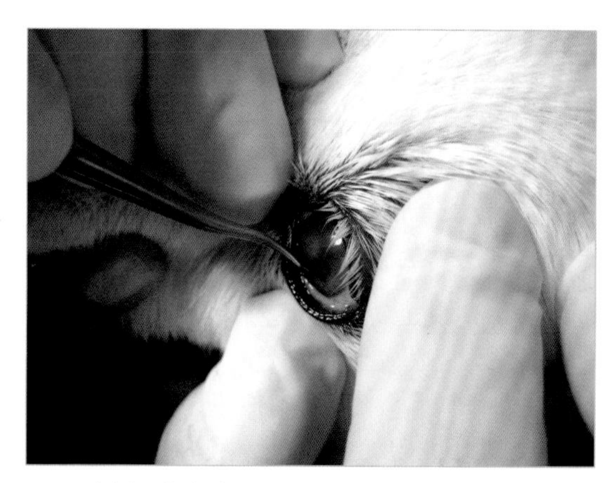

图 5　在镊子的尖端可以看到拔除的睫毛。注意镊子尖端的细度

用细镊子去除异位睫毛解决了这个问题。

治疗溃疡时用一种眼用凝胶和伊丽莎白圈。对患宠进行监测，一直到溃疡愈合，六个月内没有复发。另一只眼睛从未出现过类似的问题。

病例分析

失误或手术并发症？

从临床角度看，这个病例处理不当。在寻找异位睫毛的过程中，通常没有进行正确的眼睑外翻。因此，溃疡的治疗只是针对症状。最初角膜通常反应良好，但随后频繁复发，治疗失败。因此，患宠被带到不同的专家那里，经过改进治疗，通常包括滥用抗生素，在某些情况下会导致角膜或眼部损伤的严重恶化。

> 异位睫毛最常见于腊肠犬、拉萨阿普索犬、西施犬、拳师犬、金毛寻回猎犬和喜乐蒂牧羊犬。

倒睫、双层睫毛和异位睫毛是常见于幼犬和青年犬的睫毛疾病。在猫科动物中，双层睫毛是上述疾病中最常见的。

倒睫（图 6）是睫毛从正常毛囊向错误方向生长的现象。它可能是先天性的，也可能是由眼睑损伤引起的。睫毛通常长而轻柔，漂浮在泪膜中而不会对角膜造成进一步的损伤；如果睫毛变得短而硬，就会伤害角膜。

双层睫毛（图 7）发生时，一排睫毛从睑板腺长出。这些睫毛由于其异常构象，向角膜表面生长，从而摩擦角膜。两个眼睑都可能受到影响。

当多根睫毛从眼睑边缘的一个毛囊或睑板腺长出时，就会发生双层睫毛。

异位睫毛（图 8）是所有睫毛异常中最痛苦的。疼痛引起眼睑痉挛，眼睑对角膜表面进一步施加压力，造成角膜表面的侵蚀。通常只有一根睫毛，虽然有时可能有一组睫毛。异位睫毛在睑结膜和角膜间，在眼球表面异常生长。这些异常睫毛最常见于上眼睑中部。

在所有这些改变中，睫毛都会接触到角膜或球结膜，并损伤它们。

如果没有适当的放大，很难诊断出不同形式的双层睫毛。然而，一个常见的症状是黏液附着在睫毛上，从而显示睫毛的存在。由于睫毛对角膜的持续刺激，导致泪液分泌增加。泪液部分蒸发，黏液蛋白层“附着”在睫毛上。

正确的方法

用细镊子可以很容易地把异位睫毛从根部拔掉。在这个病例中，睫毛的简单拔除对角膜损伤的愈合可以达到明显的效果。

当这种情况没有发生时，必须将一小块包括毛囊及其根部的眼睑球结膜通过手术切除，以防止睫毛的生长。用睑板镊和 11 号手术刀片或 2mm 活检打穿器进行“整块”或“楔形”切除术。

使用电针蚀永久性去除睫毛的另一种方法。

冷冻手术也被用来冷冻一小块含有完整异位毛囊的眼睑组织，眼睑愈合时这些毛囊就会脱落。

> * 在选择异常睫毛去除方法时必须小心，因为有些技术取决于眼睑切除的长度，有可能会导致瘢痕性内翻的发生。

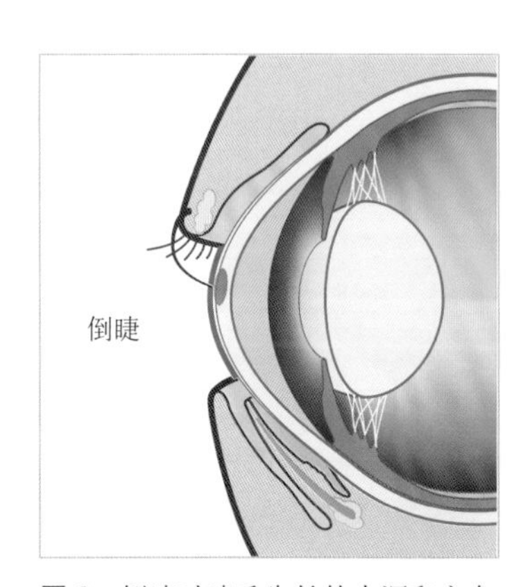

图 6　倒睫时睫毛生长的来源和方向

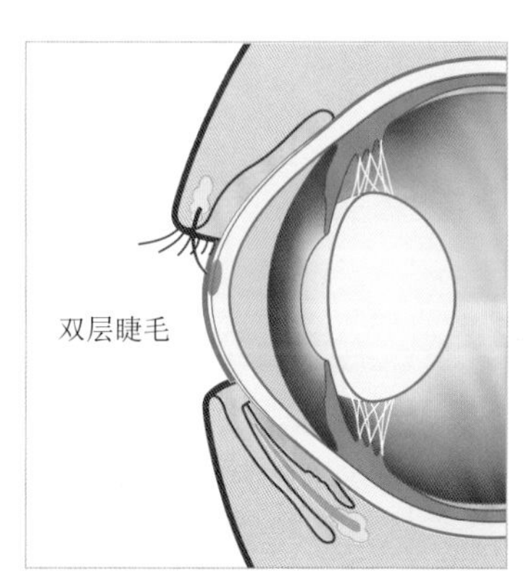

图 7　双层睫毛症时睫毛生长的来源和方向

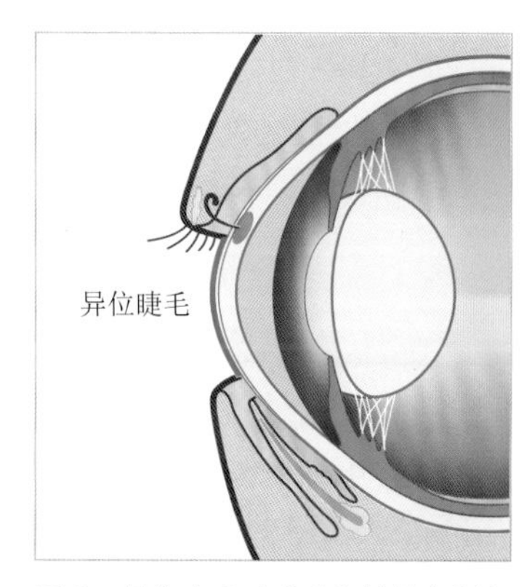

图 8　异位睫毛时睫毛生长的来源和方向

病例 6/睾丸肿瘤

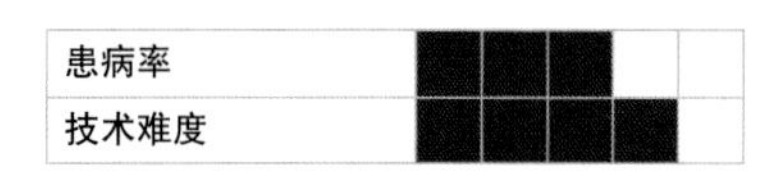

- 失误：两次推迟手术切除肿瘤。
- 失误的后果：因心脏并发症和原发性肿瘤转移而死亡。

病例特征

名字	Max
种属	犬
品种	拳师犬
性别	公
年龄	6岁

临床病史

Max 在幼年时被诊断出患有单睾症。尚不清楚其他专家是否不建议进行预防性手术来切除保留的睾丸，或者主人拒绝这样做。在问诊时，主人解释说，一年前，一位宠物医生在触诊时发现了腹部肿块，随后的几项超声研究表明，这是异位睾丸，其大小明显增加。

上一次超声扫描是在转诊前一个月进行的，结果显示肿块直径为 22cm，可能存在直径为 9cm 的继发性腹膜病变。主人声称，之前没有让 Max 过早手术的原因是它患有一种严重的心肌病，而且病情还没有完全得到控制，所以不能接受手术。他们最终决定去看另一位心脏病专家，他修改了治疗方法，为患宠做了手术准备。他们还提到 Max 的食欲不稳定，偶尔呕吐。

临床经过

临床检查显示，肌肉活力减少，有明显的公畜雌性化综合征，左侧睾丸萎缩，下降到阴囊里。阴茎发育不全和乳房发育不良。触诊时还发现一个与明显疼痛有关的巨大腹部肿块。

胸部 X 光片显示没有发生转移。还进行了全血细胞计数、凝血图和出血时间测试，怀疑相关的高雌激素血症可能损害了血小板功能。血小板计数、凝血酶原时间（快速）等均正常。然而，正如所怀疑的，出血时间明显延长。

用去氨加压素再次进行试验，确认有凝血问题。红细胞压积达到极限，为 27%。

因此，决定进行剖腹探查术，并要求血库提供浓缩血小板和红细胞，必要时进行输血。

主人被告知情况，并解释了手术和麻醉风险，以及发现不止一个腹腔内肿块的可能性。初步诊断为支持细胞瘤。

患宠已做好腹腔手术的准备，并施行正中耻骨剑突开腹术。异位肿瘤睾丸很容易被发现（图 1），整个精索严重扭转（图 2）。这种情况说明了患宠在会诊前几天为什么出现剧烈腹痛。

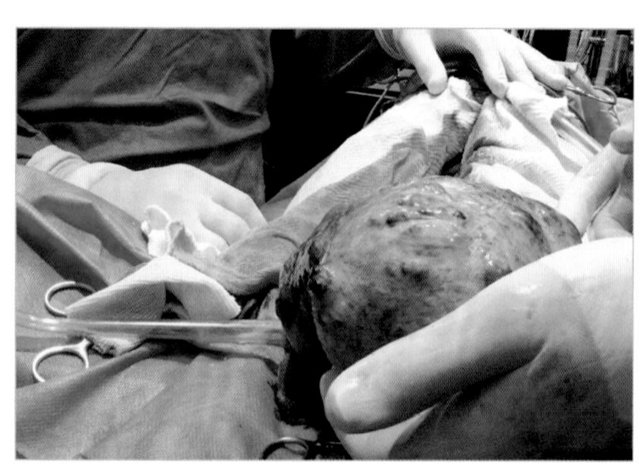

图 1　腹腔内睾丸肿瘤

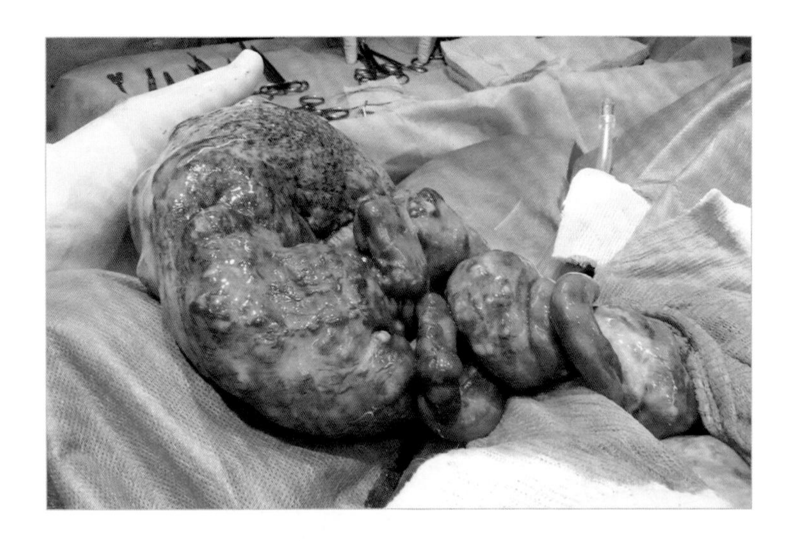

图 2　精索扭转

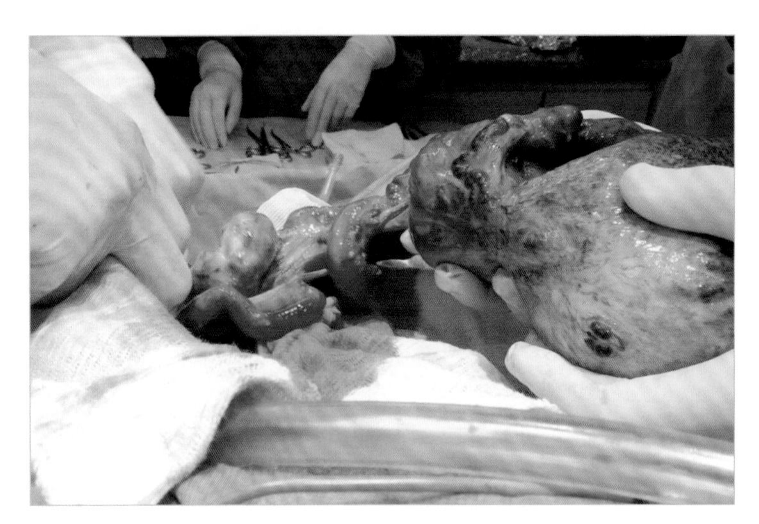

图 3　血管蒂结扎术的准备

这个睾丸肿瘤对应于超声发现的 9cm 肿块。第二个更大的肿块（根据超声判断有 22cm）明显附着在腹膜后。为了确定它的来源，决定切除它。为此，用 2-0 单丝尼龙缝合线在血管蒂部打上两个结（图 3 和图 4）。可以看到睾丸一个淋巴管的直径约为 3cm，继续对腹膜后的肿块进行手术（图 5 和图 6），用同样的方法结扎并切除。

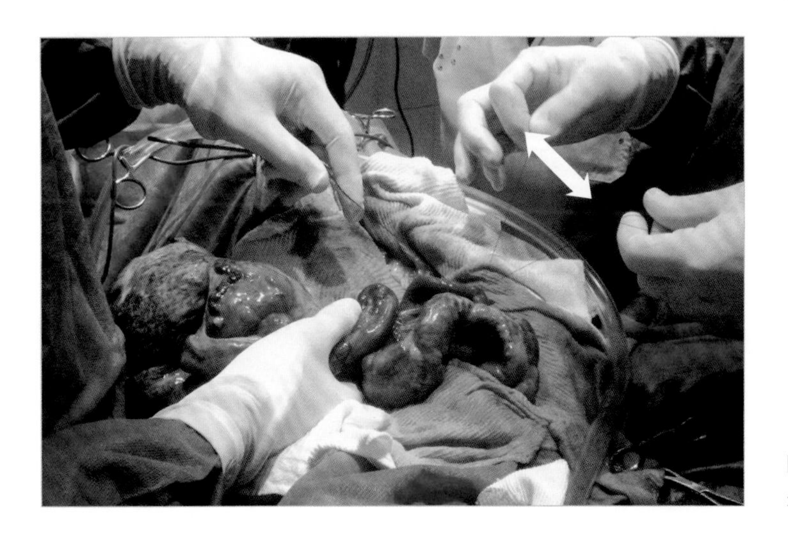

图 4　用单丝尼龙线结扎血管蒂。箭头处表示缝合材料的末端

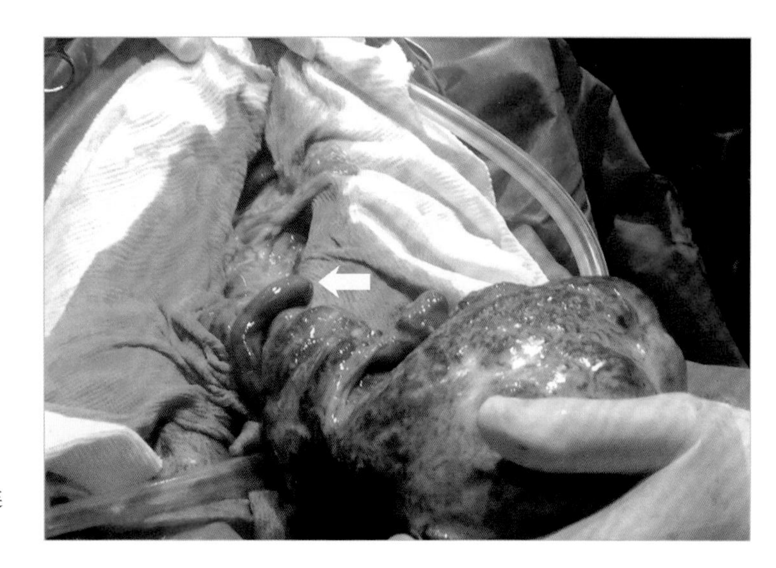

图 5 注意腹腔肿瘤与健康组织的连接处（箭头所示）

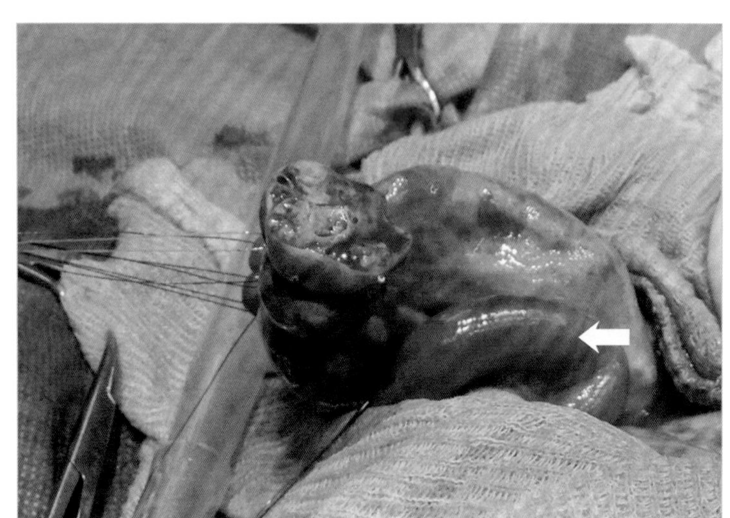

图 6 切除肿瘤睾丸和睾丸淋巴管（箭头所示）。注意它的异常直径

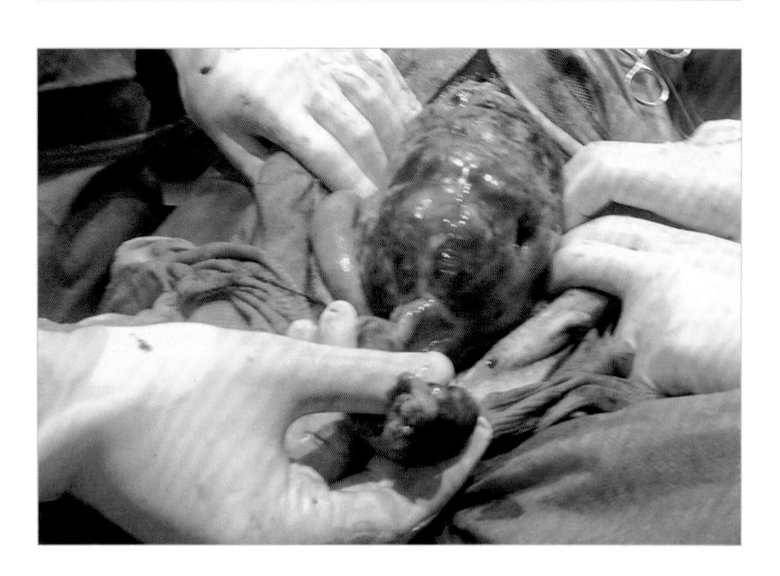

图 7 腹膜后肿瘤。转移性淋巴结

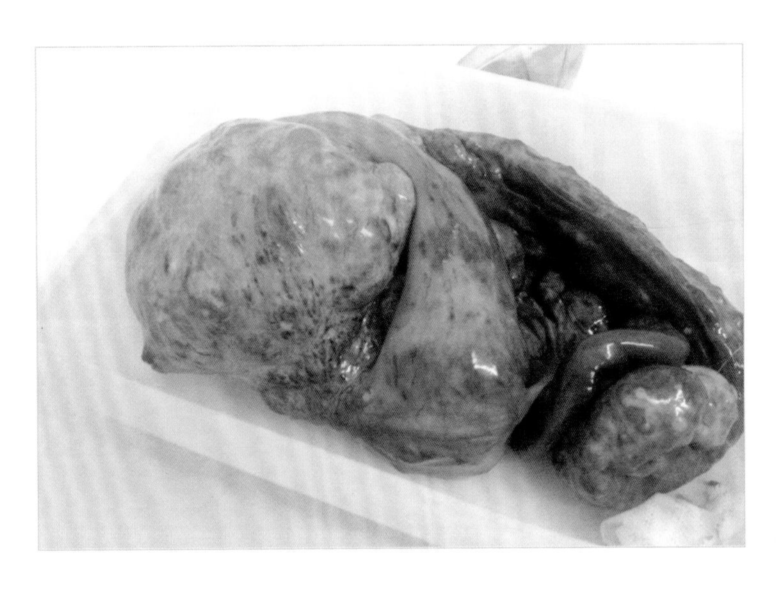

图 8　切除的睾丸肿瘤

最后，在腹腔更清晰的情况下，对长约 20cm、宽约 8cm 的第二个肿块进行了分析。这是一个腹膜后淋巴结，可能是腹股沟深淋巴结，明显是肿瘤性的，含有丰富的血管，附着在较深的解剖结构上，由睾丸扩大的淋巴管供应营养。这个肿块被认为是不可切除的（图 7 和图 8）。在向主人解释了情况后，决定对患宠实施安乐死。

死后组织病理学诊断为支持细胞瘤，高度恶性，伴有淋巴转移。

病例分析

失误或手术并发症?

失误在于延误了患宠的手术治疗。这一失误导致因手术延迟太长时间而产生一系列错误后果：

- 第一个失误发生在 Max 还是一只幼犬的时候，它被诊断出患有单睾症。
- 第二个失误是在最佳手术时间内，由于心脏病的原因而等待了 1 年。当被认为合适手术时，因为肿瘤的发展，时间已经太晚了。

> 有遗传因素影响单睾（和隐睾）的发展，并增加发生睾丸肿瘤的可能性，主要在异位睾丸（较高的腹腔温度有利于这种发展），同样适用于阴囊内睾丸。因此，预防性早期阉割是被提倡的，因为除了预防将要发生的肿瘤，它还阻止这些动物将这种疾病传播给后代。

正确的方法

从手术和麻醉的角度来看，早期诊断单睾 / 隐睾并进行早期阉割是非常安全的，并最终阻止了睾丸肿瘤的发展。这提高了患宠健康长寿的机会。

病例 7/膈肌破裂

患病率	■■□□□
技术难度	■■■■□

■ 失误：钝性胸部创伤患宠未进行听诊和必要的 X 射线检查。
■ 失误的后果：最初只重视骨折，而忽略膈肌破裂。

病例特征

名字	Bean
种属	犬
品种	杂交犬
性别	公，去种
年龄	2岁

临床病史

Bean 第一次被带到诊所进行肘部骨折（尺骨）检查和手术治疗。这不是最近的骨折，病史上记录它已经失踪了几天（在此期间被一辆车碾过）。主人不在，向 Bean 的代管人解释了手术过程和这类修补治疗的潜在风险后，他不想做手术。

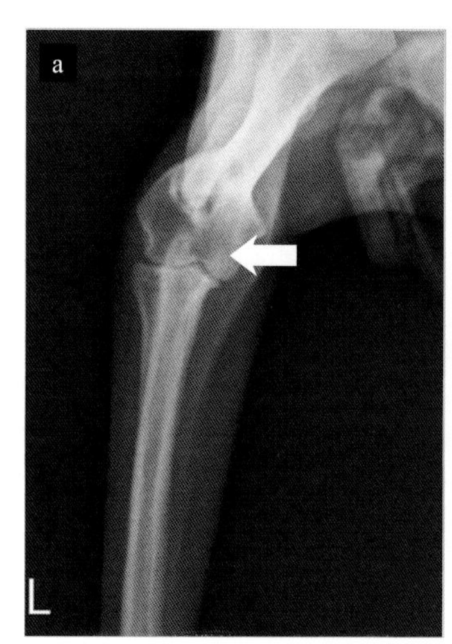

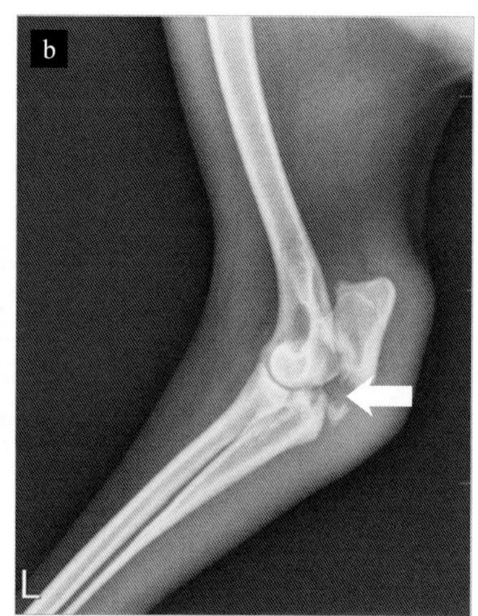

图 1　X 光片显示肘部骨折。腹背侧视图（a）；侧视图（b）

当 Bean 的主人回来后，它被带回了诊所。新的 X 光片检查了骨折的愈合情况，另外还观察到一个严重的肺挫伤迹象（图 2）。

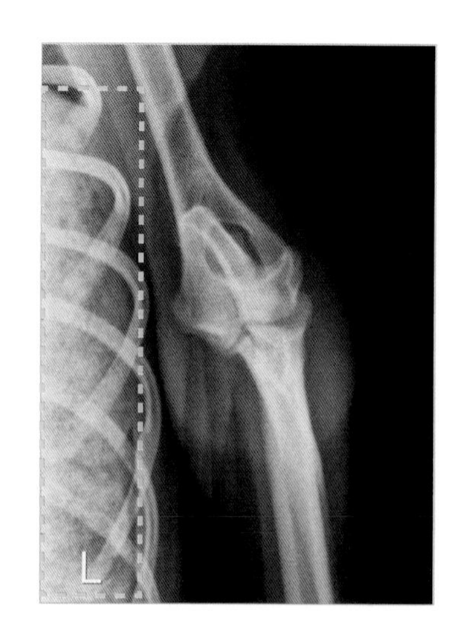

图 2　X 光片显示有肺挫伤的症状。四肢的前后观

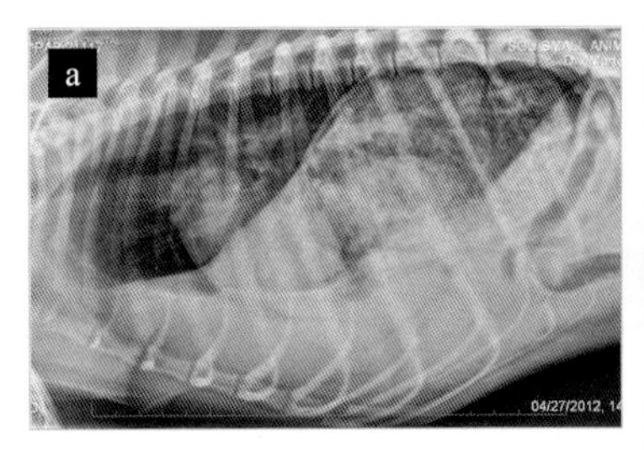

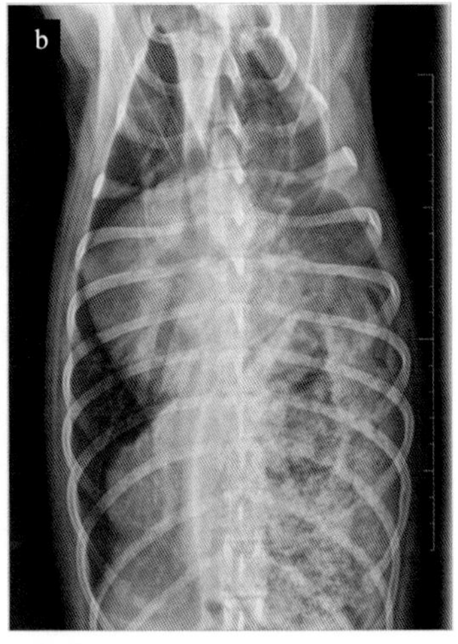

图3　X光片显示隔膜破裂。侧视图（a）；背腹侧视图（b）

临床经过

Bean被带回诊所，再次接受检查，并要求对肺部进行X射线检查，以评估病情。放射学研究显示膈肌破裂，这是一种经常发生在患宠被车辆撞击后所发生的损伤，主要是前肢损伤。肺挫伤是一种后遗症，虽然听诊但听不到异常变化。

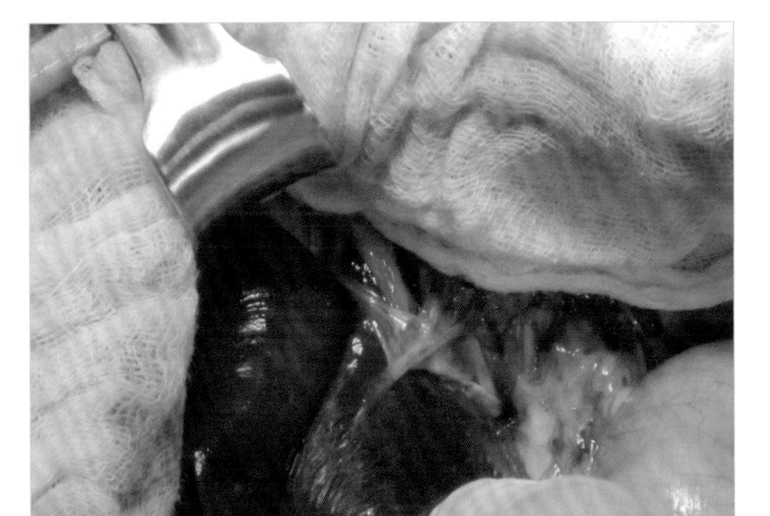

Bean接受了一个手术来修复破裂的膈肌（图4～图7）。

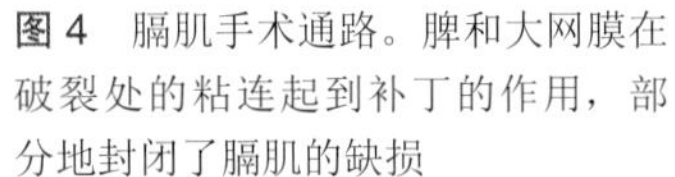

图4　膈肌手术通路。脾和大网膜在破裂处的粘连起到补丁的作用，部分地封闭了膈肌的缺损

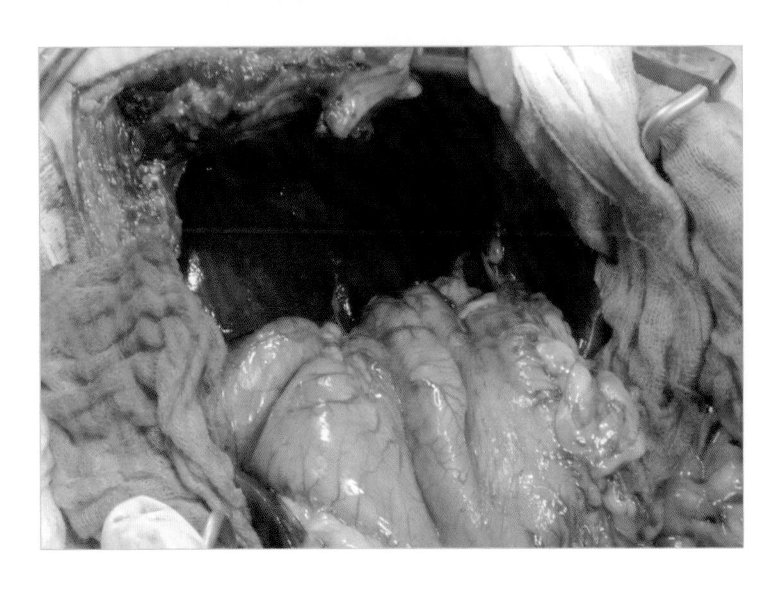

图5　复合的膈肌破裂，可以看到大量腹腔脏器进入胸腔

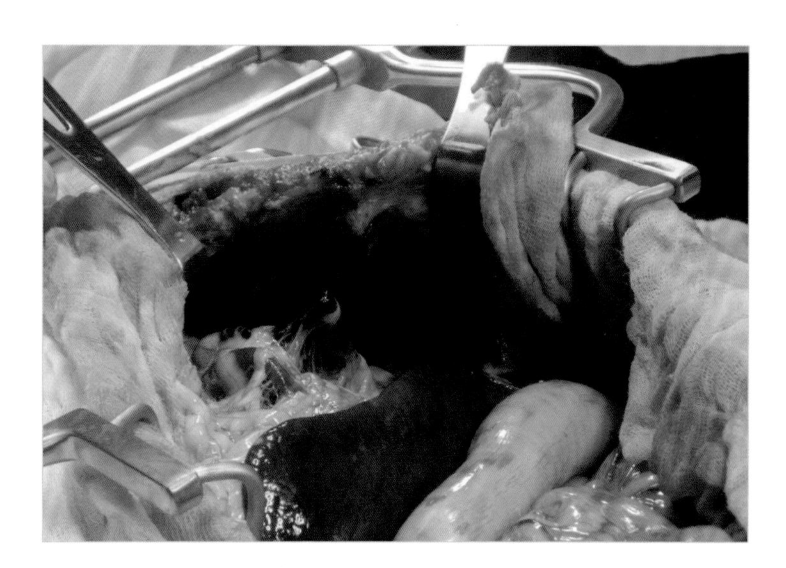

图 6　注意膈肌的周围和中央破裂

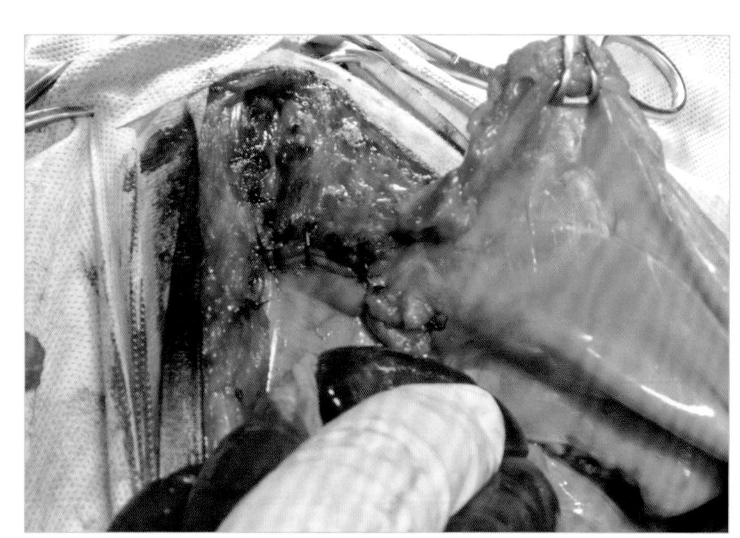

图 7　正确修复膈肌破裂

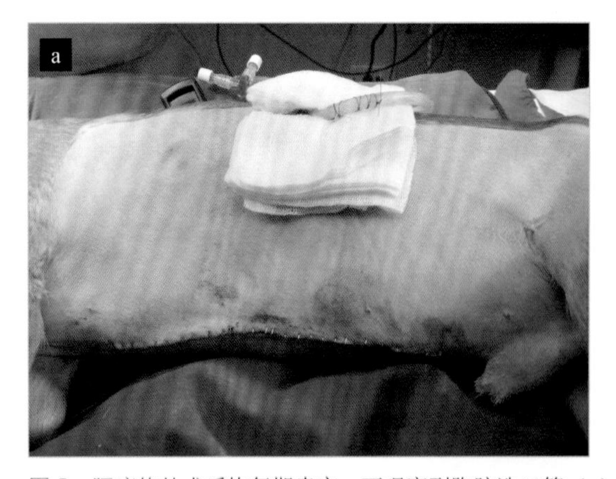

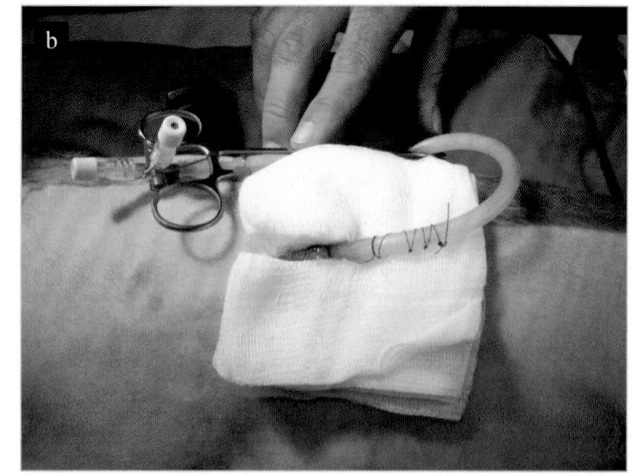

图 8　膈疝修补术后恢复期患宠；可观察到胸腔造口管（a）。详细显示了从胸绷带（b）开始的导管放置

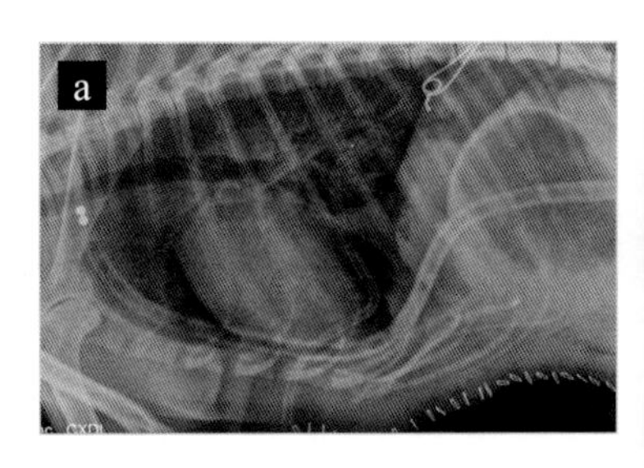

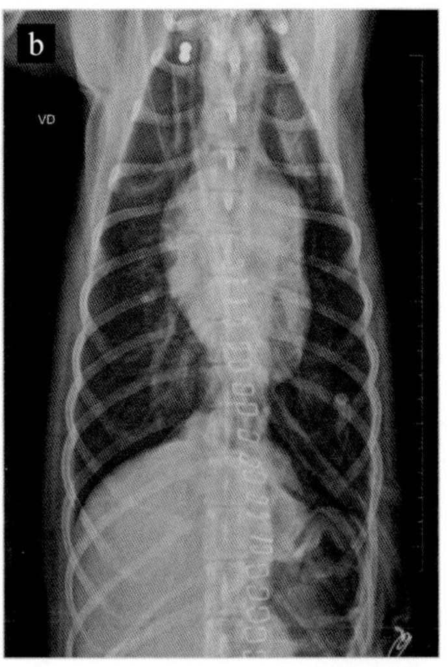

图 9　术后放射学追踪

作为患宠随访的一部分，新的 X 光片被用来检查内脏的正确位置，并对其进行监测（图 9 和图 10）。

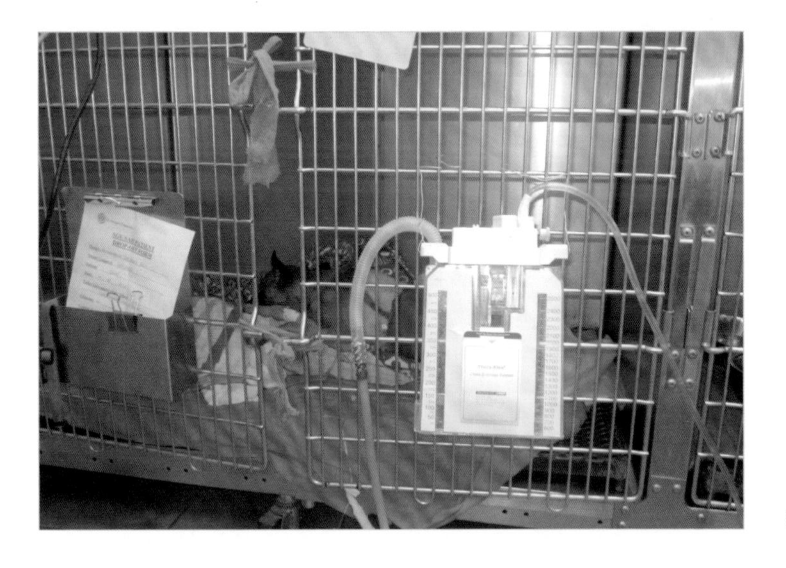

图 10　术后即刻进行重症监护

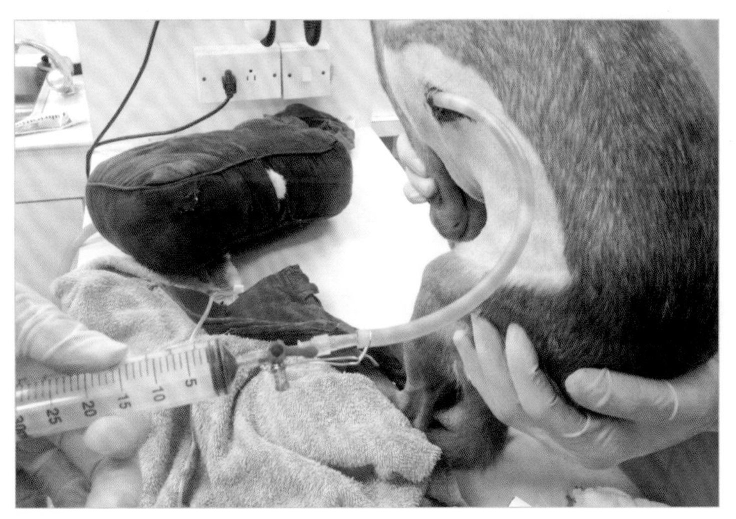

图 11　胸腔引流。吸出少量液体

在术后第二天的随访中，胸部绷带进行了更换，并进行了常规的胸腔抽吸（图 11）。只吸出了几毫升的血性积液。决定将引流管再放置 12 ～ 24 小时，并根据 Bean 的反应将其取出。

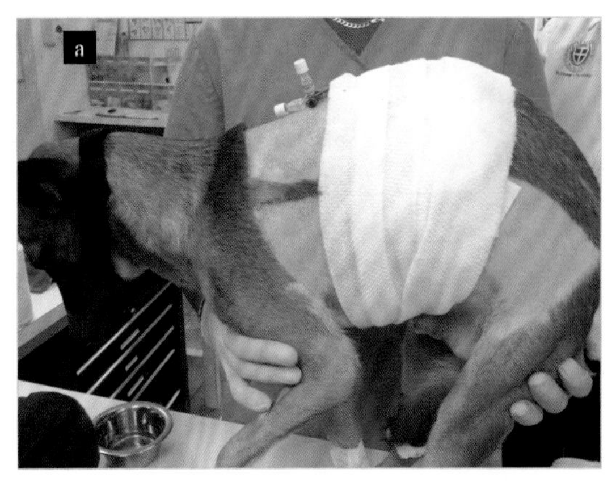

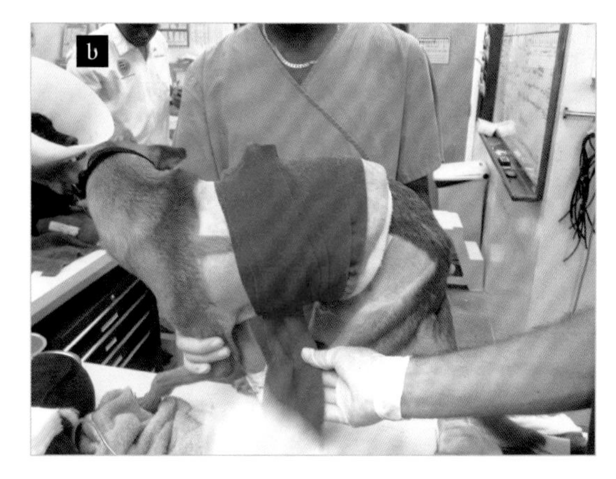

图 12 抽吸后用绷带包扎以保护缝合线和胸腔引流管

考虑到患宠的骨折没有得到治疗，决定等患宠康复 1 周后再进行肘部手术。

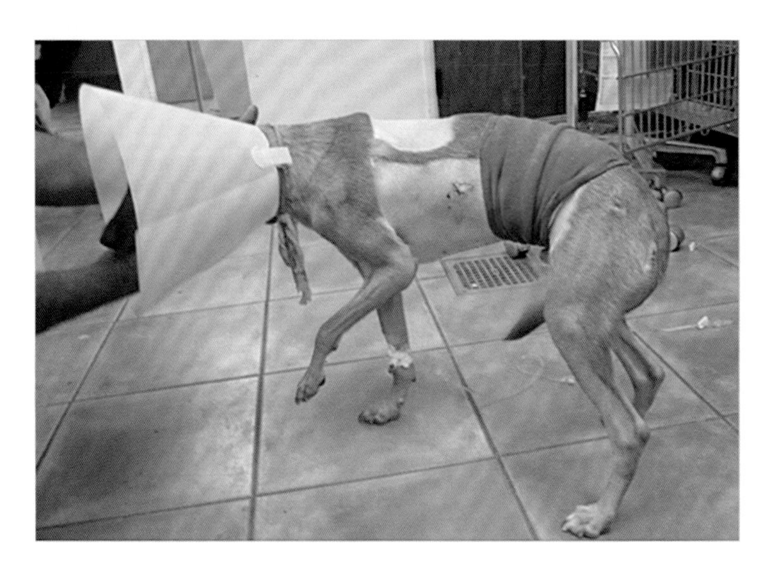

图 13 术后两天，胸腔引流管被移除

病例分析

失误或手术并发症?

所有前肢有病变的患宠都应该仔细检查和听诊，因为有可能在胸部同时出现病变。对于这个病例，听诊被忽略或错误地解释了最初的检查。没有进行胸部 X 射线检查以排除气胸或挫伤的存在。

正确的方法

对于前肢被车辆撞伤的患宠，有必要排除膈肌破裂和其他类型的损伤。同样，所有后躯创伤均需膀胱导尿以检查膀胱的完整性。

> ✱ 任何涉及前肢的创伤都需要对胸部进行良好的检查，同时对该区域进行 X 射线检查，以排除气胸、肺挫伤、纵隔气肿、肋骨骨折或膈肌破裂（膈疝）的存在。

肺挫伤在创伤后需要一段时间才能显现出来，在 X 光片上更是如此。因此，在这些类型的损伤中，临床症状先于放射性症状。

必须仔细听诊胸腔，如果胸腔没有正常的声音，或者如果这些声音的强度降低，就应该怀疑膈肌破裂的可能性。同时，听到不正常的肠鸣音也要怀疑膈肌破裂，除非已经查明原因。

如果没有正常的胸腔音或胸腔音强度降低，我们应该怀疑膈肌破裂。

膈疝不需要立即手术。

对灵猩必须特别小心，因为它们很瘦弱，膈肌顶部的投影达到第八肋间。这可能会使临床医生感到困惑，他们似乎可能会听到来自胸腔的肠鸣音。

膈疝患者的治疗

膈疝患宠不需要立即手术。那么什么时候手术呢？当胃被困在胸腔内时，它就需要进行紧急手术，因为胃在这个缩小的空间内扩张，可能会产生严重后果。

如果胃在胸腔内突出，则应进行紧急重建手术，因为胃扩张可能导致快速而完全的肺塌陷，这将导致呼吸困难，无法通过胸腔穿刺进行治疗。

如果胃有疝气，在胃扩张的情况下，手术治疗是紧急的，以防止肺部塌陷。

过去认为，如果动物在膈肌破裂后 24 小时内或破裂后 1 年以上进行手术，死亡率会更高。有人认为，随着时间的推移发生的移位、粘连和适应症可能增加手术风险，但在最初 24 小时内进行的修补增加了死亡的可能性。因此，建议首先使患者充分稳定下来。然而，最近的报告表明，只要患宠表现出心血管的稳定性，就可以进行膈肌破裂修补术。

此外，相关的损伤，如肺挫伤，可以在 24 ～ 48 小时内明显达到适当的稳定，使患宠更适合麻醉。

总之，初步稳定的目的是改善患宠的心脏状况，以增加其对麻醉和手术的耐受性。如果不可能实现适当的稳定，则“最优化”的概念不可忘记，它总是努力在手术前让患宠达到最佳的状态。

如果患宠不能稳定，我们至少应该在手术前达到“最优化”状态。

由于可能存在粘连，慢性病患宠的治疗应包括胸廓后部的剪毛。如果观察到粘连，开腹手术后必须打开胸腔，以便更好地暴露任何被困的器官，如肝脏。这将使外科医生能够在不造成任何重大损伤（如再灌注损伤）的情况下重新定位器官，并在不造成更大损伤的情况下，将其从肺叶或胸膜的任何粘连中释放出来。一般来说，小肠粘连较少。如果有肺裂伤，外科医生必须准备好进行肺叶切除术。对于内容物可能大于可用空间且无法实现良好腹腔闭合的慢性病例，脾切除术后可能会进行肠切除和吻合术。内脏切除术可以降低腹腔内的压力和缝合线的张力，从而限制血管压迫和缺血的风险，这可能导致腹腔间隔室综合征。

最后，在进行疝修补术之前，应放置引流管或导管，此时开放的胸腔可以更好、更准确地放置引流管或导管。

避免再扩张性肺水肿的建议是让恢复期的患宠有一个最小的气胸，在接下来的 8 ～ 12 小时内进行缓慢的引流以达到所需的负压。

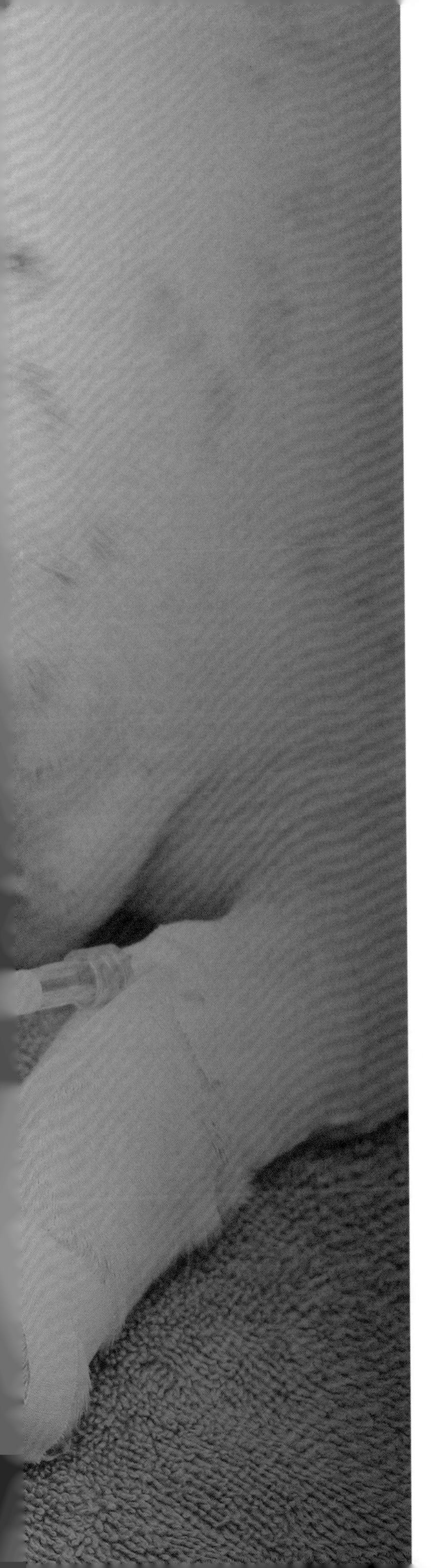

头部、颈部、胸部和腹部手术中的失误

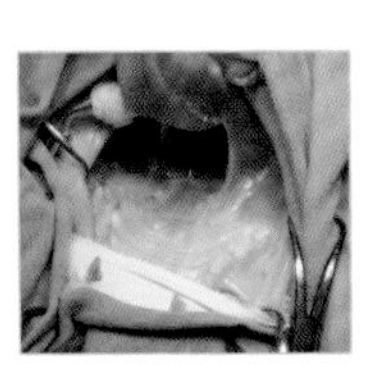

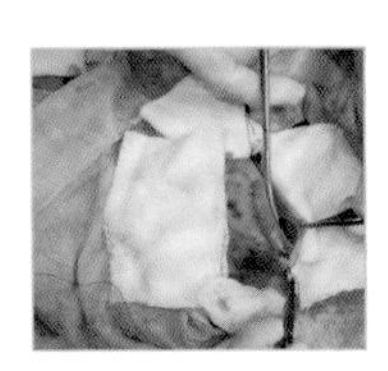

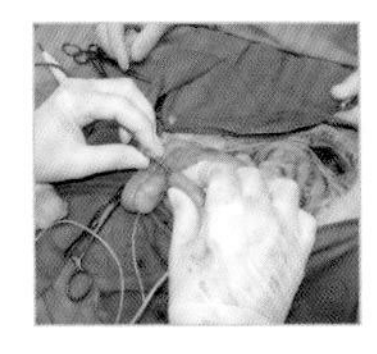

病例8/慢性口鼻瘘修补术

患病率	■■□□□
技术难度	■■■■■

- 失误：手术方法不正确或组织瓣血管缺乏。
- 失误的后果：腭缝合连续失败。由于硬腭的慢性骨吸收，口鼻瘘的直径增加。

病例特征	
名字	Tigre
种属	猫
品种	美国短毛猫
性别	公
年龄	3岁

临床病史

为了纠正几个月前发生的创伤性腭瘘，Tigre在接受了6次手术后被带来就诊，之前的所有手术都无法关闭腭部缺损。

Tigre是从六楼摔下来的。创伤的唯一可见后果是上颌骨骨折，导致软腭和硬腭分离（图1）。硬腭能够愈合，但是软腭不能愈合。无法获得之前手术的相关信息。根据主人描述，两个齿弓的皮瓣已经被使用，怀疑这导致了两条腭动脉都受到了损伤，并很可能没有了血液供应。

临床经过

Tigre的总体情况很好，但出现了严重的鼻炎，有慢性喷嚏，特别是在饮食或饮水之后，而且体重减轻。血液分析显示，白细胞轻度增多，可能与鼻炎有关。根据有创伤的病史，要求对胸部进行X射线检查，并对上颌骨进行腹背面X射线检查，结果显示骨折的慢性后遗症（图2）。胸部X光片未见任何异常。

于是计划进行新的重建手术，目的是利用软腭的黏膜将上颌骨的两侧合并到一起。考虑到患宠的病史，研究了重建手术再次失败的情况下放置鼻钮扣的可能性。

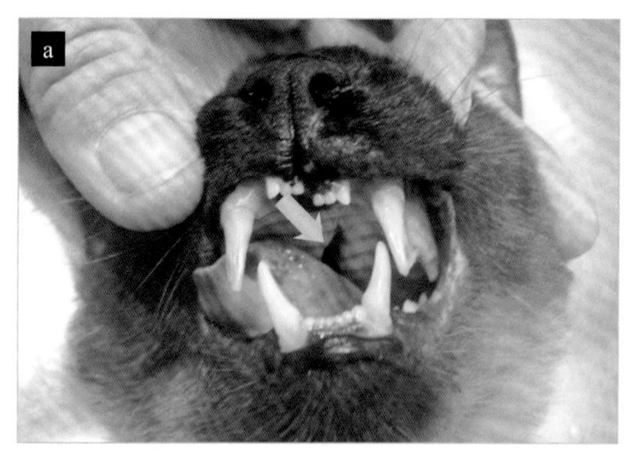

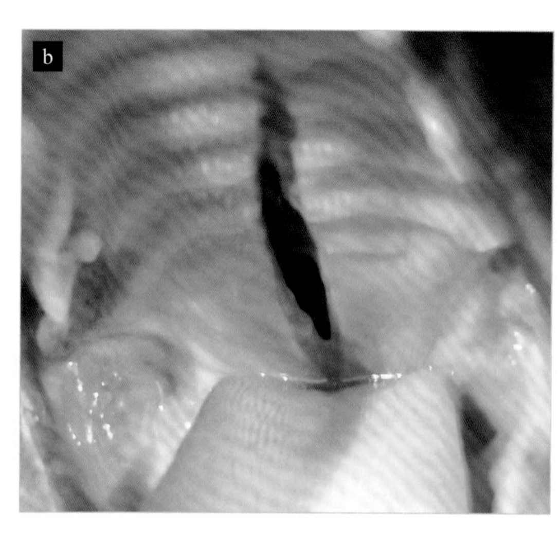

图1 （a）Tigre上颚口鼻瘘图片；（b）上颚口鼻瘘的镜头特写

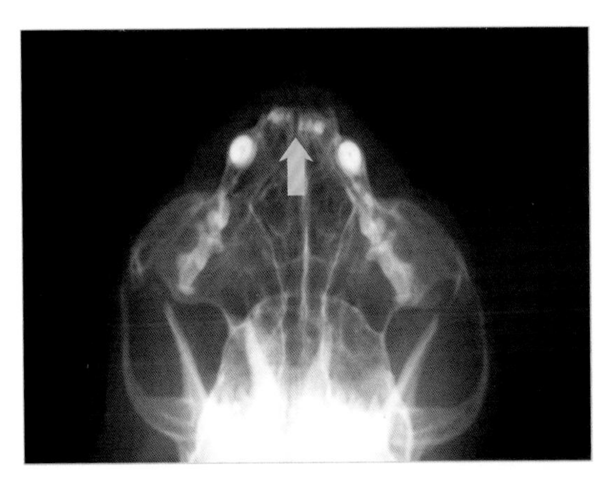

图 2 上颌腹背侧面 X 光照片。上颌骨慢性偏离（箭头所指部分）

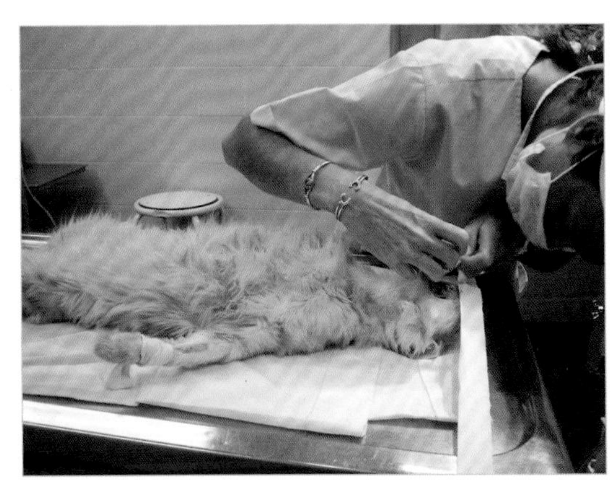

图 3 患宠腭部手术的保定

诱导全身麻醉，并将患宠置于正确的位置，进行腭部手术（口腔张开，仰卧保定）（图 3）。利用麻醉的便利条件，冲洗了慢性鼻炎继发有分泌物的鼻腔（图 4）。然后用软腭黏膜的两个倒置皮瓣进行重建手术。用 5-0 尼龙线缝合，使两个黏膜相互叠加在一起（类似于背心套在裤子上或梅奥氏缝合）（图 5 ～图 7）。

Tigre 手术后恢复得不好，伤口裂开，鼻炎症状加重（图 8）。

外科兽医决定尝试制作一个原始的鼻中隔纽扣来闭合瘘管，但由于难以获得，于是自制了一个纽扣来代替。采购了硬质硅树脂，在第二次手术中，用微型电机和钻头切割了“自制”鼻钮扣（图 9 和图 10）。

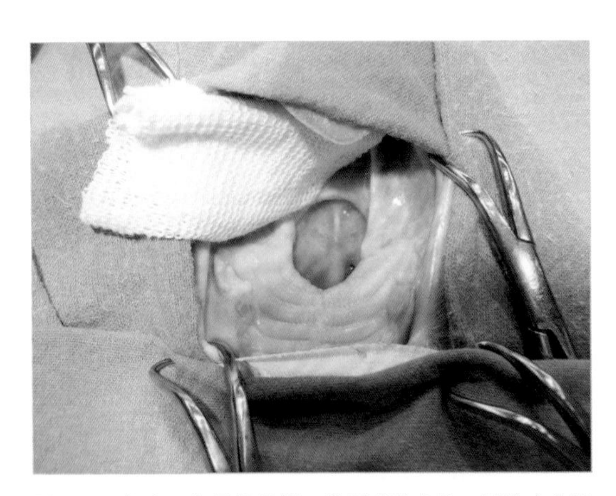

图 4 口鼻瘘。在咽部放置一块无菌纱布垫，以防止分泌物进入气管

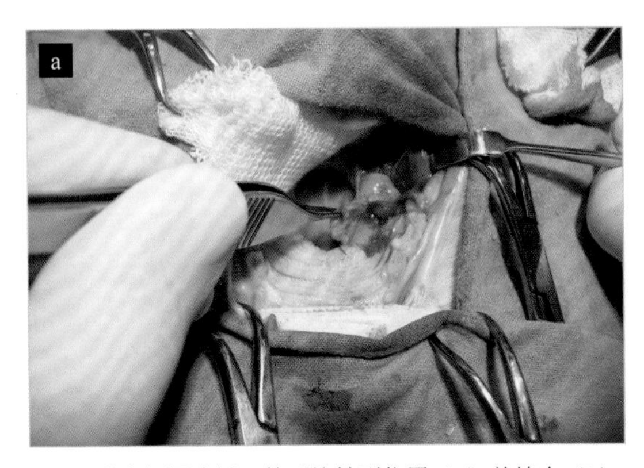

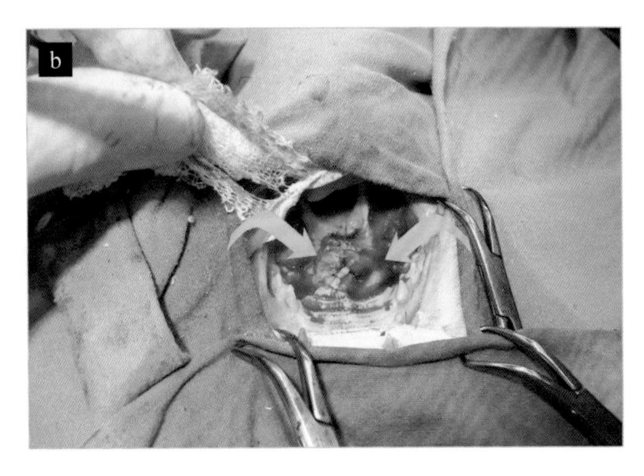

图 5 准备倒置皮瓣，然后旋转到位置（a）并缝合（b）

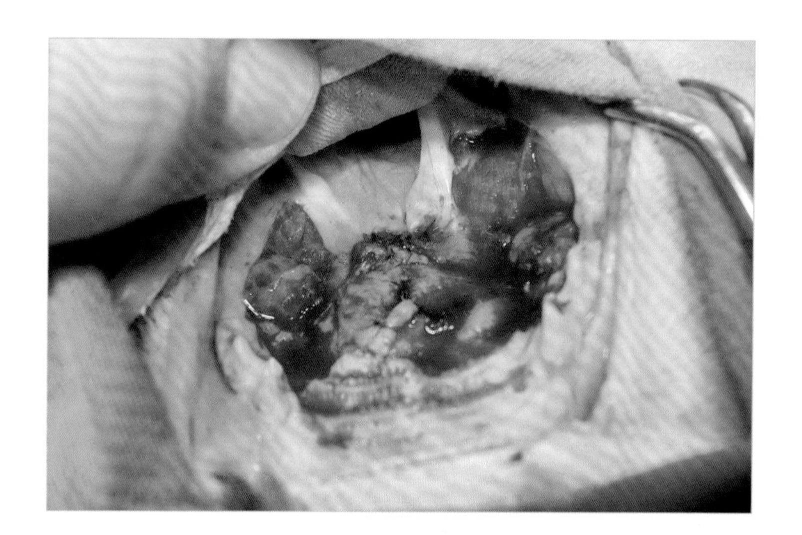

图 6　手术后伤口的外观

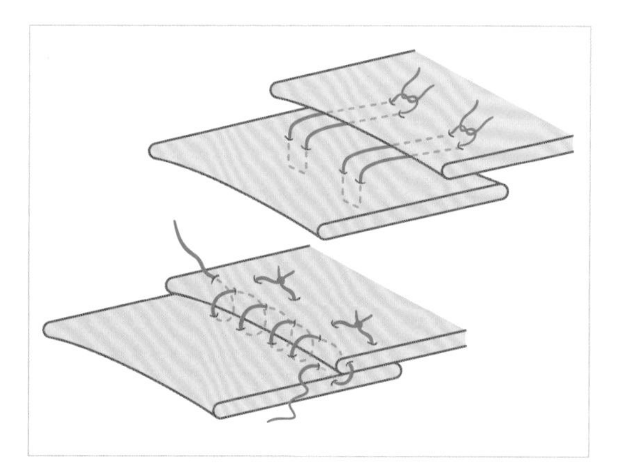

图 7　梅奥氏缝合（两个投影图可以更好地显示缝合线）

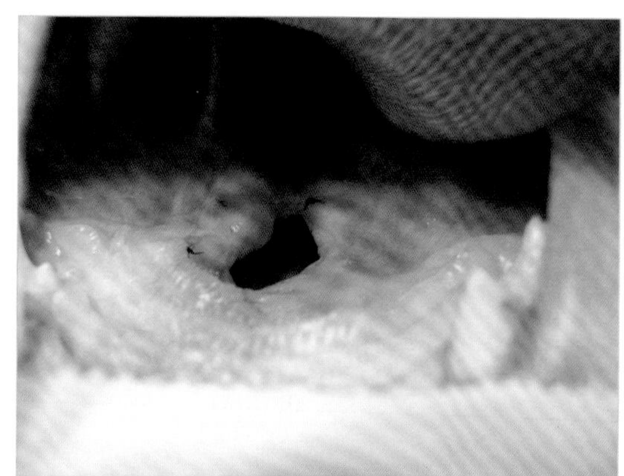

图 8　伤口裂开

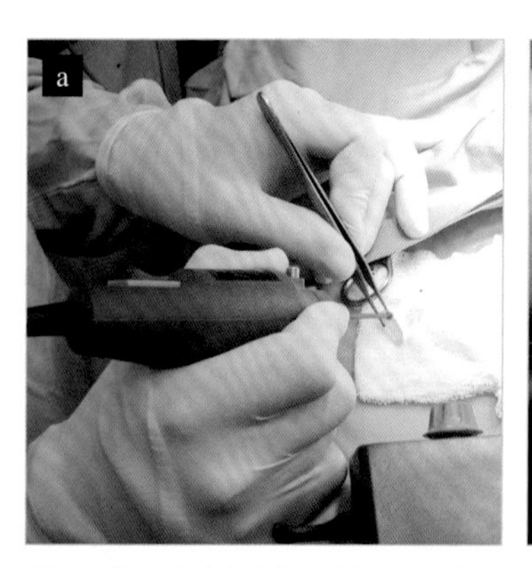

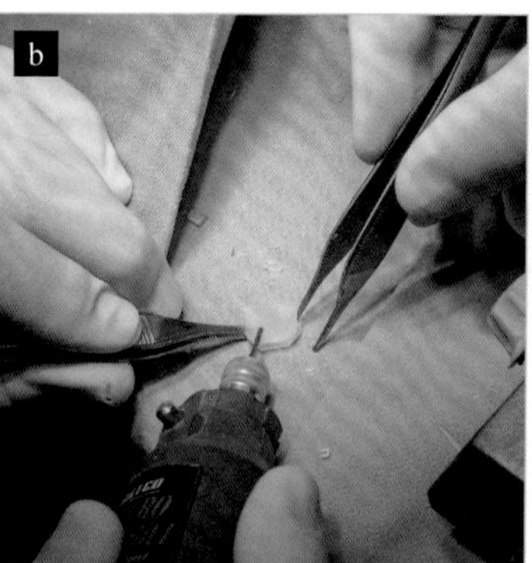

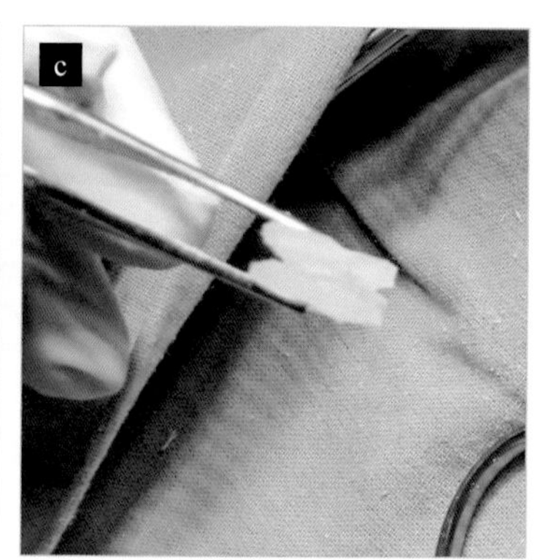

图 9　将硬硅胶鼻纽扣切割到一定大小

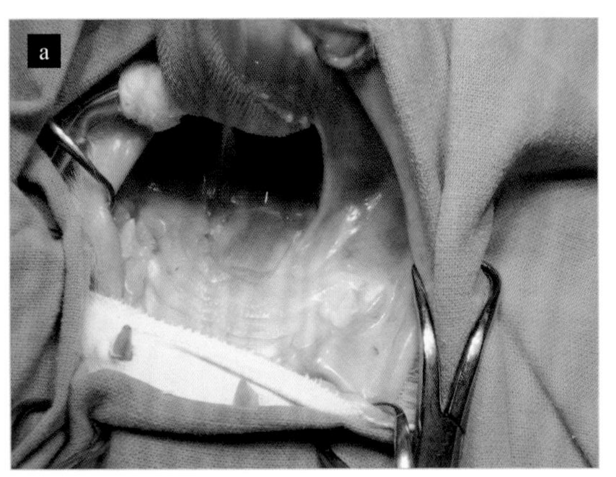

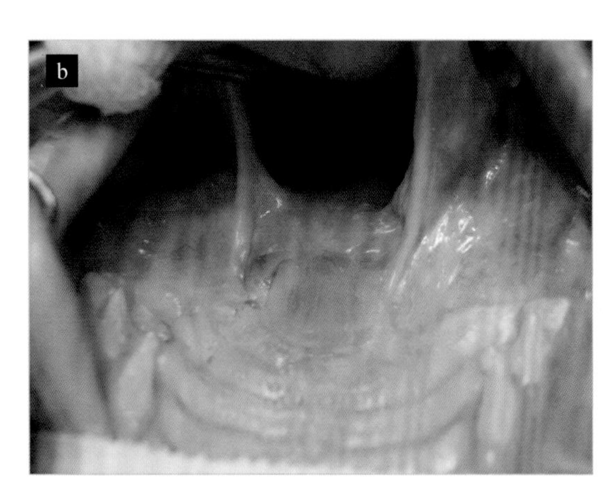

图 10 “自制”鼻纽扣的放置

这个“自制”鼻纽扣大约起了 4 个月的作用。当取出鼻纽扣时，患宠的鼻炎症状再次出现（图 11）。

虽然仍然不能获得原装的鼻纽扣，但获得了更柔软的硅胶材料，因此安排了新的手术计划。将硅胶切割成一定大小并放置在缺口处，并用尼龙线缝合固定（图 12）。

Tigre 恢复得很好。6 个月没有并发症，可以正常进食。缝线在手术后几天自行脱落了。当再次移除自制的鼻纽扣时，主人已经收到了原始的鼻中隔纽扣。将患宠麻醉，用生理盐水稀释的 1% 洗必泰溶液清洗口腔和鼻腔。

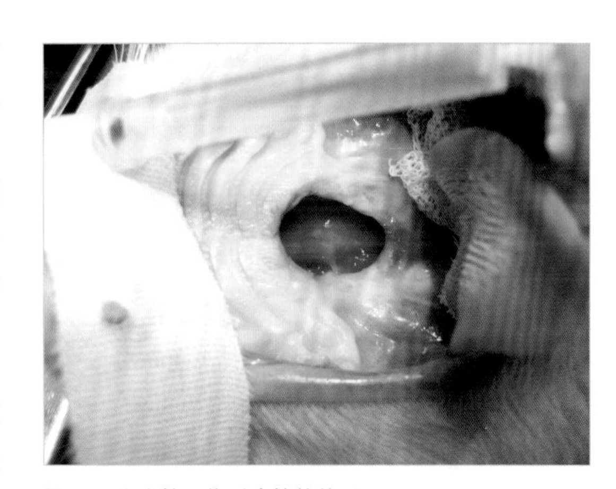

图 11 取出植入物后瘘管的外观

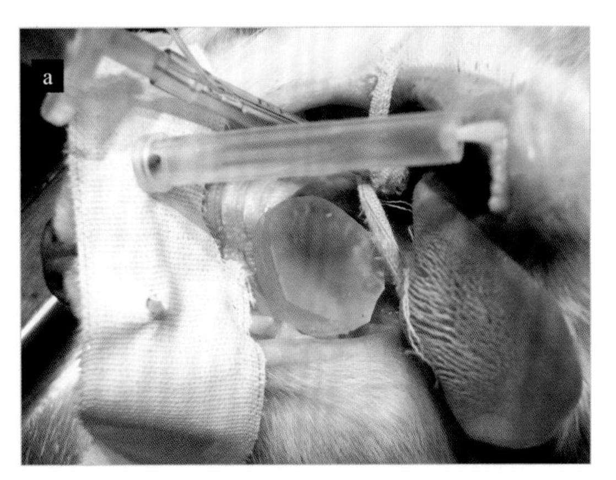
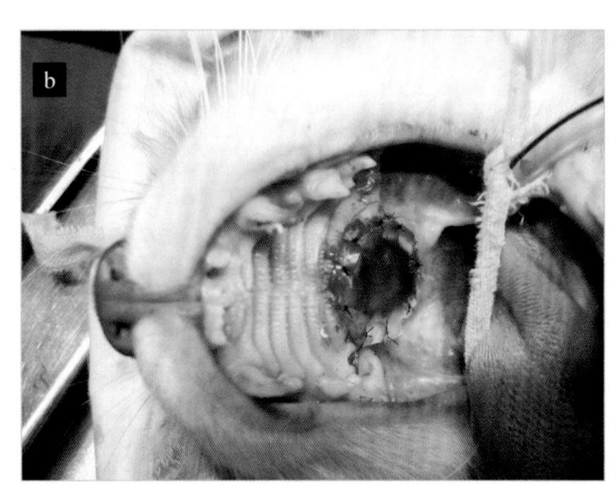

图 12 放置定制的软硅胶纽扣（a）并缝合到上颚（b）

图 13 鼻中隔纽扣

所使用的植入物被市场上称为“鼻中隔纽扣”，直径为 3、5 或 7cm。虽然用最小的尺寸，但仍然太大，所以将其修剪成瘘管大小并放置好（图 13 和图 14）。

要求主人每 6 个月复诊 1 次，以便在麻醉状态下清洗植入物以及鼻腔和口腔。每一次植入物都更坚硬，弹性更小。由于这个原因，每清理 3 次就换 1 个新的，也就是说，放置后一年半换新的鼻纽扣。

这样持续了 6 年，期间出现过两次严重的细菌性鼻炎，并伴有发烧、厌食和严重的白细胞增多症。这两次都进行了细菌培养和药敏试验，并用敏感的抗生素进行了治疗，逆转了病情。

在对 Tiger 的多年监测中，由于逐渐和持续的骨吸收，瘘管的直径明显增加。急性和亚急性感染可能是造成这一现象的原因。最后一个植入物放置很困难，因为腭的右侧几乎没有骨支撑，植入物仅由左侧口腔和腭的后部支撑。

然而，7 年过去了，Tigre 仍然很强壮。在上一次的植入物更换中，他非常瘦，被毛粗乱。检测到与支原体病相关的贫血，并用克林霉素进行了有效的治疗（图 15）。

> ✱ 鼻腔植入物、鼻腔及口腔应定期清洁。鼻腔植入物放置时间过长，失去弹性，应定期更换。

图 14 鼻中隔纽扣放置部位

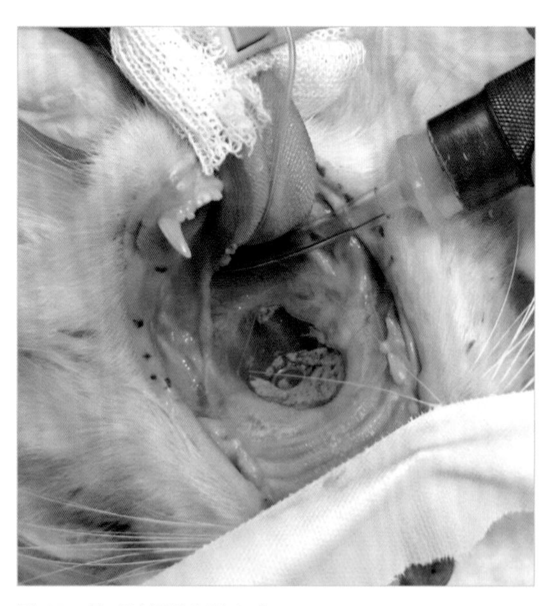

图 15 最后放置的新植入物

病例分析

失误或手术并发症？

假设在事故发生后的前六次尝试缝合瘘管时，发生了并发症或失误。由于连续缝合失败，腭部黏膜纤维化增强。第七次尝试通过创建两个减张缝合的皮瓣来关闭腭部，最终也失败了。如上所述，要么是因为手术失误，要么是因为这些皮瓣中包含的黏膜组织没有足够好的血管化。

腭缝合的并发症发生可能是由于缝合过紧或没有考虑到腭部的血管化。

在创伤性口鼻瘘合并骨折的病例中，建议使用钢丝植入物来缓解上颌骨的张力，从而减轻黏膜缝合处的张力。在这个病例中，后部瘘管是不容易放置植入物的。虽然 X 光片显示患宠的骨折位于上颌骨的中三分之一，但无法确定这个手术是最成功的。在缝合腭裂时，外科医生应确保皮瓣的良好接触和适当的血液供应。

最后，种属的差异性造成了额外的困难。患猫不容易愈合，因为猫总是试图用舌头舔掉缝合线。

正确的方法

这种缝合方式的关键是放置一个矫形植入物，以降低张力，并正确定位两个黏膜瓣的放置位置。

图 16 和图 17 显示了用如前所述的手术方法治疗两个创伤性瘘管的病例。尽管主要问题不是食物或唾液，而是猫自己的舌头，但也可以考虑放置食管造口插管的可能性。

> 腭部的矫正缝合必须确保皮瓣的正确定位和血液供应，并通过矫正植入物减少张力。理想的情况是，可以在口腔和鼻腔的两侧各造一个皮瓣，以达到良好的愈合效果。

根据 Tiger 的情况，决定放置一个鼻纽扣，因为剩余的腭部组织不再处于最佳愈合状态，不能实现充分的 I 期愈合。“自制”植入物的使用效果很好，但由于其非常坚硬，会给猫造成麻烦，所以一有机会猫就会把植入物弄出来。使用真正的植入物确实可以达到良好的闭塞瘘管的作用。感染应该是预期的，通常用适当的抗生素控制。

在这个特殊的病例中，Tigre 上颌骨的状况及其慢性吸收（图 18）在未来是令人担忧的。

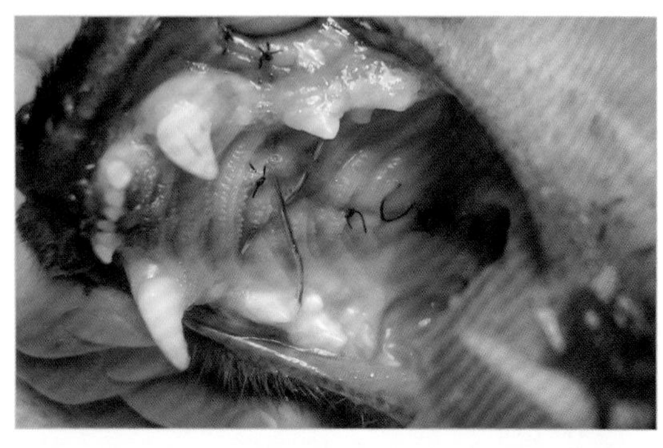

图 16　腭瘘和在上颌骨使用推进皮瓣和矫形钢丝的闭合术

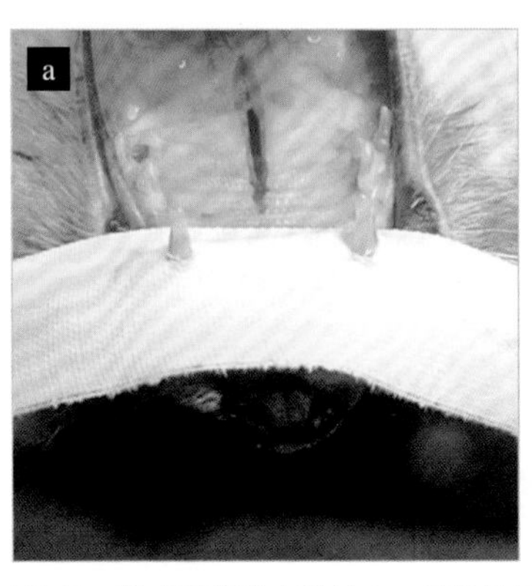

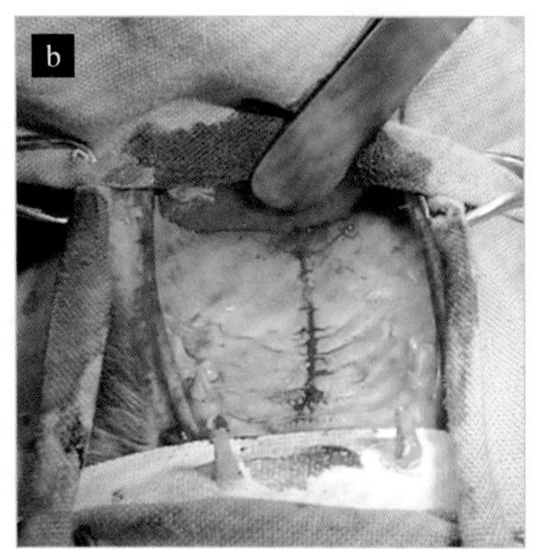

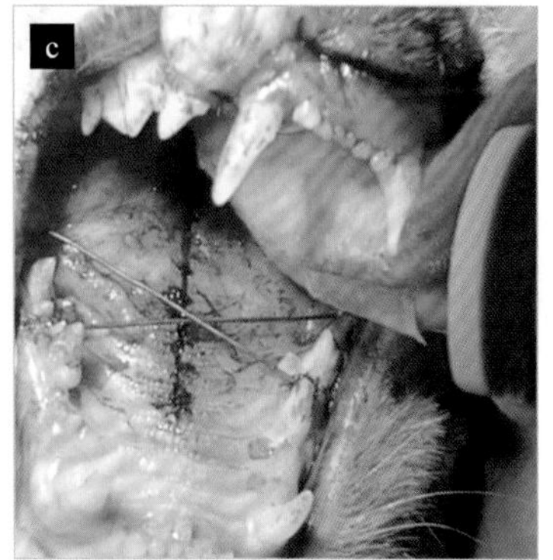

图 17　腭瘘用推进皮瓣闭合，还放置了上颌矫形钢丝

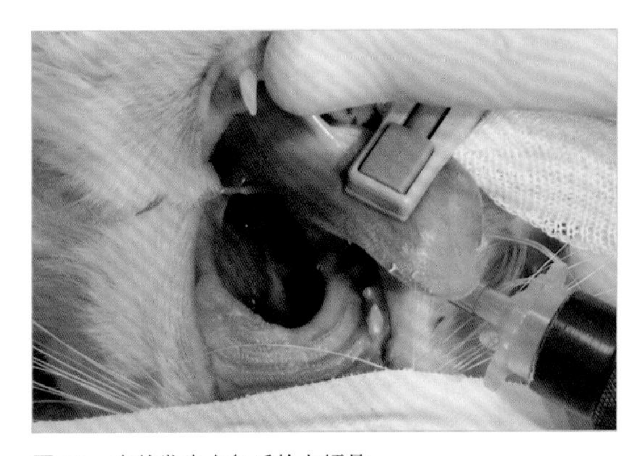

图 18　事故发生七年后的上颌骨

目前，从最初的创伤到现在已经有七年多了，Tigre 依然很强壮。在 6 年半的时间内，它一直在用口鼻腔植入物（最初是自制的，然后是原装的）。

有报道称，使用耳软骨植入物来治疗小的口鼻瘘。在这项技术中，在口腔和鼻腔黏膜之间的缺损部切一个沟状或袋状凹槽，作为植入物被锚定的部位。然后使用缝合线将植入物固定在适当的位置，起支架的作用，允许微血管形成并随之迁移到鼻腔和腭黏膜上，从而使瘘管得以闭合。

这些植入物的材料包括硅胶，以及钛和甲基丙烯酸酯。

重要的是要记住，这个手术只有一次很好的机会获得成功，那就是第一次尝试修复瘘管时。此外，口鼻瘘修复需要创造具有良好血液供应的皮瓣，一旦缝合到位，这些皮瓣就不应处于紧张状态。

一旦纤维疤痕组织形成，就更难创造一个新的皮瓣。还应记住，皮瓣的张力在愈合过程中可能会增加，从而影响缺损的正常愈合。

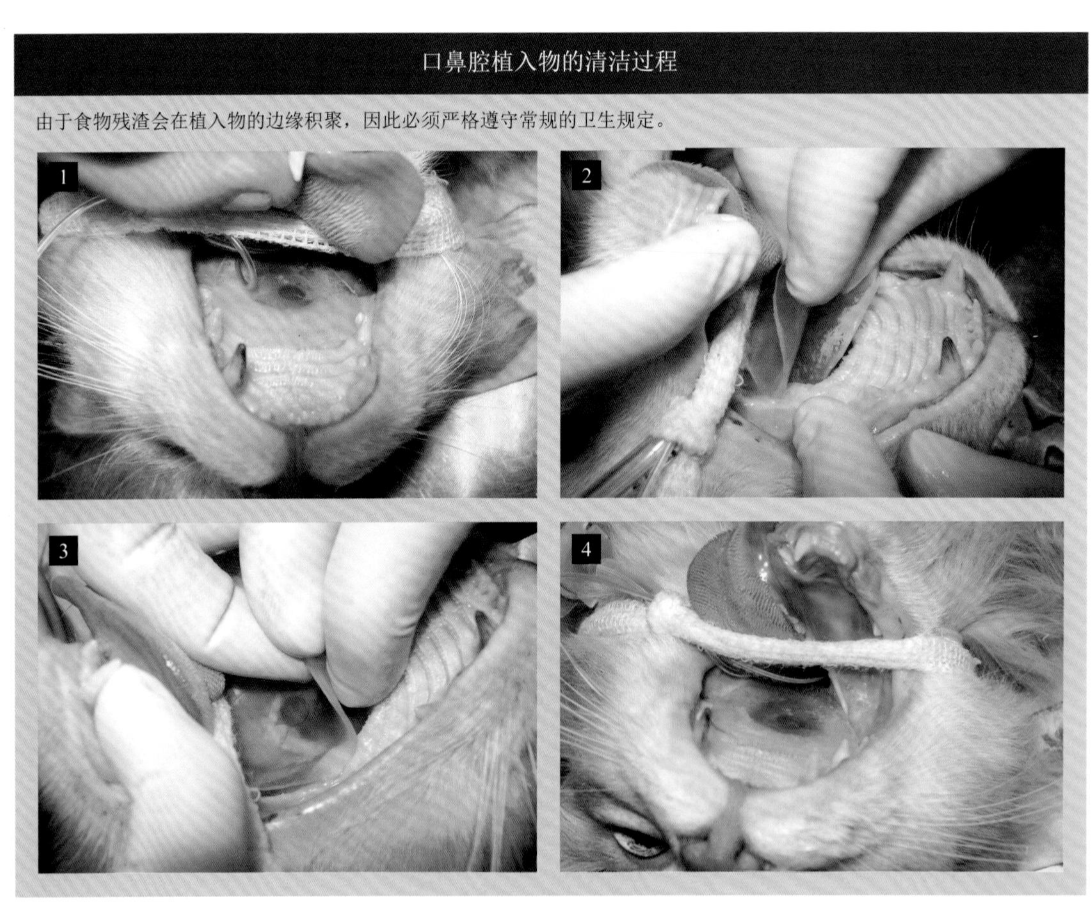

图 19　全身麻醉状态下，用生理盐水稀释的 1% 洗必泰清洗鼻钮及口腔、鼻腔的过程

病例 9/颈部重建术

患病率	■■■□□
技术难度	■■■■□

- 失误：对咬伤受损组织的处理不当。
- 失误的后果：恢复期延长；永久性气管造口术。

病例特征

名字	Maggie
种属	犬
品种	杂种犬
性别	母
年龄	3岁

临床病史

Maggie 的医疗记录显示，它被另一条狗袭击，颈部近端区域被咬，气管和食管有撕裂。事故发生后，它曾两次接受手术，两次都出现裂开。

Maggie 有一个直径小的食管造口管位于裂开区域附近。它的整体状态很差：表现出营养不良的迹象、明显的体重减轻和略显苍白的黏膜（图 1）。尽管如此，它对饮食还感兴趣。

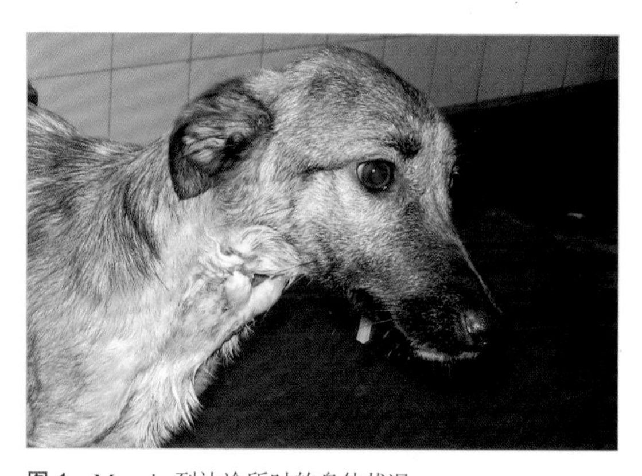

图 1　Maggie 到达诊所时的身体状况

受伤的区域看起来并不好，疼痛、肮脏、形状不规则。伤口沾染了黏液、脓液和唾液的混合物（图 2）。

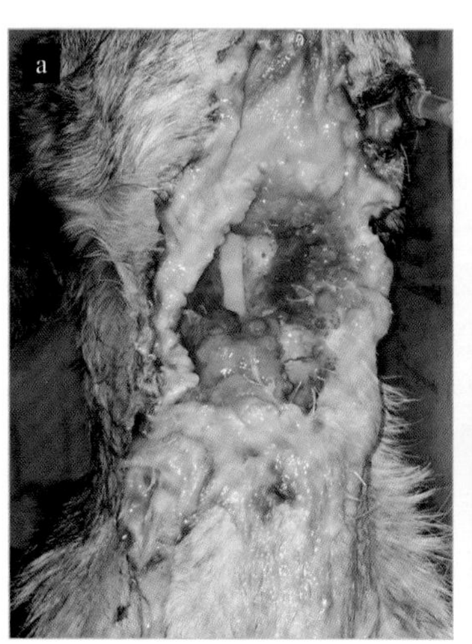

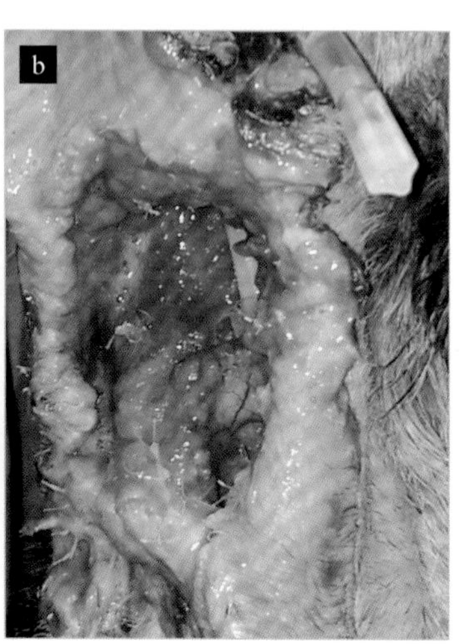

图 2　Maggie 第一次检查时伤口的外观

气管区域的清洁必须非常小心。

临床经过

取受损组织的样本进行培养和药敏试验。在等待培养结果的同时，用阿莫西林、克拉维酸和甲硝唑组成的经验性抗生素处方进行治疗。每天用无菌生理盐水清洗伤口。此外，作为术前筛查的一部分，要求进行全血计数。特别注意气管区域的卫生。

安排了重建手术，主人被告知可能需要几次手术来对病犬治疗。

当对该区域进行详细检查时，发现气管与喉部完全分离（360°），边缘之间的间隔约为 7cm，这使兽医认为端端吻合几乎是不可能的。此外，食道腹侧约 4cm 长的区域也有组织缺损，占食管周长的一半。

因此，外科医生计划重新进行气管造口术，使其成为永久性的，并创造一个皮瓣来重建食管。此外，决定将食管造口管更换为反应性较低的硅胶管，并将其放置在重建区附近。并决定将食管造口管更换为反应性较低的硅胶管，并将其放置在重建区域的近端。

放置气管内导管，以便在准备手术区域时使病犬有效地通气，并防止潜在失误（图 5）。

病犬麻醉，前肢向后仰卧保定。一旦放置手术创巾，外科医生通过气管造口术放置无菌气管导管，替换在准备过程中放置的气管导管（图 6 和图 7）。

之前手术的缝合线被移除，气管造口被清理，清洁食管边缘（图 8）。检查背侧半部以确保其状况良好。

接下来，从颈部左侧创建一个新鲜皮瓣，然后用 4-0 单丝尼龙线缝合到食管边缘。缺损附近的一小块区域没有缝合，因为它的张力增加，很可能发生裂开（图 11 和图 12）。

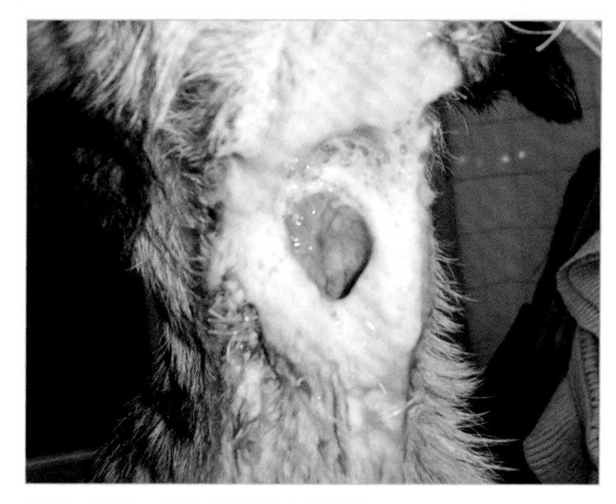

图 3　经过一周治疗后伤口的外观

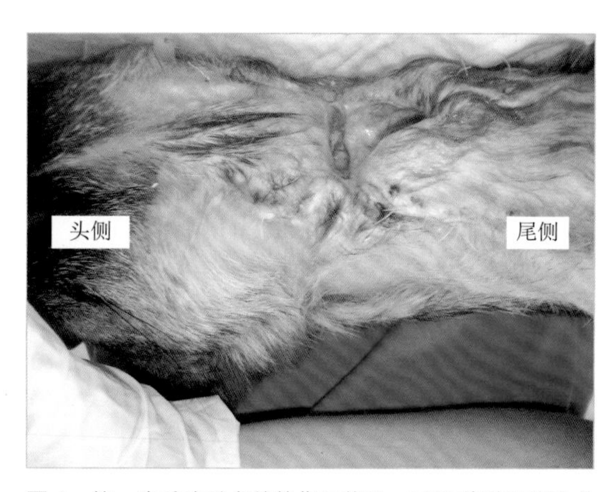

图 4　第一次重建手术前的伤口状况，可以看到以前手术的缝合线

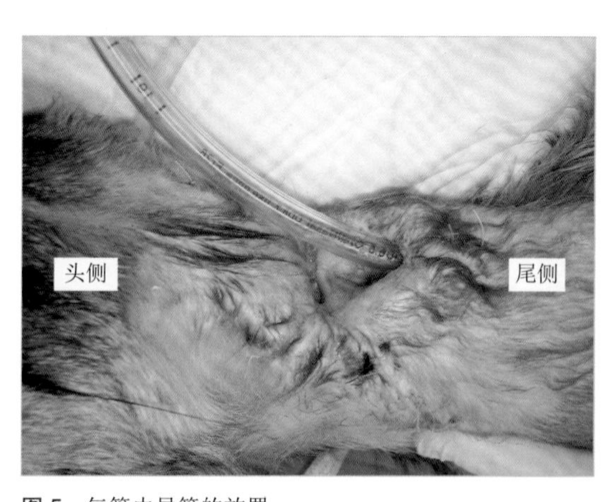

图 5　气管内导管的放置

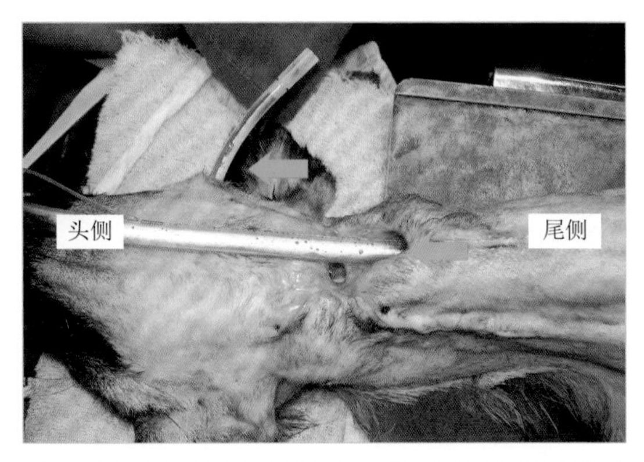

图 6　用于麻醉诱导的气管导管。蓝色箭头表示先前放置的食管造口管，绿色箭头表示初始的气管造口管

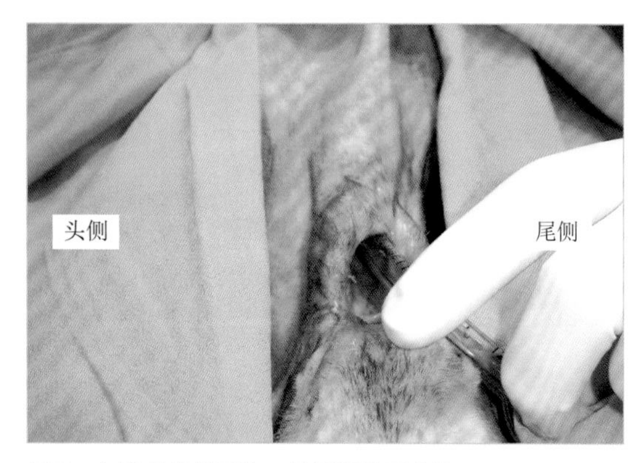

图 7　气管导管的更换，放置新的无菌管

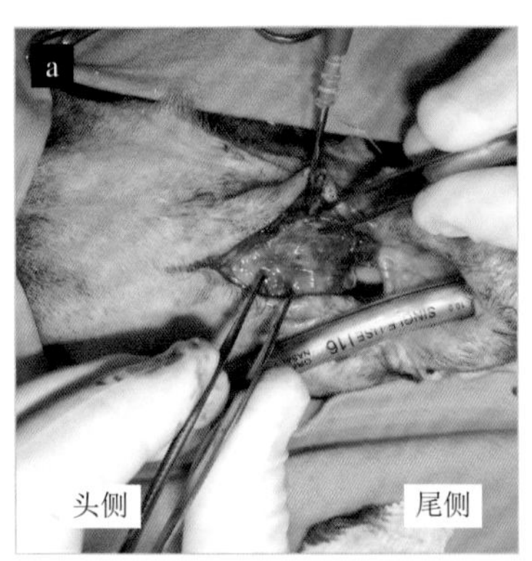

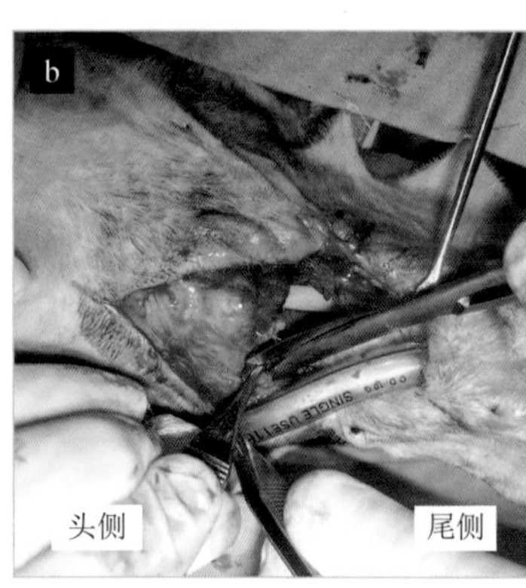

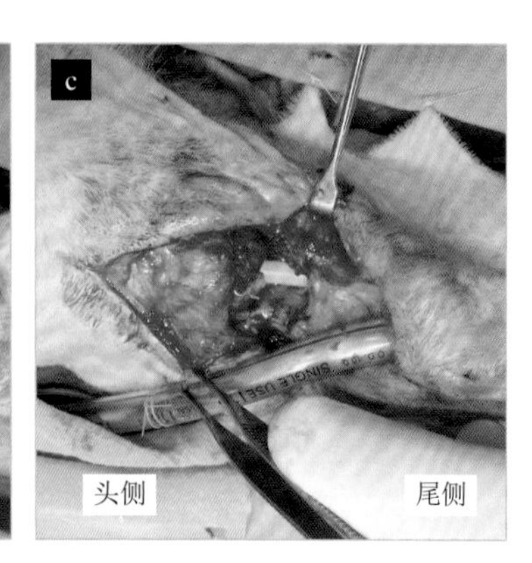

图 8　去除缝线和失活的组织，使食管的边缘变得洁净

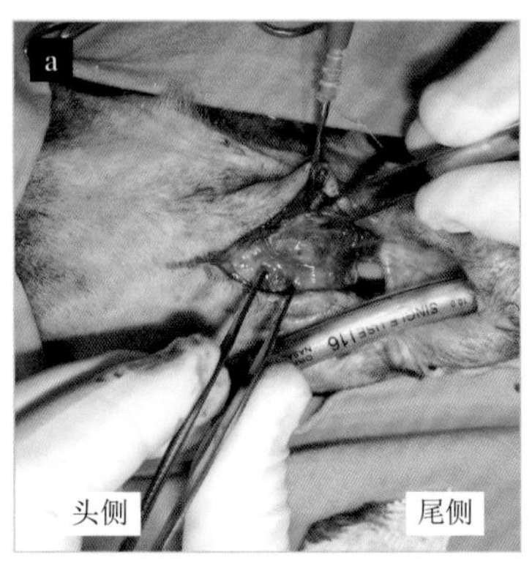

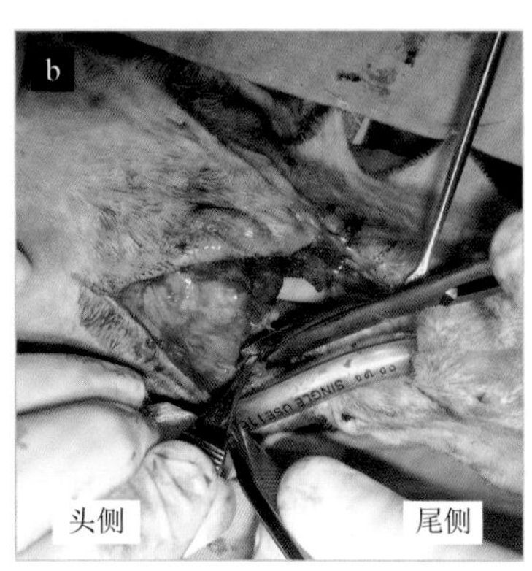

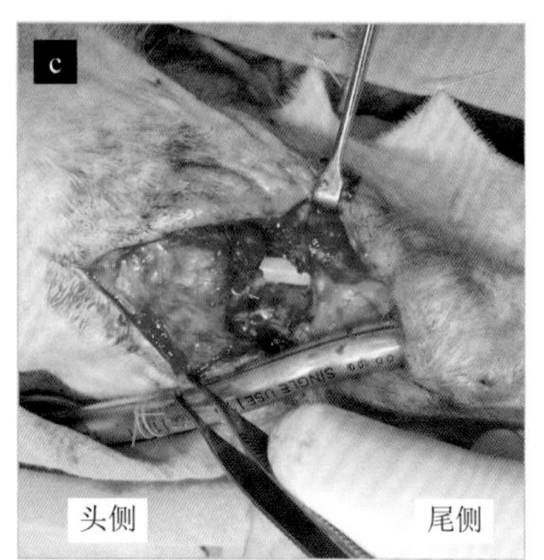

图 9　从食管管腔开一个口，在伤口外侧放置硅胶食管造口管（a）和（b），另一硅胶管在食管内侧（c）

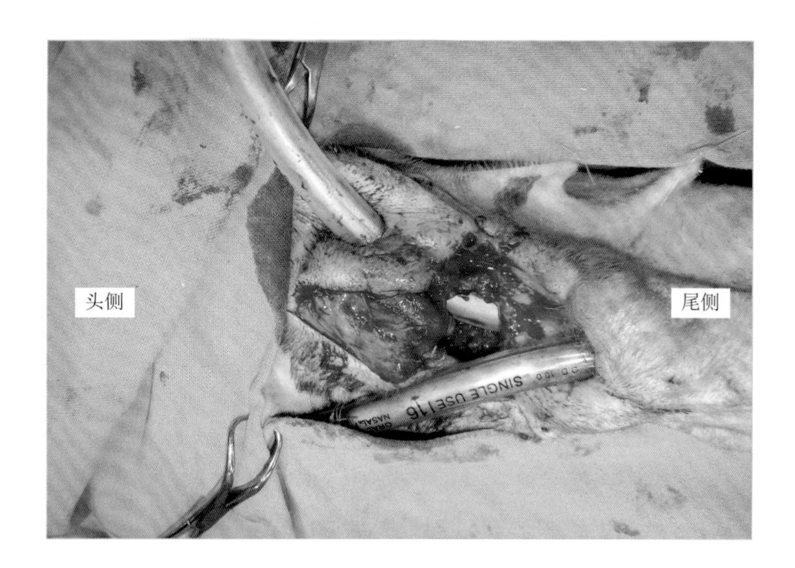

图 10 硅胶管的放置

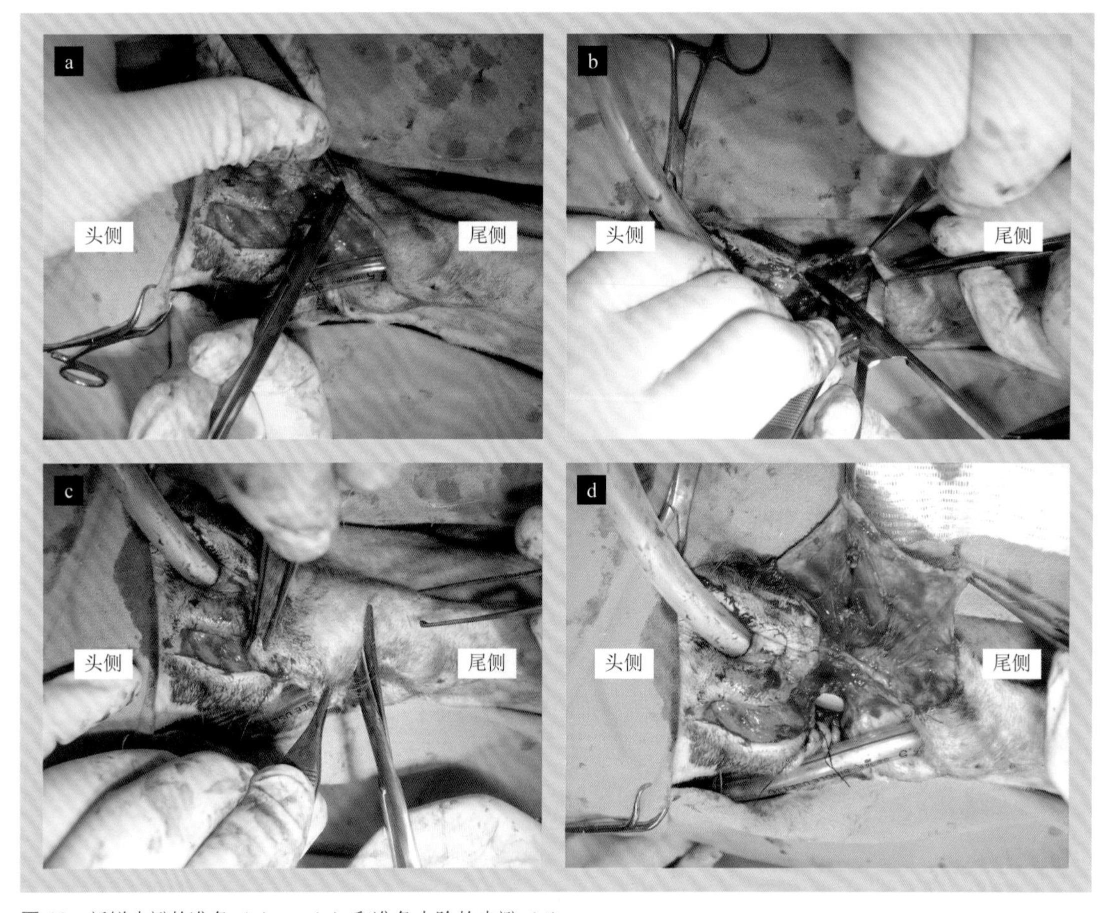

图 11 新鲜皮瓣的准备（a）～（c）和准备去除的皮瓣（d）

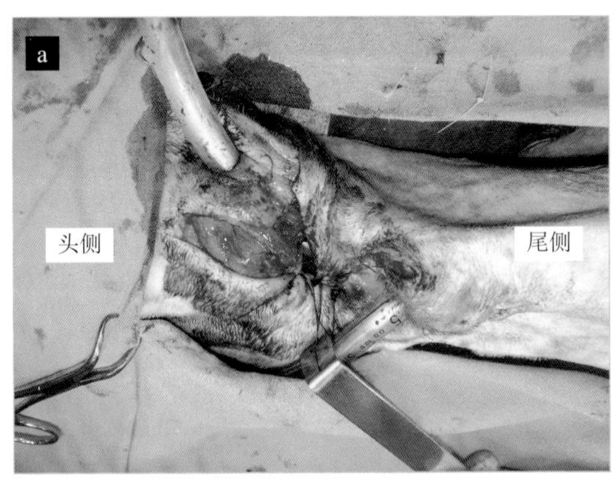

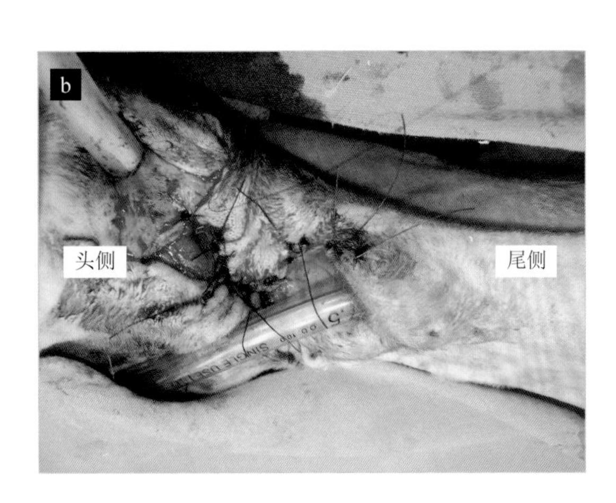

图 12　推进皮瓣的缝合（a）和最终结果（b）

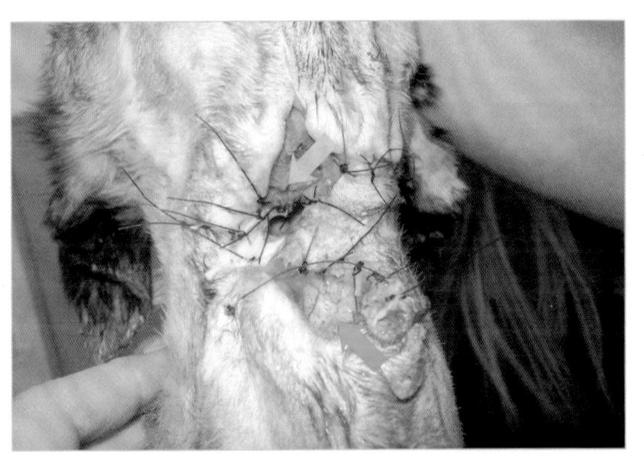

图 13　气管造口术处于完美状态（蓝色箭头）。食管伤口（黄色箭头）的背侧和右侧裂开

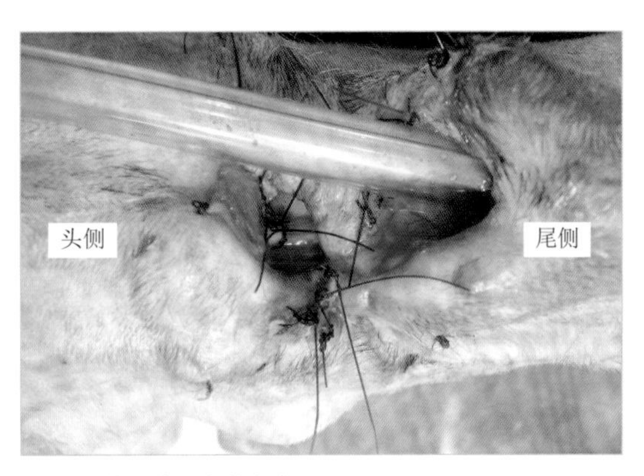

图 14　第二次手术的定位

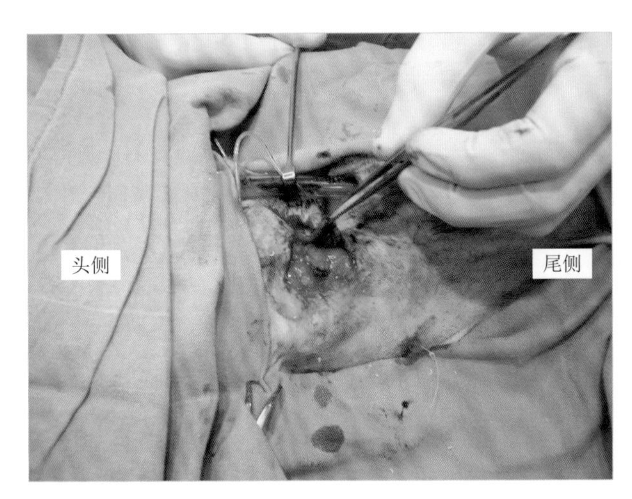

图 15　右侧的翻转皮瓣已准备好

病犬的康复情况比预期的要好。Maggie 可以通过管子适当地喂食。但 10 天后，由于疏忽大意，它把管子拔了出来（食道的背外侧出现了一个 2cm 的开口）（图 13）。但是气管造口术的愈合没有问题。

决定再给病犬做一次手术。在右侧使用倒置的皮瓣，也用 4-0 单丝尼龙线缝合（图 15 ～图 17）。在这个手术中，决定在胃里放置一个新的喂饲管，以避免出现新的问题。

在需要休养食管以促进愈合的情况下，胃造瘘术是一个非常好的替代方案，因为它避免了将导管穿过食管。

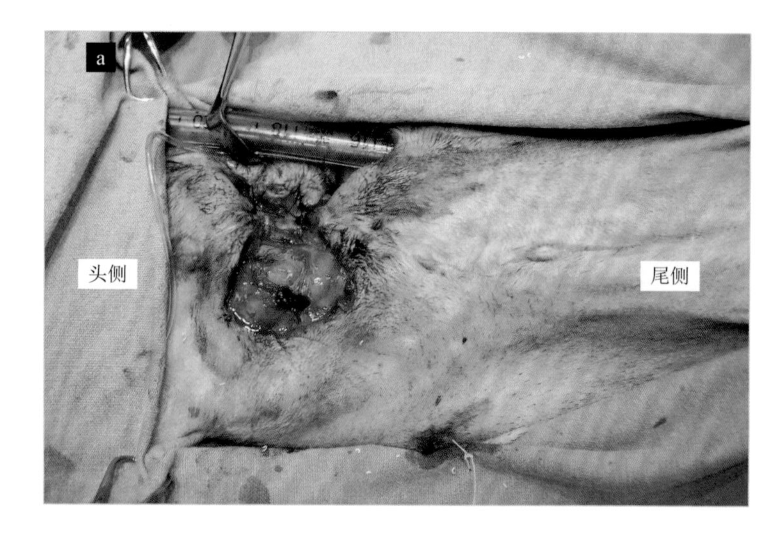

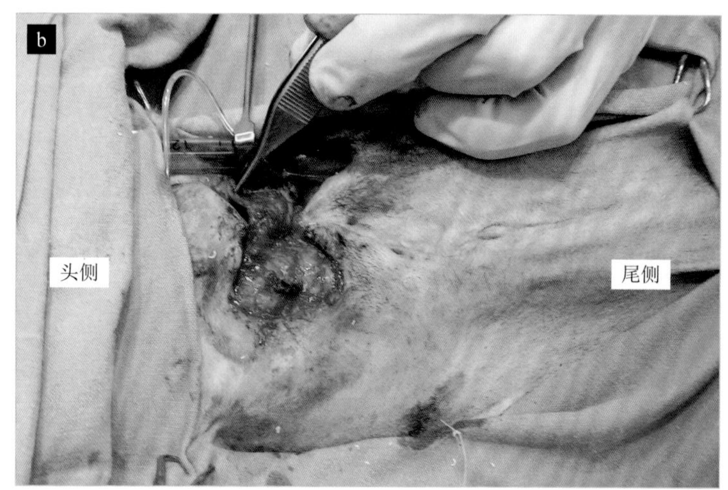

图 16 倒置皮瓣的放置；表皮朝向食管腔

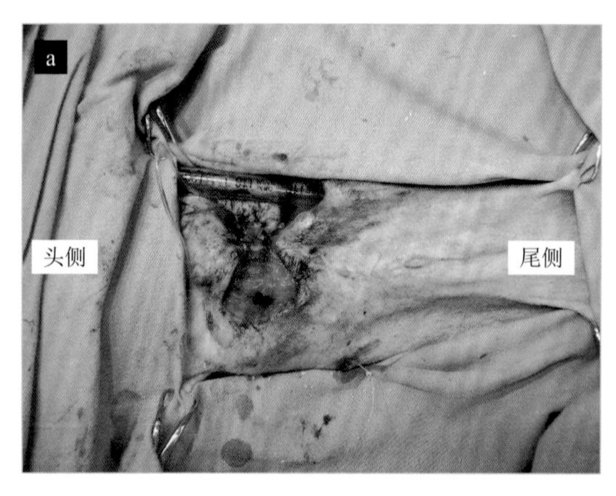

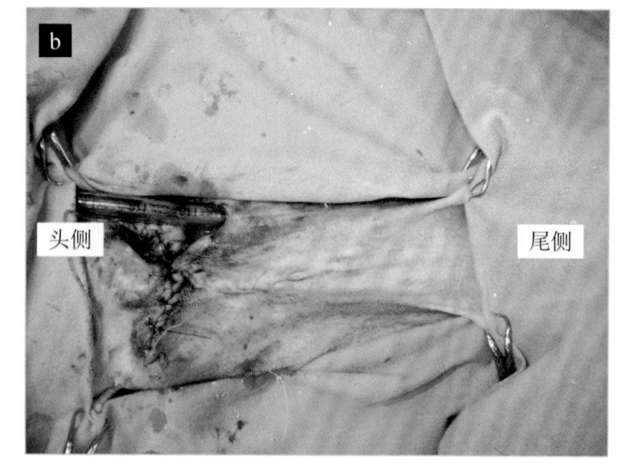

图 17 倒置皮瓣已缝合，创造倒置皮瓣所留下的皮肤缺损已闭合

使用这种技术，表皮暴露在食管腔中。这些类型的皮瓣在部分食管置换病例中已经形成“管”，取得了满意的效果。

> 经验表明：用倒置皮瓣可能是替换部分食管一个不错的选择。

在 Maggie 这个病例中，第二次手术非常令人满意。没有并发症，愈合非常好。

通过胃造瘘管进行饲喂，让食管“休息”。从最后一次手术后 10 天开始，病犬逐渐口服软性食物。这次没有发生裂开，并且在第 15 天取出缝合线。

第二次手术 4 个月后，Maggie 急切地进食，吞咽困难非常轻微，几乎不需要担心。吞咽过程中的咽期和环咽期是非自主的，几乎没有改变。这使得能够产生原发性食管蠕动波，把食物推向胃。

对该病犬的随访持续了 1 年，在此期间病犬体重增加，整体状况达到最佳。

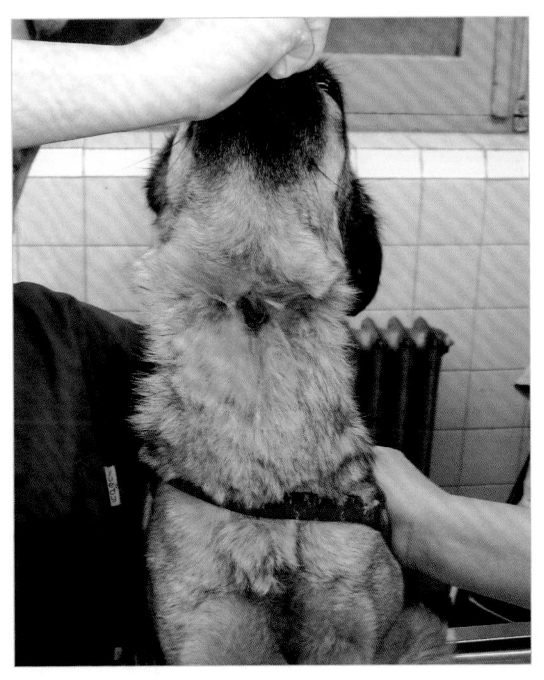

图 18　Maggie 术后 9 个月。食管已经愈合，永久性气管造口管状况良好。作为保护呼吸道的卫生措施，该区域周围的毛发被剪短

病例分析

失误或手术并发症？

最初的失误是没有适当地处理伤口，因为狗咬伤通常会在伤口留下大量细菌。胃管的放置、损伤组织的培养和抗生素敏感试验以及仔细的气管造口术，愈合可能更令人满意。然而，由于该病例的初始情况不清楚，排除了保留气管的可能性。

食管创伤可能的并发症是，由于黏膜和黏膜下层的过度损伤导致食管腔变窄。在愈合过程中，可能会出现过多的胶原沉积导致非弹性疤痕的形成，这将阻止正常的食管扩张，部分妨碍把食物推向胃部的蠕动。

总的来说，最初接诊的外科医生缺乏处理严重创伤或失活组织的经验，这种高度污染的损伤与对组织和病犬的不正确处理相结合，可能是导致处理该病例出现失误的主要原因之一。

必须进行引流，同时进行适当和必要的治疗，以尽快“清洁”伤口，获得充足的组织层，使兽医能够尝试修复或重建。

在不适当的位置放置食管造口管，就像在这种情况下发生的那样，危及重建手术的成功。在这个病例中，病犬有可能把它撕裂。对 Maggie 来说，从一开始就放置胃造瘘管会更高效、风险更低。

一旦该区域被“清洁”，就可以应用外科手术进行重建。如果外科医生缺乏必要的经验，那么可以把这个病例交给别的专家。

> 在考虑自己的成功之前，我们首先应该考虑患宠。如果提供的护理不充分或并非由专家提供，患宠可能会受到严重影响。

> * 食管损伤可能的并发症是瘢痕性狭窄，这可能阻碍食物的通过。

正确的方法

要正确地处理这样的病例，应牢记咬伤含有严重的细菌感染。因此，在这种情况下，对这类病例进行适当的初步处理的关键在于，首先决定哪些伤口可以闭合，哪些伤口延迟关闭。细菌培养和药敏试验是必不可少的，以及在细菌培养和药敏试验结果出来之前，使用广谱抗生素进行初始治疗。

应该记住，食管的裂开比消化道的其他部位更常见。这可以归因于浆膜的缺乏、血液供应的分段、吞咽和呼吸产生的持续运动，或者手术部位存在的张力。然而，浆膜的缺乏并不完全影响消化道其他部分的愈合。如果丰富的顶叶内神经丛没有受到太大的影响，食管节段性血液供应对其影响也不大。因此，在重建组织时采取预防措施和保护手术伤口是非常方便的。

其他治疗食道伤口缺损的方法是取来自颈部肌肉（如胸骨甲状肌，图 19）或膈肌的皮瓣。心包或大网膜也可用于胸段食管。

由于明显的原因，病犬不能使用项圈，只能使用安全带。此外，气管造口管的区域应定期清洁，并保持该区域的被毛剪短，以避免吸入。用手帕围住脖子也是可取的，以防止灰尘和昆虫进入。

发音的丧失或改变可能是手术的后遗症，因此必须向主人解释清楚，使之习惯这种情况。

这些病犬的主人应该防止它们靠近池塘或者试图跳入水中游泳。

在咬伤的病例中，至关重要的是在细菌培养和药敏试验结果出来之前，使用广谱抗生素治疗。

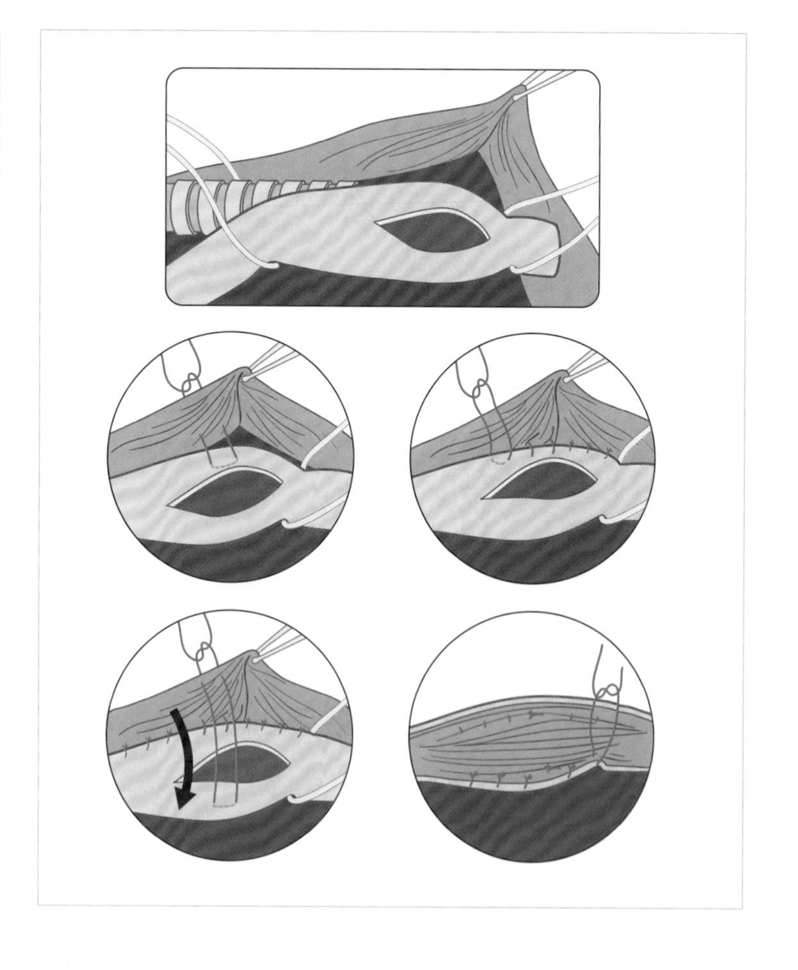

图 19 用颈部食管伤口附近的肌肉来修补这一伤口

病例10/术后内脏器官的脱出

患病率
技术难度

- 失误：没有按照描述的技术缝合腹壁。
- 失误的后果：腹腔内容物脱出。

病例特征	
名字	Bufanda
种属	犬
品种	法国斗牛犬
性别	母
年龄	2岁

临床病史

Bufanda 在 48 小时前进行了一次预定的剖腹产手术，5 只幼犬顺利出生。48 小时后，Bufanda 去花园玩耍，回来时肠袢脱出（图 1）。

它立即被带到诊所，并通过手术闭合腹腔创口。

图 1 Bufanda 被带到诊所后不久。病犬的肠袢被放置在尚未浸泡盐水溶液的无菌巾上

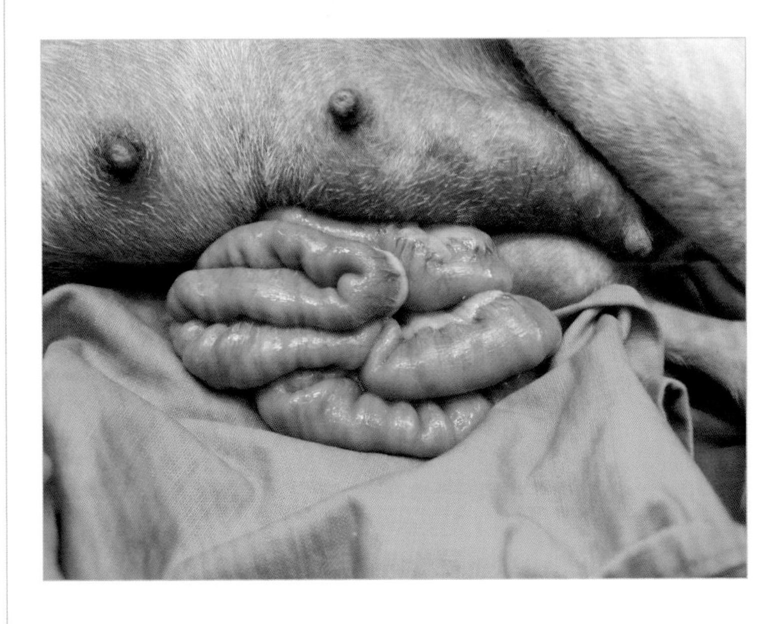

图 2 脱出的肠袢

临床经过

内脏用温盐水浸湿的无菌巾覆盖。放置静脉导管，通过持续输注芬太尼进行镇痛。然后对病犬的全身状况进行评估，以进行麻醉诱导。

手术的准备：首先，无菌清洗脱出的肠袢；然后病犬仰卧保定，手术区先后用肥皂水和消毒液清洗。

在放置了第一块手术创巾后，仔细检查肠道是否有撕裂或穿孔，并将其放置在湿润的纱布上。腹腔的其余部分也进行了检查。将包括仍然闭合的后半部分的整个伤口存留的缝合线去除。

在第一次手术中，皮下和真皮层用 3-0 尼龙单丝缝合线和 4-0 聚二氧杂环己酮可吸收缝合线（PDS）缝合。刀口肌肉的前半部分缝合线出现松动。

肠袢以大约 100ml/kg 的比例用温无菌生理盐水大量冲洗后，还纳入腹腔。当内脏或脱出的脏器上附着过多的异物时，可用 200ml/kg 的比例冲洗。在冲洗腹腔后和关闭腹腔前，取样本进行细菌培养和药敏试验。使用相同的缝合模式和材料关闭腹腔。

病犬的伤口快速愈合，无并发症。

案例分析

失误或手术并发症?

内脏器官的脱出是指腹壁的全层破裂后器官脱出。在这种情况下，因为它与手术伤口相关联，所以被归类为术后。

> 影响剖腹手术伤口愈合的原因很多，在人类医学上有所报道：
> - 肥胖患者。
> - 未绝育的雌性。
> - 病前状态（营养不良、肿瘤性疾病、糖尿病等）。也就是说，预先存在影响患者全身状况的病理现象。
> - 手术并发症，如缝合材料的失效。
> - 手术失误，这是最重要的一点，它被认为是导致小动物大多数内脏脱出的原因。

失误原因

这个病例，尽管最近怀孕增加了患宠代谢需求。但在其他方面，它的健康状况非常好。

> 内脏脱出是由于缝合肌层时没有缝合腹壁的筋膜。

内脏脱出是由于缝合位置的失误，在接近伤口边缘处缝合导致。肌层已经缝合，但没有缝合腹筋膜（筋膜在关闭腹腔时提供支持作用）。当打结不当时，缝合可能会导致组织缺血，随着时间延长，导致组织坏死和伤口裂开（坏死的伤口边缘破裂，导致缝合层裂开）。

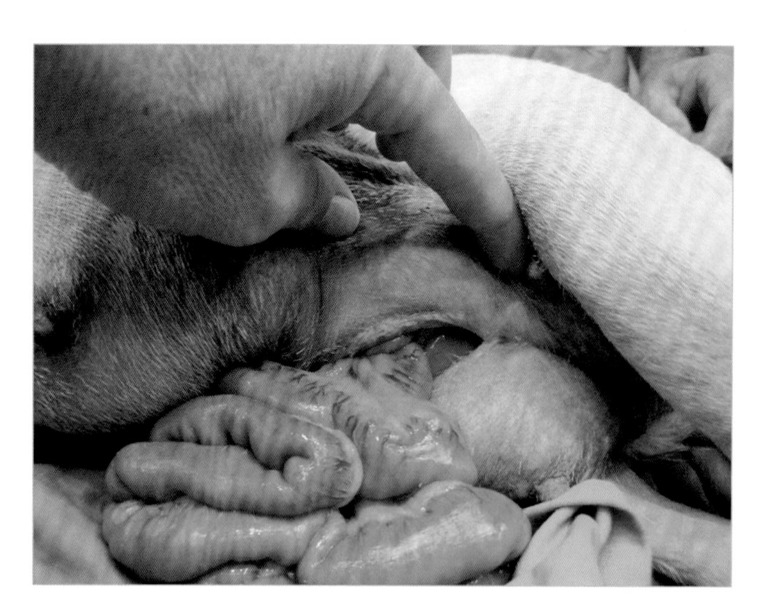

图 3 肠道看上去状况良好，是从伤口前部的开口脱出的

伤口裂开原因：

- 缝线选择错误。
- 粗细选择错误。
- 由于对结构缺乏认识，在伤口的边缘缝合，缝合腹膜而不是筋膜，或仅缝合肌肉组织而不包括肌外筋膜。
- 缝线间距离太远或太近。
- 缝线太紧。
- 缝线太松。

正确的方法

应记住，腹外筋膜在腹侧缝合处提供支持，其他组织层既不增加支持，也不加强支持。因此，必须缝合这一层。

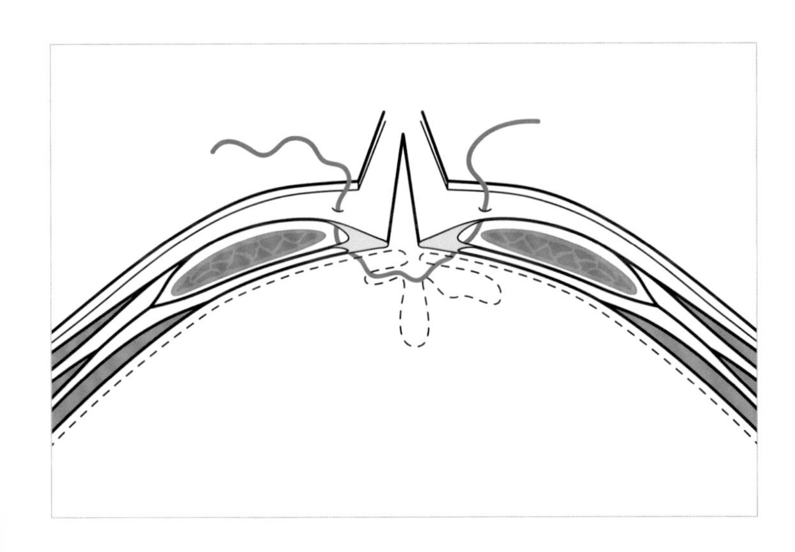

图 4　切口位于中线（白线）。缝合时取整个筋膜厚度，不包括肌肉组织

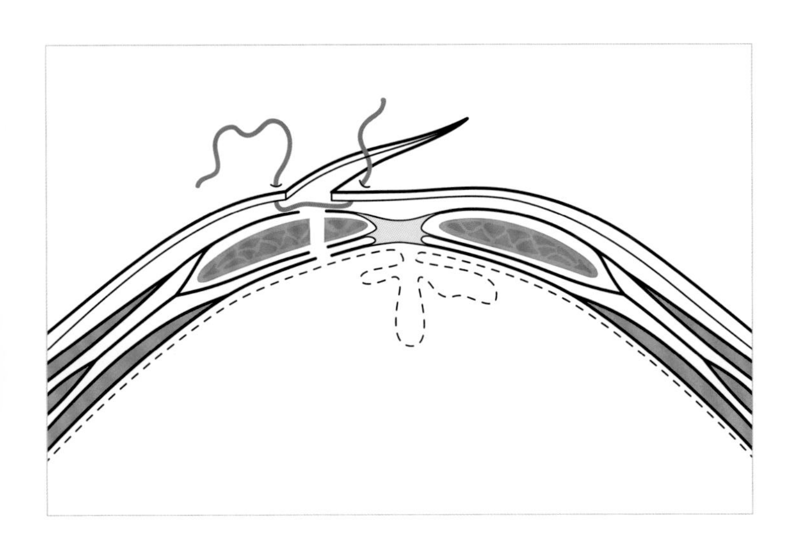

图 5　如果肌肉暴露，则缝合时只缝腹直肌外鞘

病例11/胃切除术

患病率	■■■□□
技术难度	■■■■□

- 失误：胃切除术中的不正确缝合技术。
- 失误的后果：幽门窦狭窄。

病例特征

名字	Tommy
种属	犬
品种	玩赏贵宾犬
性别	母
年龄	9岁

临床病史

这只患宠是一只名叫 Tommy 的玩赏贵宾犬，在连续 4 天呕吐后被送到了诊所，而传统的止吐疗法并没有消退这种呕吐。它不能进食液体或固体食物。由于幽门肿瘤，病犬在 9 天前接受了手术。

病犬还出现严重脱水、中枢神经系统抑制、黏膜干燥、缓慢的毛细血管再充盈、心动过速、腹痛和轻度到中度的腹前部肿胀。病犬的体温是 37.5℃。

临床经过

先用止痛方案使其稳定下来，再用晶体溶液和广谱抗生素进行积极的输液疗法。

一旦患宠达到最低限度的稳定性（或最优化），就进行腹部超声检查，显示右上腹部区域有强烈的腹膜反应；同时也有证据表明有轻度胃胀引起梗阻；也可以看到适量的游离液体。

临床症状略有改善后，马上进行化学检测。并就剖腹探查术的可能性与主人进行了讨论。血液检测显示，血清白蛋白浓度非常低（1.8g/dl）、红细胞压积为 30%、白细胞数升高（28000 个 /μl）并有 4% 核左移。对病犬准备根据新的标准方案进行手术。需要准备新鲜的冷冻血浆，以便在手术期间使用。

推断为上腹部局限性腹膜炎，可能有粘连，这阻碍了食物从胃到十二指肠的通过。

在这些病例中，第一个处理方案是排除粘连，以保证食物的通过。如果此方案不可行，则可以使用 Billroth Ⅰ 或 Billroth Ⅱ 技术。如果这些技术都不能应用，则应通过胃空肠吻合术进行旁路手术。

进行了剖腹探查术。如超声所示，在幽门窦、幽门和十二指肠区域存在少量游离血清和显著的粘连。采样进行细菌培养和药敏试验。

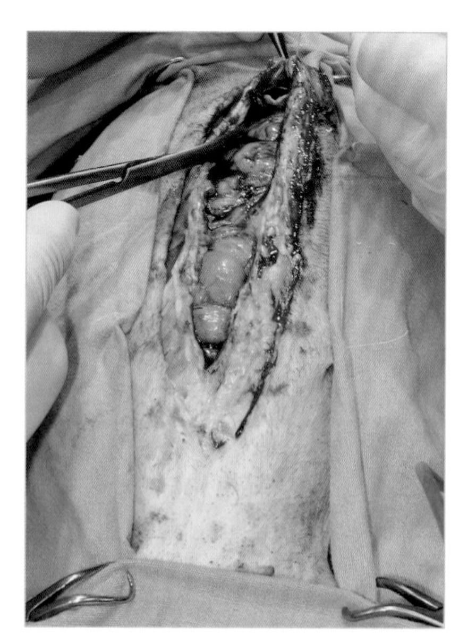

图 1　腹腔手术通路

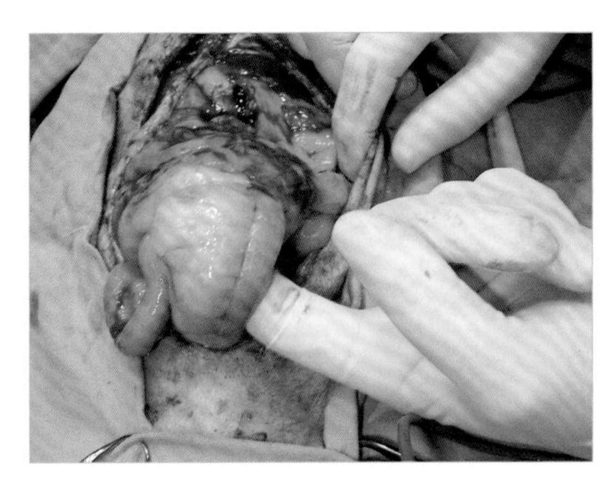

图 2　有轻微渗出

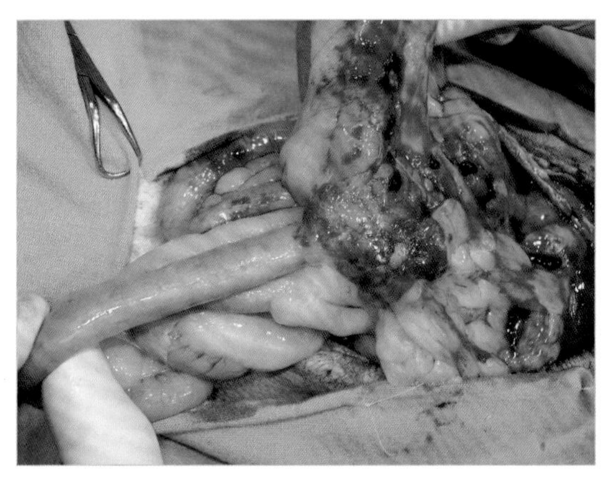

图 3　网膜、幽门和幽门窦之间的粘连

用湿润的纱布垫剥离粘连，直至粘连的器官游离。

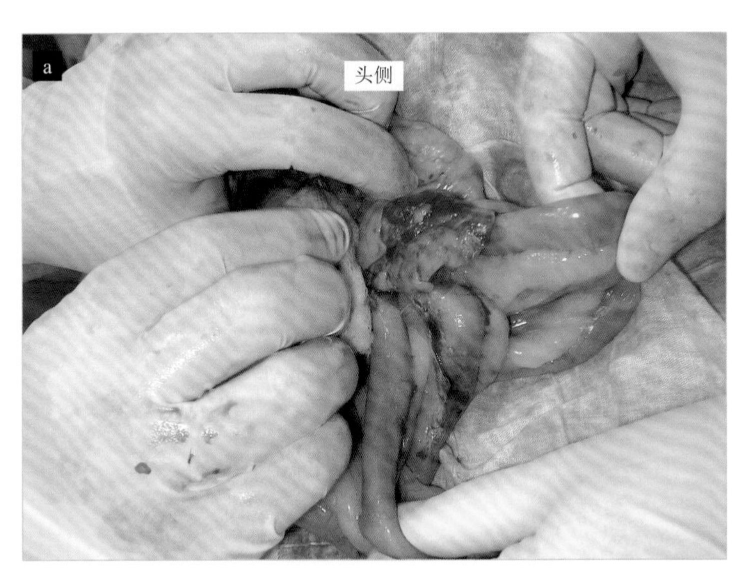

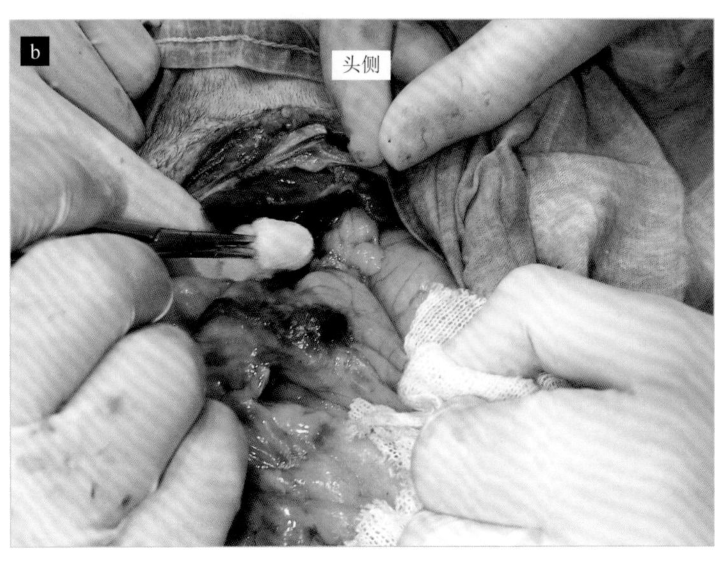

图 4　用湿润的纱布垫剥离

一旦幽门区被定位，外科医生就能够确定之前的手术包括切除涉及十二指肠、幽门和幽门窦的菱形区域。这一区域是用内翻技术缝合的。由于疤痕回缩和粘连的形成，沿着整个缝合线的管腔非常狭窄。胰腺腺体与此瘢痕紧密相连，胆管没有阻塞。

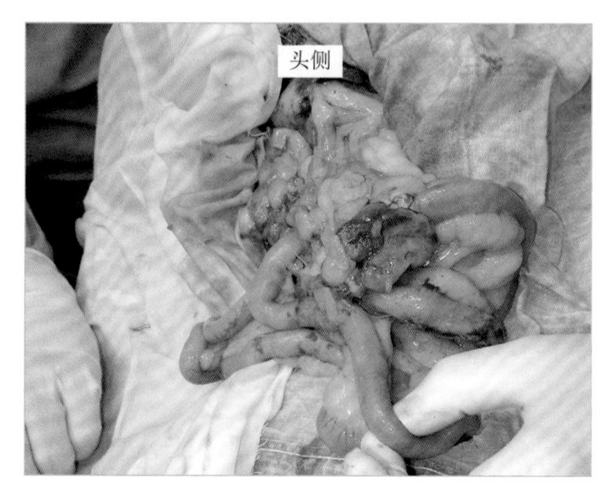

图 5 大部分粘连已经被剥开

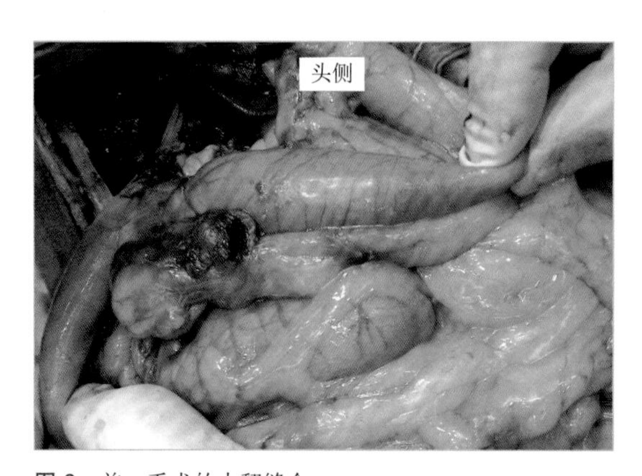

图 6 前一手术的内翻缝合

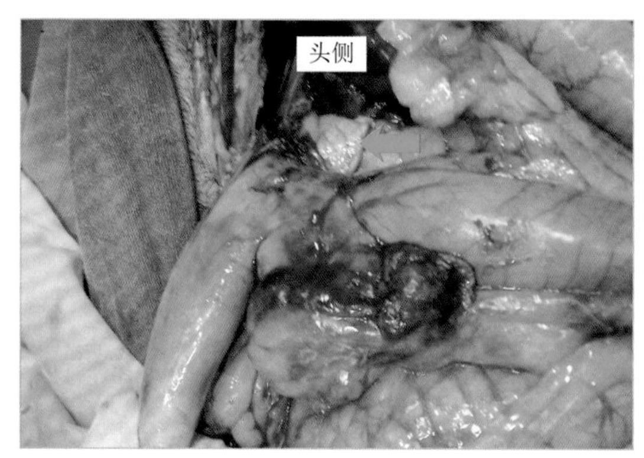

图 7 注意粘连中包含的胰腺腺体（箭头）

病例分析

失误或手术并发症?

涉及幽门、幽门窦和十二指肠的手术，特别是那些涉及位于这些器官壁或官腔内肿瘤的手术，需要复杂的技术，需要360°切除，随后进行端端吻合术。这样，具备两个有利的方面：一方面，肿瘤的切除具有良好的安全边缘，另一方面，吻合术不影响食物通过胃肠道。然而，为了进行这样的切除手术，外科医生必须对幽门的解剖、胃大弯和胃小弯两侧的血管形成、胰腺排泄管的位置，以及肝外胆管的位置有详细的了解。对于重建，外科医生必须熟悉 Billroth 技术和胃空肠旁路手术。

对于这个病例，原来的手术是在消化道管状部分切了一个菱形区域，之后该区域用内翻技术缝合。这两种行为都导致了随后的消化道阻塞，这妨碍胃内容物正常通过十二指肠。

内翻缝合已不再是胃肠吻合术的首选。

正确的方法

对手术可能性进行了评估，并得出结论：唯一可能的选择是 Billroth Ⅱ技术或胃空肠吻合术。考虑到病犬的危急情况，决定绕开梗阻处，通过侧侧吻合的方法进行胃空肠吻合术，这种方法比 Billroth Ⅱ技术更专业，尽管它可能会伴有严重反流的术后不良反应。

该技术选择一段连接胃的蠕动方向相同的近端肠袢，采用 4-0 单丝尼龙线进行侧 - 侧吻合，缝合四层。首先，空肠袢和胃的浆膜肌层连接在一起并缝合。

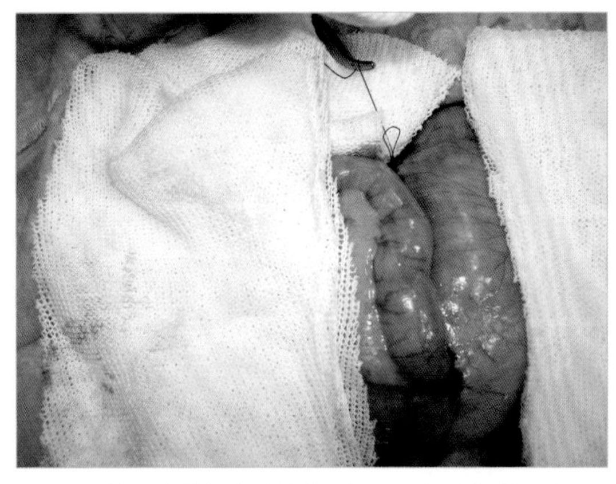

图 8　肠袢以连续的方式缝合到胃上，包括浆膜肌层

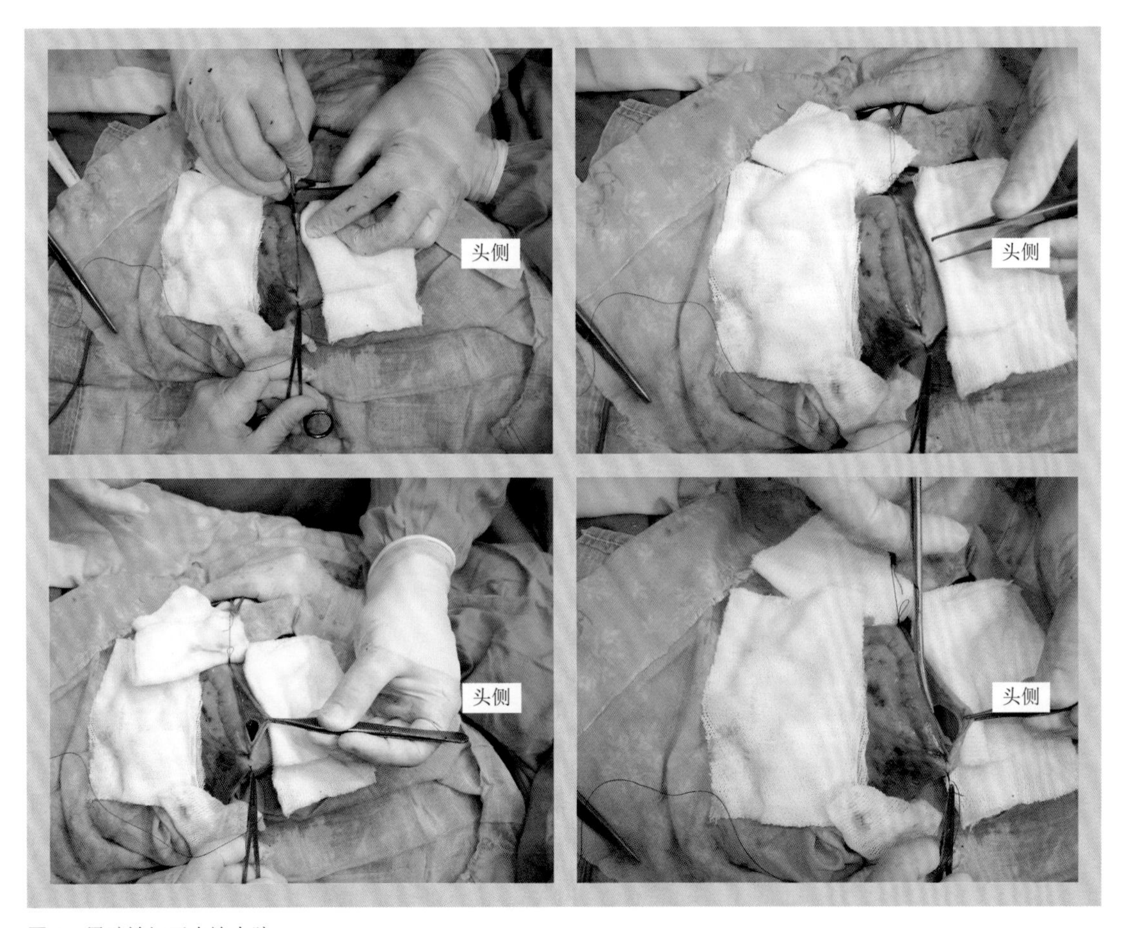

图 9　胃壁被切开直达内腔

图 10　空肠壁被切开直达管腔

然后，将胃切口的远侧边缘与肠切口的远侧边缘进行连续全层缝合（图 11）。

第三缝合层包括胃和空肠切口的近端边缘，这些切口通过另一个全层连续缝合连接在一起（图 12）。

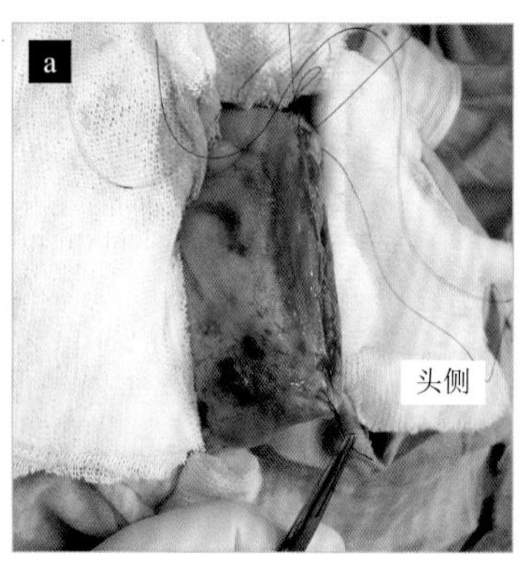

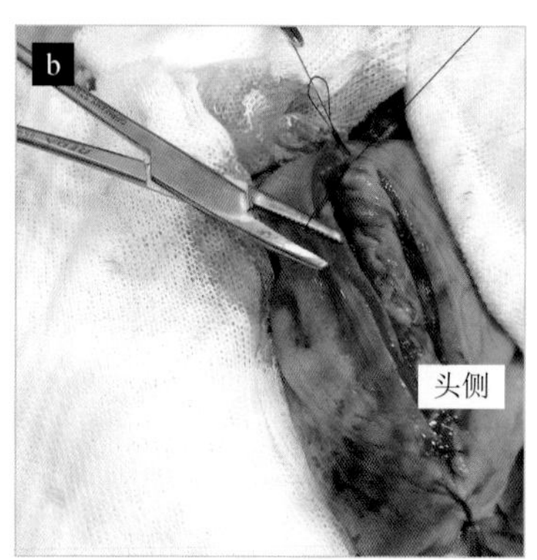

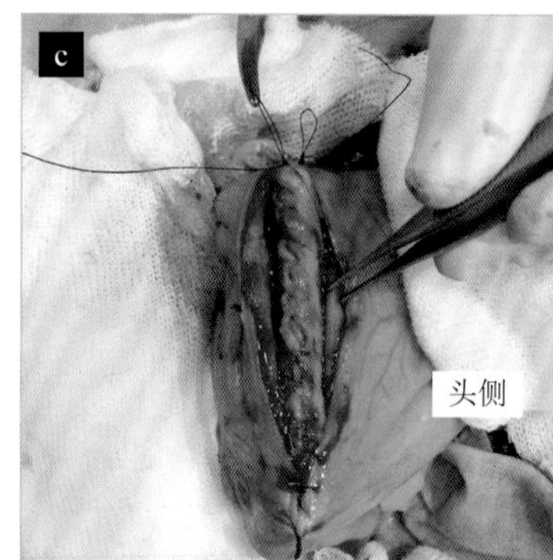

图 11　胃和空肠切口远端边缘的缝合

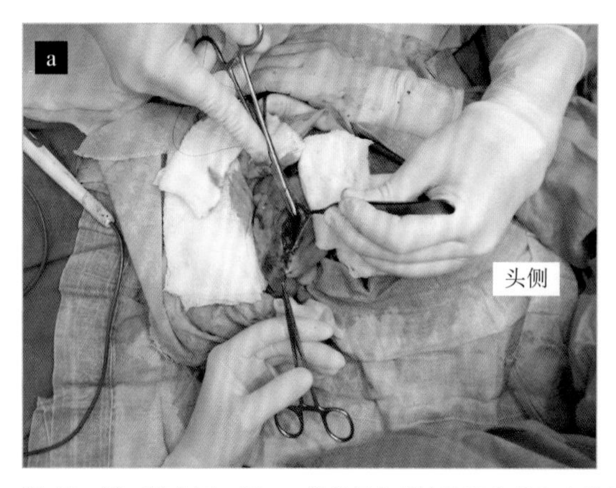

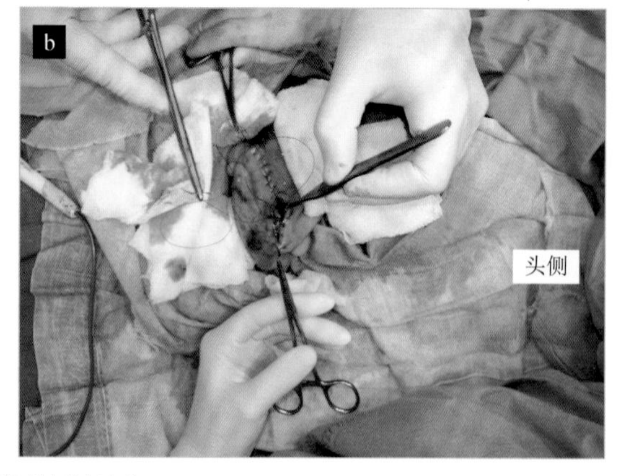

图 12　第三缝合层：用 4-0 单丝尼龙线连续缝合胃和空肠损伤的近端边缘

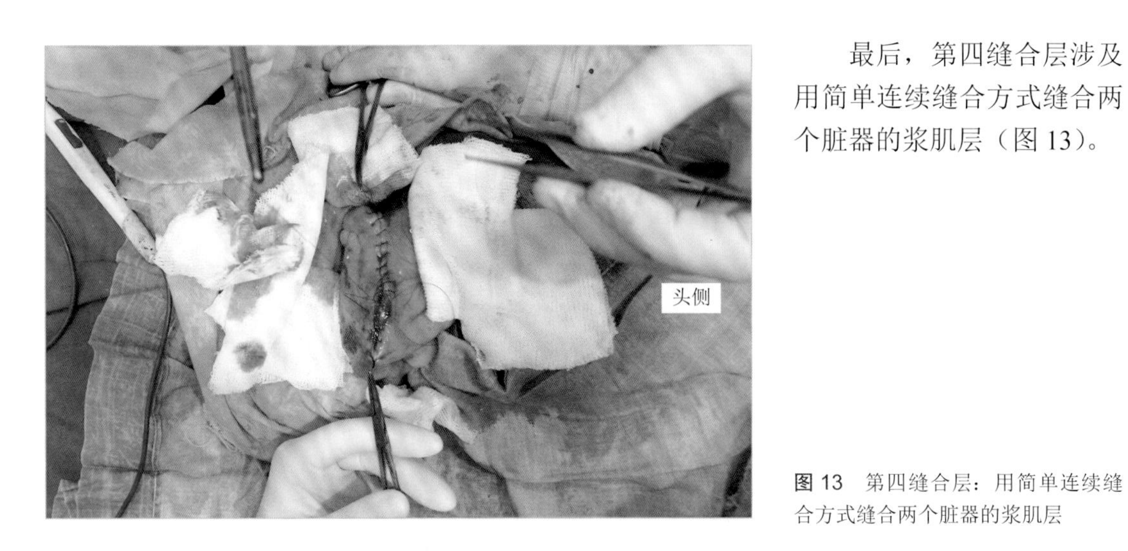

最后，第四缝合层涉及用简单连续缝合方式缝合两个脏器的浆肌层（图 13）。

图 13 第四缝合层：用简单连续缝合方式缝合两个脏器的浆肌层

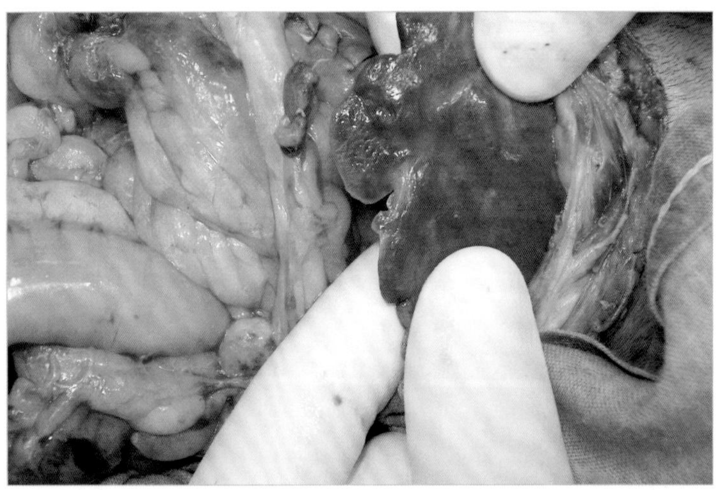
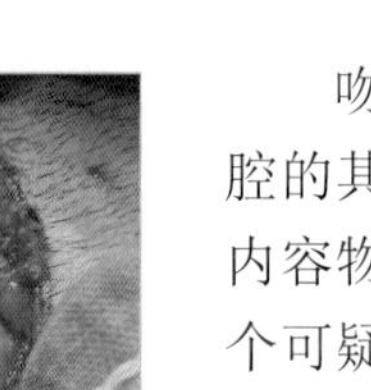

吻合术完成后，评估腹腔的其余部分，冲洗并抽吸内容物。由于在肝脏中有一个可疑的区域，所以使用裁切术（图 14 和图 15）取活组织检查样本。

图 14 肝脏出现异常区域

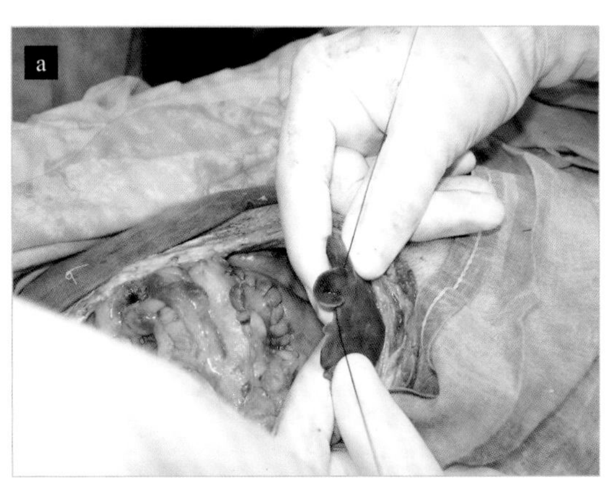

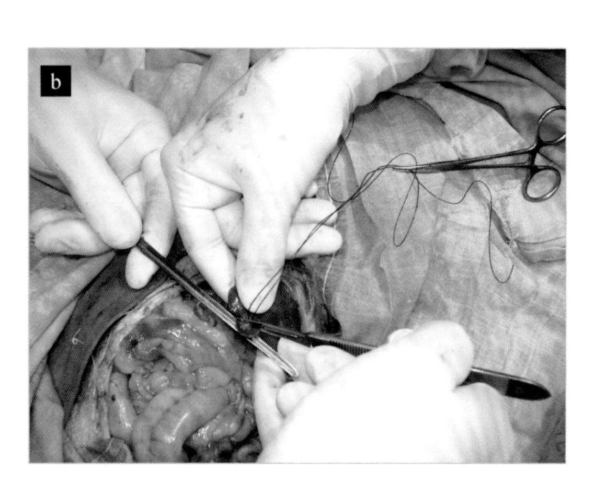

图 15 使用裁切术进行的活检

最后，考虑到复杂的术后时期，在恢复初期放置肠造口管进行肠内喂养（图 16 ～图 18）。

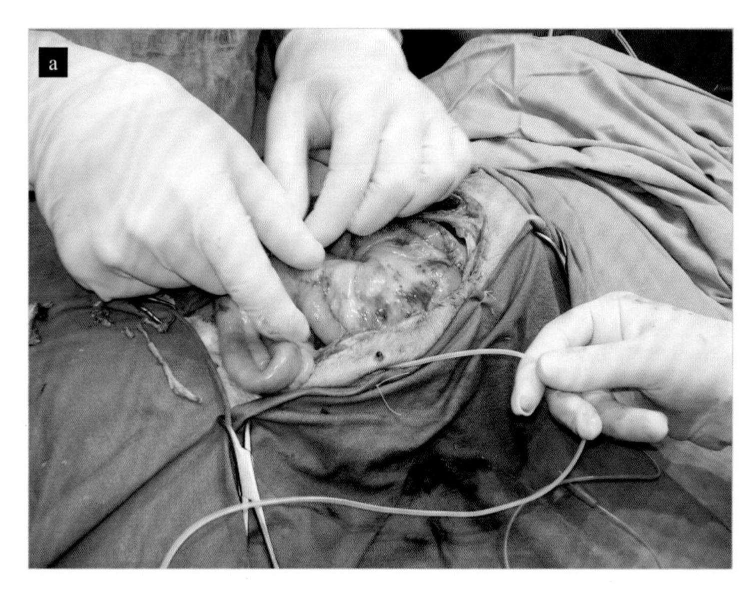

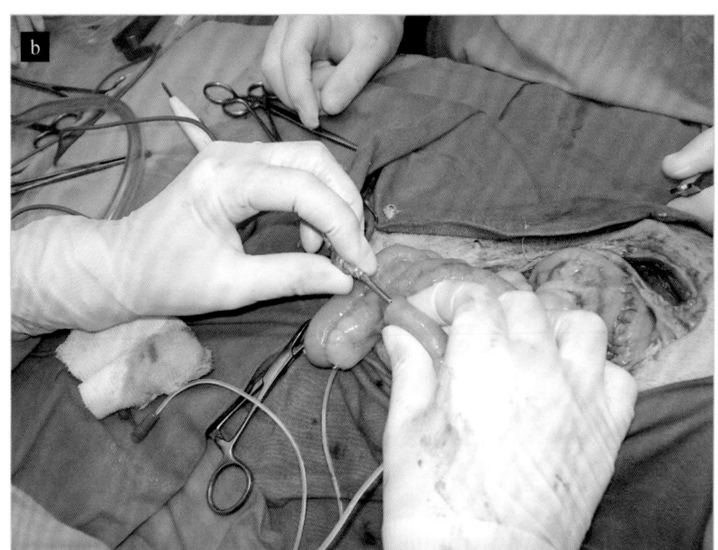

图 16 肠造口管插入腹腔，然后用 12 号针头插入肠袢

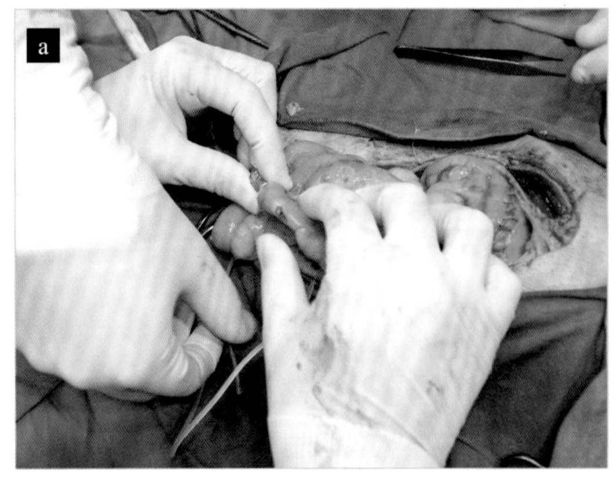

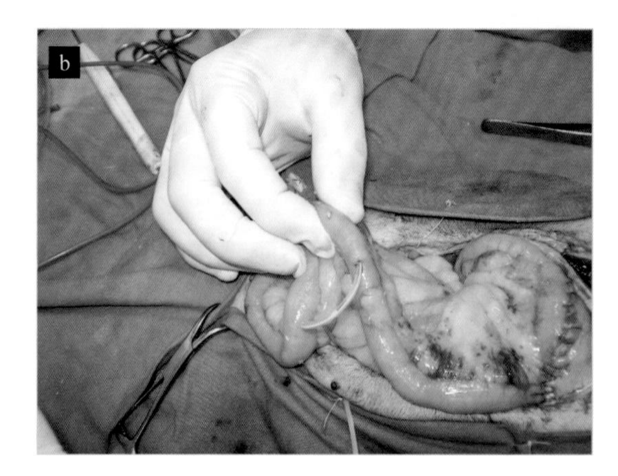

图 17 管子穿过针腔插入，然后固定在肠道和腹壁上

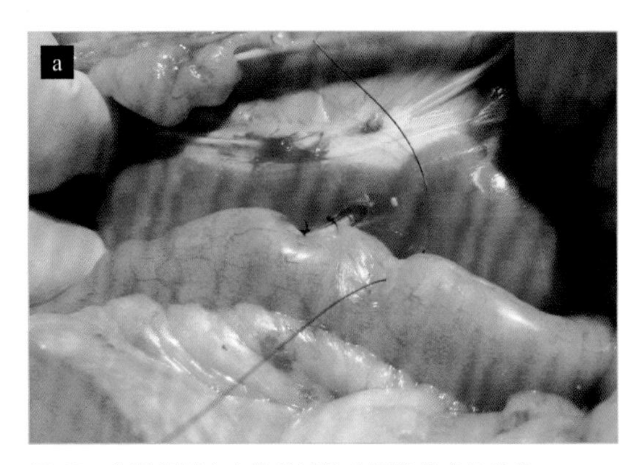

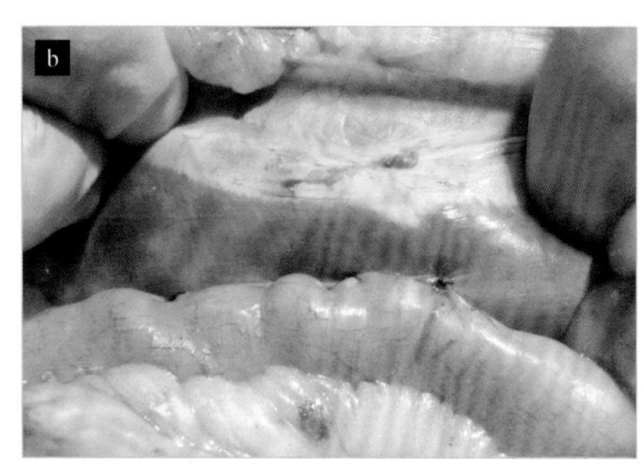

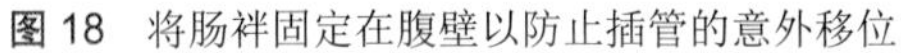
图 18 将肠袢固定在腹壁以防止插管的意外移位

关闭剖腹手术通路，病犬被送往重症监护室。

Tommy 恢复得不是很好，又补充了一个单位的血浆，但由于血液动力学不稳定性，需要输入胶体溶液来维持血压。应用镇痛方案并给予广谱抗生素。手术后 12 小时，病犬昏昏欲睡，体温过低，几分钟后死亡。

不幸的是，当病犬被带进来时，最初恶化的临床状况（从未实现完全的病情稳定）可能已经决定了最终的结果。在安乐死之前，重新手术是唯一有利的选择。

除了那些涉及“入口”贲门，“出口”幽门，或胃小弯的手术，胃的手术趋向于简单化。这些区域的解剖结构更为复杂，对于刚刚从事这一专业的外科医生来说可能更不容易。成功地进行这种类型的手术需要一个有经验的外科医生。

> ✱ 涉及贲门、幽门或胃小弯的外科手术是复杂的，要求外科医生详细了解该区域的解剖学和血管构象知识。

近些年来，由于内翻缝合有引起狭窄的相关风险，而且已经证明它们带来的问题多于优点，因此不作为管状器官缝合的主要选择。曾经有人认为，浆膜之间的接触对肠道的安全愈合至关重要。随着新的缝合材料的开发和吻合术的改进，这种需求被忽略了，对合缝合是最好的选择。在这项技术中，每一个组织层与其相似的组织层之间的接触有利于吻合口的快速愈合。对合缝合可使新的结合处的力量迅速增加，而且不会减小内脏管腔的大小。

由于内翻缝合会增加狭窄的风险，相比之下，不利于组织的愈合。因此，内翻缝合不能作为缝合的首选。

> 胃肠道吻合的首选是对合缝合，因为可在不减小管腔直径的情况下实现快速、有力的愈合。

病例12/不正确的胃固定术

患病率	■■□□□
技术难度	■■■■□

名字	Dorita
种属	犬
品种	巴西菲勒獒犬
性别	母
年龄	5岁

- 失误：未按技术规范进行胃固定术。
- 失误的后果：胃扩张的复发。

临床病史

在入院前8个月，Dorita患有胃扩张性扭转（GDV）。据主人说，在手术过程中已经确定是胃扭转，因此已经进行了胃固定术（没有提供用于固定器官技术的相关数据）。

术后，病犬在饮水或进食时开始出现腹部扩张，没有呕吐或腹泻的表现。在这8个月里，Dorita体重减轻，比正常体重减轻了10kg（图1）。

Dorita被推荐给一位内窥镜医师，他决定不进行研究，并建议病犬使用剂量为0.2mg/（kg·12h）的西沙必利。病犬有一段时间略有好转，但不久后又开始出现了同样的临床症状。

临床经过

病犬在胃中下区有不适、扩张和中度腹痛，最后被推荐进行手术。

重复进行以下临床检测：全血计数、总蛋白、白蛋白、肾和肝功能，以及凝血时间。所有数值均在正常范围内，并作出了鉴别诊断。

鉴别诊断

- 手术结束和术后中期由于机械性紊乱阻滞了胃的正常排空。
- 幽门狭窄。
- 运动性改变。

病犬被带到了几家兽医诊所进行治疗，但只做了一次腹侧位X射线检查[1]。这张X光片清楚地显示了胃扭转和巨大胃扩张的图像，占整个腹腔的近70%～80%。

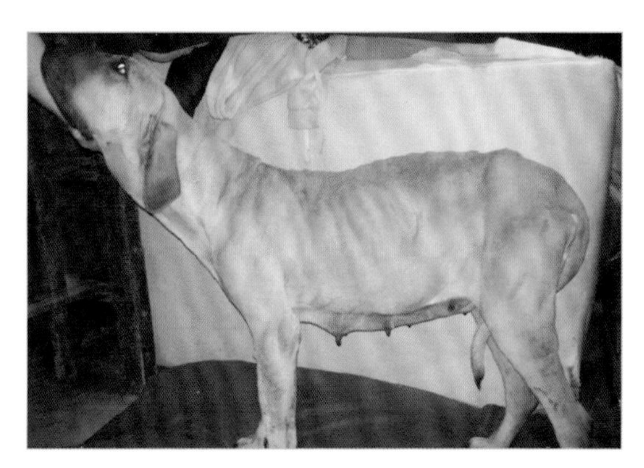

图1　病犬被带到诊所时身体消瘦

图2　Dorita看起来精神沉郁

[1] 作者注：一般情况下，使用两种经典放射学视图（侧位和背腹视图或腹背视图）来评估胃的异位。有时需要添加第三个X射线视图（对侧的侧视图）。

考虑到无需增加额外的影像学检查费用，建议进行剖腹探查术。

在手术前，进行了心血管检查，包括心电图和超声心动图检查，这两个检查之前患犬都没做过。这是在知道可能出现室性早搏的情况下完成的，特别是在胃扩张扭转手术的术后期。

进行剖腹探查术，首先检查胃的位置。病犬仰卧，外科医生位于病犬的腹部右侧，将右手放入腹腔，沿着胃壁运行，直到能够触诊到贲门，以确定它是否扭转。在检查胃后，很明显它被固定在右腹壁上，非常靠近中线，但保持不正常的扭转（图 3 和图 4），用 0.30mm 尼龙线进行胃固定缝合术（图 5）。此外，在连续缝合线的起始处留下一个 2cm 长的游离末端（图 6）。

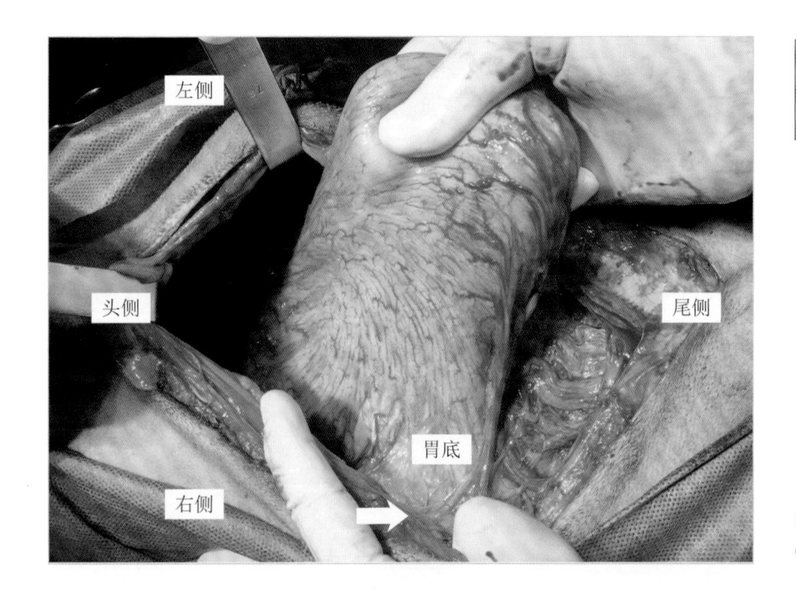

该失误在于将胃底部固定在非常靠近中线的右腹壁上。

图 3 注意胃固定处与腹中线的距离（白色箭头）

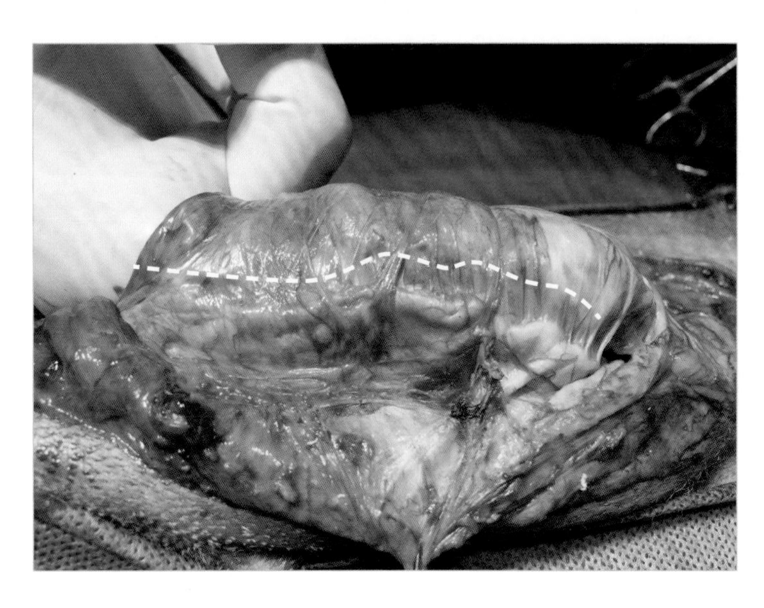

图 4 很明显，已经进行了约 15cm 长切口的胃固定术（虚线所示）

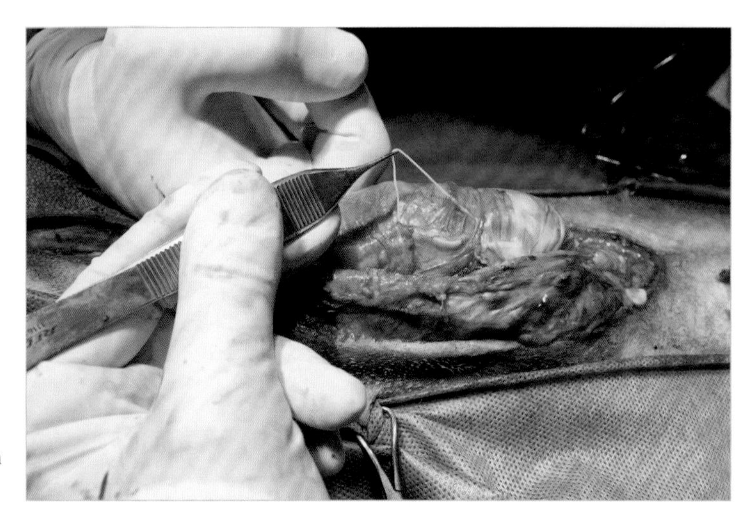

图 5　最初的胃固定缝合，使用 0.30mm 尼龙线

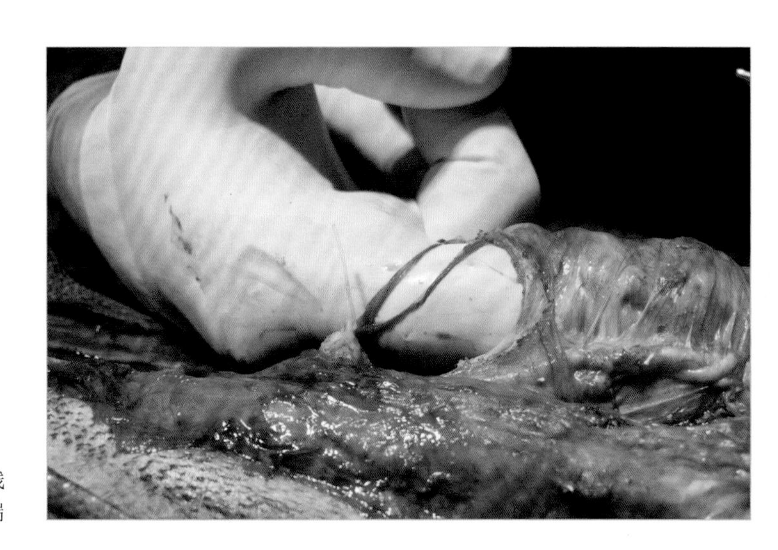

图 6　在胃固定术时，在连续缝合线的起始处留下一个 2cm 长的游离末端

然后，将仍然与胃壁相连的腹壁肌做一个菱形切口（图 7），将右侧腹壁与胃底分离开来。这项技术是为了防止切除胃壁可能造成的污染。

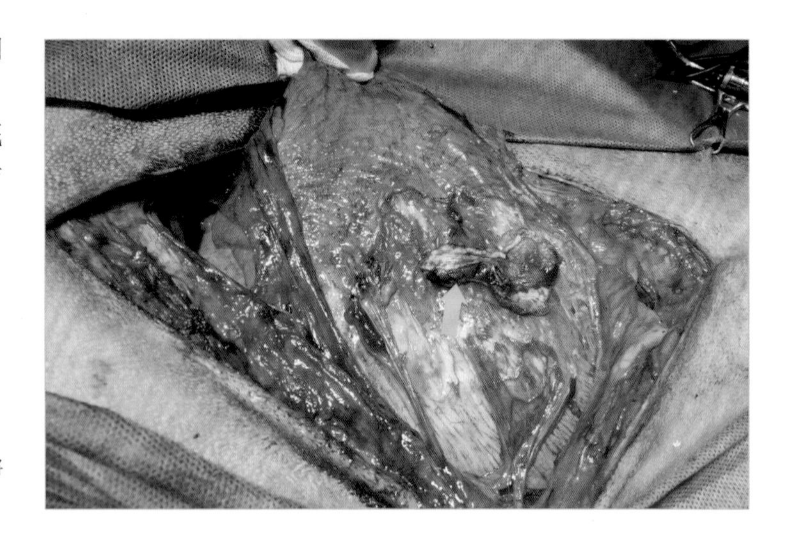

图 7　腹壁肌上做一个菱形切口，将胃底与腹壁分离开来

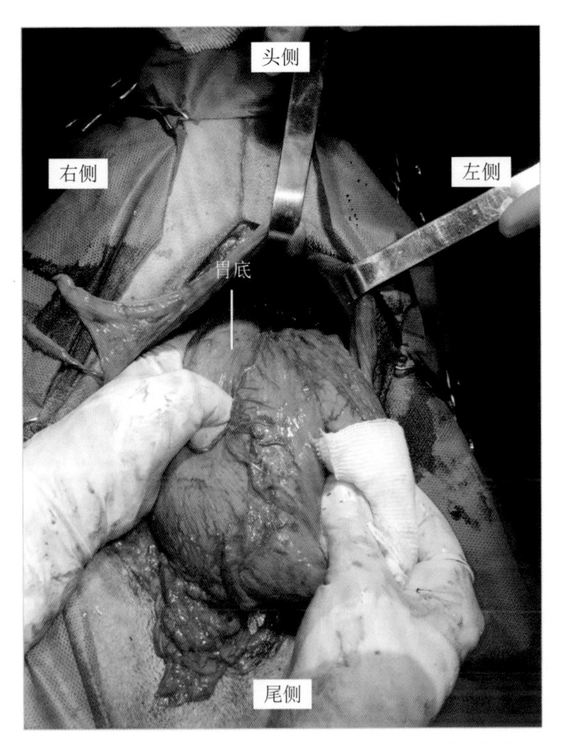

图 8　暴露胃（从尾侧位置拍摄的图像）。右手握着胃底，左手握着幽门窦。胃大弯位于两手之间，由胃网膜血管可以识别

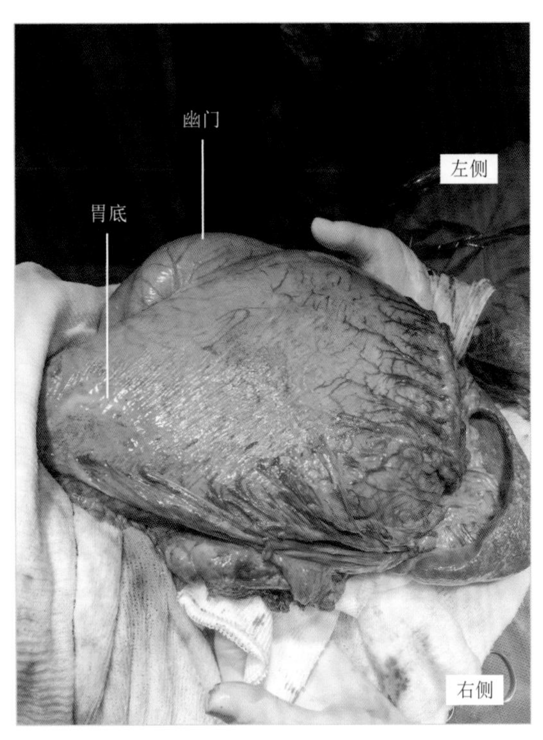

图 9　从右侧拍摄的图像。显示胃底和幽门的位置

在检查了这些结构的位置后，插入一个口腔胃管来排空胃，并洗胃，然后将它回复到解剖位置（通过解开扭转）。胃排空后，可以评估胃网膜和脾脏血管的状态（图 10）和脾脏的 180°旋转（图 11）。检查血管有无血栓形成（“珍珠项链”），然后检查动脉功能。

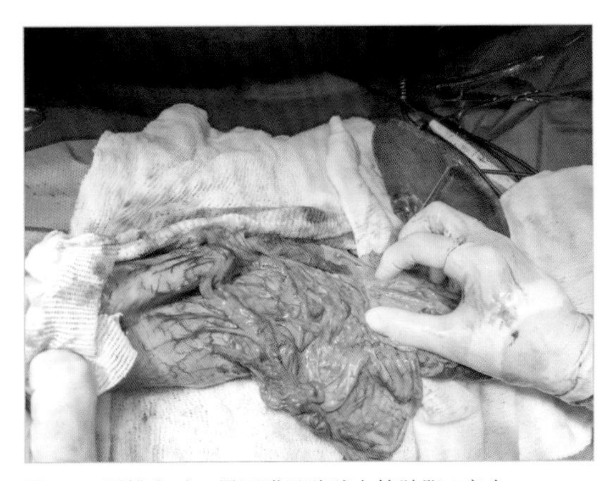

图 10　胃排空时，胃网膜及脾脏血管肿胀 / 充血

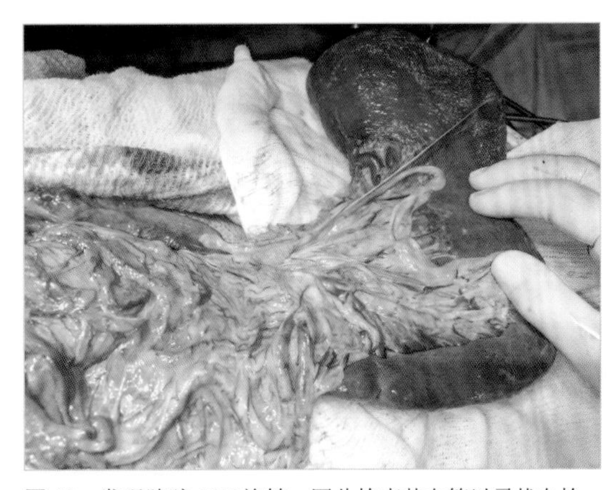

图 11　发现脾脏 180°旋转，因此检查其血管以寻找血栓

最后，在排空并冲洗胃后，进行右侧切口胃固定术。在这些病例中，在冲洗和排空胃的过程中，小心操作是非常重要的。因为逆呕，胃内容物通常会被动流入食管、咽、鼻腔，甚至呼吸道。

胃冲洗和排空的建议

- 确保正确的气管导管套囊充气。
- 使用经口腔胃管。
- 排空胃并用温水洗胃以提高 pH，预防术后食管炎。
- 拔管前检查鼻腔、口咽和喉。

Dorita 住院并接受了液体疗法，包括：

- 持续输注胃复安（甲氧氯普胺）。
- 雷尼替丁［2mg/（kg・12h）］。
- 胃溃宁每 12 小时 1 次。
- 氨苄西林舒巴坦［20mg/（kg・12h）］。
- 曲马多［2mg/（kg・8h）］。

一旦病犬从麻醉中恢复过来，每天 8 次给病犬提供少量的食物（在康复期给予特定的易消化饮食）。Dorita 从麻醉中恢复过来，没有疼痛，食欲非常好，而且两天后咳嗽的次数减少了。病犬在一周内重了 4kg，术后第二天因吃得太多，只发生了一次轻微的胃扩张（图 13）。

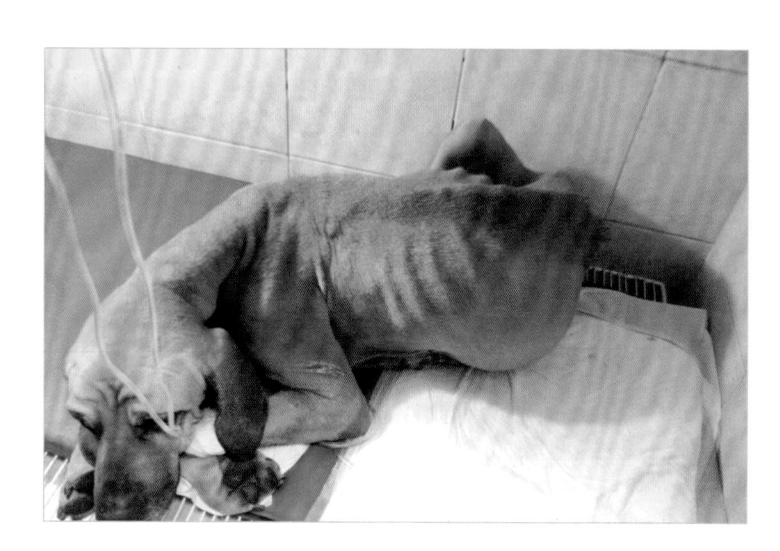

图 12　术后液体治疗

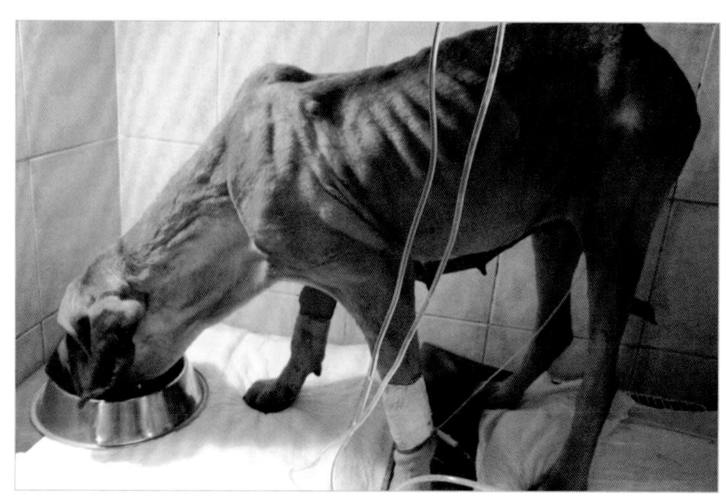

图 13　Dorita 在康复后食欲增加

图 14　病犬完全康复

病例分析

失误或手术并发症?

这是一个与胃固定相关的失误。失误不在于手术本身，而在于所应用的技术。因为一旦胃扭转被解开，并确认回复到正常的解剖位置，就应该进行胃固定术。这意味着食物通过贲门和幽门的通道不能被阻碍，这是通过手术过程中的触诊和直接观察来验证的。

> 一旦胃扭转被解开，并确认回复到正常的解剖位置，即幽门在中线的右侧，胃底在中线的左侧，就应该进行胃固定术。

正确的方法

必须在幽门窦做一个长度不少于 3.5 ～ 4cm 的切口，仅涉及浆膜肌层，同时在腹壁做另一个类似的切口，涉及腹膜壁层和腹横肌后端至最后肋骨。

上述过程一旦完成，胃伤口远侧缘和腹壁伤口的边缘接合，使用单丝缝合线连续缝合。最后，将胃切口的近端边缘缝合到腹壁的相应边缘（图 16）。

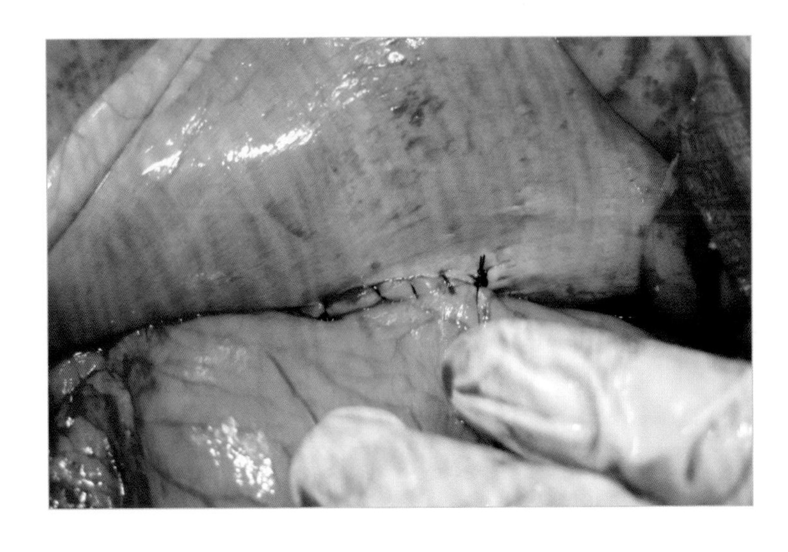

图 15　正确进行的胃固定术

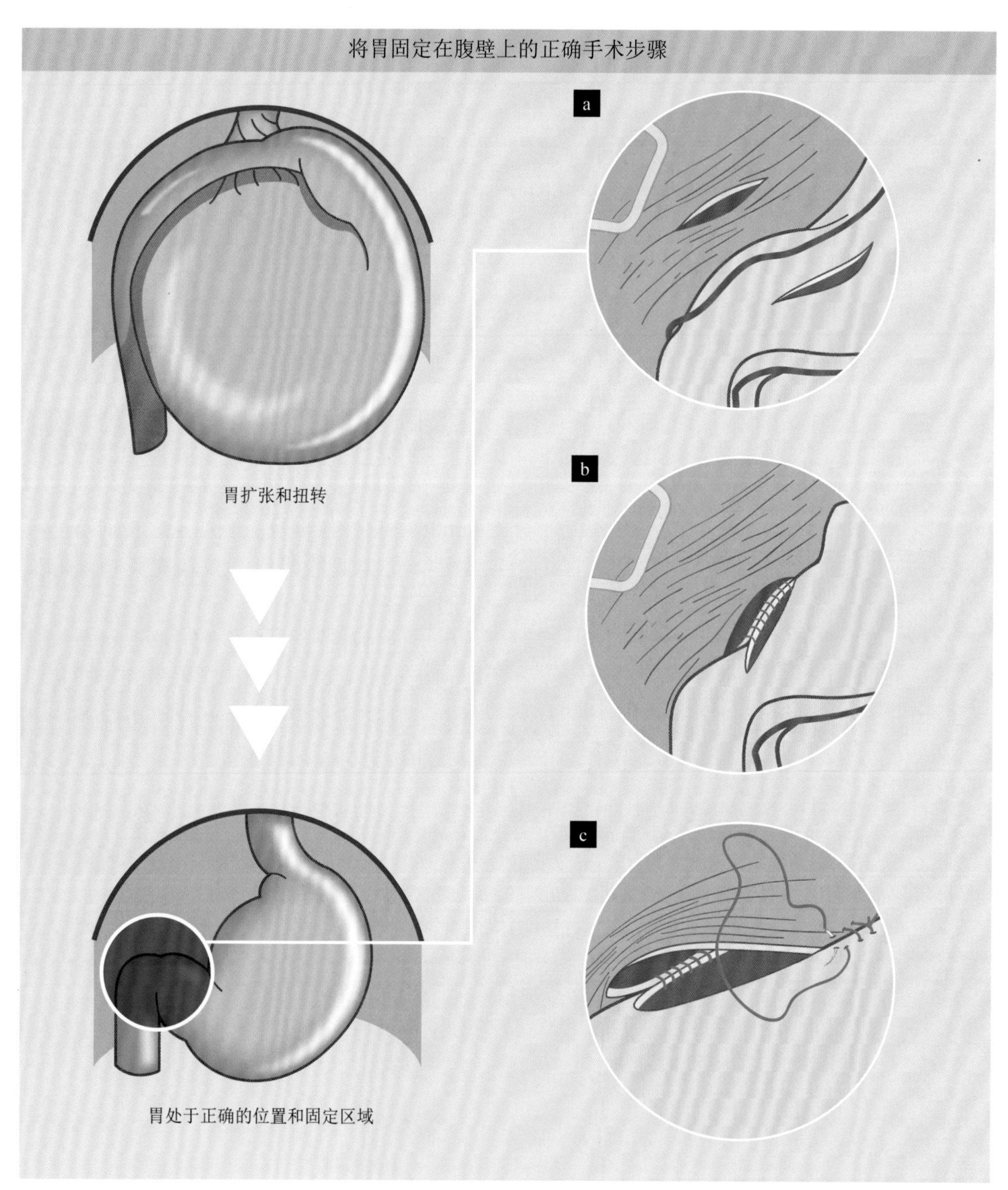

图 16 将胃连接到腹壁的正确手术步骤。幽门窦和腹壁至少 3.5cm 的切口（a）；用单丝缝合线连续缝合这两个结构（b）；关闭腹腔（c）

病例13/肠道破裂所致的脓毒性肠炎

患病率	■■■□□
技术难度	■■■■□

- 失误：之前吻合术中缝合不正确。
- 失误的后果：非常严重的脓毒性腹膜炎。

病例特征

名字	Alex
种属	猫
品种	美国短毛猫
性别	公
年龄	5岁

临床病史

病猫被带到诊所时，伴有体温过高、不适和呕吐的症状，已持续 48 小时。Alex 在 6 天前进行了手术，以解决由于可能的线状异物引起的肠梗死。Alex 最初是通过电话进行转诊的，没有获得更多关于治疗的数据或所进行的手术过程的细节，也没有关于已建立的术后治疗的信息。

仅仅提供的信息是，已经注射了三倍剂量的长效抗生素（正确的做法应该是每次单剂量注射，或按照一定间隔给药）。

当 Alex 被带到诊所时，精神状态不好，表现出疼痛，眯起眼睛，没有站立或行走的意图。

临床经过

进行了全身检查，发现病猫腹部缝合处放置了一根管子。管子连接到一个功能未知的三通活栓上。

图 1　Alex 仍然一动不动，有明显的疼痛迹象

在检查腹部剖腹手术切口时观察到以下情况：

- 伤口边缘红肿。
- 由于缝线太紧引起发炎，导致边缘周围有坏死的区域。其中一些甚至阻碍了该区域的血液循环。
- 从伤口中排出脓液。
- 从缝合的尾端出现类似于输液系统的管子，并排出大量的脓液。

作为全身检查的一部分，对以下参数进行了评估：

- 体温：37℃。
- 心率：180bpm。
- 呼吸频率：36rpm。
- 呼吸模式：呼吸急促。
- 黏膜粉红色。
- 毛细血管再灌注时间：1.5 ～ 2″。
- 脱水程度：7%。
- 意识：沉郁。

根据这些结果，在持续静脉输注中给予大约 3L 生理盐水。

静脉注射氨苄西林舒巴坦（1g/8h）、头孢曲松（1g/12h）和甲硝唑（30ml/12h）。此外，皮下注射曲马多（100 mg/6h）和雷尼替丁（60mg/12h），用于控制疼痛。完全禁食。

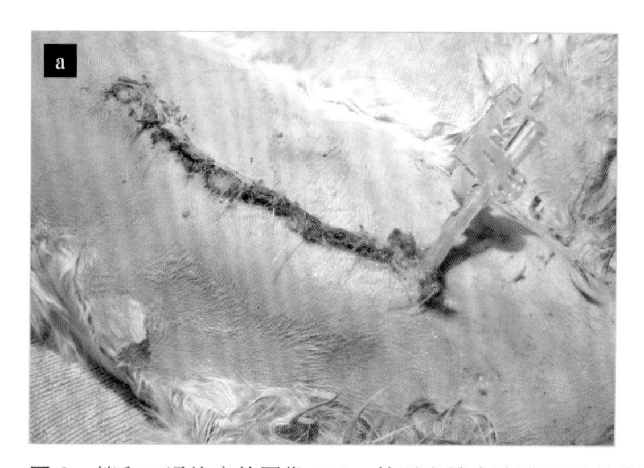

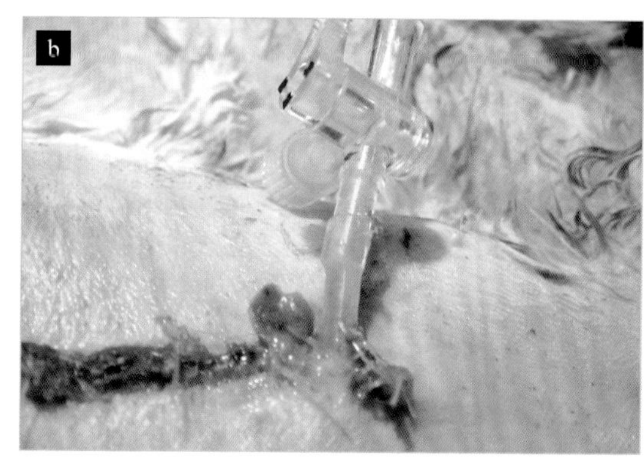

图 2 管和三通旋塞的图像（a）；管子和缝合边缘周围形成的结痂的特写（b）

在这种情况下，建议使用针对革兰氏阳性和革兰氏阴性以及需氧和厌氧细菌的广谱抗生素。

鉴于初次肠梗阻手术后六天出现不佳的临床表现，并且不确定进行了哪种手术（肠切开术或肠切除术），决定进行剖腹探查手术。建立了一个短暂的稳定 / 优化期，以便更好地研究临床状况，并尽可能以最佳方式来解决，以保证预后良好。

这种预后是基于伤口局部的感染，以及临床和实验室数据显示感染了脓毒性腹膜炎。

手术视野是通过打开表皮伤口看到的，其中暴露了皮下组织和导管（图 4）。

腹腔被打开并开始探查，显示有脓性物质和大量粪便。腹膜脏层和壁层均呈高度反应性。进行冲洗以除尽可能多的污染物。

位于病变区域的大网膜已形成粘连，无法避免粪便从肠道泄漏，从而加重了临床症状（图 5）。

在这种情况下，有必要抽出时间轻柔而小心地检查整个腹腔，以便获得对病情的准确诊断。

剥离彼此粘连的肠袢发现，一处空肠袢的裂口处出现了胆汁的渗漏（图 6）。

最后，在试图进行端端吻合术的一个部位发现了伤口裂开的证据。观察到松散的缝合材料，以及胆汁通过开口处和小肠的游离缘漏出（图 7）。

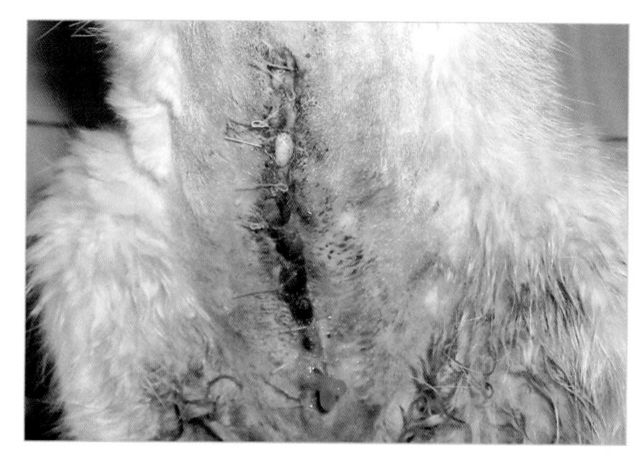

图 3 缝线和管的整体外观（注意从管中流出的脓性液体）。无法看到管是位于皮下组织还是位于腹部

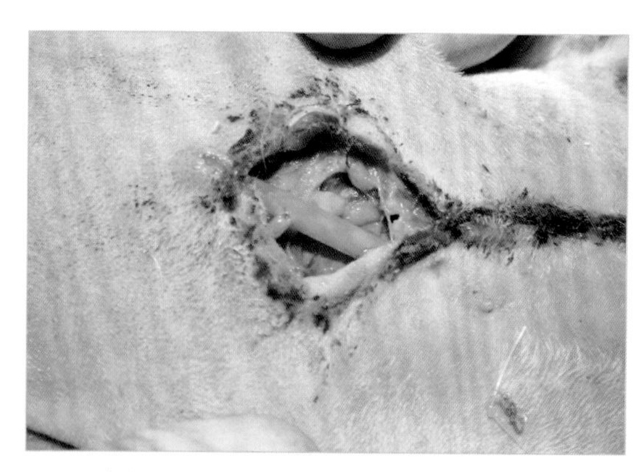

图 4 清洁和清创缝线边缘后，闭合导管

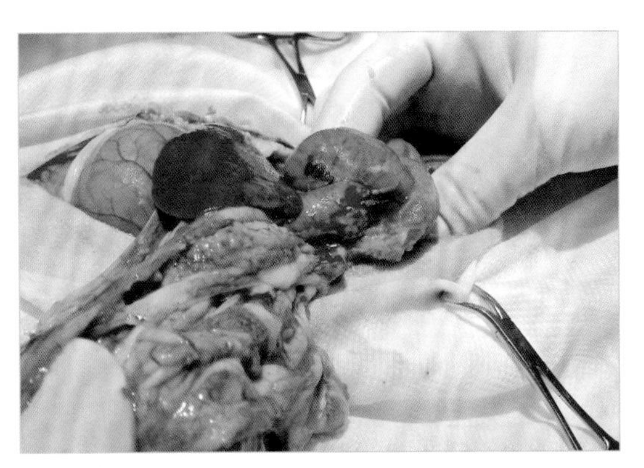

图 5　腹腔探查时肠袢的外观。多发性粘连和失活组织以及腹膜炎的临床症状

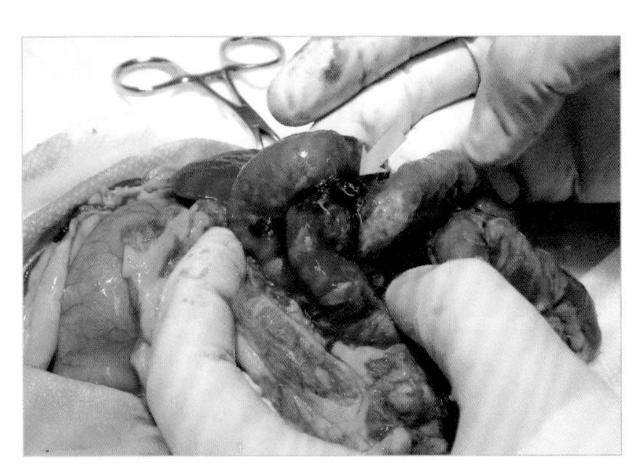

图6　肠袢非常脆弱，当移动肠袢时发现有胆汁溢出（箭头）

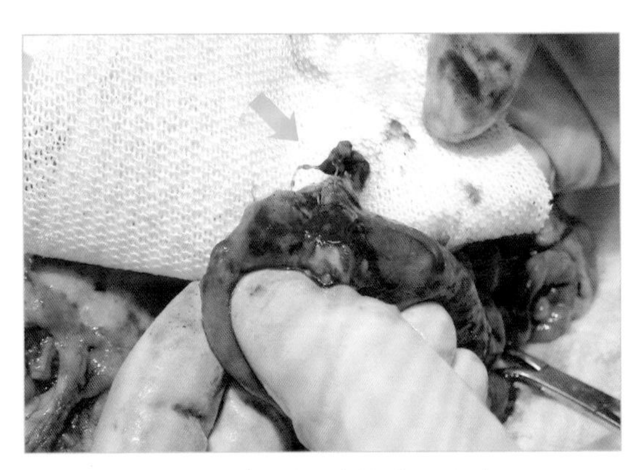

图 7　内容物从先前的端端吻合的裂开处漏出

在检查腹腔其他部位时，用纱布覆盖该区域以防止肠道内容物泄漏（图 8）。

腹腔检查发现第二个裂开区域，该区域位于第一个裂开区域的后部（图 9）。

第二层缝合松动的缝合线被去除（图 10）。

为了仔细检查腹腔、去除粘连，尽量保存尽可能多的活体组织，手术的探查阶段持续的时间比正常长。

肠道充血，有一层纤维蛋白层很容易从浆膜表面清除。同时发现肠管浆膜和肠系膜表面有瘀血点（图 11 和图 12）。并发现了两个以上的肠管端 - 端吻合及侧 - 侧吻合的裂开。

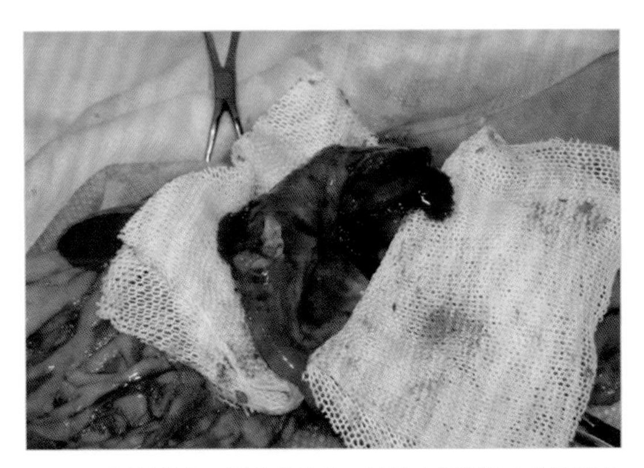

图 8　开放的肠伤口覆盖有纱布，以防止新的肠内容物泄漏

图 9　在肠道中发现第二个裂开区域

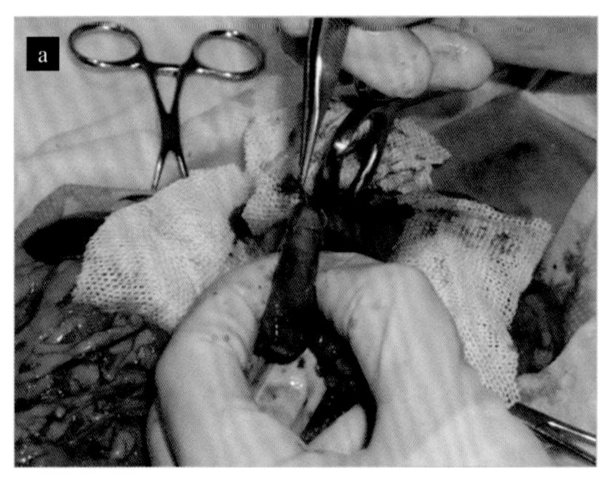

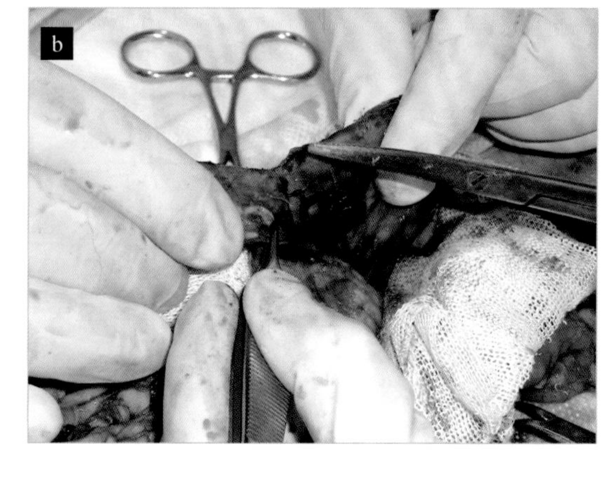

图 10　发现第二层缝合的松弛缝合线被去除

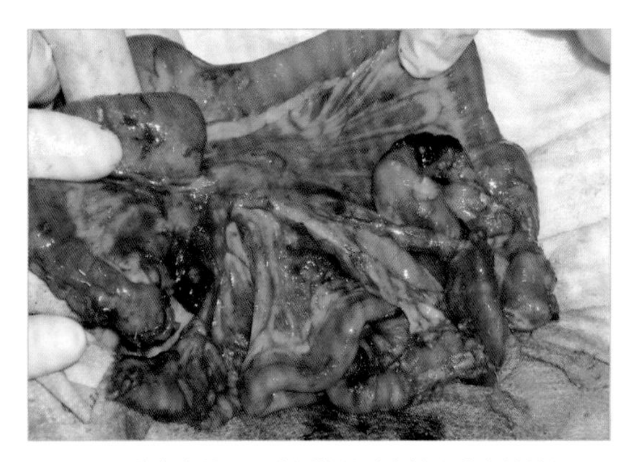

图 11　肠道病变外观。该图像是脓毒性腹膜炎的特征

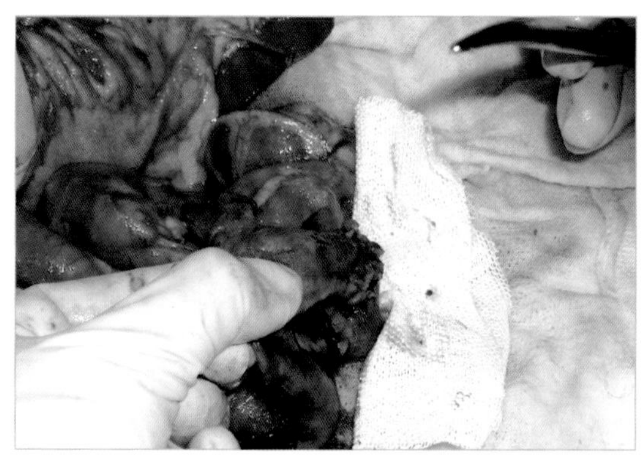

图 12　可见多发性粘连和腹膜损伤

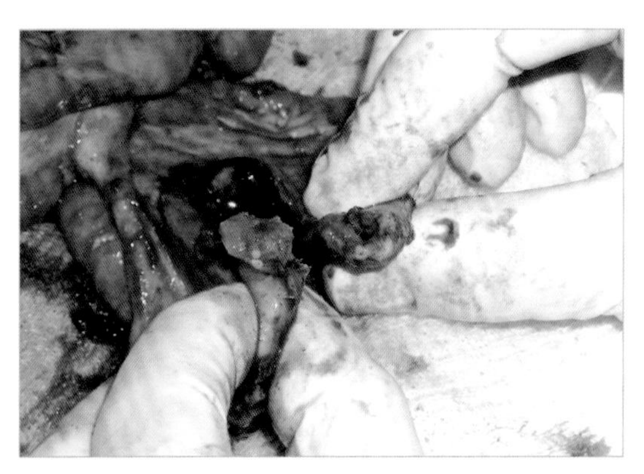

图 13　可以看到空肠段对立的两端。首先对这些边缘进行良好的清洁

在开始工作前，将浸有温生理盐水的纱布覆盖在脏器的表面，以更好地隔离脏器（图 13）。

对肠管断端进行清创，并再次采用 4-0 单丝缝合线以单纯对接模式缝合。第一个缝合部位是肠系膜边缘。这一缝合是最基本的，因为它是最有可能发生渗漏和 / 或裂开的部位之一，因为这里通常含有大量的脂肪组织，使外科医生无法清楚地看到缝合线的位置以及肠管边缘是否已正确地缝合。先在肠系膜对侧做一个牵引线，再在肠系膜侧做一牵引线，继续缝合牵引线两侧的肠管断端（图 14）。

肠管断端两侧也可使用连续缝合模式。每一侧缝合不应超过 180°，因为一个 360° 的缝合会阻止肠壁的适当扩张，这将限制肠内容物的自由通过。

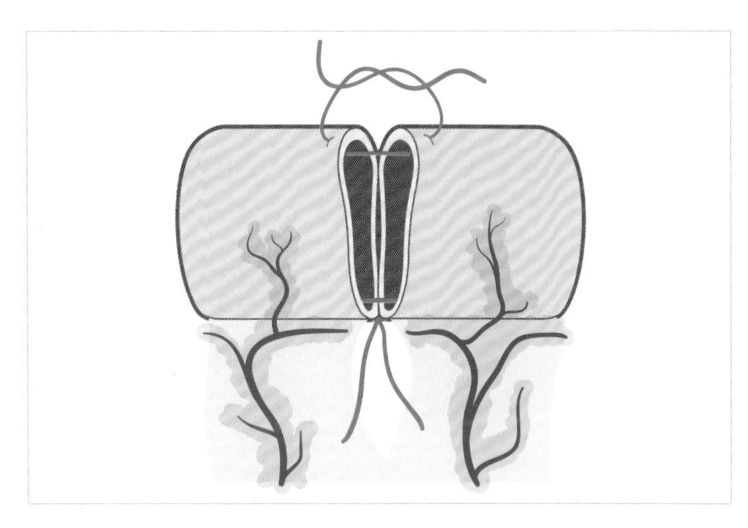

✱ 连续缝合方式的肠管断端吻合术是在两个牵引线的两侧分别采用两种缝合方法进行的。因为环绕一周的肠管断端吻合会限制肠壁的适当扩张，从而阻止肠道内容物通过。

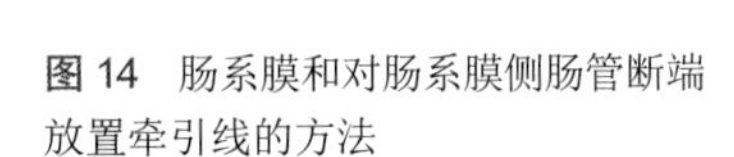

图 14 肠系膜和对肠系膜侧肠管断端放置牵引线的方法

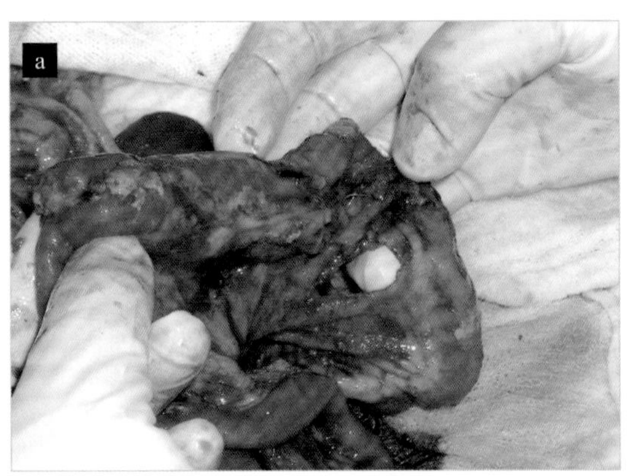

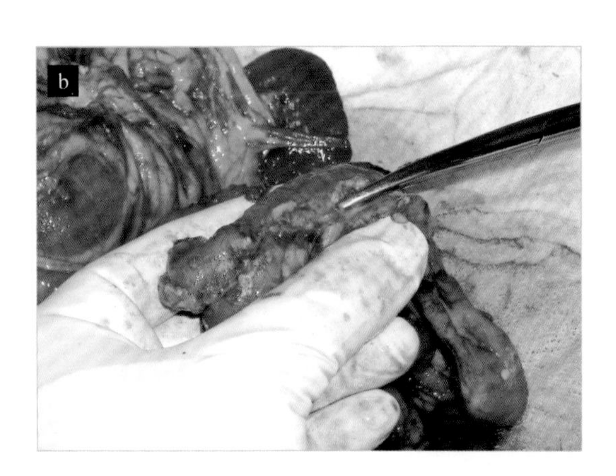

图 15 侧 - 侧吻合检查显示肠内容物漏出

在外科医生进行肠缝合术时，助手将肠管夹在食指和中指之间的肠管，同时助手还尽量使缝合部位远离腹部中线，以减少造成更大污染的可能性。

对侧 - 侧吻合进行了检查，但没有发现最初进行该吻合术的原因（图 15 和图 16）。该吻合术有一个泄漏点，外科医生拆除了该处残留的缝合线。根据损伤的空肠袢状况决定是否有必要切除它们（图 17）。

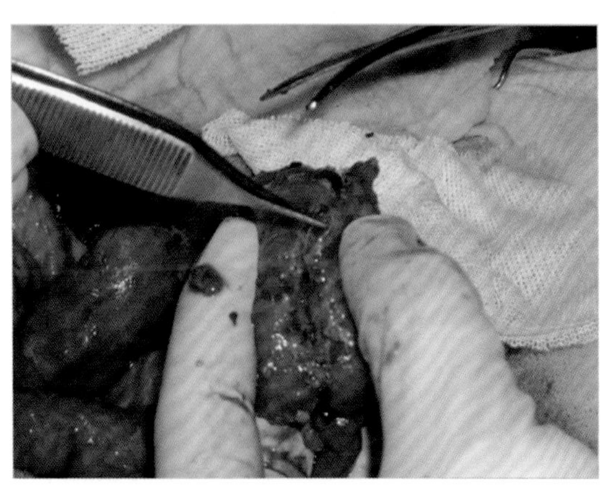

图 16 侧 - 侧吻合术的缝合线去除

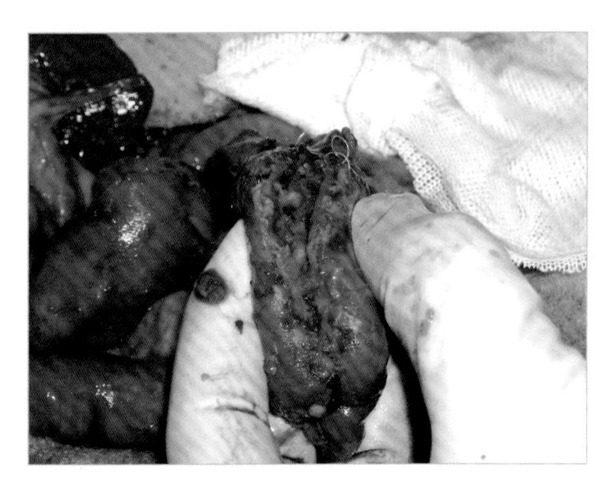

图 17　检查后决定切除这部分空肠

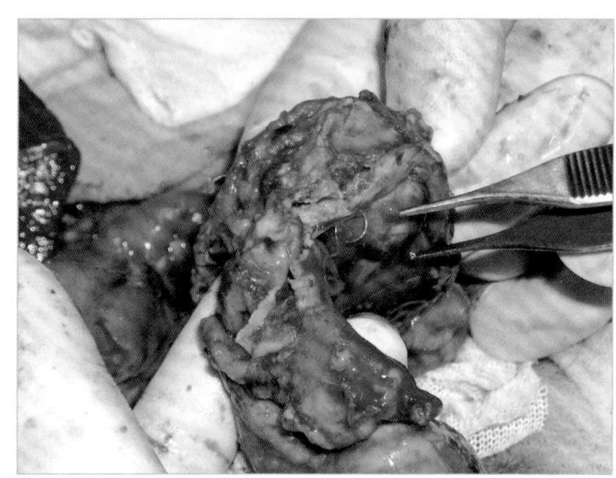

图 18　在这个病例中，组织和器官的处理不当是显而易见的

病例分析

失误或手术并发症?

失误可能是由于不同的肠吻合口缝合位置不当所致（图 18）。在这些情况下，可能没有想到肠黏膜通常会发生外翻，从而遮盖了部分黏膜下层，这一层是支撑层。如果只缝合黏膜层，则肠管断端的重要支撑结构缺失，导致在 48 ～ 72 小时（有时甚至更早）内肠管缝合处裂开。

> 在对一些刚进行了腹部手术的病例进行鉴别诊断时，必须考虑脓毒性腹膜炎。

由于缝合方式的失误，使吻合的组织缺血，进而坏死，导致吻合处裂开。引起胆汁和肠道内容物泄漏，从而引起化学性腹膜炎。

手术期间的血压很难维持。低血压可能是由于患宠的败血症和腹腔内体液大量丢失继发血容量降低。低血压可以通过输液来控制。最后必须指出，如果没有适当的腹腔引流，有时很难消除细菌感染。由于经济条件的限制，本病例既未采用开放性腹腔引流，也未采用闭合性腹腔引流（如 Jackson-Pratt 引流）。而是选择了腹腔闭合术。

在这一点上，必须指出的是，很难区分是继发于肠道修补术（肠切开术或肠切除术）引起肠道内容物泄漏所致的化脓性腹膜炎，还是由伤口裂开而引起肠道内容物漏出引起的化脓性腹膜炎。

> 最近的研究表明，闭式抽吸引流治疗组和初次闭合治疗组病犬之间无显著差异。

脓毒性腹膜炎的组织愈合方式因机制不同而改变。腹膜炎的后果之一是增加蛋白水解活性。这会降解胶原蛋白和细胞外基质，从而增加肠切开术或肠切除术失败的可能性。

> 快速诊断伴随良好稳定的药物、早期手术干预和良好的术后护理是成功恢复的关键。

猫科动物的腹膜炎

- 猫腹膜炎最常见的原因是胃肠内容物的漏出。
- 通常分离的微生物是大肠杆菌属、肠球菌属和梭菌属。
- 值得注意的是，患猫腹部触诊无疼痛反应。

治疗包括手术探查，存活率为 70%(Costelo 等，2004 年)。手术应在患猫病情稳定后立即进行，通常在入院后 3 ～ 4 小时进行。在患猫病情进一步恶化而病情不稳定时，外科医生就需要优化治疗方案。

正确的方法

由于手术管理不善，不仅病猫的生命受到威胁，而且由于需要广泛切除而失去了重要的肠段。如果它在这些手术中幸存下来，显然可能会对未来生活产生影响（例如短肠综合征）。

下面介绍正确的步骤，也就是用于纠正本病例腹膜炎的吻合方法。

对肠管断端进行清创和清洗，以进行新的吻合术。

如前所述，第二针应缝在肠管的对肠系膜侧。应使用 Adson-Brown 镊子，以避免肠管受损（图 20）。

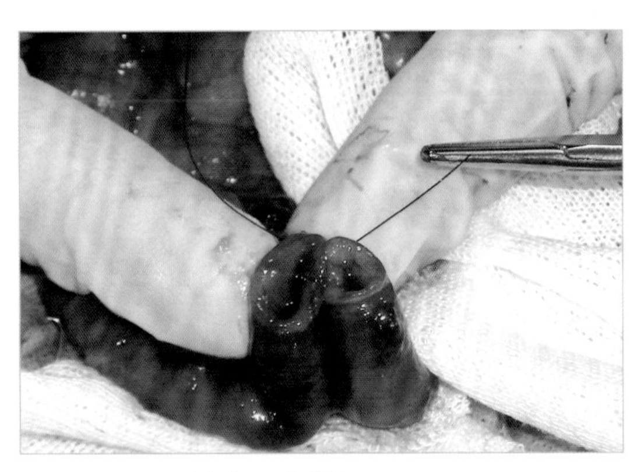

图 19　第一针缝合在肠系膜侧

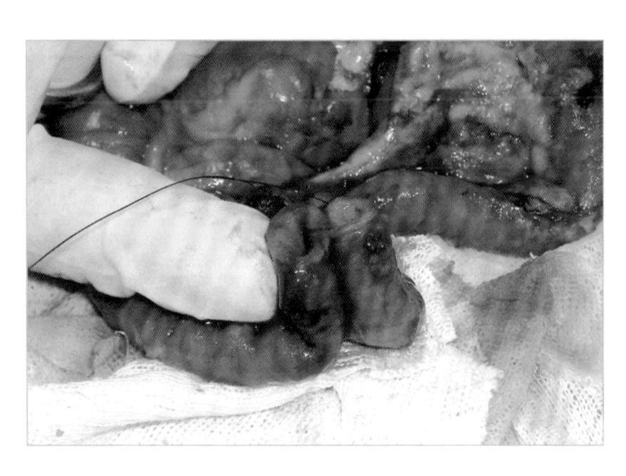

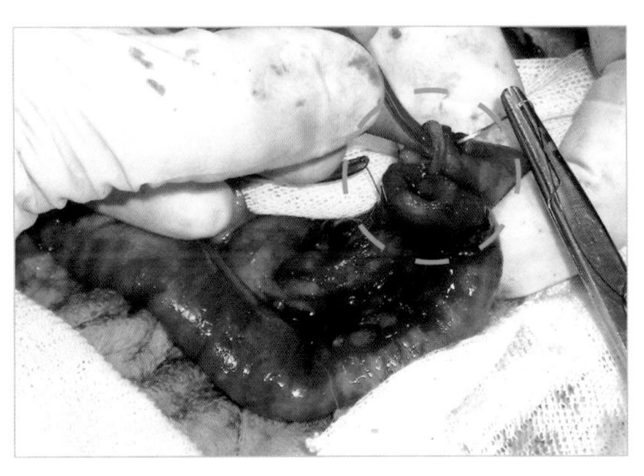

图 20　肠管断端的缝合。圆圈显示 Adson-Brown 镊夹持肠管的正确方法，而不是夹持在肠管的边缘

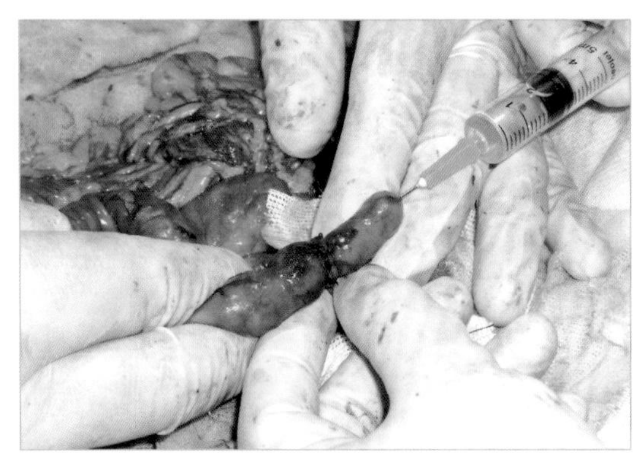

图 21　填充测试以检查缝合的密封性

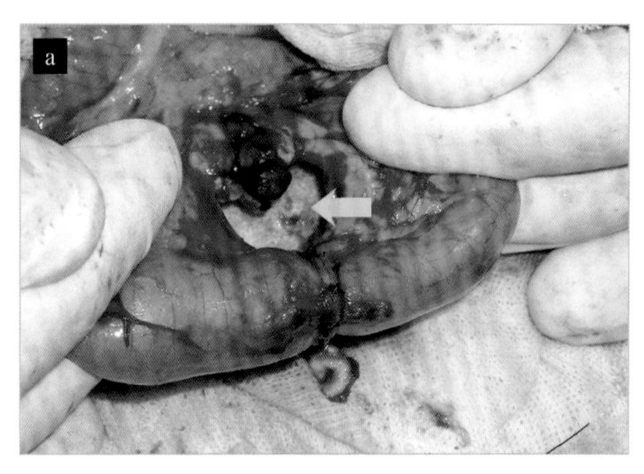

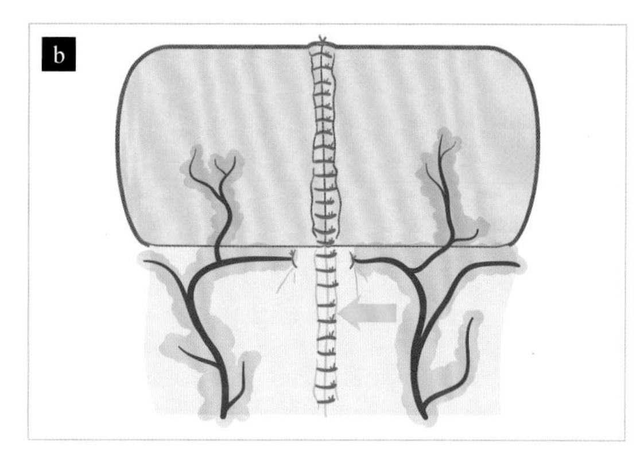

图 22　确保内容物顺利通过的肠吻合。箭头显示肠系膜上仍有缺口，必须修复（a）；肠袢和肠系膜的缝合模式（b）

肠吻合完成后，进行渗漏试验，通过向肠壁注入生理盐水（图 21）检查。因此，外科医生要能够确保缝合没有渗漏。如果观察到任何渗漏，应在渗漏部位进行额外的缝合（图 22 和图 23）。

没有必要注入大量的生理盐水溶液，只需要使其恢复到正常的大小和体积即可。
小肠内的压力很低，为 6 ～ 8cmH_2O，因此仅需要少量的水就可以使肠腔略微扩张。

医生一定不要忘记缝合肠系膜。

外科医生一定不能忘记肠系膜缺损缝合的重要性，并且应该非常小心地抓住肠系膜边缘，以防止损伤或意外地将肠系膜血管包含在缝合中。连续缝合模式可应用 4-0 可吸收材料。这将防止任何器官被困在未闭合的缺损中。

然后进行第二次肠吻合。需要缝合的肠管断端直径差别很大。在这种情况下，为了使肠管断端吻合良好，使用鱼嘴样缝合方式进行较小直径的肠管缝合（图 24 和图 25）。

最近的研究表明，手工缝合和使用吻合器的机械吻合之间的结果具有可比性。使用皮肤吻合器可以成功地进行胃肠吻合术。该技术简单、快速、价格低廉。吻合时应把黏膜下层包含在内，以保证吻合的严密性。肠管吻合的裂开率和动物的死亡率与其他已有技术相比相当。

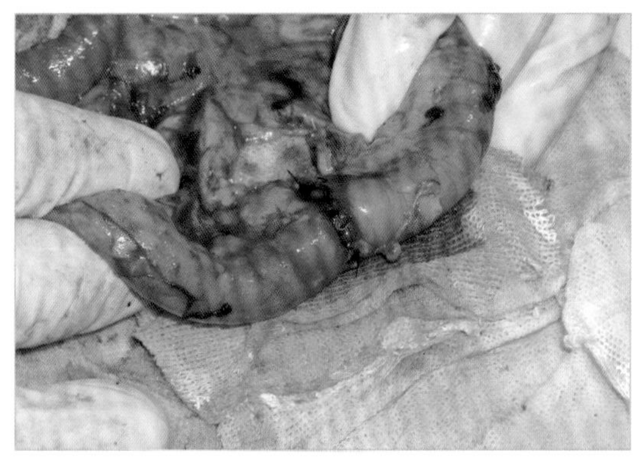

图 23　最后需要注意的是：第一次肠吻合时，食指和中指之间应该轻压肠管，以防止肠内容物移至缝合线区域。这个过程中不能用拇指和食指

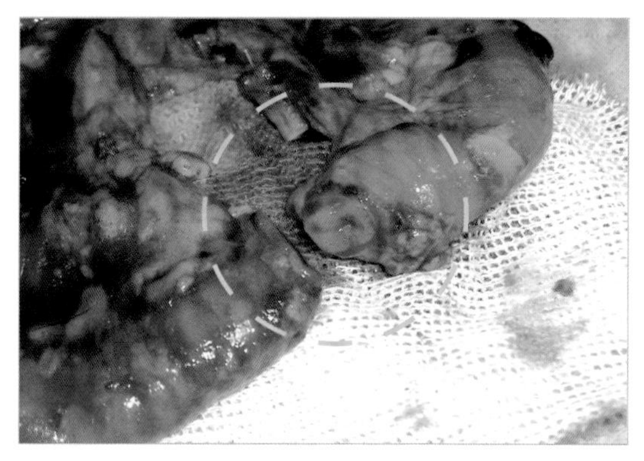

图 24　注意需要吻合的肠末端直径的差异

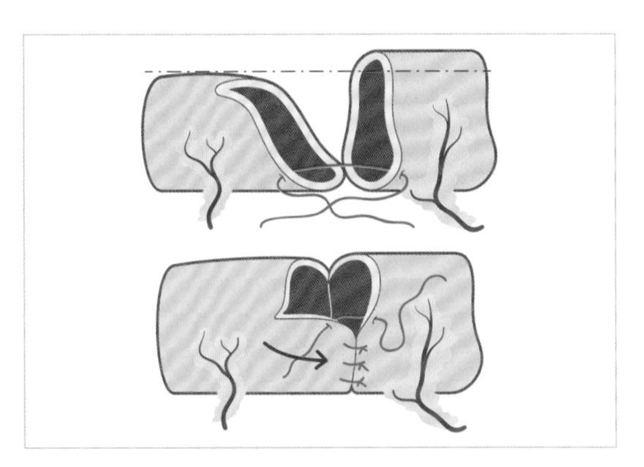

图 25　不同直径肠管间的矫正吻合术

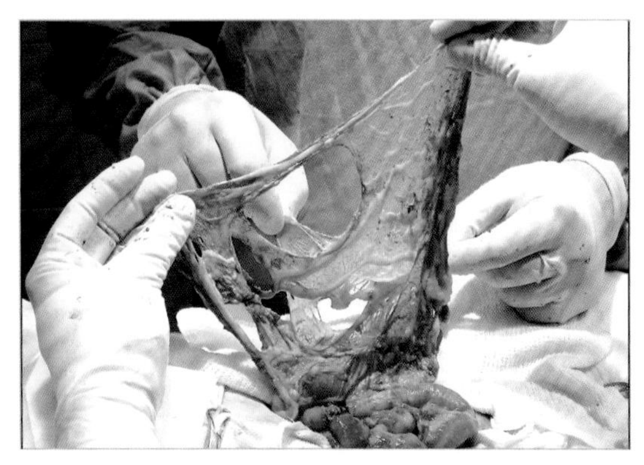

图 26　大网膜撕裂，但存活，可以在破口处进行网膜修补

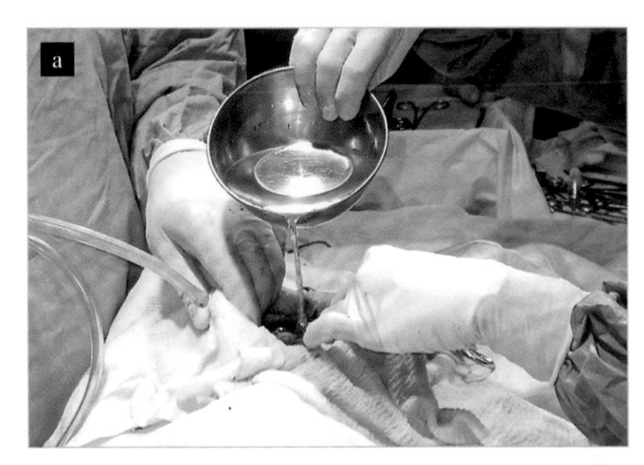

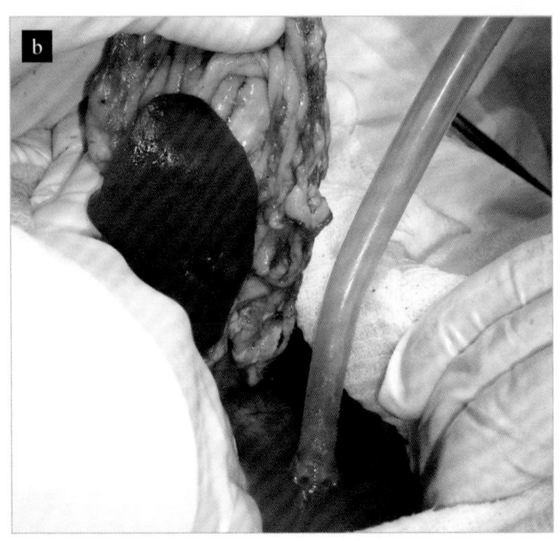

图 27　用生理盐水冲洗腹腔（a）；并抽吸该区域（b）

肠缝合完成后，用温盐水冲洗腹腔，然后抽吸（图 27）。使用的盐水体积约为 150ml/kg 体重（通常为 100 ~ 200ml/kg 体重）。当吸入的液体变得透明时，冲洗完成。一旦抽吸完成，取一个新的样本进行培养和药敏试验（图 28）。

作为该区域清创术的一部分，将腹腔伤口的边缘修剪整齐，以促进愈合（图 29）。

单纯间断法缝合肌层后，清洗皮下组织，放置两个彭罗斯（Penrose）引流管，每个引流管在皮下用埋入式缝线固定，两侧用简单的缝合固定在皮肤上（图 30 和图 31）。

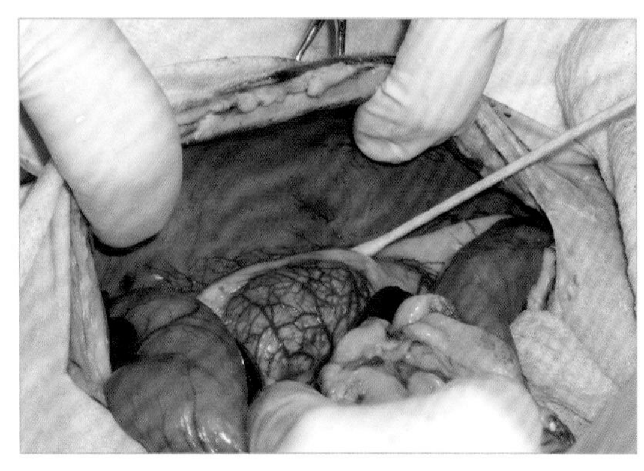

图 28　用于培养和药敏试验的样品采集

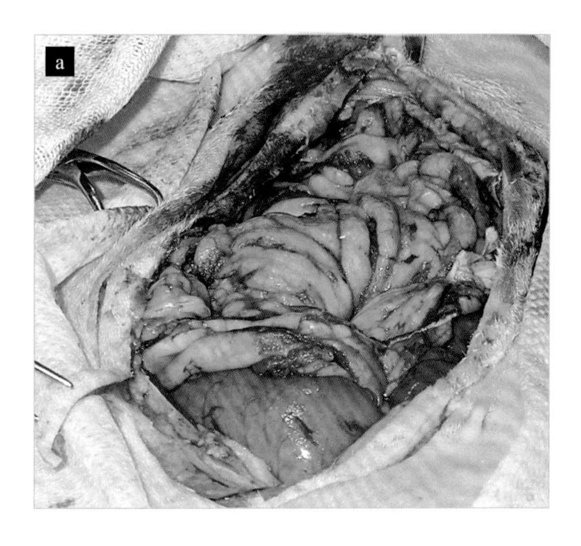

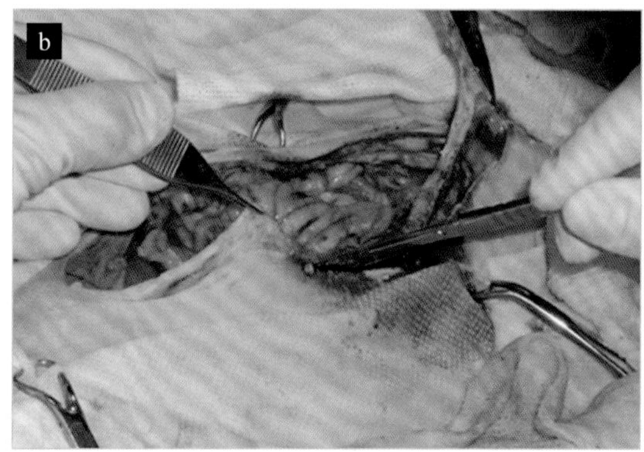

图 29　在清创过程中修整伤口的边缘，以促进正常愈合

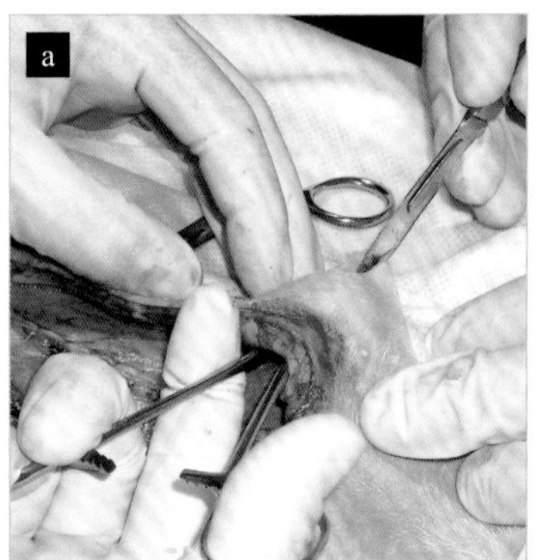

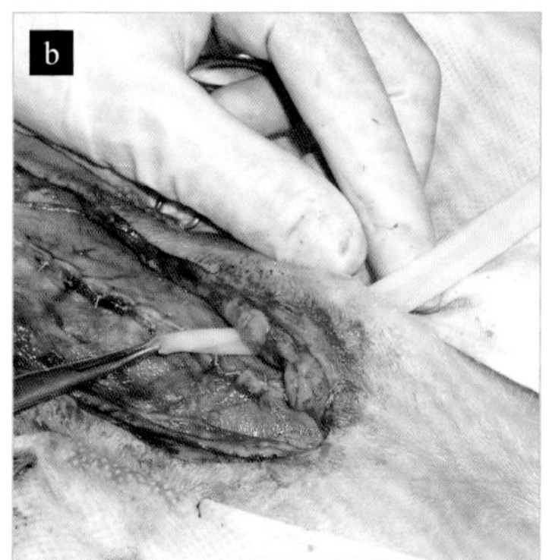

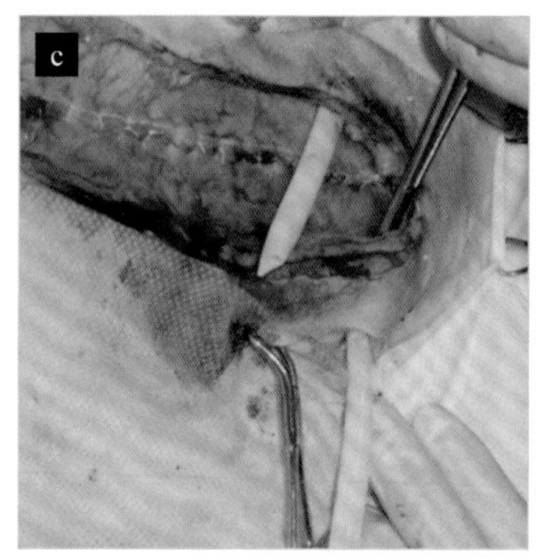

图 30　放置彭罗斯（Penrose）引流管，这是为了避免在腹股沟区积液。引流管不能从主切口脱出

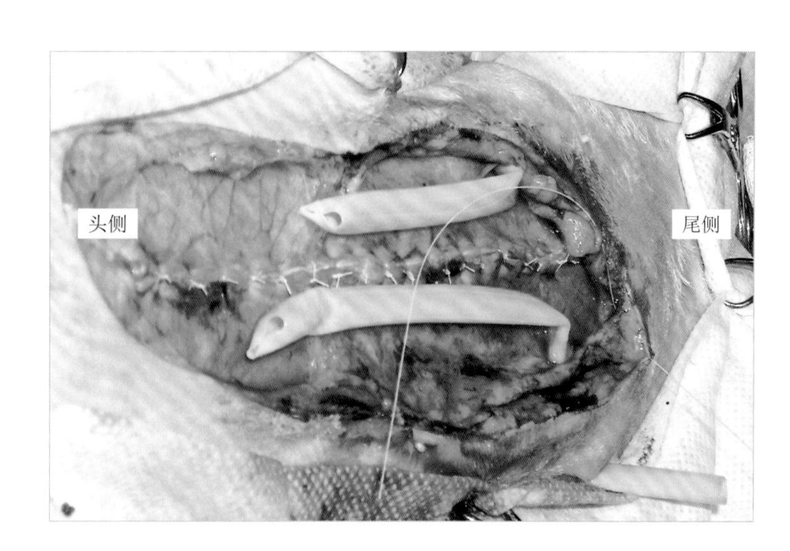

图 31　手术引流管的固定

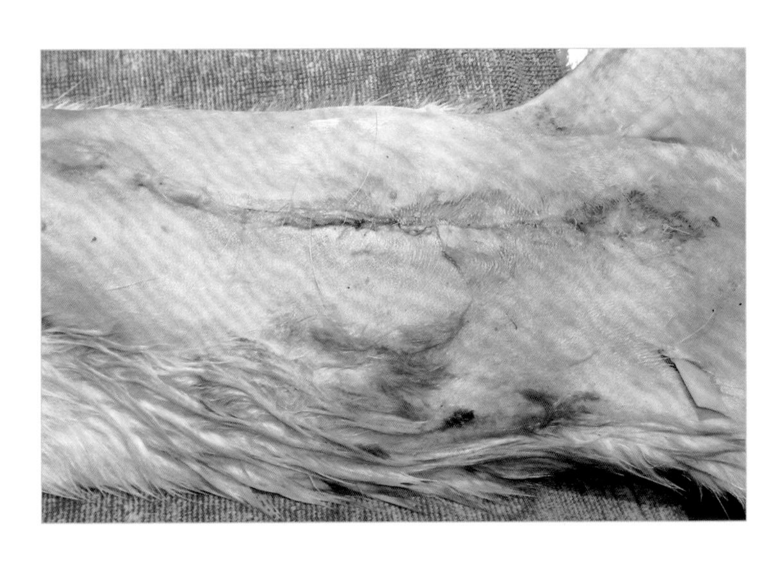

图 32　手术完成

> ✱ 在脓毒性腹膜炎中，病猫在手术后的头几天出现低蛋白血症。

应该记住的是，脓毒性腹膜炎病猫往往患有低蛋白血症，手术后不会立即改善。可以用连续的输入血浆来治疗，但这并不容易，对于不能通过输入血浆进行的病猫，可以在病变区域进行肠内饲管提供营养。

在这个病例中，不可放置空肠造口管，因为回肠末端非常靠近回盲瓣。

病猫住院并继续接受支持性液体治疗：

▪ 氨苄西林 / 亚内酰胺：20mg/（kg・8h），甲硝唑每 12 小时一次，直至培养和抗菌结果证实所用抗生素是正确的。

▪ 曲马多 3mg/（kg・8h），连续 3 天。72 小时后，剂量降至 2mg/（kg・12h）。

> ✱ 在胃肠愈合、肾功能恢复正常、降压得到控制之前，不应使用非甾体抗炎药。

Alex 在手术后 18 小时内用低热量 - 高蛋白饮食喂养。

> ✱ 立即进行肠饲管喂养，可减少细菌转移和溃疡的风险，并改善受损黏膜的愈合情况。

术后第 4 天拔除引流管。

这只病猫又住院 15 天，因为在手术时病猫的身体状况不好，恢复很慢。根据结果（完全血细胞计数、总蛋白 / 白蛋白和肝酶），每 48 ～ 72 小时进行一次血液检测。

> ✱ 在手术后阶段处理脓毒症病猫时，应始终使用手套，以避免“扩散”污染。

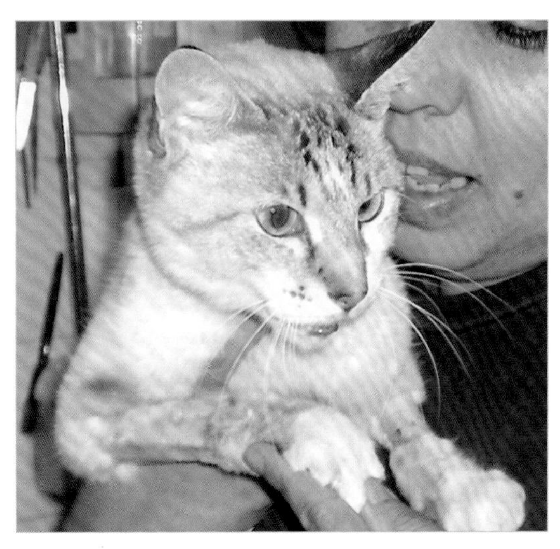

图 33　Alex 在手术后 15 天出院

病例14/肝叶部分切除术所致的血管破裂

患病率	■■■□□
技术难度	■■■□□

- 失误：手术修复肝脏导致腹膜性心包膈膜疝并大量出血。
- 失误的后果：危及患犬的生命。

病例特征

名字	Blue
种属	犬
品种	罗得西亚脊背犬
性别	公
年龄	1岁

临床病史

Blue是一只1岁的公狗，因出现急性呼吸窘迫症状而被送到急救中心，以前没有外伤史或其他重要的临床病史。

临床经过

病犬立即得到了紧急处理，包括氧疗、放置静脉留置针和输液。然后进行身体检查，并检测到黏膜轻度发绀。胸部听诊存在无声区，特别是两侧膈叶投影处。心率很慢，心音低沉，外周脉搏适中。Blue表现为混合性呼吸困难（吸气和呼气）。经过几分钟的氧气和输液治疗，病犬明显好转。在胸部的敲击声中听到沉闷声。进行超声检查，在胸腔内发现肝组织并伴有中度积液。因为没有创伤性病史的证据，初步诊断为膈肌或腹膜-心包疝。进行胸腔穿刺术，获得了乳糜状液体。在这一过程后，各指标参数明显改善，拍摄了几次胸部X片，证实存在腹膜-心包横隔膜疝（PPDH）。

> 通常，腹膜-心包横隔膜疝（PPDH）是由因膈肌和心包水平处的中线闭合不完全引起的，有时可能包括白线。这种临床表现表明每13只幼犬中有4只会出现腹膜疝，而这不能与脐疝混淆。

PPDH的放射学标志是特征性的（图1～图3）

- 扩大的心脏轮廓。
- 横隔膜腹侧部不连续。
- 心包内气体结构。
- 胸骨缺损。
- 气管抬高。

图1～图3所示的X射线证实了PPDH的诊断。确诊后，就要求紧急验血，并召集手术小组。手术计划在接下来的12小时内进行，前提是患犬状态稳定。随后Blue继续进行液体氧气治疗。

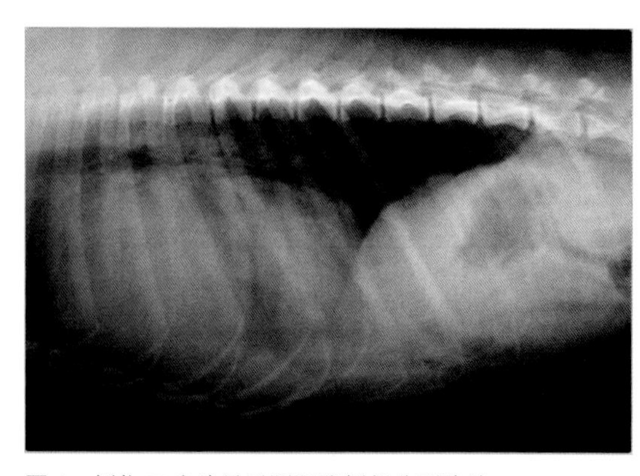

图1　侧位X光片显示膈肌腹侧部分不连续

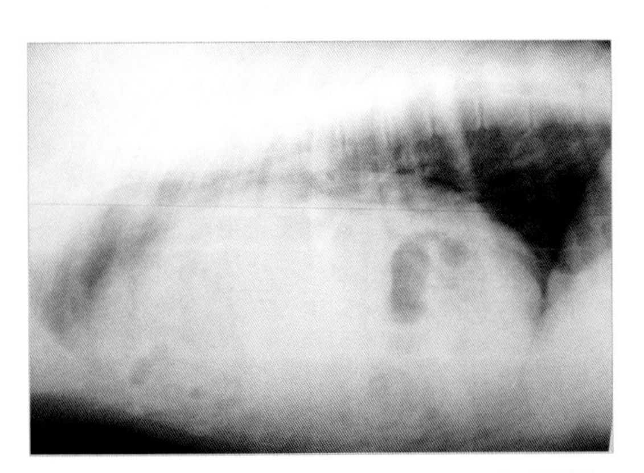

图 2　侧位 X 射线显示心包腔中有气体，并且胸廓结构模糊

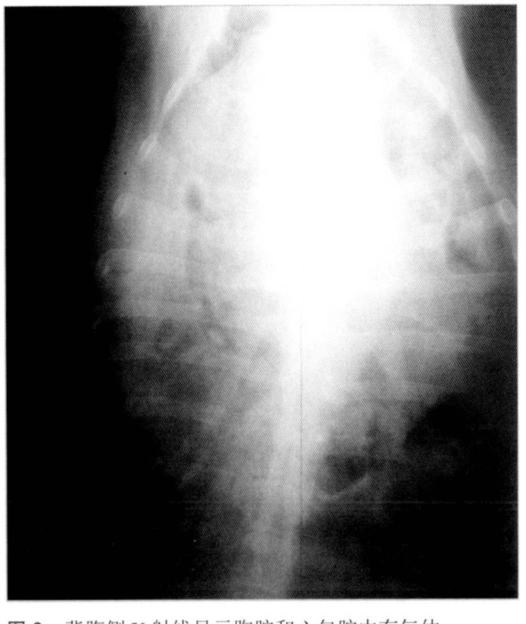

图 3　背腹侧 X 射线显示胸腔和心包腔中有气体

当怀疑是 PPDH 时，在鉴别诊断中也应考虑心包积液和膈肌破裂。

PPDH 的治疗是选择开腹手术矫正，将涉及的器官回归腹腔，并评估膈肌、剑突和腹肌的任何先天性缺陷。该病犬也有乳糜渗出，必须在手术中引流。乳糜性胸腔积液往往是由于压迫沿其路径的胸导管所致。当胸导管进入前腔静脉发生压迫时，导致心包积液及心包扩张。

鉴于此，病犬准备进行剖腹探查术（图 4 和图 5）。

在进行手术时，胸腔内的负压不会受影响，因为这种手术不涉及胸膜腔。即使发生心包积气，也不会危及病犬生命。如果不发生意外或进行必需的胸膜穿刺，胸腔内的负压仍然存在。

然而，手术计划应该包括可能需要的后部胸骨切开术。这是由于有时所涉及的一些脏器可能无法从腹部适当地取出来，如果继续向前切口，可以更快地将这些器官放回腹腔，而不会产生任何严重的后果。容易发生疝出的脏器通常包括一个或多个肝叶，有时包含脾脏、胃或部分小肠。一旦这些脏器位置发生了改变，应该在关闭缺口之前对它们进行检查以确定它们的生理状况。在某些情况下需要使用肋骨周围的锚定缝合线来适当处理肌肉紧张的情况，很少需要其它辅助物便很容易实现闭合。

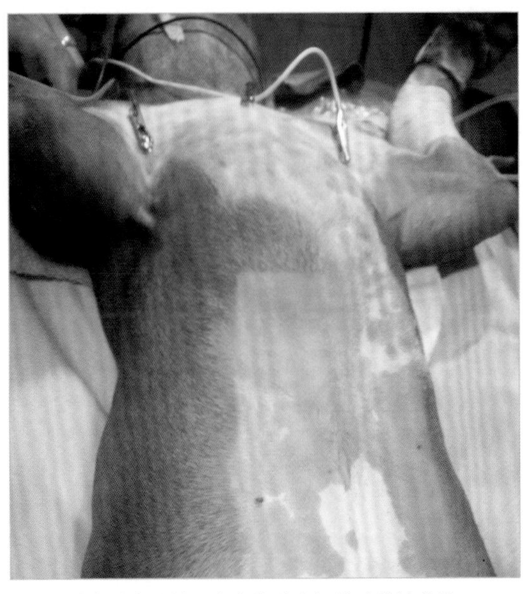

图 4　准备手术区域。患宠胸腔中间的毛发被剪除

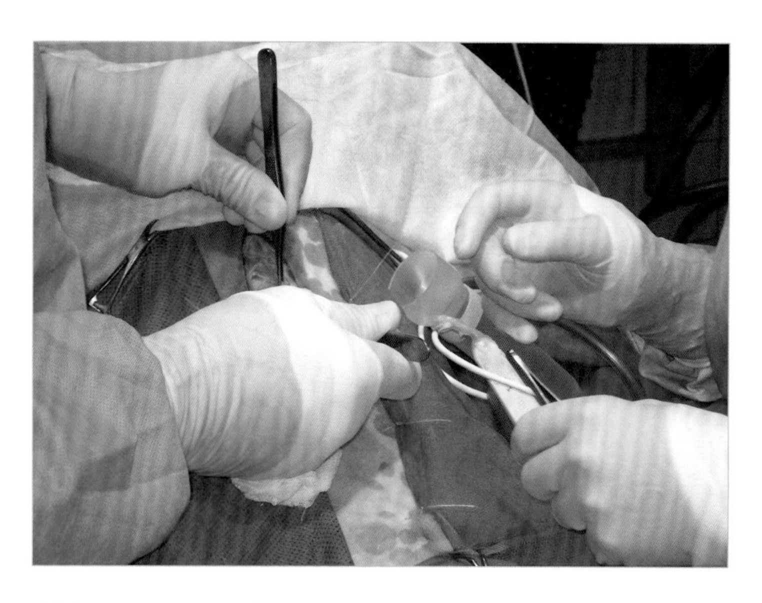

图 5　开始进行开腹手术

手术开始后，证实存在膈肌缺损，同时两个内侧肝叶和一小部分空肠占据心包。空肠已恢复正常，但肝前组织在切除左内叶的过程中发生撕裂。这立即引发了严重的出血，从颜色判断，出血中有重要的动脉成分。形势变得紧急。

立即用纱布包裹出血的源头，这是因为考虑到肝脏在心包腔内，很难直接止血。由于胸骨切开术是提前计划的，因此立即用骨凿和骨锤从胸骨的后端打开。这大大拓宽了手术视野。抽出血液，取出一个大的血块。两个受牵连的肝叶随后被修复，同时在左肝叶上发现一个很深的撕裂伤。我们决定进行部分肝叶切除术，并在肝脏底部进行双重结扎（一种切除式结扎），以完全止血（图 6）。

手术继续进行。麻醉师注意到了肺通气过程中有一些阻力，这促使外科医生进行了经膈肌胸腔穿刺术。大约 500ml 浆液被排出（图 7、图 8）。

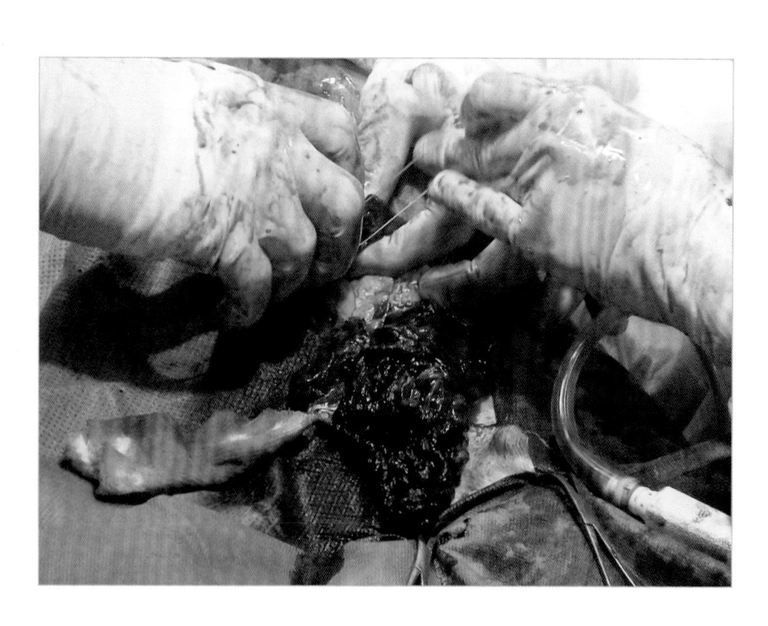

图 6　图中显示了肝叶中大量的凝血块和裁切机结扎的位置

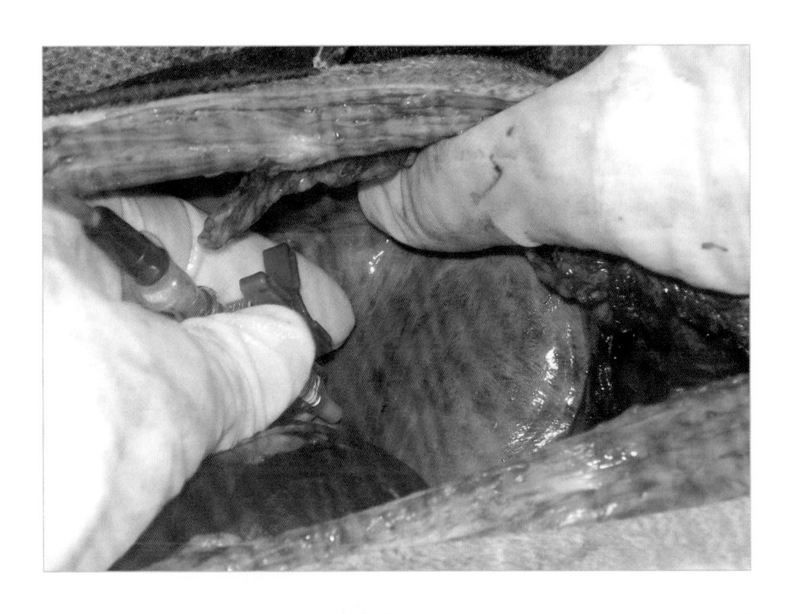

图 7 将带三通阀的针头插入胸腔的横隔膜中

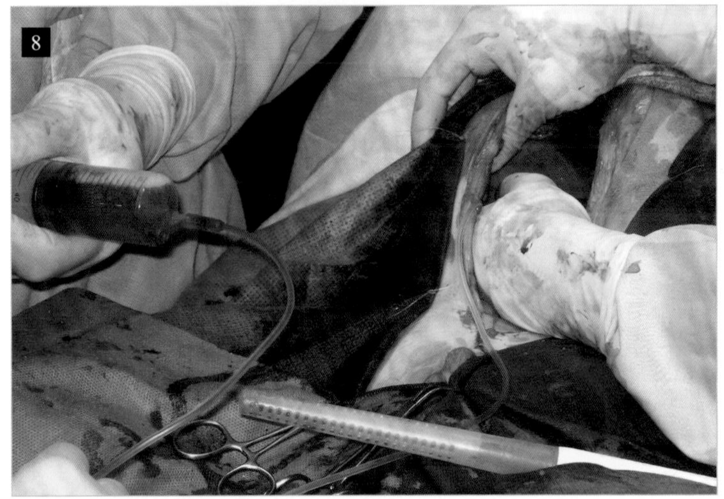

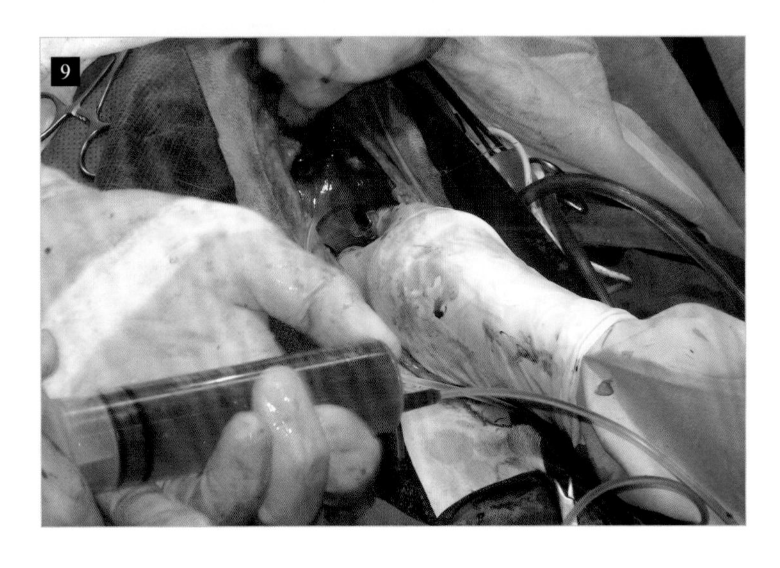

图 8 和图 9 将 60ml 注射器通过一根导管连接在三通阀上，抽吸胸膜内容物

经过这一过程，肺扩张得到改善。然后，外科医生通过从远端开始接近该缺损的边缘，然后进入近端，在与肋骨相邻的腹腔切口附近，来闭合膈肌和胸部缺损，从而实现了疝的完全闭合（图 10～图 12）。

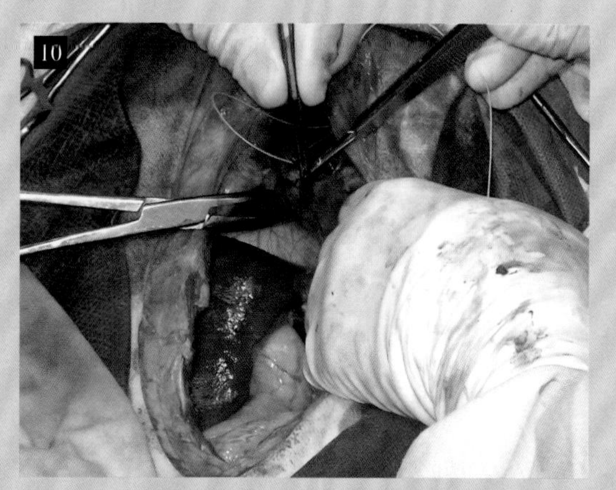

图 10　使用单股尼龙缝合线缝合缺损肌的最深端

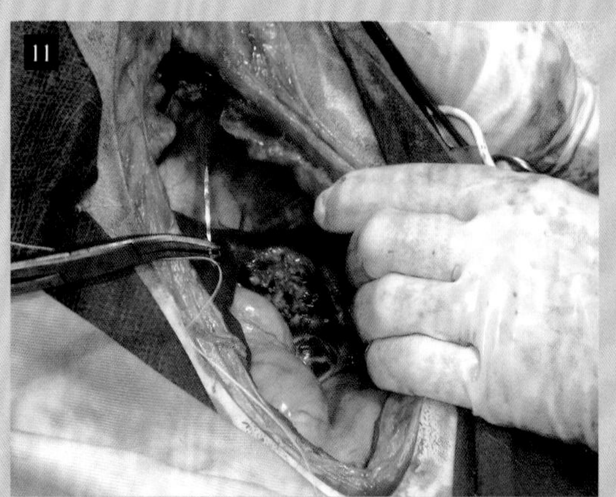

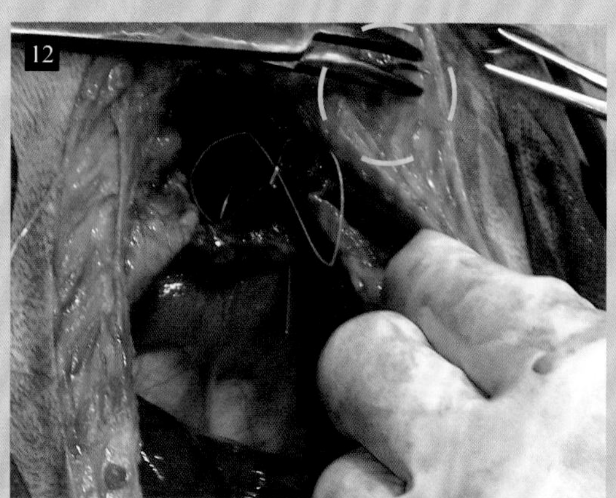

图 11 和图 12　在肋骨周围进行缝合，周围表示针尖从胸骨肋骨周围中伸出

胸骨用单股尼龙缝合线缝合。通过胸腔造瘘管恢复胸内负压。进行常规的术后随机检查，拍摄胸部 X 光片和进行胸管引流，以恢复负的胸腔内压。12 小时后取出插管。

术后 48 小时再次进行 X 光检查。显示轻度心包积气（图 17 和图 18）和轻度肺不张。恢复过程很好。病犬继续接受镇痛和抗生素治疗，一周后缝合线被拆除。

病例分析

失误或手术并发症？

虽然 Blue 的恢复非常好，但是在处理肝叶时的失误导致了随后的切除，给病犬带来了生命危险。

应该记住，这是一只危重的病犬，在胸腔积液的情况下，需要氧气供应。病犬的氧合能力不佳，大量出血可能出现不好的结局。

> 在进行所有的外科手术之前，应制定预防意外事件的应急计划。在本病例中，应对这一胸部手术在术前做充分和必要的准备，根据不同情况随时修改手术通路是可能挽救患宠生命的关键因素。

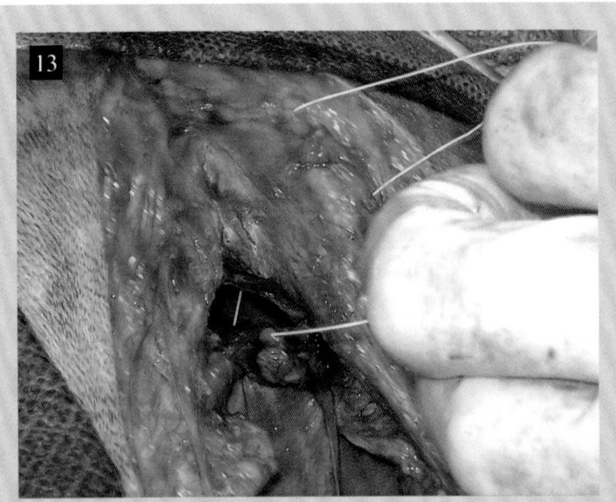

图 13　围绕肋骨缝合打结

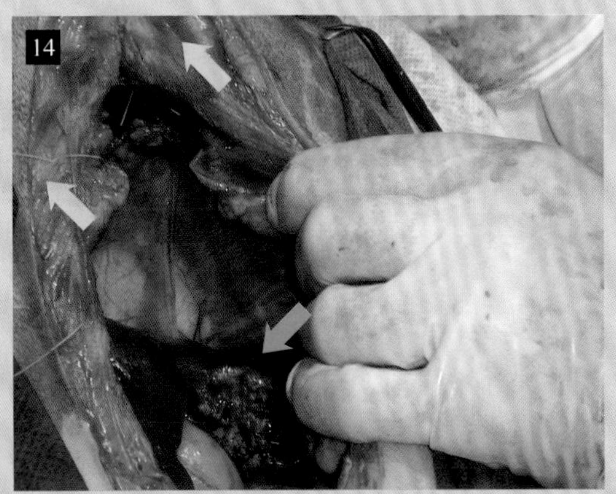

图 14　注意围绕肋骨的缝合线（黄色箭头）和部分肝叶切除术的结扎线（蓝色箭头）

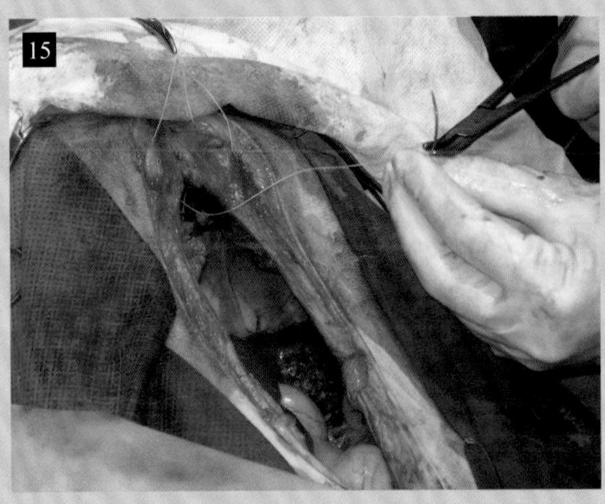

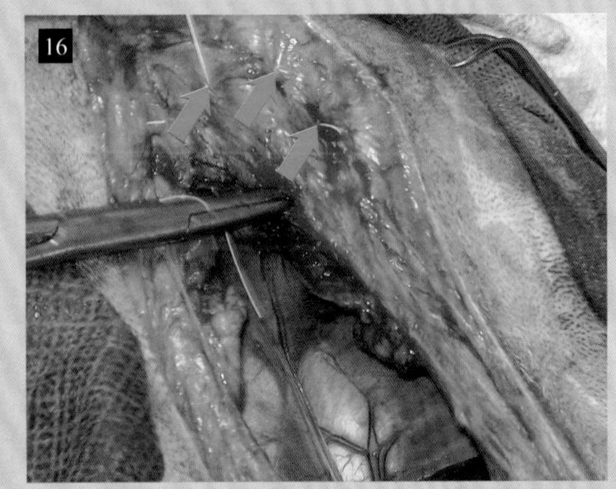

图 15 和图 16　疝闭合完成。注意肋骨周围的缝合线

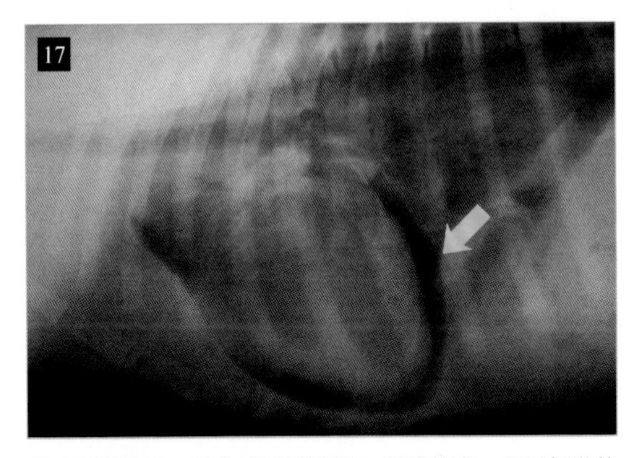

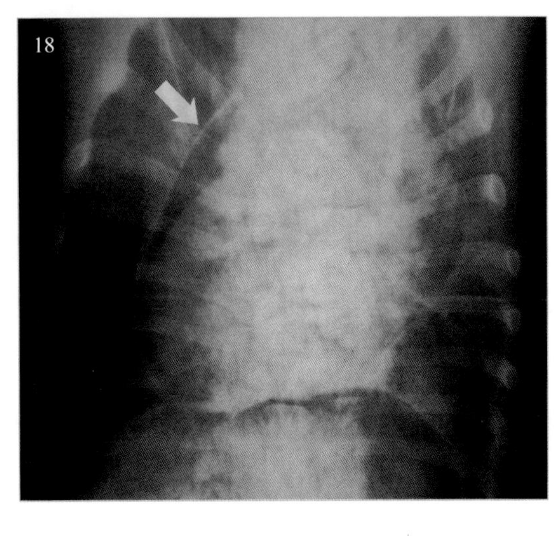

图 17 和图 18　手术后两天进行 X 射线检查，显示轻微的心包积气（箭头），肺仍未完全扩张

病例15/臀浅肌移位疝修补术

患病率	■■■□□
技术难度	■■■■□

- 失误：在标准疝修补术时缝合线扎住了直肠。
- 失误的后果：直肠瘘导致盆腔污染。

病例特征	
名字	Cani
种属	犬
品种	贵宾犬
性别	去势公犬
年龄	9岁

临床病史

Cani在接受标准疝修补术修复位于肛提肌和尾骨肌之间的缺损后，被转到医院进行皮瘘和局部感染的外科治疗。

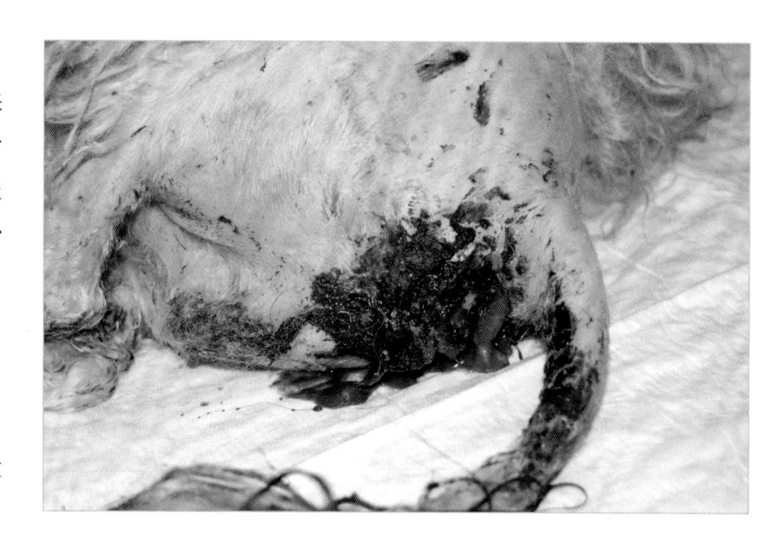

图1 会阴区右侧的皮瘘。注意通过瘘管造成粪便的渗漏和局部感染

临床经过

最初的诊断怀疑是术后并发症，包括直肠破裂和皮瘘。为了证实这一点，进行了放射学对比研究。

为此，将改良的Foley导管插入直肠，关闭导管的远端开口，并在导管的侧面做一个新的开口，注意不要破坏导管外的球囊。导管插进损伤的直肠内，导管的球囊充满盐水以便堵塞肠腔。

通过导管注入阳性对比剂，并拍摄侧位和背腹位X光片（图2和图3）。

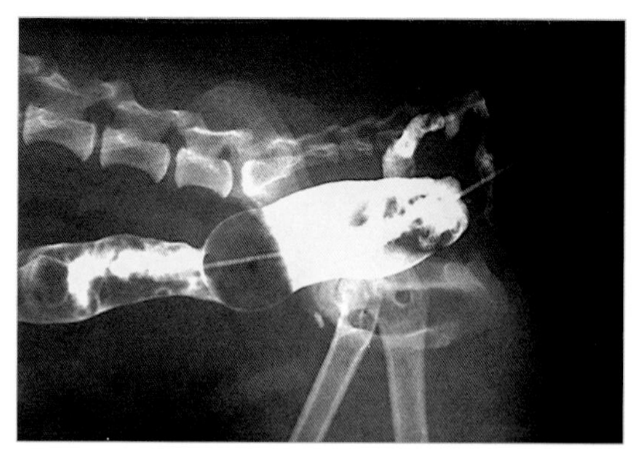

图2 侧位X线造影显示造影剂从直肠渗出

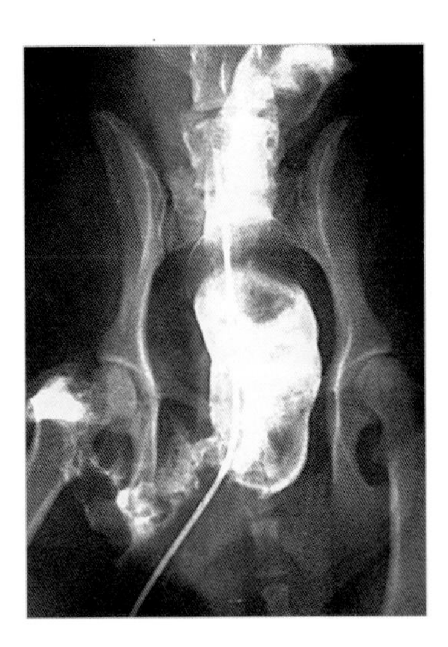
图 3　背腹 X 光造影显示造影剂从直肠渗出

决定采用会阴区的外侧通路来定位直肠破裂，并重建盆底。

诱导全身麻醉，并将病犬置于左侧胸骨斜卧位，以便于进入右侧会阴区域。清理好手术部位（图 4 和图 5）。

在髂骨翼和股骨大转子间皮肤上做一切口，继续切开臀浅肌，以便修复盆底缺损（图 6）。

上一次手术的缝合线被拆除，暴露出直肠开口，粪便通过直肠漏入会阴区（图 7）。

观看视频 1
会阴疝和直肠瘘的手术治疗

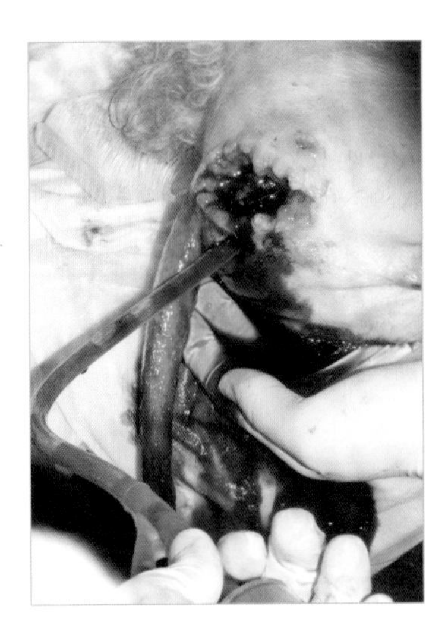
图 4　用同样的 Foley 导管进行直肠和会阴区域的清洁和消毒

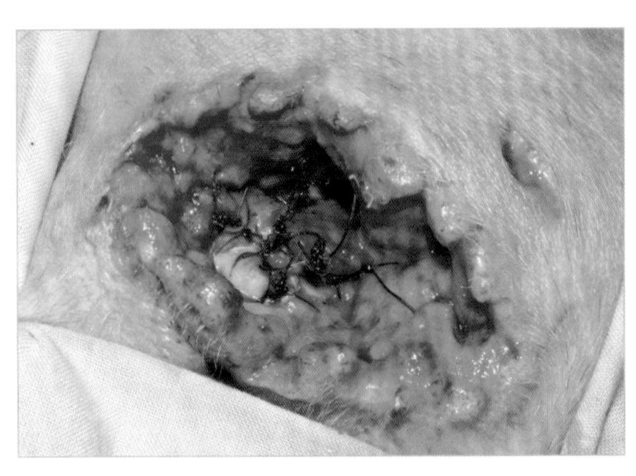
图 5　一旦拆除剩余的皮肤缝合线，就可以看到会阴区域的内部以及来自先前的疝修补术的缝合线

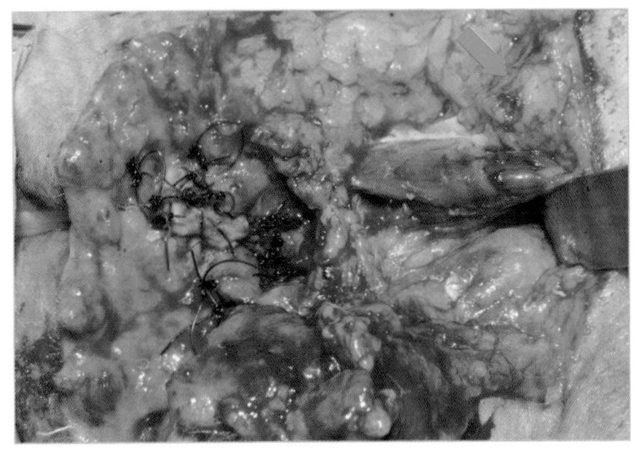
图 6　扩大髂骨和股骨大转子间的皮肤切口，确定并切开臀浅肌（箭头），切断附着于股骨上的臀浅肌肌腱

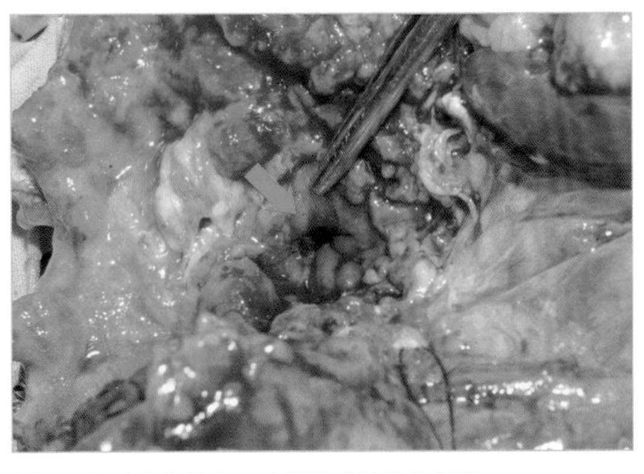
图 7　显示疝修补术后直肠发育缺陷的图像

影响肠管各层的直肠缺损用一种合成的、吸收缓慢的单丝缝合线缝合，用弯圆针进行单纯缝合（图 8 和图 9）。

> ✱ 在直肠手术中，通常在所有消化道手术中应避免使用三棱针。

> 放置缝合线后，直到所有缝线就位后才打结。这样就可以在缝合时观察缺损部位的情况。

为了加强缝合和重建骨盆肌群，臀浅肌肉向后部旋转（图 10），并缝合到肛门外括约肌、闭孔内侧肌、腰大肌和骶结节韧带。

最后，皮下组织用可吸收缝合线连续缝合，皮肤用不可吸收缝合线结节缝合（图 11）。

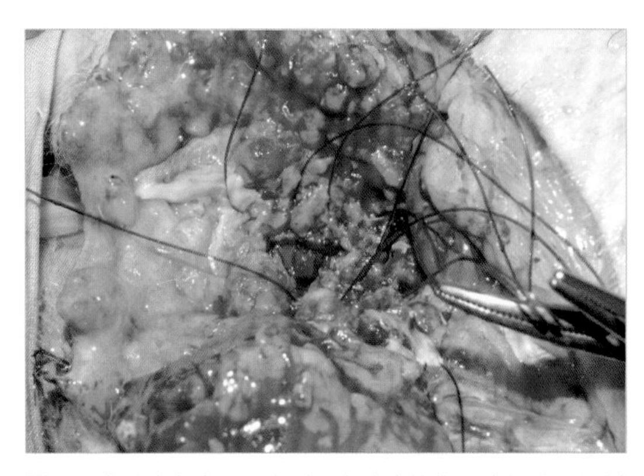

图 8 放置缝合线后，直到所有缝线就位后才打结。这样就可以在缝合时观察缺损部位的情况，并有助于正确放置每根缝合线

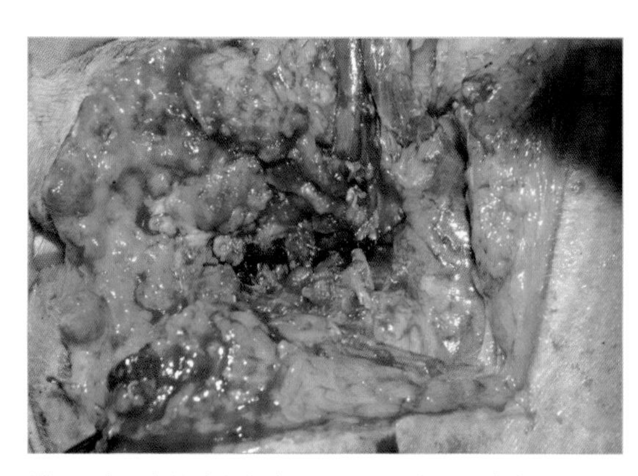

图 9 将所有的缝合线放置好后，打结，使缝线距创缘距离相近，避免过大的张力，以免缺血导致伤口裂开

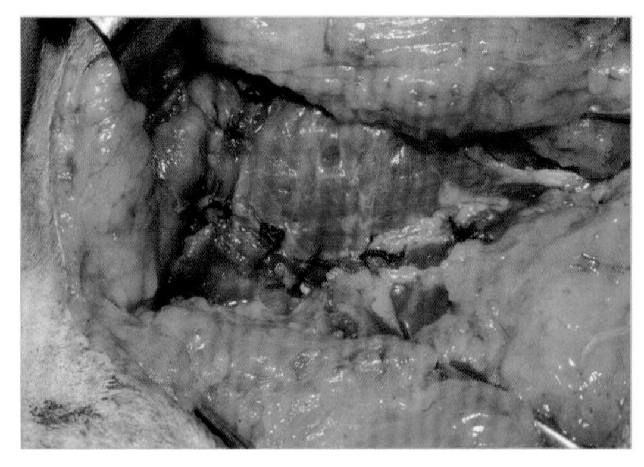

图 10 臀浅肌缝合

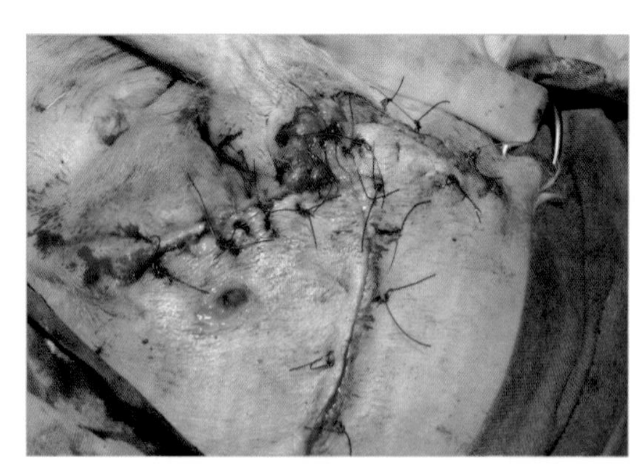

图 11 术后即刻结果

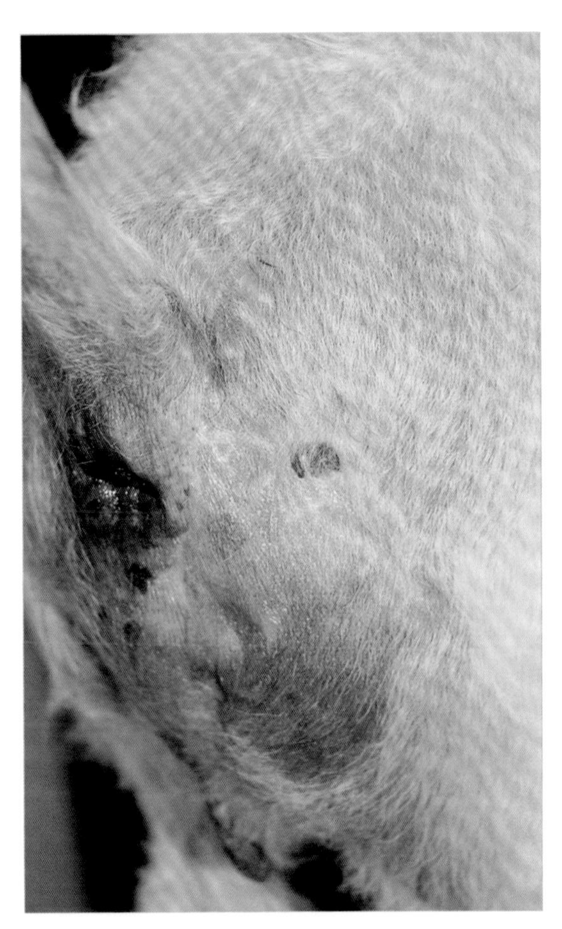

图 12　手术 2 周后的会阴区

病例分析

失误或手术并发症？

掌握该区域的精确解剖学知识对于纠正会阴疝或盆腔膈破裂是必要的，因为需要对该区域的组织进行重大的重新排列。疝气涉及的器官可能发炎，从而阻碍了需要修复的结构识别。

在会阴疝手术中，在切开和缝合受影响的解剖结构时应谨慎。在切开疝环的腹侧部分时，应密切监视会阴内部的血管和神经。外科医生在骶结节韧带周围放置缝合线时必须小心，不要夹住坐骨神经，并不要损伤任何盆腔器官，如直肠、尿道或膀胱。

> ✱ 组织结构必须仔细地切开和缝合，以避免损伤内侧阴部血管、神经和坐骨神经以及盆腔或腹腔的器官。

在这个病犬的标准疝修补术中放置的一些缝线夹住了直肠，从而导致了继发性消化瘘。这导致了盆腔的污染和粪便渗入皮肤。

这种类型的并发症可能不会危及病犬的生命，但可能会让动物感到不舒服，同时也会让宠物主人感到痛苦。一旦消化道泄漏得到解决，问题就迎刃而解了。如果不及时处理，这个过程可能会导致盆腔的严重感染。

正确的方法

会阴疝是一种肌肉疾患，可以通过进行标准疝修补术很容易地修复，或者可能需要更复杂的技术，例如闭孔内肌、半腱肌或臀浅肌的肌肉移位，或使用假体。

当盆底肌群不能为缝线提供适度的支撑，闭孔内肌转位是最被接受的辅助技术之一，如果使用骶结节韧带作为缝线的支撑点难度太大或由于缝合部位太靠近坐骨神经而容易导致新的并发症。

会阴疝可能的并发症

- 疝的复发。
- 直肠脱垂，通常为直肠黏膜脱垂而不是整个直肠脱垂，可以用荷包缝合来治疗。
- 由于神经损伤引起的大便失禁。
- 由穿刺和损伤肛门囊或直肠穿孔引起的局部感染。
- 对骨盆尿道有损伤。

> 为了避免会阴疝的并发症，在处理病犬时应特别小心，在切开骨盆结构和放置缝线时要格外小心。

病例16/胸腔内异物残留

患病率	■■□□□
技术难度	■■■■□

病例特征

名字	Pancho
种属	犬
品种	金毛巡回猎犬
性别	公
年龄	4个月

- 失误：由于持续的右主动脉弓手术矫正血管环后残留手术纱布海绵。
- 失误的后果：延长手术时间，用新的胸廓切开术去除纱布海绵。

临床病史

Pancho因出现呕吐/持续性餐后反流（特别是在摄入固体食物时）的临床症状而被带到诊所。据宠主说，Pancho是在家里出生的，是一窝中最弱的，而且这些症状是在哺乳期之后开始的。有时，病犬也因一次摄入过多而呕吐。

它的总体状况良好，只是生长速度慢。基本指标正常，无咳嗽或吸入性肺炎迹象。根据所获得的数据，怀疑临床表现是反胃而不是呕吐，因为大多数时候Pancho在进食后不久就会吐出未消化的食物，偶尔也会有经过几个小时的未消化食物呕吐出来。

病犬的食欲旺盛，但它的体重和身体状况很差。

它被要求进行水平胸部X射线检查和食道造影（图1和图2）。最有可能的诊断结果是，由于右侧第四主动脉弓的持续扩张，导致了心前巨食管血管环的存在。为了解决异常血管环的问题，决定进行开胸探查术，然后用弗利（Foley）导管球囊扩张食管。

临床经过

经左侧第四肋间隙行肋间开胸手术。进入胸腔后，肺尖叶后缩，并在纱布海绵的辅助下固定在这个位置（图3和图4）。从手术通路上没有看见主动脉，说明主动脉发生了右侧移位。对血管环进行识别和剥离，然后

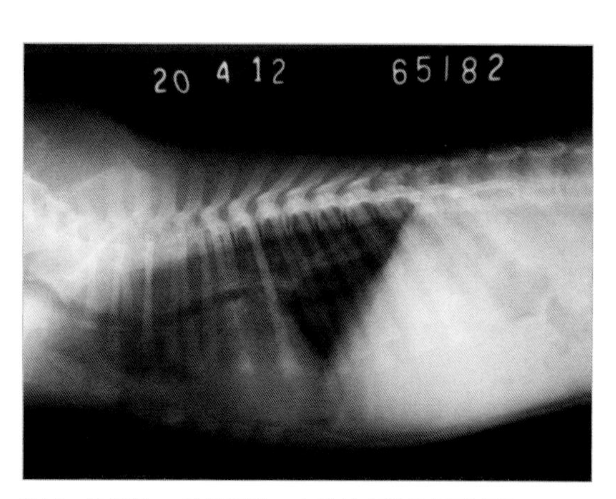

图1　胸部的X射线照片。心脏轮廓的前部不明显

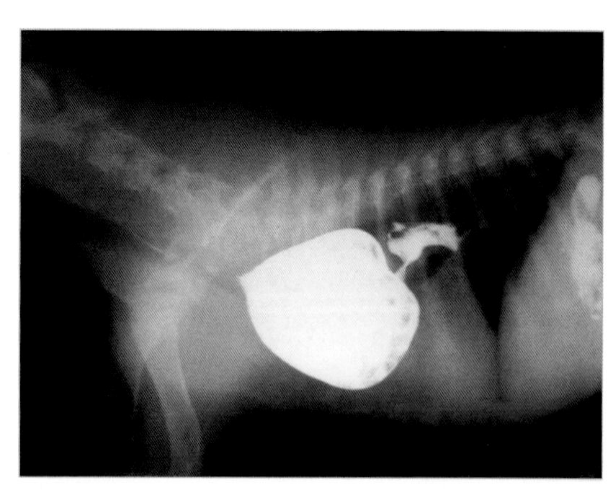

图2　食管造影发现了血管环和心前巨食管

用 2-0 丝线结扎并切断（图 5 和图 6）。通常使用丝线，因为它具有优良的摩擦性，可以更好地固定缝合。

去除位于食管外造成食管狭窄的纤维化边缘，然后麻醉师将 30- 法国弗利（French Foley）导管插入食管。当导管的球囊插到狭窄处时，用球囊充气以扩张食管。然后放置胸腔造口管，常规关闭胸腔，并抽吸胸腔以恢复肺扩张所需的负压。

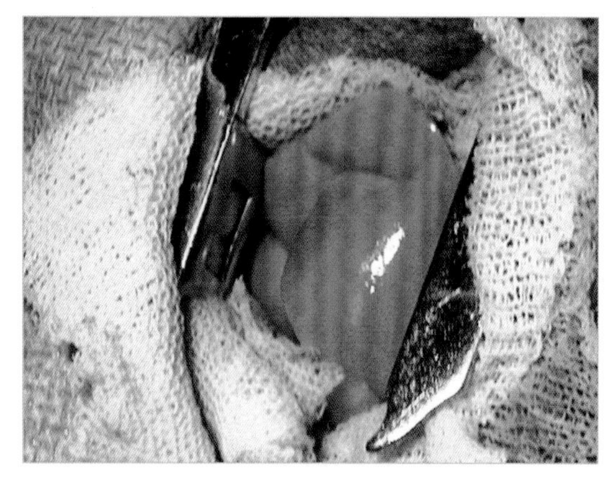

图 3　胸腔的外科手术入路。左肺尖叶暴露

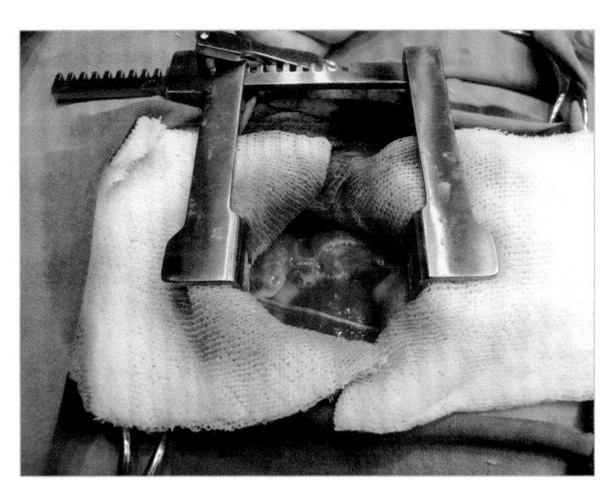

图 4　用纱布包裹的肺尖叶回缩

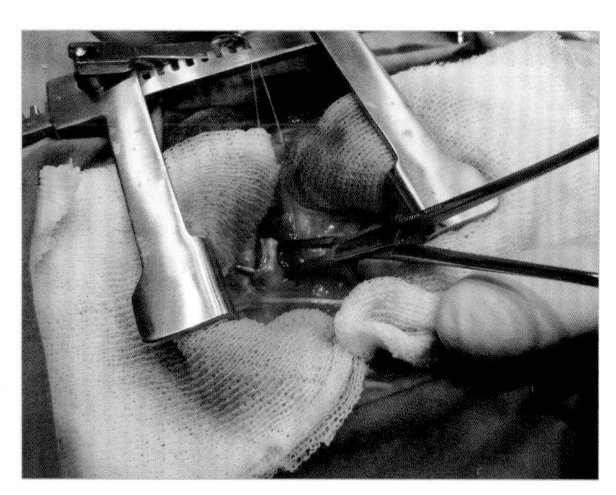

图 5　血管环的剥离（用 kantrowitz 钳）

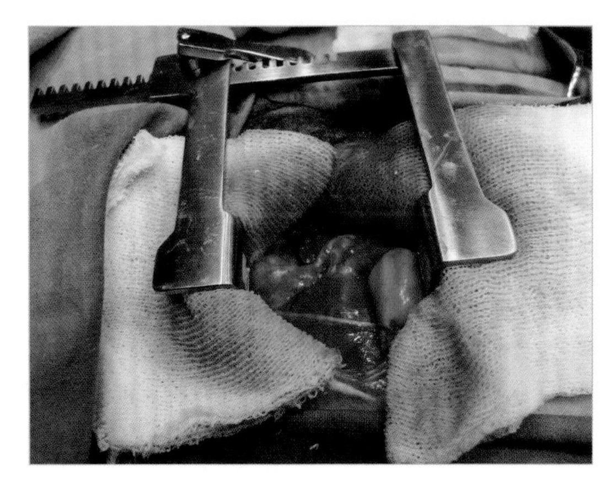

图 6　血管环的结扎和切断

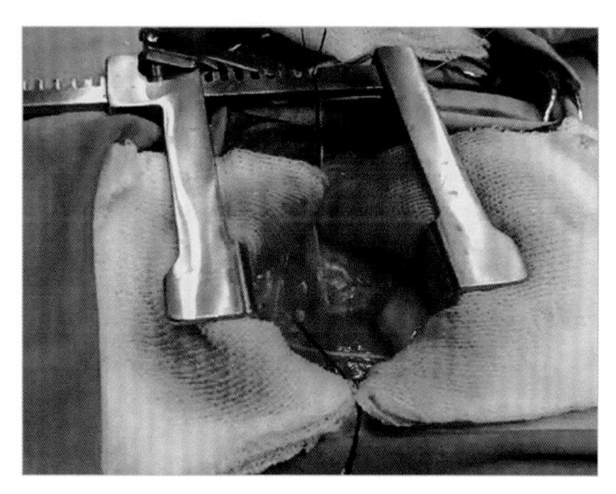

图 7　Foley 导管的球囊通过狭窄的食管腔

在闭合胸腔后，麻醉师表示病犬的血氧饱和度和通气情况不佳。在不同的体位下通过胸廓造口管重复吸气，并获得少量的空气和液体，这与前面提到的临床症状不符合。进行胸腔穿刺以确保导管不被阻塞，但也是阴性的。此时，一位助手询问，在手术过程中用来保持肺尖叶塌陷的海绵纱布是否已经取出。外科医生及时想起没有取下纱布垫并决定立即进行新的胸廓切开术。

当通过肋间开胸术打开胸腔时，首先在手术通路看到了相对应的肺叶。在这个病例中，在检查胸腔的后部时，发现了使肺叶塌陷的海绵纱布（图 8 和图 9）。

取出海绵纱布（图 10）并将该肺叶放回正常位置。该肺叶表现出为中度肺不张，但随着轻微的吸气后恢复良好（图 11）。

再次关闭胸腔，并通过胸腔造口管抽吸。

Pancho 恢复良好，没有留下后遗症。在接下来的几个小时里，它肺通气非常好。手术后 24 小时安全取出胸腔造口管。病犬住院 48 小时后出院。Pancho 每两天监测 1 次，手术后 10 天拆线。

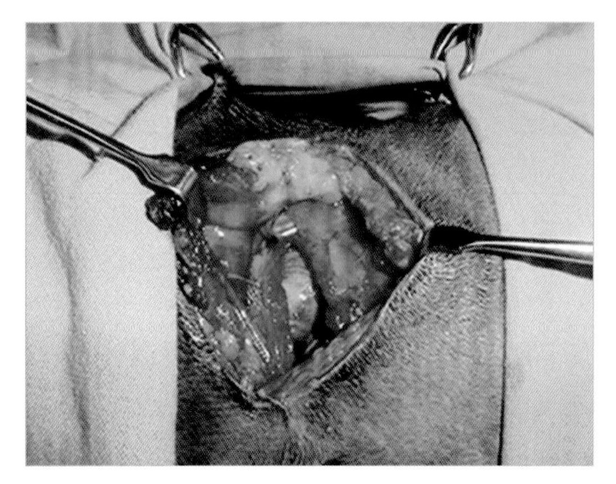

图 8　新胸廓切开术。主要的异常是肺尖叶不可见

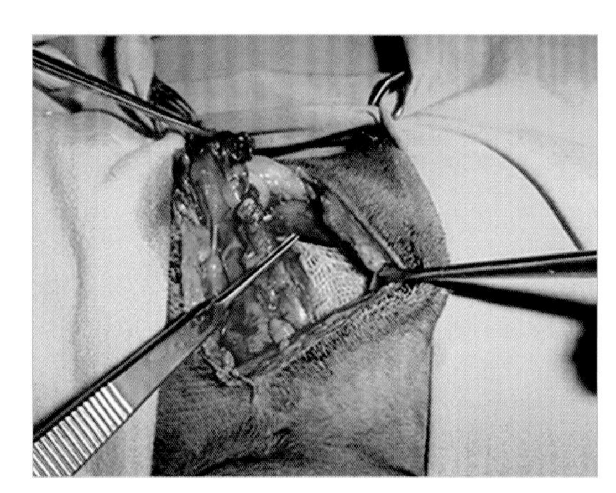

图 9　可以在切口后部看到纱布海绵

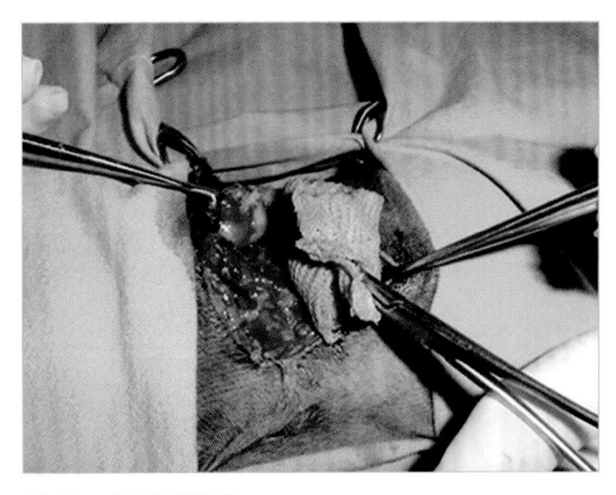

图 10　去除纱布海绵

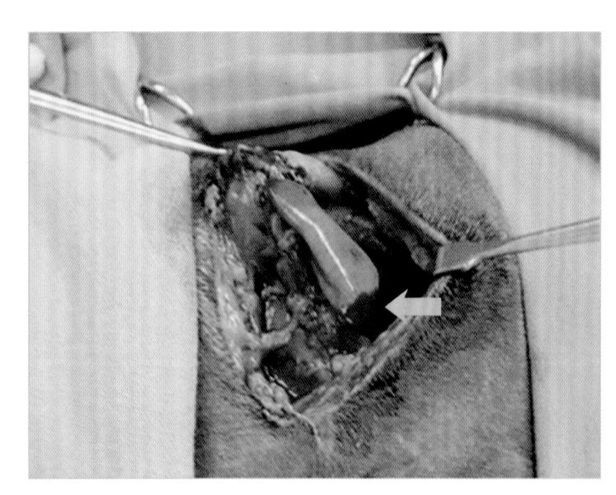

图 11　塌陷的肺叶逐渐膨胀，并在其腹侧部分观察到肺不张区域（箭头）

图 12　Pancho 正在恢复中

病例分析

失误或手术并发症？

毫无疑问，这是一个手术失误，它延长了手术的时间，需要一个新的胸腔造口术来移除被遗忘的纱布。

如果没有迅速地进行第二次开胸手术，呼吸困难可能会危及病犬的生命。

一旦外科手术过程的关键步骤结束，人们通常就会放松，在关闭切口的最后缝合时，手术团队成员往往会降低他们的警觉性。然而，一个粗心的失误，特别是在胸部手术中，可能是致命的。

从那次事故以后，医院就制定了一条新规则，将所有用于胸腔手术的纱布用结扎线与止血钳相连以进行标记（图 13）。应该指出的是，胸腔不能打开得太大，并且通过肋间开胸术的方法，只能看到 30% 的胸腔。取出遗留的手术异物是非常费力的手术过程。

正确的方法

所有的外科手术都需要一个完整的手术团队——外科医生、助理、实习医生、麻醉师和巡回助手——在手术持续的过程中自始至终对患者保持关注。显然，在本病例中，就缺乏关注。

如果使用剖腹手术纱布（图 14），这些纱布通常有一个颜色指示条，通常留在体腔外，用于提醒纱布在体腔内的存在。

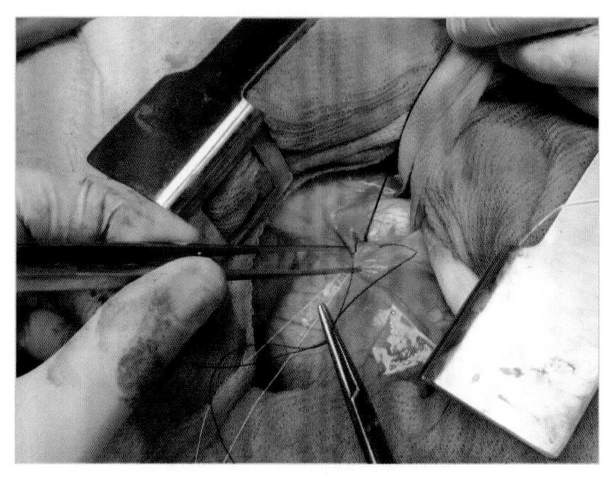

图 13　永久性动脉导管（PDA）病例中有标记的纱布示例。在右侧可以看到用黄色尼龙结扎线标记的纱布。左边的那个是迷走神经的标记。深色的丝线是用来结扎动脉导管的

图 14　剖腹手术用纱布

病例17/腹腔内异物切除术

患病率	■■■□□
技术难度	■■■□□

■ 失误：腹部残留外科异物。

■ 失误的后果：与食物摄入无关的呕吐，触诊时腹痛。

病例特征

名字	Asi
种属	犬
品种	杜宾犬
性别	去势雌性
年龄	10岁

临床病史

由于有与食物摄入量无关的非特异性呕吐的临床症状，宠主将 Asia 带到诊所。在体检中，所有指标都是正常的，但是腹部触诊显示轻微的疼痛反应和胃系膜上有明确的肿块存在。病犬在 1 年前接受了卵巢子宫切除术（OVH）。给予对症治疗和腹部 X 光检查。

X 光片显示中度肠梗阻，在可触及的肿块区域内存在圆形放射性密集区（图 1）。还进行了腹部超声检查，但未发现肿块的解剖来源，所有器官均保持其正常结构回声，并有轻微的局部腹膜反应。鉴别诊断包括肿瘤和术后粘连。

建议采用剖腹探查术。Asia 被要求做胸部 X 光检查，以及进行全血细胞计数、生化分析和心脏评估检查。

临床经过

进行了剑耻骨剖腹手术。内脏检查证实了超声检查的结果，即未发现异常。肿块位于胃系膜，并被大网膜包围，其营养来源完全依赖于大网膜的血管（图 2）。肿块被顺利切下并取出。在卵巢和子宫颈的蒂部未发现异常。常规法关闭手术切口，病犬痊愈，没有任何并发症。Aisa 没有再出现呕吐的情况。手术 1 周后拆线。

肿块高度纤维化，周围有包膜，可见异物残留（图 3），并伴有局部腹膜炎症反应。将其送去进行组织病理学检查，以确定是否有异物（纱布样）存在。

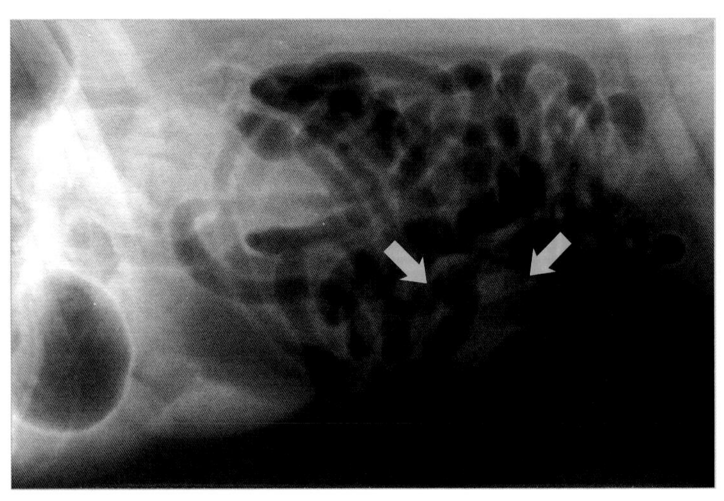

图 1 腹腔 X 射线显示肠梗死和胃系膜放射性致密区

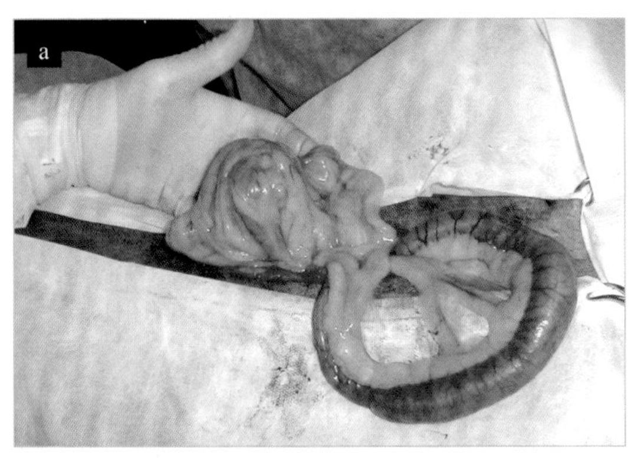

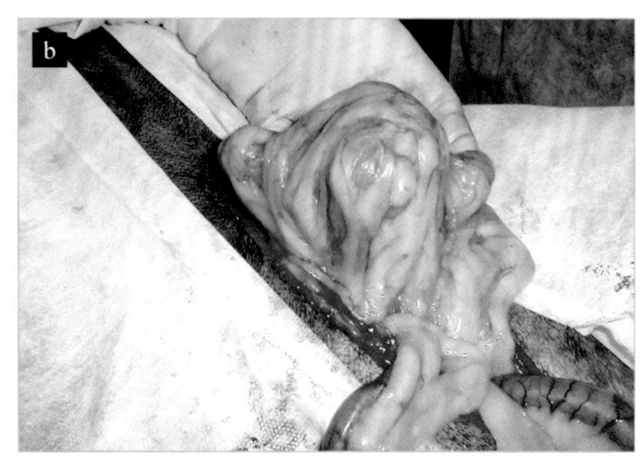

图 2　剖腹探查术。被部分大网膜包围的肿块。肿块的特写镜头（b）

病例分析

失误或手术并发症?

在本病例中，我们不可能知道在 Asia 的卵巢子宫切除术中发生了什么，但是遗留下了一块纱布。幸运的是，它被包裹起来，因此只引起了局部腹膜炎。切除残留的手术异物，成功地解决了这个问题。

残留了手术异物被认为是严重的失误。在大多数情况下，失误的原因是粗心大意，复杂的手术过程或手术过程变得复杂（手术时间长或手术难度大），也可能是由于麻醉不良或大量出血造成的，或者没有按照正确的顺序来进行手术操作。

图 3　肉眼可见的异物内部

✱ 残留手术异物的后果是严重的，甚至可能导致病犬的死亡。

正确的方法

在本病例中，除了需要在原来的卵巢子宫切除术基础上重新手术外，没有造成严重的后果。有许多更为严重的病例，造成广泛性腹膜炎，其后果往往是致命的。

严格按照要求对所有手术材料进行灭菌是绝对必要的。有时，由于多种因素，灭菌措施可能会失败或者没有在足够谨慎的情况下进行灭菌控制。在这些情况下，残留的非无菌手术材料会引起机体更严重的反应。留在 Asia 腹腔的手术材料可能已经进行了充分的消毒，否则后果会严重得多。

再次，仔细遵循哈斯特德（Halsted）法则，即建议保持严格的无菌，遵循步骤以避免失误，在整个手术过程中保持注意力的高度集中，从而获得更好的术后结果。

泌尿道外科手术的失误

病例 18/ 会阴尿道造口术

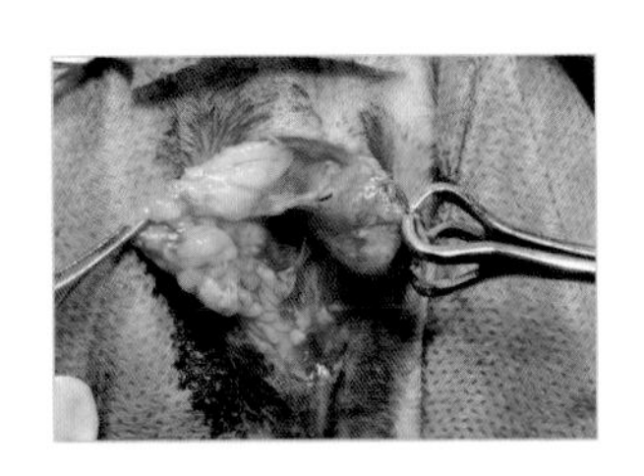
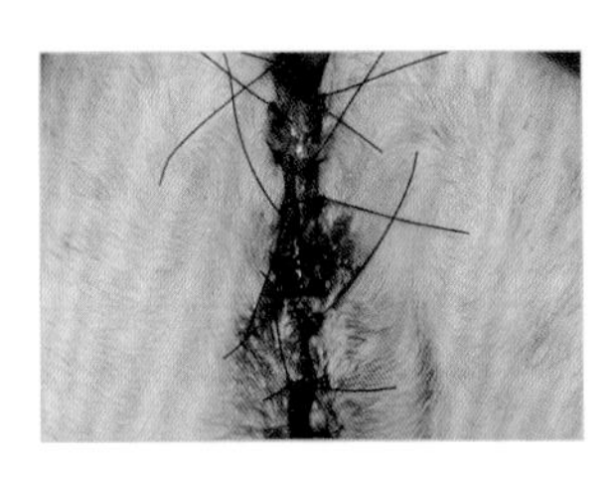

病例 19/ 耻骨前沿小肠新尿道造口术

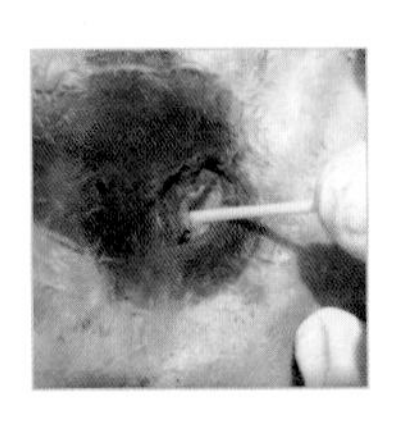
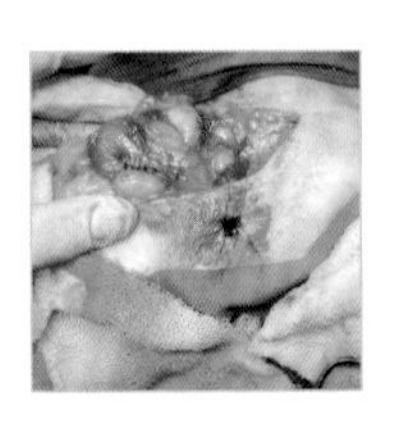
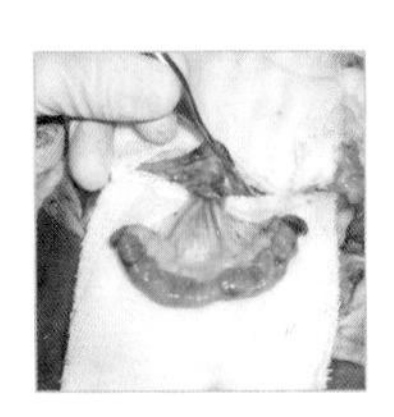

病例 20/ 会阴尿道造口术

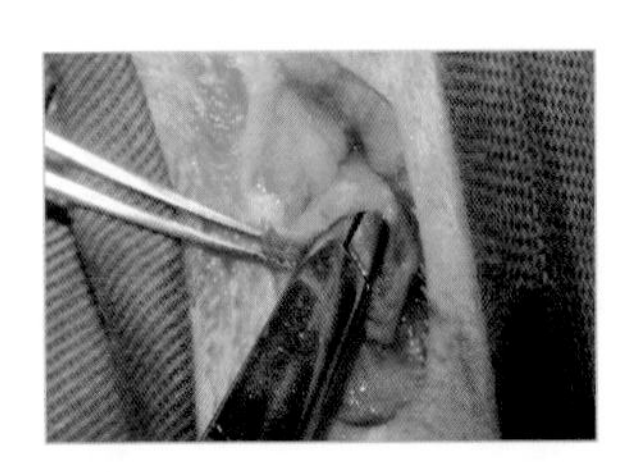
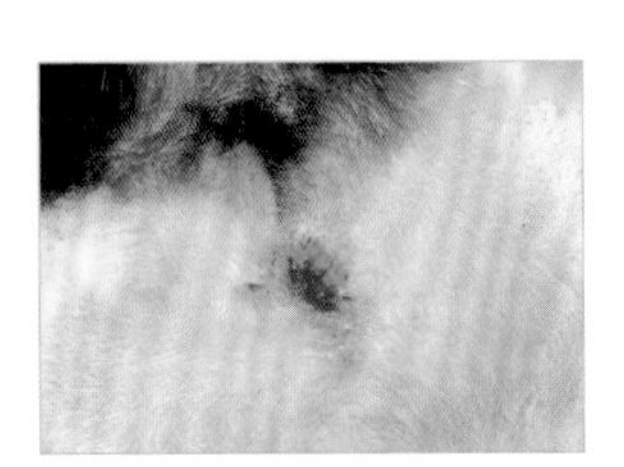

病例 21/ 尿道黏膜脱垂

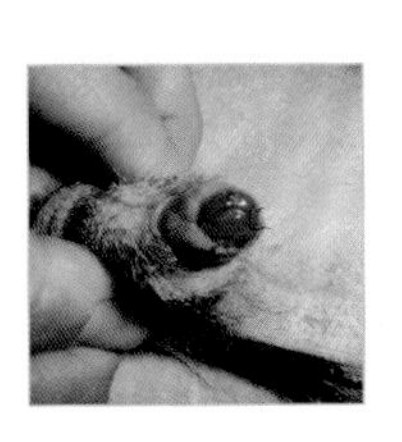
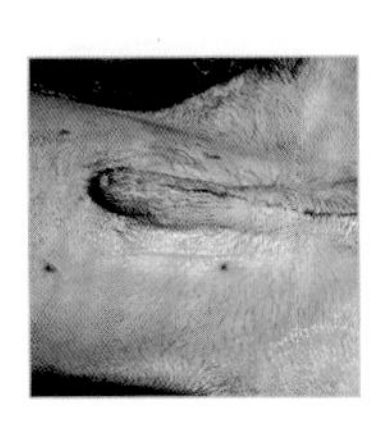
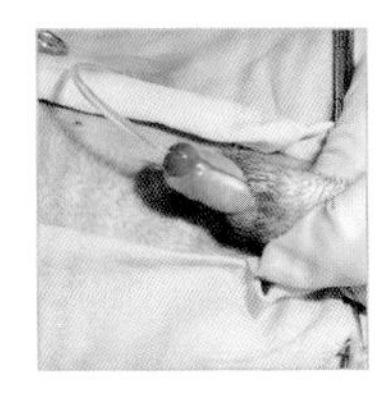

病例18/会阴尿道造口术

患病率	■	■			
技术难度	■	■	■	■	

- 失误：不知道正确的猫会阴尿道吻合术。
- 失误的后果：尿道造口术后狭窄。

病例特征

名字	Noirette
种属	猫
品种	波斯
性别	阉割雄性
年龄	7岁

临床病史

在 Noirette 出现排尿困难后，转诊给肾病泌尿科兽医（图 1）。

Noirette 两个月前做过会阴尿道造口手术。在术后 15 天引起瘘管或造口狭窄。另一次手术也有同样的结果（新的狭窄）。

为 Noirette 做过两次手术的外科医生认为，这是因为大量的沙砾堵塞了手术新造的开口。他规定了控制肾病的饮食：然而，他并没有对尿液或沉淀物进行物理化学分析或尿液培养。

临床经过

考虑到该病例的严重程度，医生决定再次进行手术纠正尿道狭窄（图 2）。

再次手术应在医生掌握正确技术并且肛门和造口之间的距离比正常情况大的条件下进行。将动物俯卧保定在手术台上，尾巴抬起。在这种手术过程中，肛门应该采用荷包缝合法暂时缝合。

在残留的小口周围做一个椭圆形切口（图 3），将造口周围的组织直接切开，寻找阴茎（图 4），找到阴茎后继续向背侧开口。

图 1 Noirette 刚到诊所时

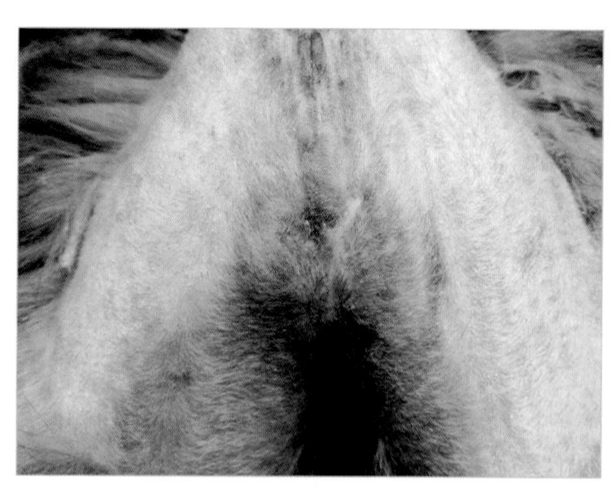

图 2 手术前患宠的造口

此时，向皮肤切口背侧扩大创口。之前的尿道切开术是在阴茎末端进行的，这也是尿道开口狭窄的原因（图 5）。

当背侧皮肤切开后，阴茎游离出来，用巴布科克（Babcock）钳夹住切口处皮肤，防止夹住黏膜，以便移动阴茎并接近坐骨海绵体肌（图 6）。

对该区域的检查显示，左侧和右侧都没有切开的海绵体肌肉（图 7）。因此，在此靠近坐骨的位置进行操作是为了减少出血（图 8）。这种出血虽然不会危及患宠的生命，但可能会妨碍暴露后续手术所需的视野。

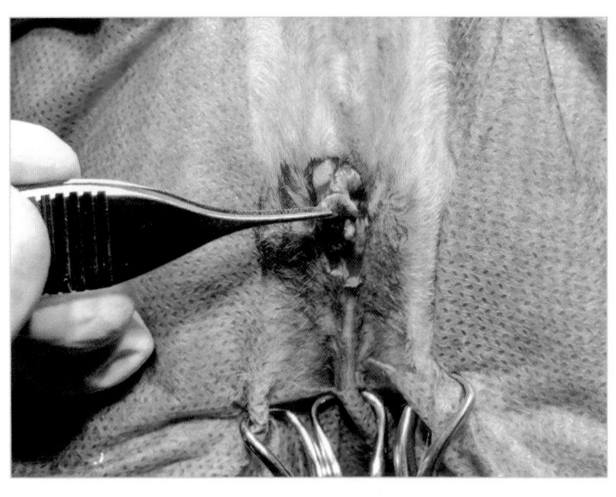

图 3　狭窄部位周围的菱形切口

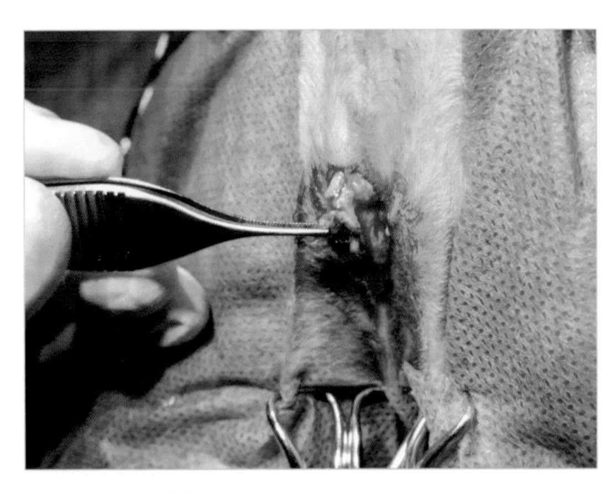

图 4　疤痕区的切开

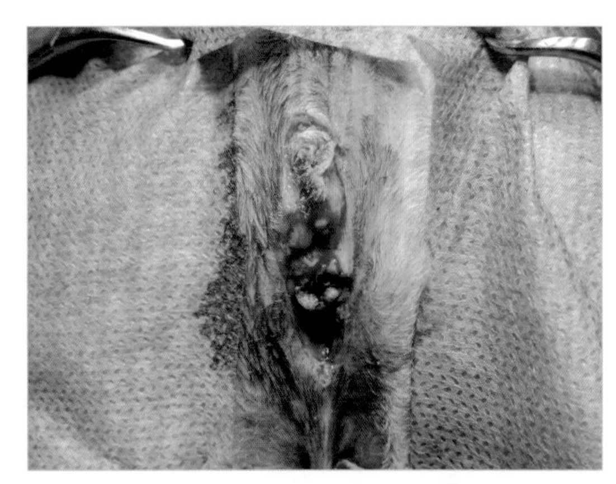

图 5　沿背侧方向延伸皮肤切口可获得正确通路

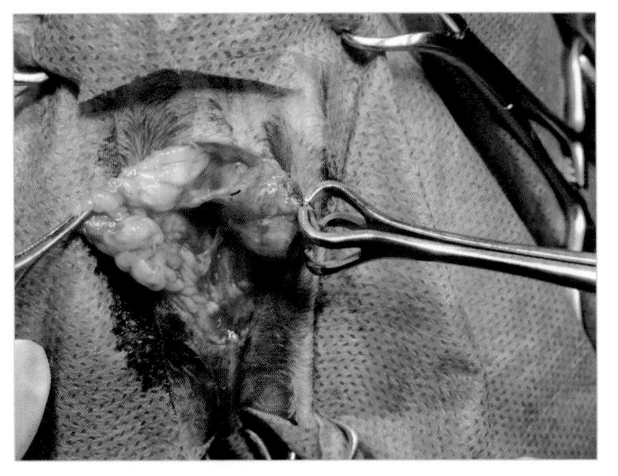

图 6　使用巴布科克钳移开阴茎，找到海绵体肌

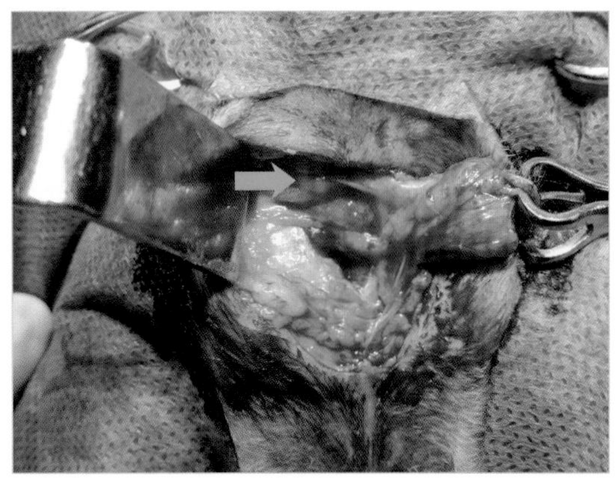

图 7　左坐骨海绵体肌（箭头）和右坐骨海绵体肌在之前的手术中没有被切开

> 将坐骨海绵体肌从其基部分离时，最大程度减少出血的最佳方法是将手术刀刀片滑动到坐骨弓上，将其从骨骼上划下。

注意图 8 中阴茎头到先前尿道造口部位的长度。从技术上讲，该开口应到达尿道最粗的尿道球腺部分。

然后将阴茎与坐骨腹侧粘连剥离，以使阴茎移动到更靠后的位置（图 9）。

从阴茎的后部纵向切开尿道。在本病例中，未发现阴茎收缩肌。

图 10 显示了切开的尿道边界。

尿道切口直径足够大，弯曲的蚊式止血钳应该能够轻松进入尿道为止。

这表明尿道的直径是可以接受的，满足缝合和创造新口的需求（图 11）。缝合使用 4-0 或 5-0 单丝尼龙线进行单纯缝合。将前三个缝线缝合在 11、12 和 1 点位置（图 12）。

黏膜皮肤缝合线应始终从尿道黏膜向皮肤缝合，以确保尿道开口适当。

尿道的两侧进行间断缝合以形成引流口。手术后，暴露的尿道黏膜发生化生反应，并最终变成更具抵抗力的上皮组织。

阴茎的末端被截断并进行十字缝合以防止出血。此后，缝合其余的皮肤。在手术结束时，尿道口的长度至少应为 1.5 ～ 2cm（图 13）。

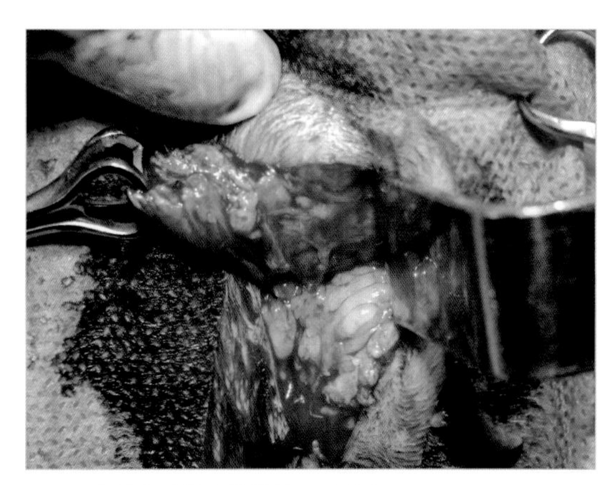

图 8 坐骨海绵体肌从其插入处分离

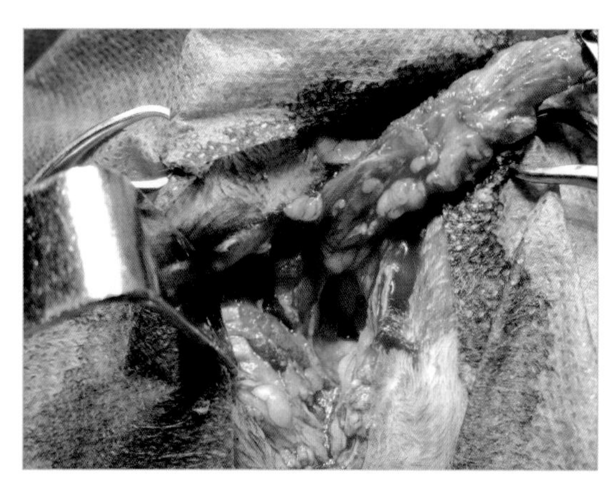

图 9 通过从坐骨的腹侧剥离阴茎，可以将阴茎移动到更靠后的位置

图 10 注意剖开的尿道边界（箭头）

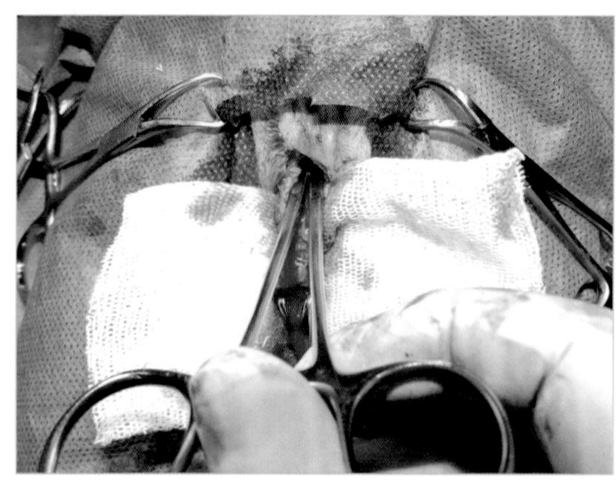

图 11 通过将弯蚊式止血钳插入尿道，开始缝合尿道以形成新的尿道口

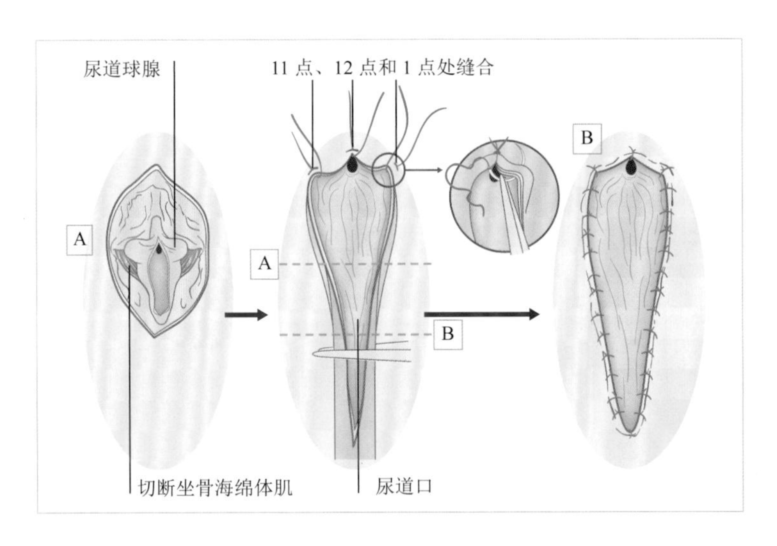

图 12 以钟表盘类比，前三个缝线位于 11 点、12 点和 1 点。还显示了创造适当长度的尿道口后阴茎应该切除的部位

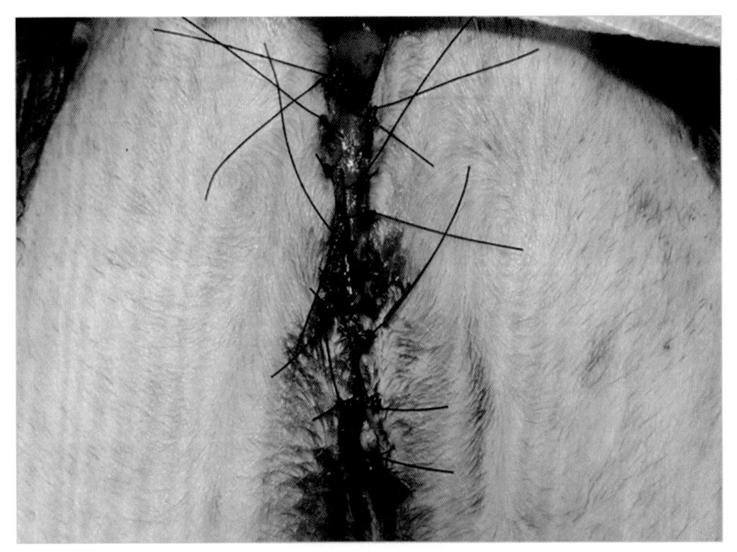

图 13 会阴尿道吻合术

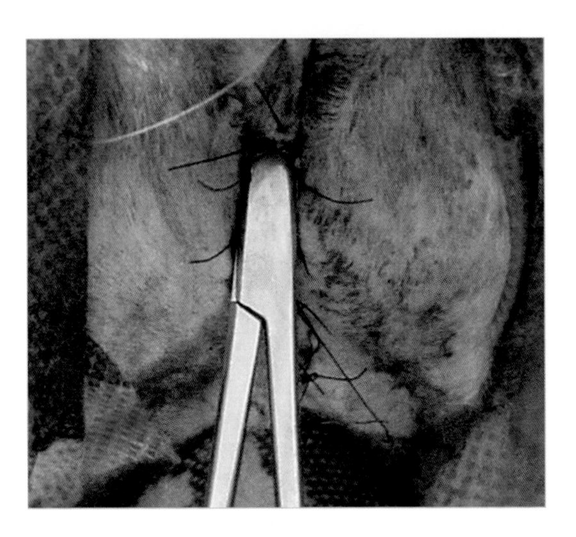

最后，在动物醒来前检查尿道口的通畅情况（图 14）。

> ✱ 不要忘记拆除肛门缝合线或荷包缝合线。

图 14 在动物苏醒之前，再次用蚊式止血钳疏通尿道腔

在手术过程中采集尿液样品进行理化分析和尿液培养。

开具处方恩诺沙星使用10天，每四天进行一次回访。15天后去除缝合线，患猫康复良好。

完全尿液分析	
理化检验 颜色：黄色 外观：浑浊 比重：1024 pH：7 葡萄糖：无 蛋白质：痕迹微量 酮体：无 胆红素：微量 血红蛋白：++++	尿液培养 ■ >100.000 CFU/μl 大肠杆菌（CFU：菌落形成单位）
尿沉渣检查 上皮细胞：很少 肾细胞：未观察到 白细胞：中度 脓细胞：很少 细菌：很多 红细胞：很多 三磷酸盐晶体：未观察到 颗粒管型：未观察到 其他成分：未观察到	敏感的抗生素： 恩诺沙星 环丙沙星 氨苄西林 / 舒巴坦 头孢氨苄 复方新诺明 + 阿米卡星 诺氟沙星 庆大霉素 头孢曲松 呋喃妥因 头孢他啶 耐药性的抗生素： 氨苄西林

病例分析

失误或手术并发症？

这个病例的失误主要是由于缺乏足够的知识储备，不仅对外科技术而且对该部位的解剖结构了解不够充分。

手术技术不完善是导致术后并发症的主要原因。

在这个病例中，未正确剥离阴茎的骨盆固定物，也未触及尿道球腺。除了切口位于尿道管腔较窄的地方外，切口也过短。

所有这些都使该病例需要进行二次手术，因为未切除的结构仍在原处（图15）。

对该区域的解剖结构和外科技术的全面了解（由 Wilson 和 Harrison 所描述）是必不可少的，以取得一个令人满意的手术效果。

> ✱ 皮肤缝合线的末端有意留长使其更柔软，这样不会因为线尾摩擦伤口给动物带来不便。

随访

如果伤口部位受到创伤，它愈合时可能会导致新开口缩小，可以通过给动物佩戴伊丽莎白圈来预防这种情况的发生，如果剥离不完全或缝合不严密导致皮下漏尿，也会发生这种情况。

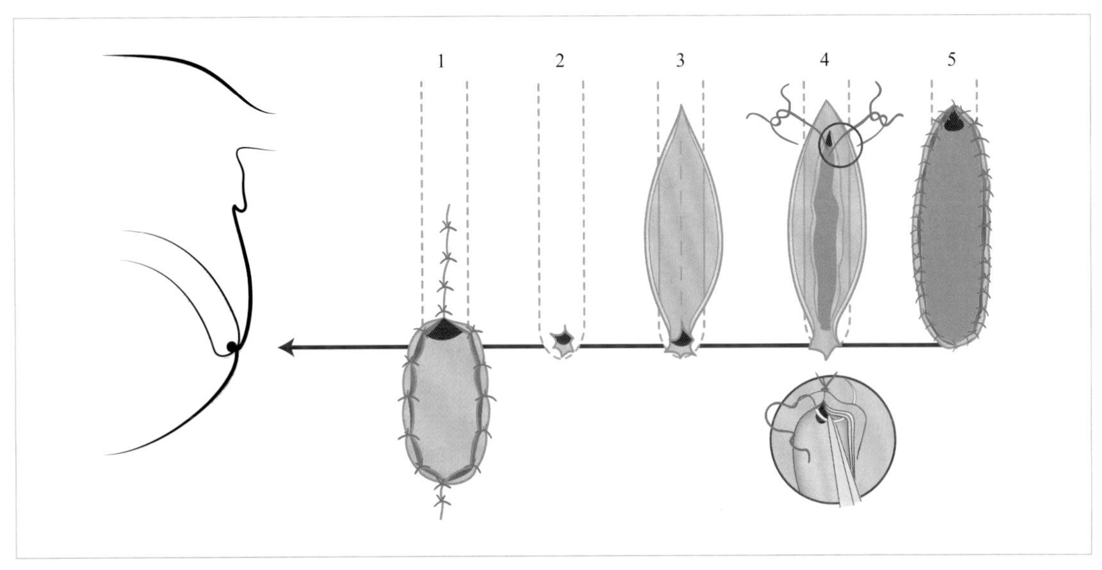

图 15 尿道开口狭窄的外科手术步骤。（1）初始的尿道造口术；（2）狭窄；（3）剥离以释放阴茎；（4）新的尿道切口并缝合皮肤，以形成新的尿道造口；（5）完成尿道造口

有经验的主人对于宠物来说是很重要的，因为在这个病例中，最开始主人很难区分排尿困难和便秘。但一个有经验的主人很快就能辨别出来，在动物刚出现排尿困难的时候就带宠物去诊所。

值得注意的是，这种手术不会影响结晶形成，它是导致存在黏液基质堵塞的原因，该手术创造了更宽的尿道开口以促进结晶的排出。尽管再次堵塞的可能性很小，但可能会再次发生尿路感染。

因此，尿道造口术适用于多次发生尿道阻塞或者是尿道造口术失败的病例。

饮食管理是为了控制这些病例的结晶再次形成。

> 尿道阻塞是一种可以通过手术解决的医学急症。如能及早发现症状并迅速采取治疗措施，通过手术能成功地控制病情，避免出现危及动物生命的情况。

病例19/耻骨前沿小肠新尿道造口术

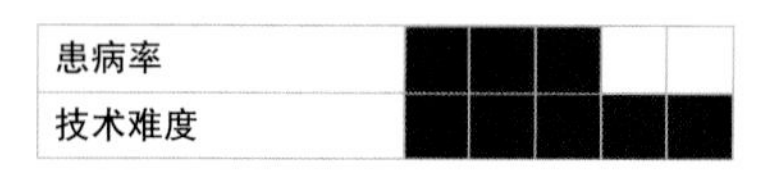

- 并发症：会阴尿道造口狭窄，需经耻骨前尿道造口。
- 失误的后果：化学性皮炎伴随皮肤坏死。

病例特征

名字	Garfi
种属	猫
品种	美国短毛猫
性别	公
年龄	4岁

临床病史

Garfi因与两个月前进行的耻骨前尿道造口术相关的非常严重的化学性皮炎而被带到诊所。它的全身状况较差，体重减轻，皮毛干燥而暗淡、食欲不振并且对外界刺激反应差（图1）。一年前，Garfi患有尿道梗阻，但最初的药物治疗并未解决问题，所以进行了会阴尿道造口术。但开口处狭窄，从而导致Garfi又做了两次手术。在最后一次手术时，由于会阴部阴茎黏膜状态不佳，兽医决定行耻骨尿道造口术（图2和图3）。在这次手术中，需要将盆腔尿道切开并拉出缝合到皮肤上，以创建新的尿道开口。

图1　Garfi到达诊所时

> ✱ 这种手术的一个重要并发症是尿液与皮肤表面接触导致严重的皮肤坏死。

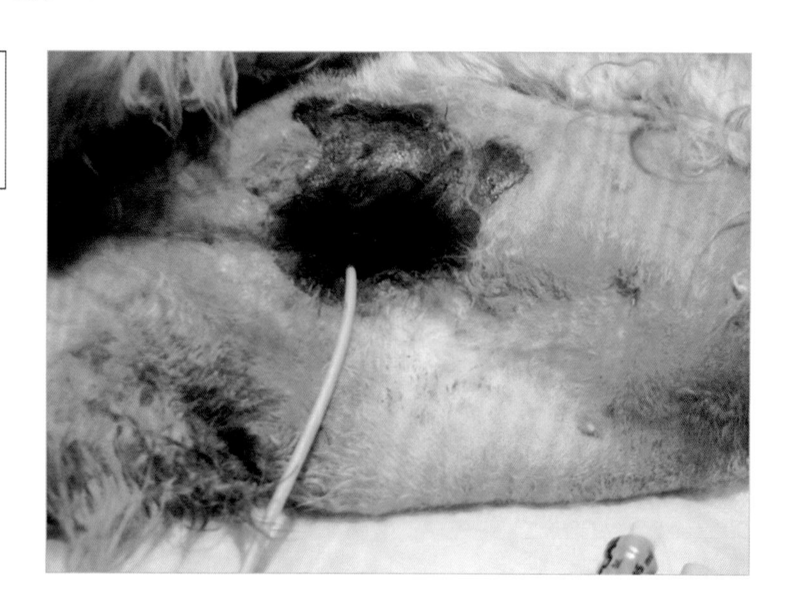

图2　插入导尿管后的皮肤外观

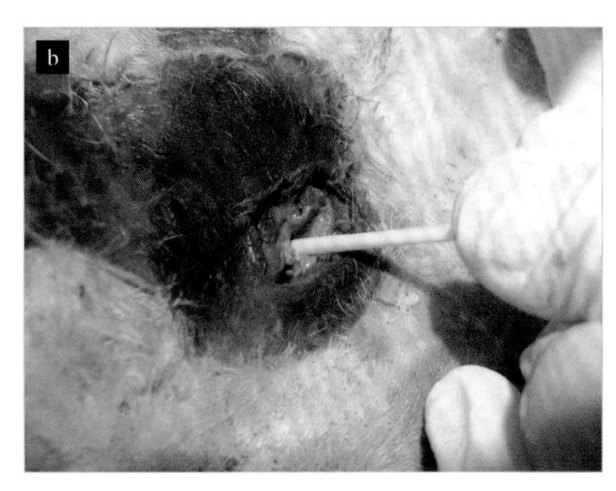

图 3 导管置入并穿过动物的耻骨前尿道造口，注意尿道造口周围的化学性皮炎

耻骨前或耻骨前尿道造口术可能导致一些动物尿失禁。如果发生这种情况，将不可避免地导致皮肤坏死。那些保持正常排尿的动物，尿液和皮肤之间的接触最少。因此，可以通过局部涂抹隔离软膏（例如凡士林）来控制皮炎。尽管如此，许多中华田园猫仍然存在这样的皮肤损伤。图 4 ～图 7 展示了一个病例，尽管实施了精细复杂的手术，但由于严重的皮肤坏死，最终不得不对其实施安乐死。

Garfi 的案例中，我们评估了过去经验中出现的错误和并发症，并决定将手术方案改为更具创新性的方案。

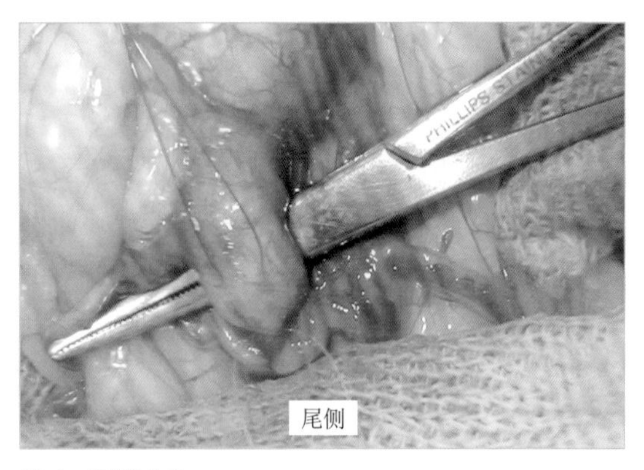

图 4 尿道剥离

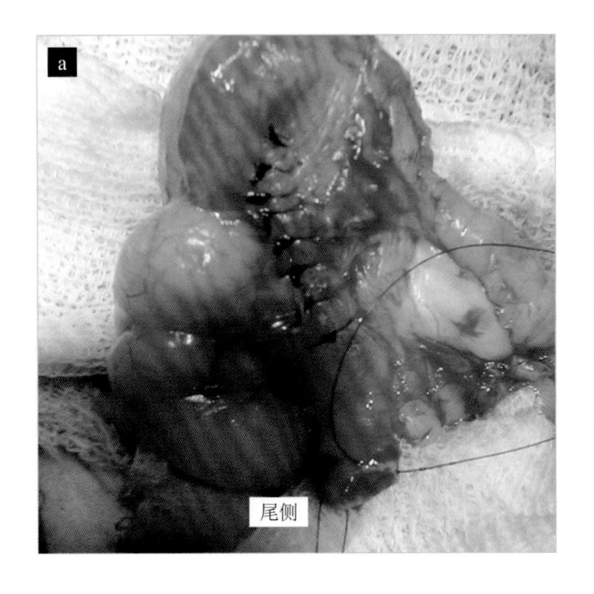

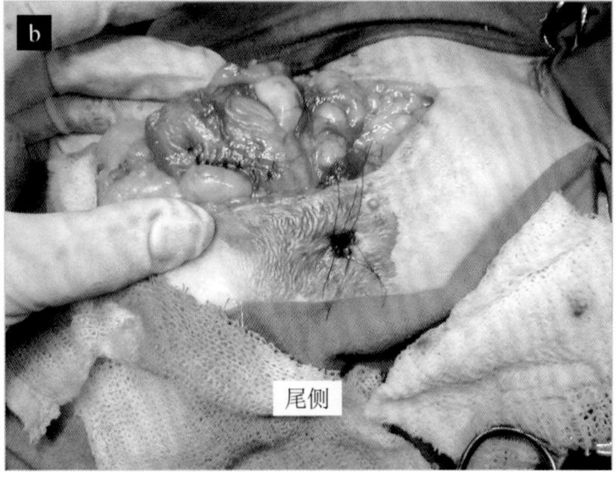

图 5 （a）尿道切口；（b）外翻缝合皮肤

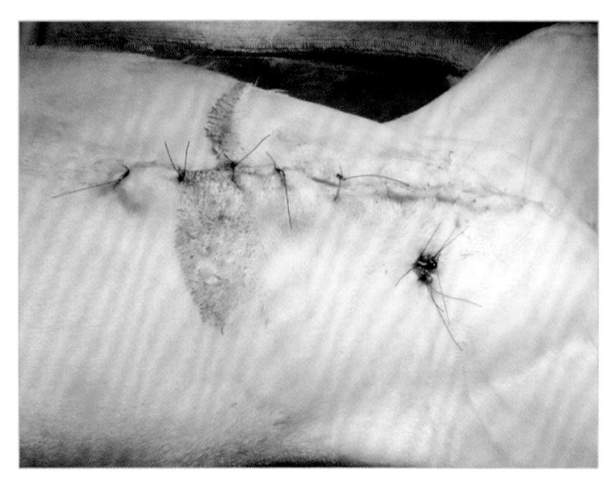

图 6　手术完成的耻骨前尿道造口术

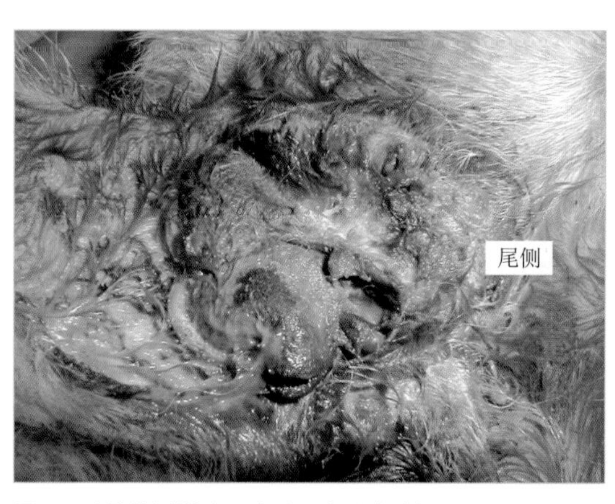

图 7　耻骨前尿道造口术后几个月皮肤坏死

对动物进行麻醉以便清理病变部位、清除坏死组织和放置一根 12 号导尿管。采集样本进行皮肤培养，并要求进行相关的血液检测。培养结果表明存在对环丙沙星敏感的链球菌。血液检查显示轻度贫血和白细胞增多。开始了抗生素治疗，并计划进行手术。所有的脊椎动物，包括雄性和雌性，尿道开口周围都有黏膜组织。阴道和包皮黏膜对接触尿液引起的化学刺激都有抵抗力。基于这一原则，我们决定通过自体黏膜组织包绕来给 Garfi 重做耻骨前尿道造口术。几年前，笔者成功地利用空肠黏膜制造了新的膀胱。因此，我们决定暴露两个开放的肠段，并将尿道（新尿道）重新插入这两个肠段中间。这样，尿道就会被黏膜组织包围，对尿液的化学腐蚀起到保护作用。

这项技术是耻骨前沿小肠新尿道造口术。

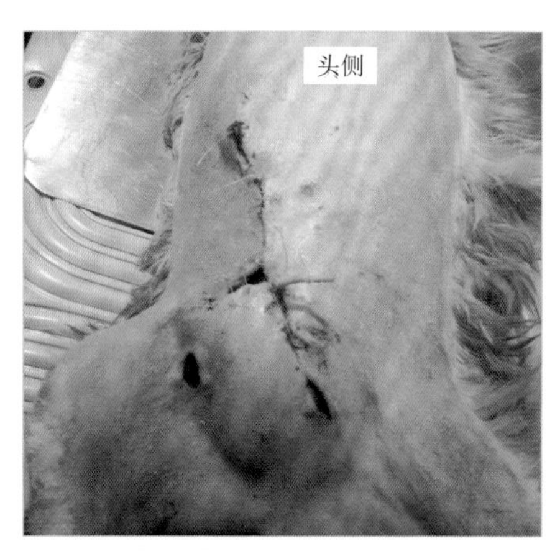

图 8　手术当天受影响的区域

临床经过

手术定于第一次会诊后 1 周进行。将导尿管插入，并将气囊充气以防止皮肤接触尿液。在对手术伤口深度清洁和清创之后，皮肤的外观有了很大的改善（图 8）。

将皮肤和皮下组织切开，形成一个菱形区域（图 9），然后铺上展开的肠管。

切口完成后，行中线开腹手术（图 10）。对导尿管进行留置缝合。暴露肠袢，选择一大段空肠。切除这一段肠管，保留肠系膜血管的血供。在头侧和尾侧，在两端的血管进行结扎（图 11）。

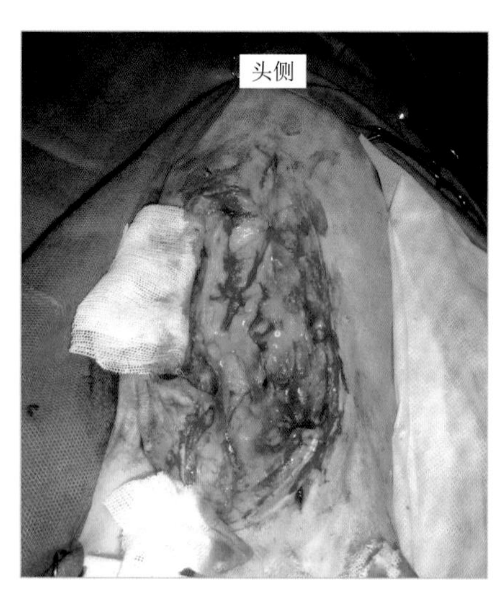

图 9　皮肤上的“菱形”切口

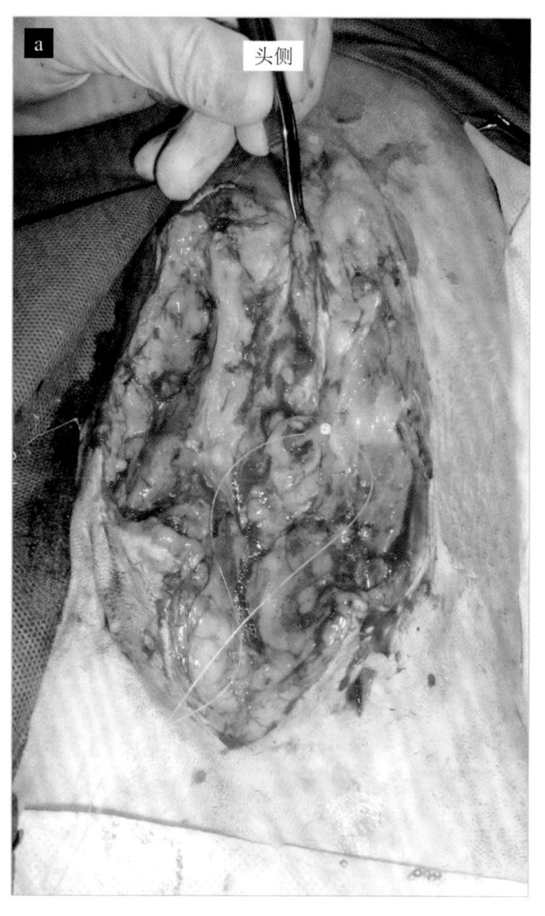

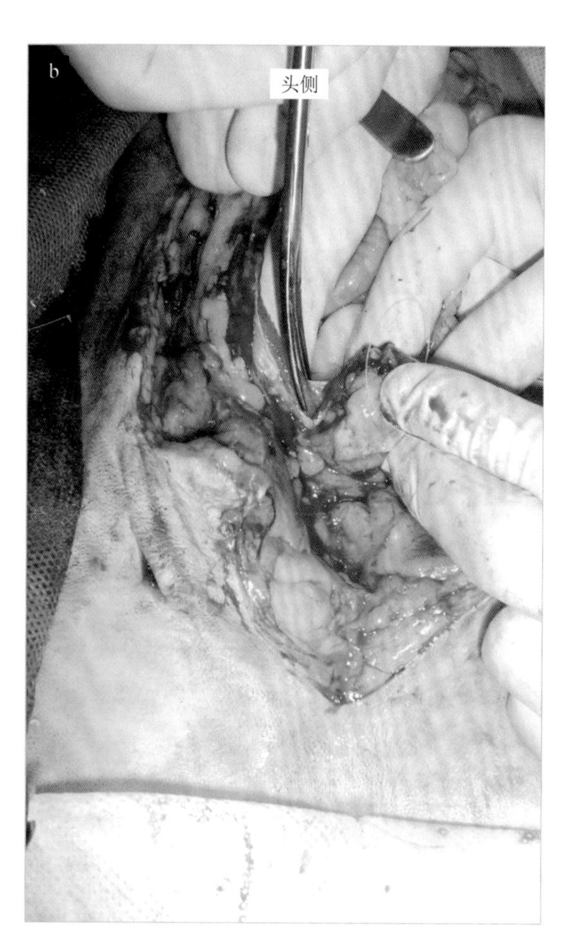

图 10　中线开腹手术

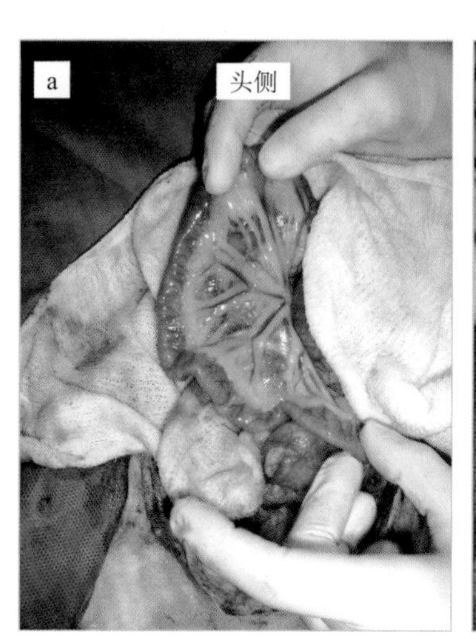

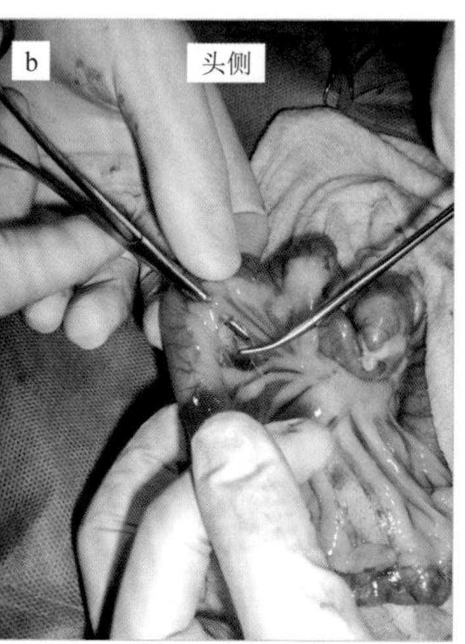

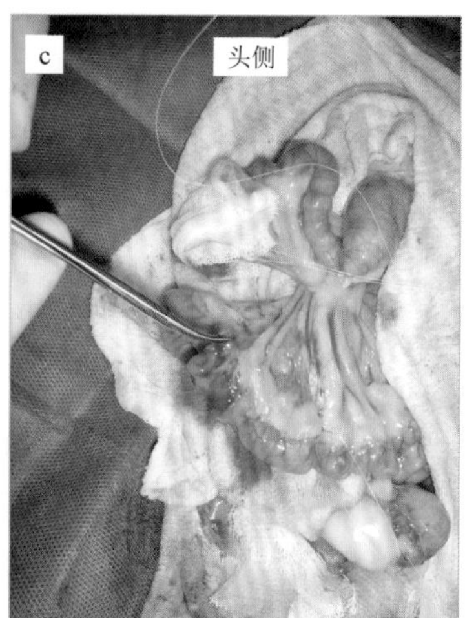

图 11　一大段空肠的切除术，保证其血液供应。在每一断端都可看到结扎的血管

肠管缝合采用4-0单丝尼龙缝线单纯对接缝合（图12）。必须确定肠管蠕动的方向，因为这些肠段植入皮肤时，它们必须按照由前向后方向蠕动。

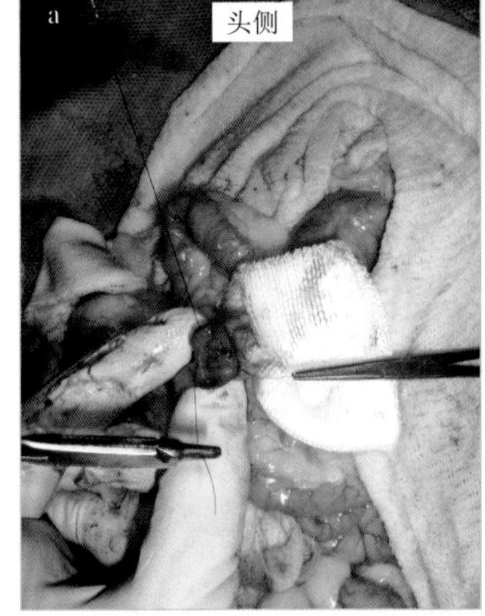

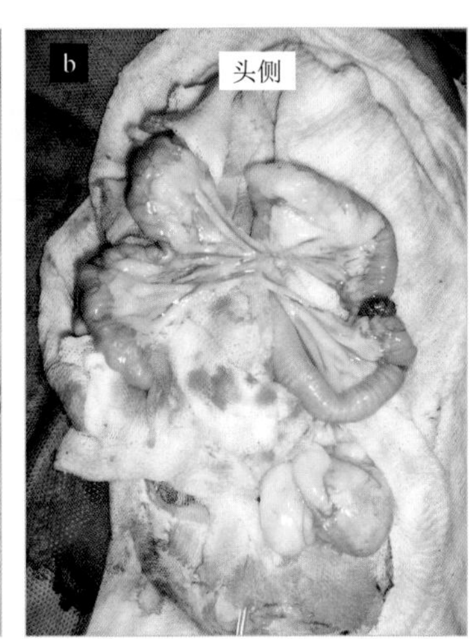

图12 肠吻合术肠系膜缺损不应该留下而不缝合了

用大量的生理盐水对肠腔进行灌洗（图13）。

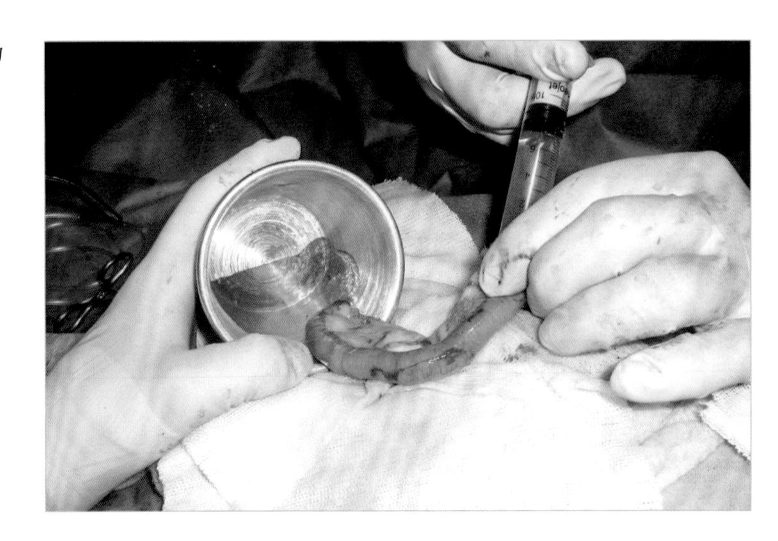

图13 肠腔灌洗

空肠段被分成两部分（图14和图15）。

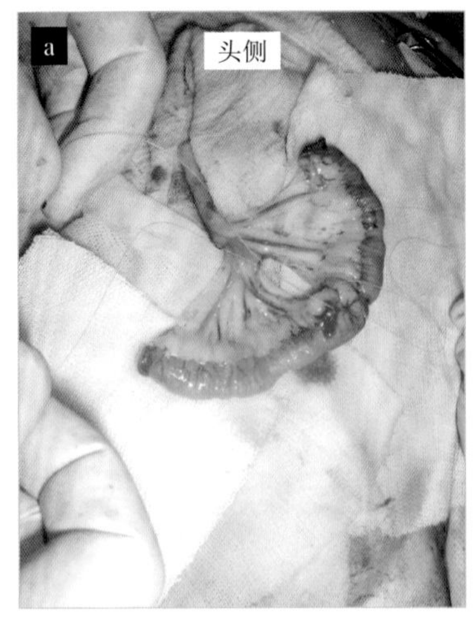

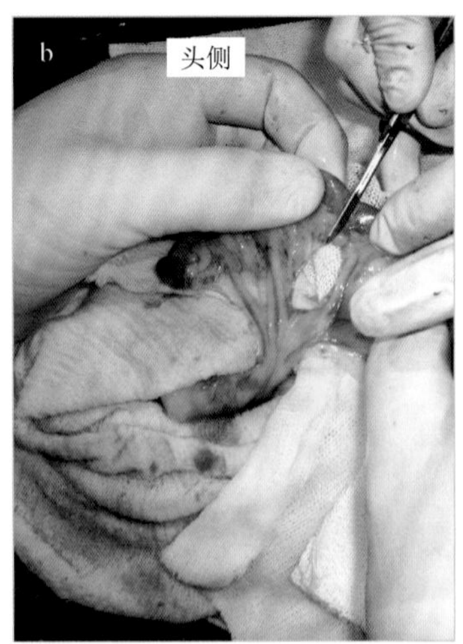

图14 血管的结扎（a）和肠段的分离（b）

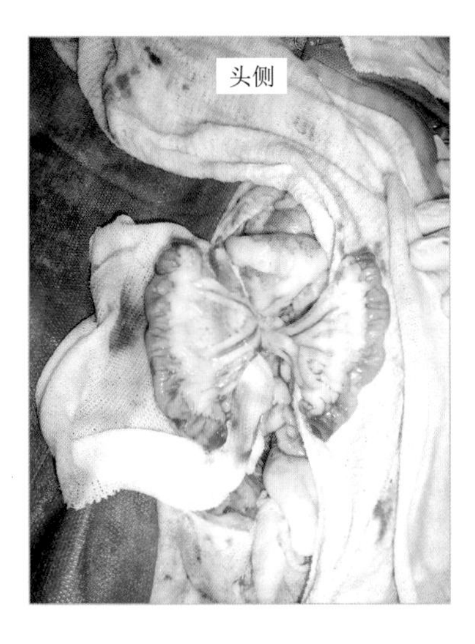

图 15 使用两个空肠段，每个空肠段的长度约为 10cm

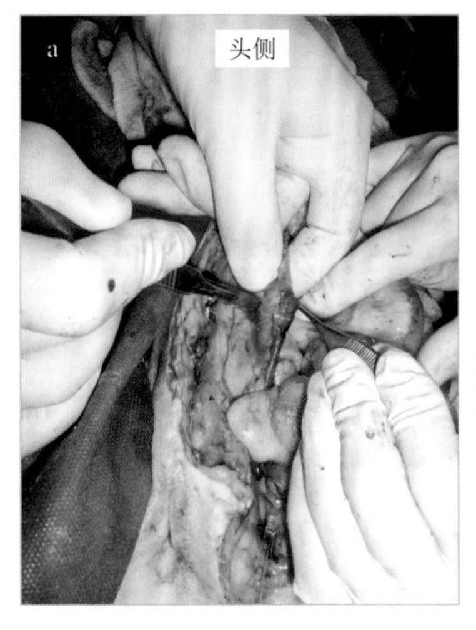

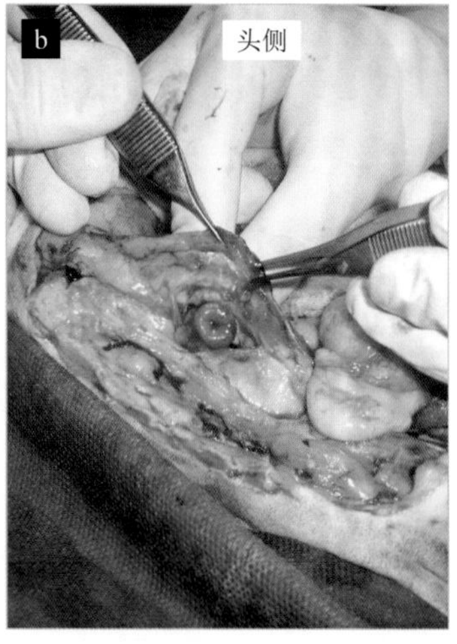

然后每个肠段通过腹壁一个大的中线旁切口，该切口距离腹中线约 2cm（图 16）。通过这种方式，这些肠段可以沿从头向尾的方向在腹壁上以等蠕动方式展开（图 17）。

重复这一过程，将第二个肠段铺到对侧。

图 16 腹中线旁切口（a）；空肠植入通路（b）

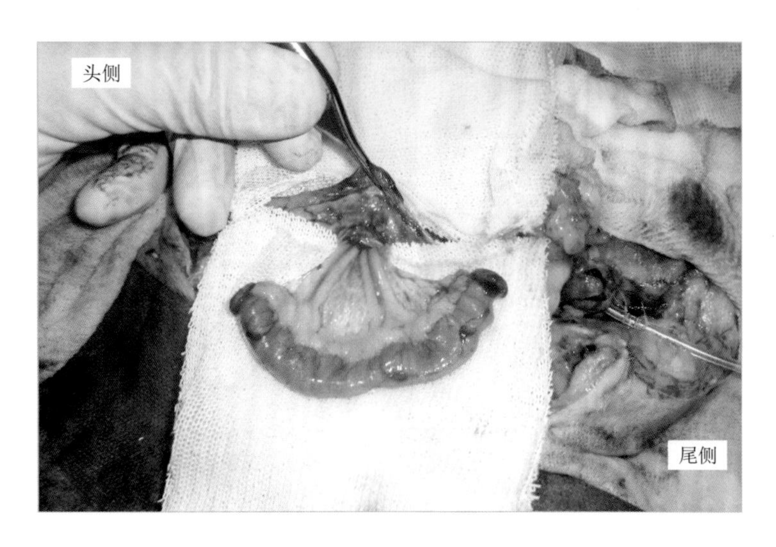

腹中线旁切口必须够宽，不能勒住滋养空肠节段的肠系膜蒂，同时又必须够窄，以免内脏进一步膨起或脱出。

图 17 空肠段铺展于腹壁上

将尿道内的弗利（Foley）导尿管更换为PVC导尿管。随后，立即切开尿道并拉出腹腔，显示上一次手术后的粘连（图18）。这些粘连没有彻底清除，以免减少血管生成。

尿道外固定术完成后，尿道位于两个空肠段之间的中线处（图19和图20），然后开始关闭腹壁。

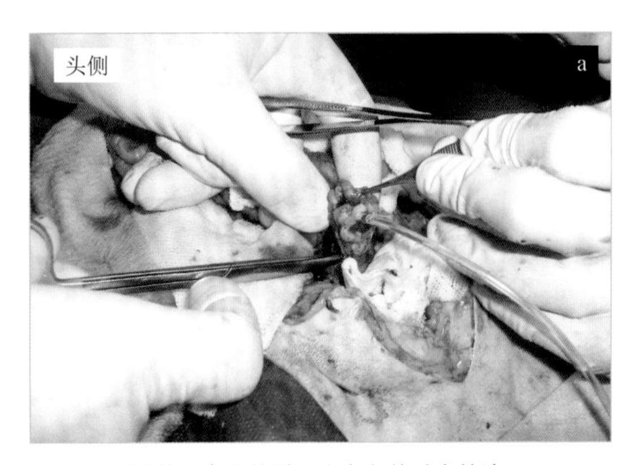

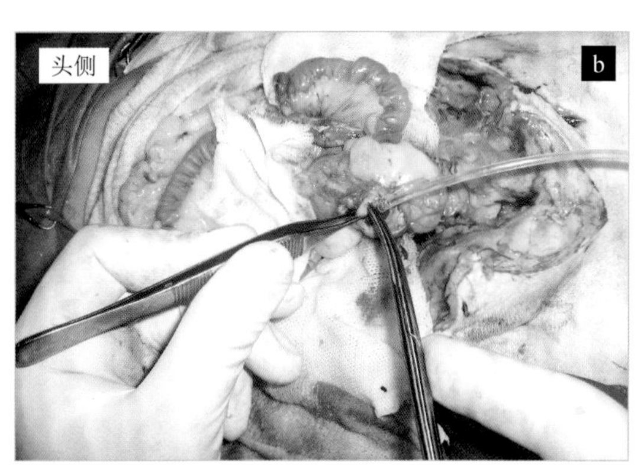

图18 尿道的分离和外露，注意之前手术粘连

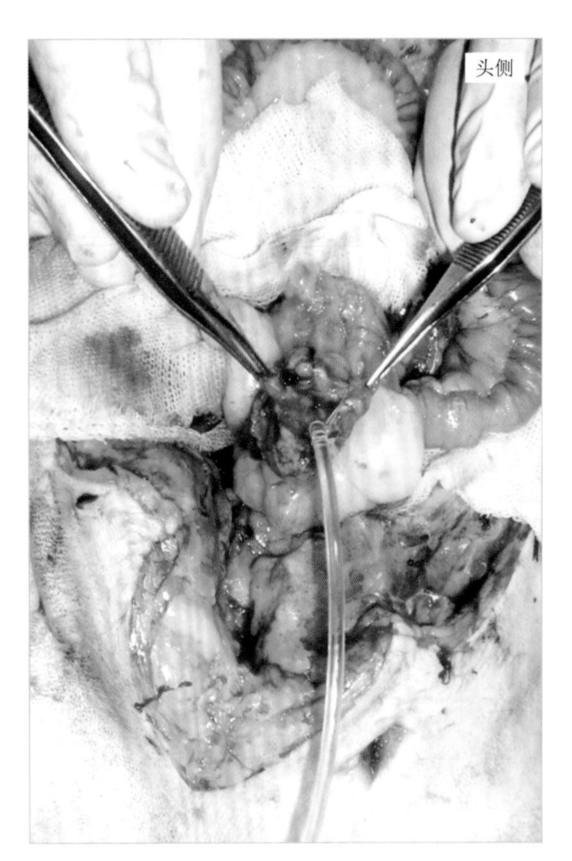

图19 尿道外固定术

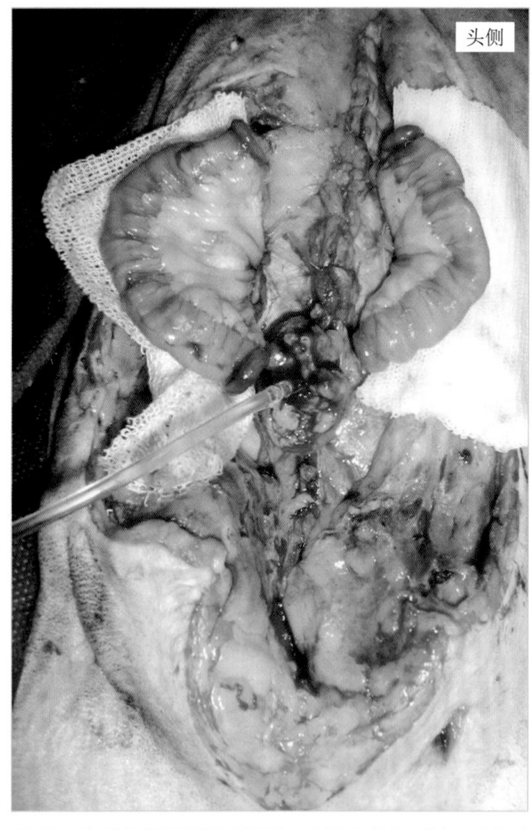

图20 这两个肠段都通过腹壁，在腹白线的两侧，以外尿道口为中心等距。尿道壁小心封闭，以免影响供应尿道的血管

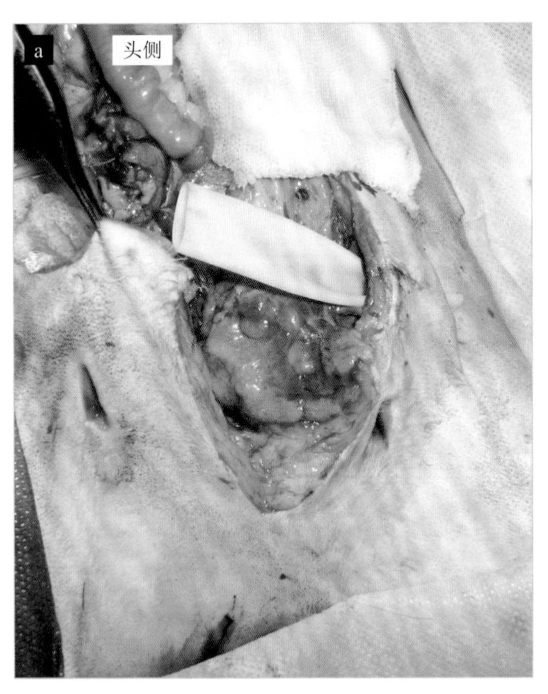

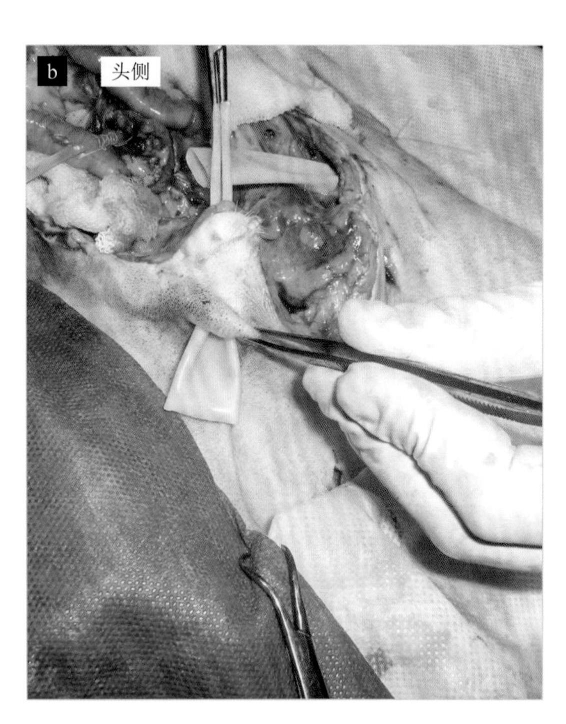

图 21　彭罗斯（Penrose）引流管的放置

头侧

图 22　皮下组织部分闭合

将引流管置于菱形切口的后方（图 21），皮下组织被封闭（图 22）。

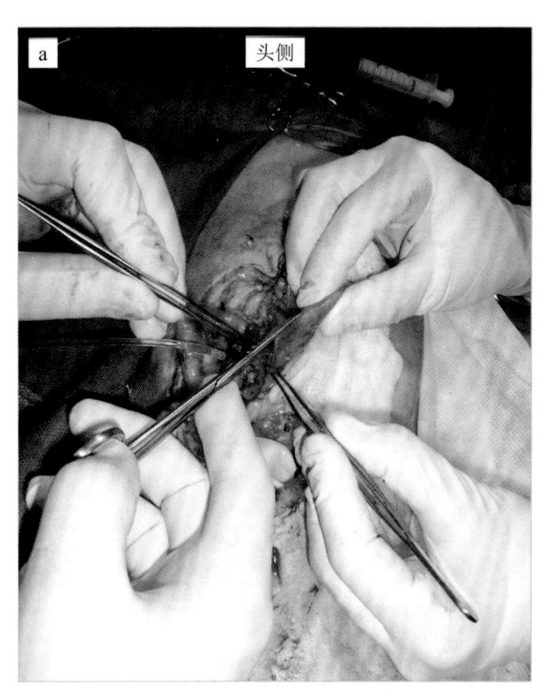

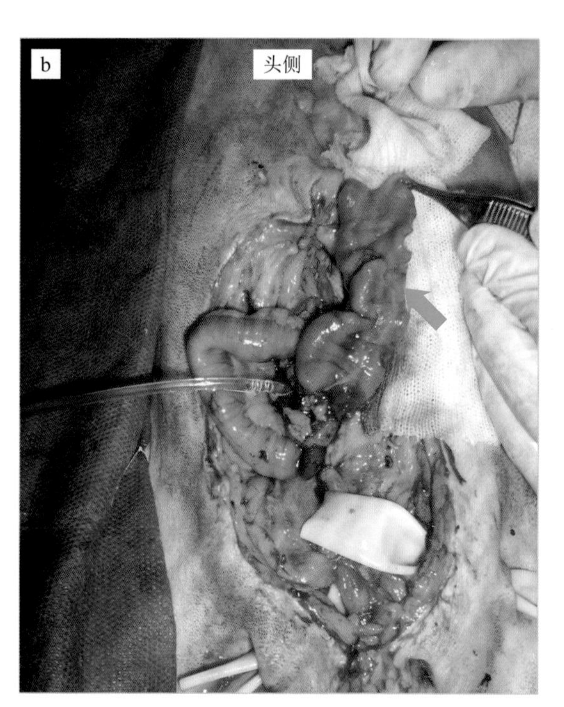

图 23　空肠的开口，注意其中一段暴露的肠黏膜（箭头）

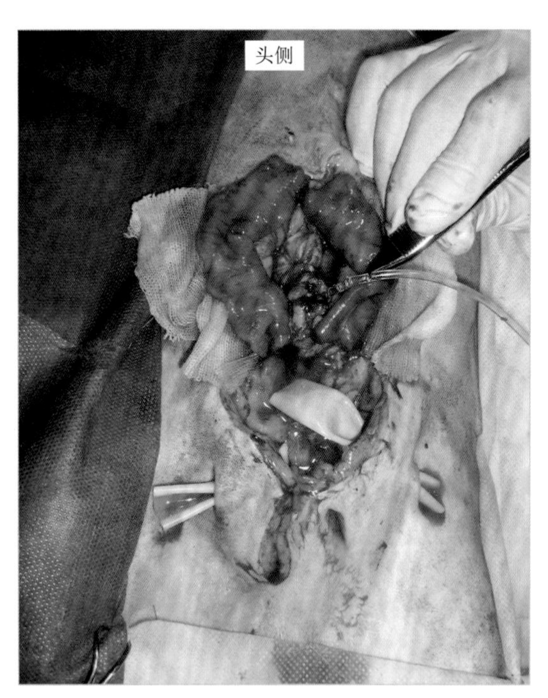

图 24　打开肠段，注意中间导尿管

■然后，打开两个空肠段并在腹壁上展开以遮住该区域的皮下部分（图 23 和图 24）。

最后，将肠段缝合于尿道内侧之间，并用 4-0 单丝尼龙线缝合在腹壁外侧（图 25 ～图 28）。

插入一个新的导尿管，大约 3 ～ 4 天，动物被送往重症监护病房（图 29）。使用环丙沙星进行抗生素治疗 7 天，同时使用麻醉剂进行镇痛治疗。手术区域每天用生理盐水清洗几次。

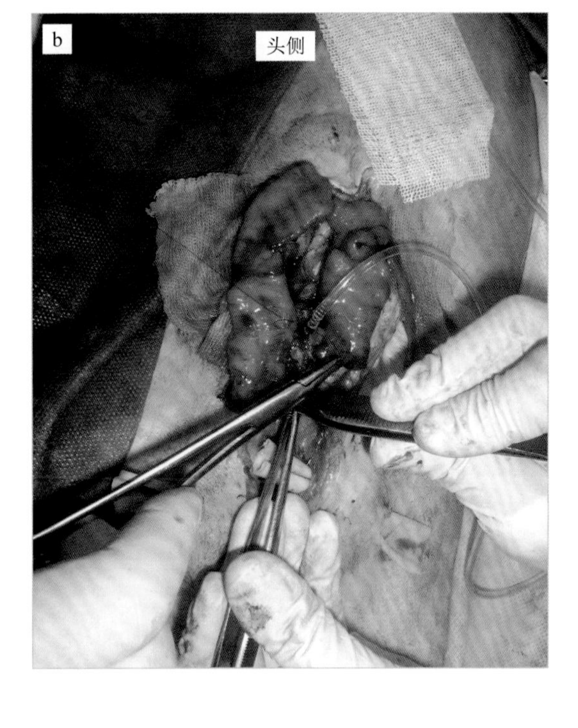

图 25　空肠节段缝合在一起，从前向后在尿道的外侧

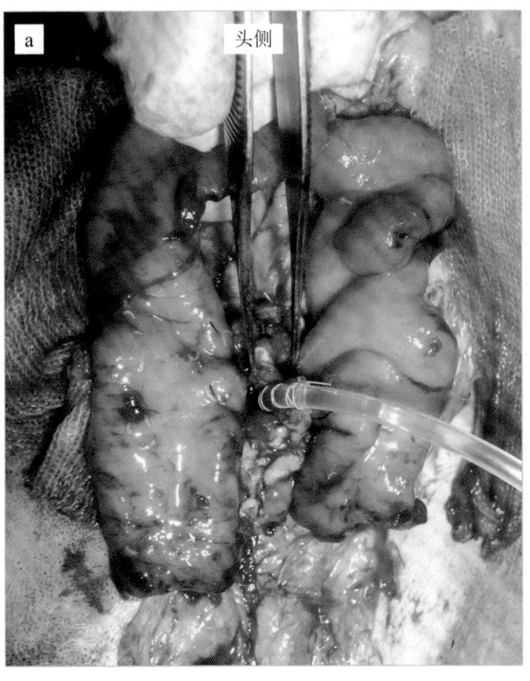

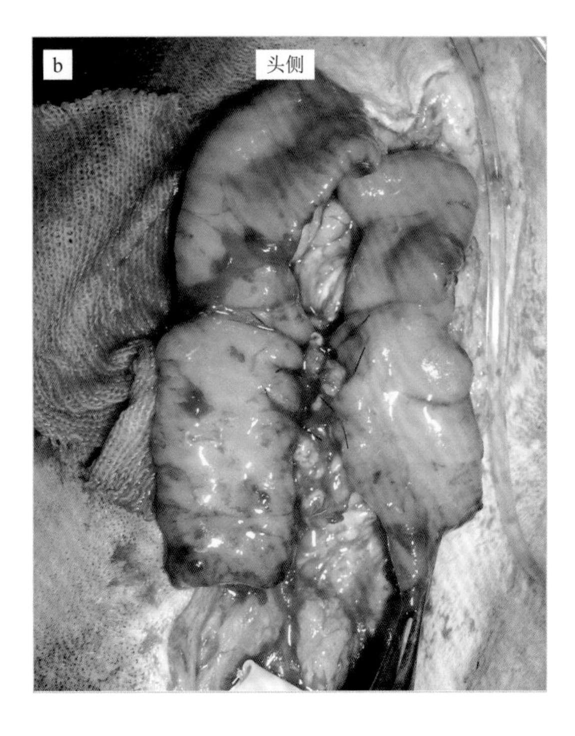

图 26　尿道黏膜与空肠黏膜缝合在一起

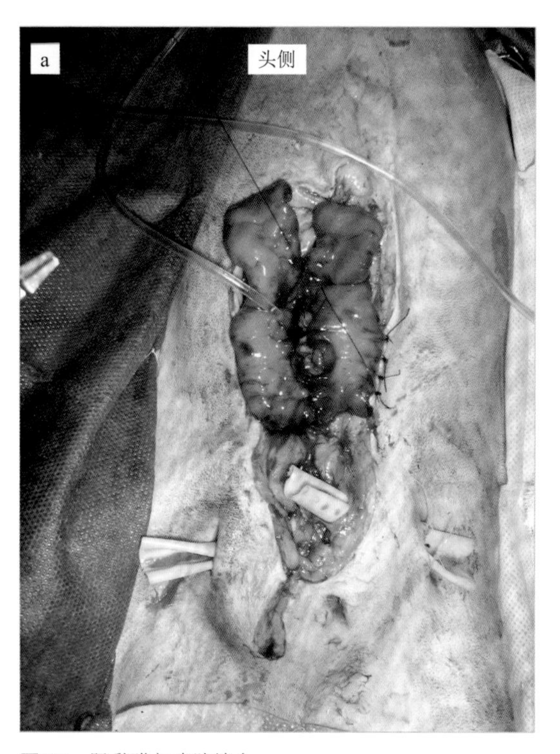

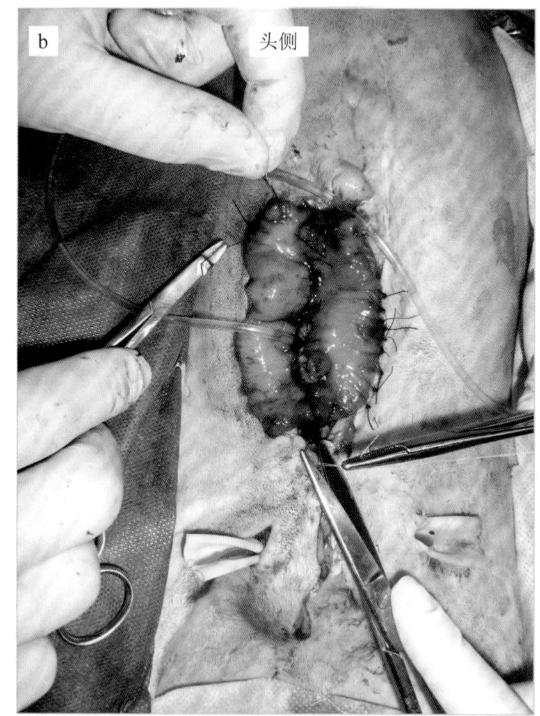

图 27 肠黏膜与皮肤缝合

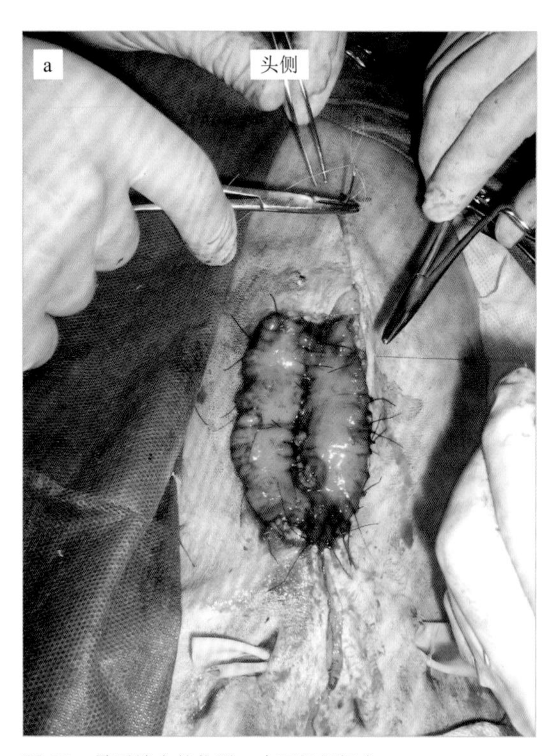

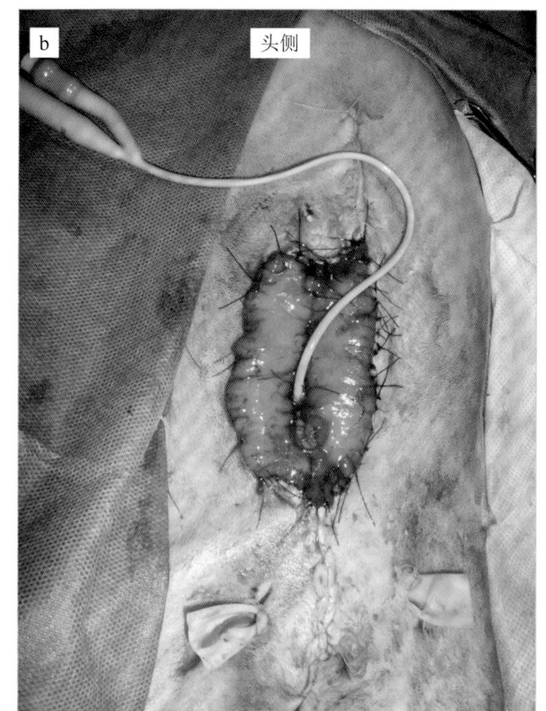

图 28 最后缝合的位置，皮下组织闭合

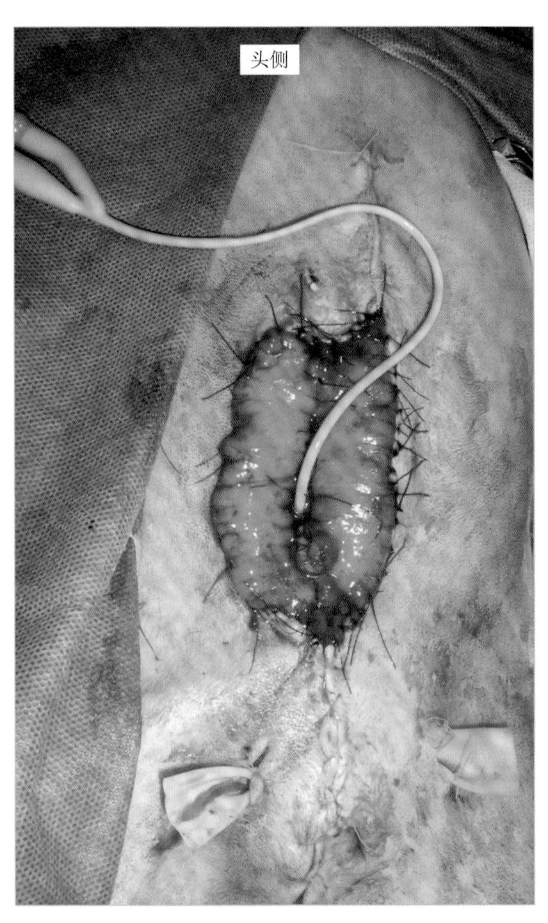

图 29　导尿管插入膀胱并固定

Garfi 恢复得很好。从食欲不振变成自觉进食。4 天后伤口的外观有所改善，因此拔除了导管和引流管。

10 天后拆除皮肤缝合线。由于与尿液接触，空肠黏膜表面出现典型的脱落现象（图 30）。这种现象在其他案例中被笔者描述和证实。特别是，当使用这种技术制造新膀胱时，在 2 ～ 4 个月内尿液中可以观察到黏膜碎片。这种现象在 Garfi 也观察到了。在一次 Garfi 的随访中，主人提到，在喂食期间可以看到植入腹腔的空肠后部发生了轻微的收缩。

术后两周随访时，观察到创面后部轻微裂开（图 31）。将动物麻醉后，清洁皮肤和空肠边缘并用 5-0 聚丙烯线缝合以防止尿液漏入皮下组织。趁动物处于麻醉状态，清洁腹部并修剪该区域的皮毛以改善局部卫生。确认尿道正确位置，去除尿道缝线，顺利置入导尿管（图 32，图 33）。这一过程未出现狭窄。

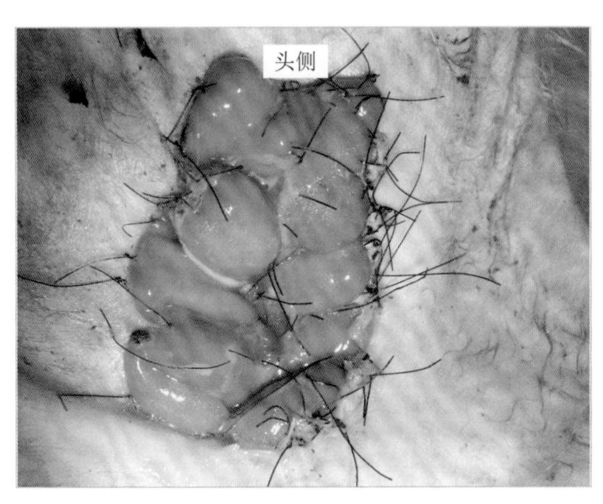

图 30　手术 14 天后伤口的外观，肠组织有轻微的脱落现象

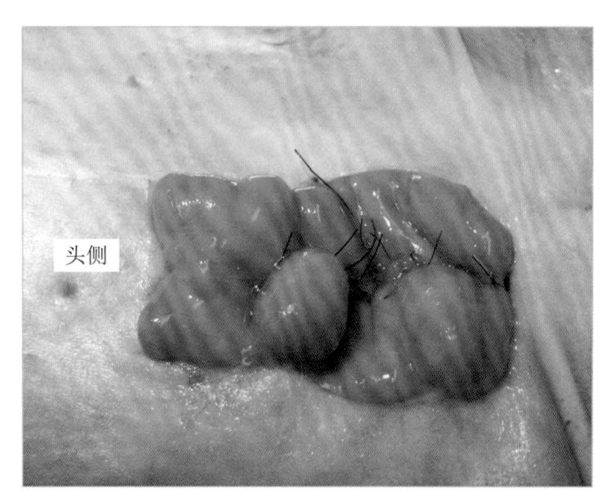

图 31　伤口后部裂开

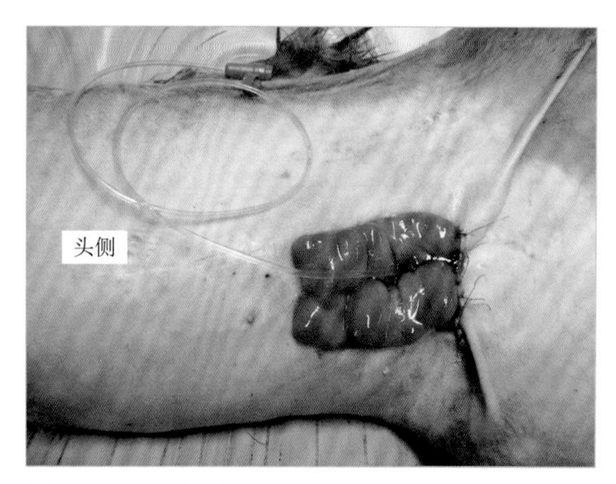

图 32　拆除尿道缝合线，并放置导尿管，空肠的后部重新缝到皮肤上

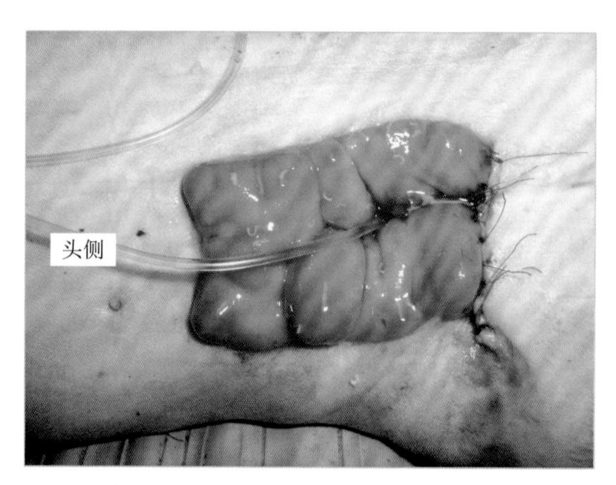

图 33　缝合完成

2 周后，拆除这些缝线，动物最后出院（图 34）。

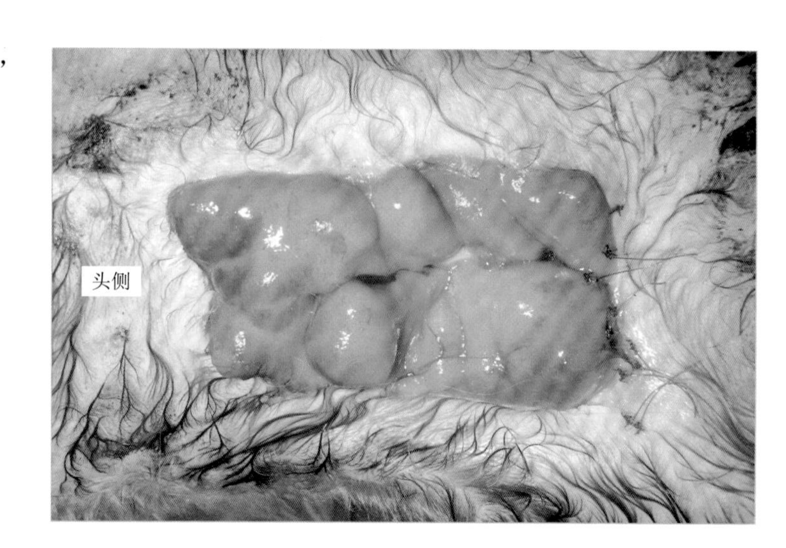

图 34　缝线拆除当天的情况

Garfi 很快恢复了健康，体重增加，毛发状况和行为状态也有所改善，恢复了活跃的状态（图 35）。

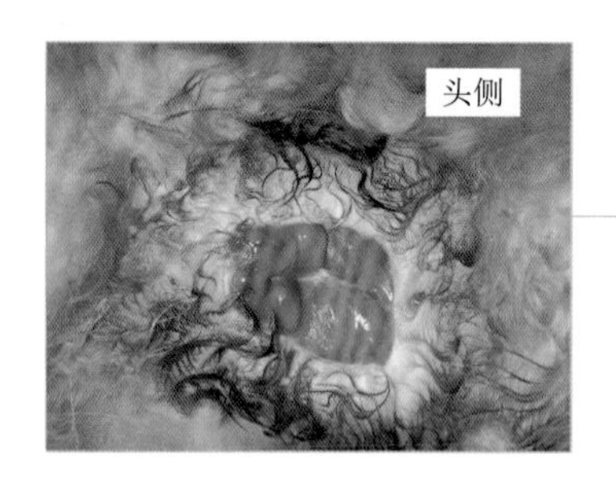

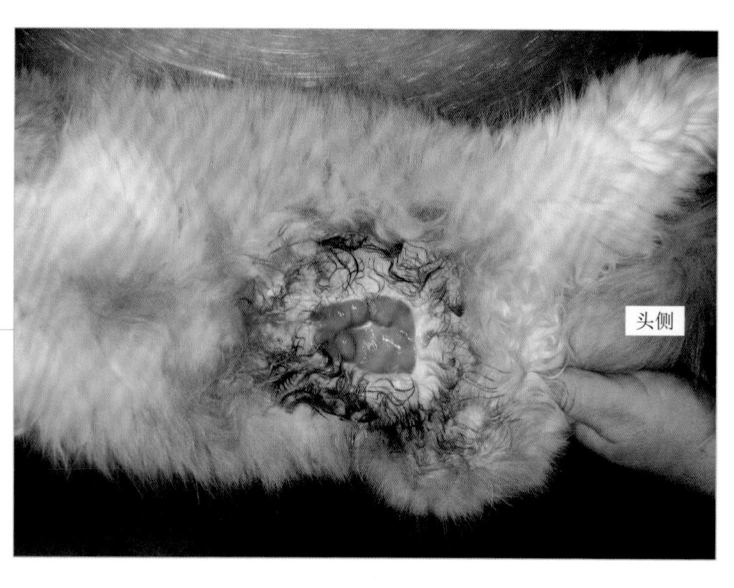

图 35　术后 3 个月小肠 - 新尿道造口的外观

图 36　手术后 3 个月 Garfi 的外观，这是与它第一次被带到诊所时的情况相比（图 1）

Garfi 恢复得很好，化学性皮炎没有复发的迹象，观察肠蠕动正常而没有并发症。然而主人注意到，由于腹部的毛又长出来，要确保这个区域的卫生是很繁琐的，所以他决定每月给 Garfi 剪一次毛。通过这种方法，Garfi 在术后 1 年肠黏膜脱落的现象消失了。

在术后阶段，一旦新的排尿系统完全正常，建议进行皮肤成形术，以形成一个假包皮覆盖暴露的肠道。然而，Garfi 的主人拒绝了这个手术。手术完成 7 年后的今天，Garfi 仍然享受着高品质的生活。

会阴尿道造口术需要有良好的解剖学知识、精湛的技术和正确的黏膜缝合防止过早闭合。

会阴尿道造口术中早期狭窄的原因

- 没有充分分离阴茎及其周围组织。
- 在尿道球腺发现之前没有充分剥离出阴茎。
- 当将尿道黏膜固定在皮肤上时，没有充分地进行缝合。
- 组织之间缝合过紧。

病例分析

失误或手术并发症?

失误或并发症出现在对 Garfi 进行的第一次手术中，更具体地说，尿道造口术造成尿道狭窄，这直接导致了后续的耻骨前尿道造口术。

耻骨尿道切开术后可能发生的最严重的并发症是该病例中描述的并发症。

正确的方法

分离阴茎时应该确认尿道球腺，因为尿道在此处变宽了。适当的黏膜 - 皮肤缝合可确保会阴尿道吻合术的可行性（图 37 ～图 40）。

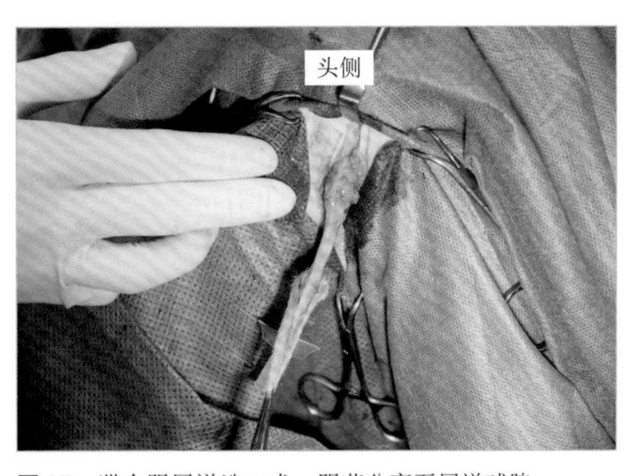

图 37　猫会阴尿道造口术。阴茎分离至尿道球腺

本病例所述的技术是避免耻骨前尿道造口术中皮肤化学坏死的好方法。在公犬，也用同样的方法进行了包皮内的尿道造口术，也就是在尿液出口处提供了黏膜组织保护。

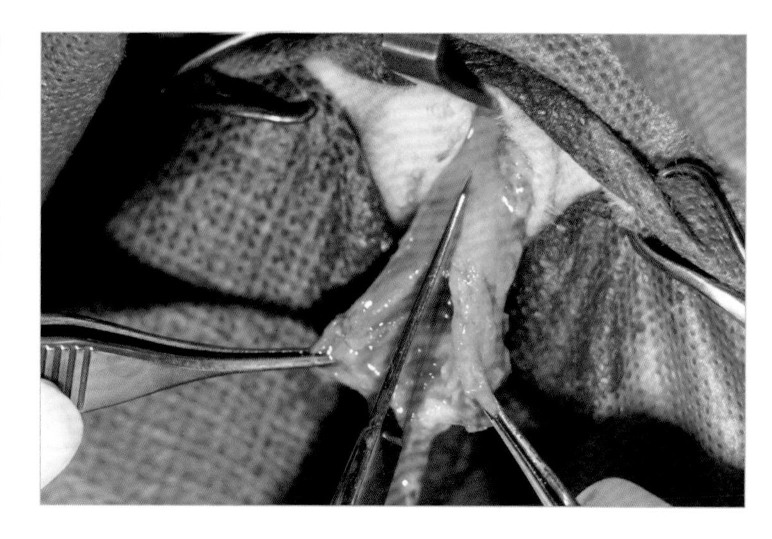

图 38　尿道切口

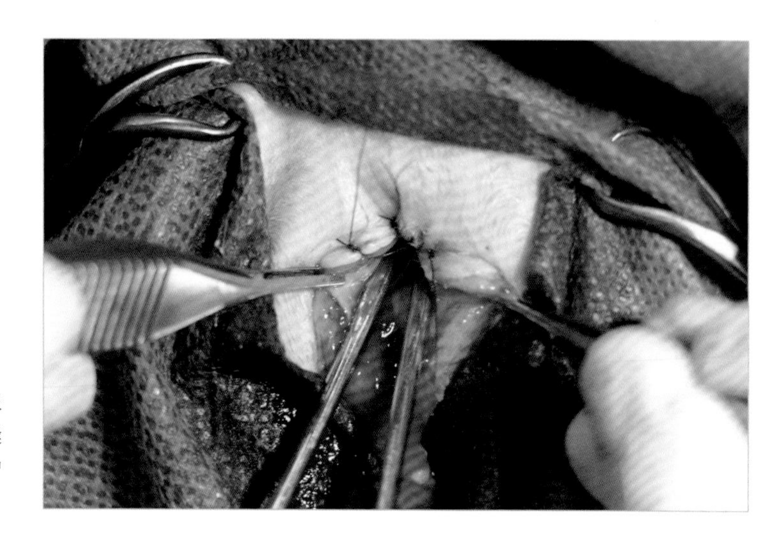

图 39　弯曲的蚊式止血钳插入到尿道拐弯处，以确保尿道腔足够宽。缝合位置在 11 点、12 点和 1 点，与钟表盘相似

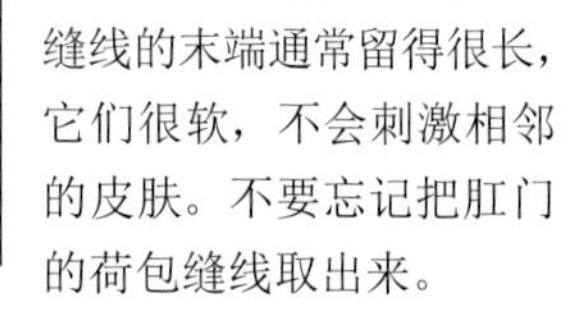

缝线的末端通常留得很长，它们很软，不会刺激相邻的皮肤。不要忘记把肛门的荷包缝线取出来。

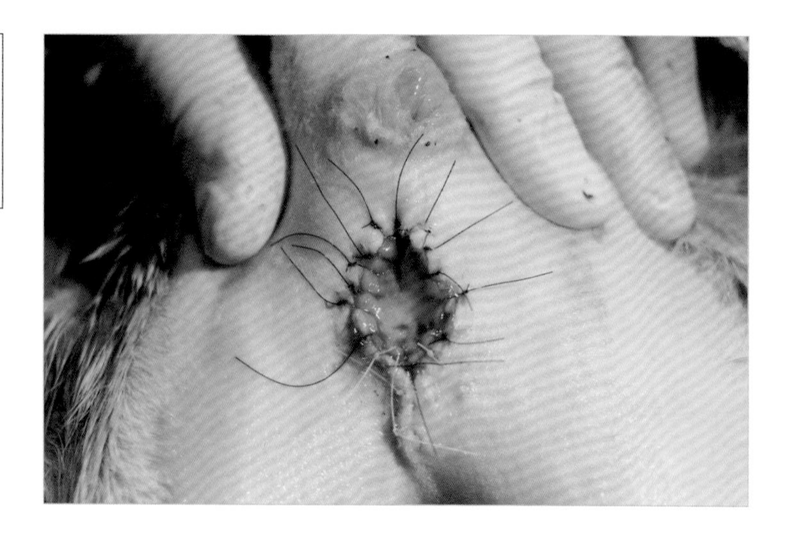

图 40　手术完成

病例 20/ 会阴尿道造口术

患病率	■■■□□
技术难度	■■■■□

■ 失误：对阴茎和尿道的切开和 / 或处理不正确。术后随访和监测不足。

■ 失误的后果：尿道造口狭窄。尿道阻塞复发。

病例特征

名字	Pituso
种属	猫
品种	美国短毛猫
性别	公
年龄	9岁

临床病史

患宠是一只名叫 Pituso 的美国短毛猫，一年前接受了会阴尿道造口术，以治疗因药物及饮食治疗无效的复发性尿道阻塞。

当 Pituso 被送至诊所时，它已经有好几个月没有出现过泌尿系统的问题，但是近一个星期以来，出现了里急后重和排尿困难的症状。

在临床检查中，观察到先前的尿道造口几乎已完全闭合（图 1）。

由于患宠患有肾后性尿毒症和高钾血症，不宜采用尿道导管插入术，因此采用经皮穿刺导尿以排空膀胱。

通常情况下，手术部位多余的纤维组织是由于切割不充分和阴茎活动不足造成的。因此，计划进行第二次会阴尿道造口术。

观看视频 2
经皮膀胱插管术

> ＊ 用气囊导管扩张是无效的。应进行手术，切除纤维化部分，并将尿道黏膜重新缝合到皮肤上。

临床经过

将患宠置于俯卧位，荷包缝合法缝合肛门。

将尿道口周围的皮肤切开一个矩形区域，并将阴茎从盆腔中分离出来（图 3 和图 4）。

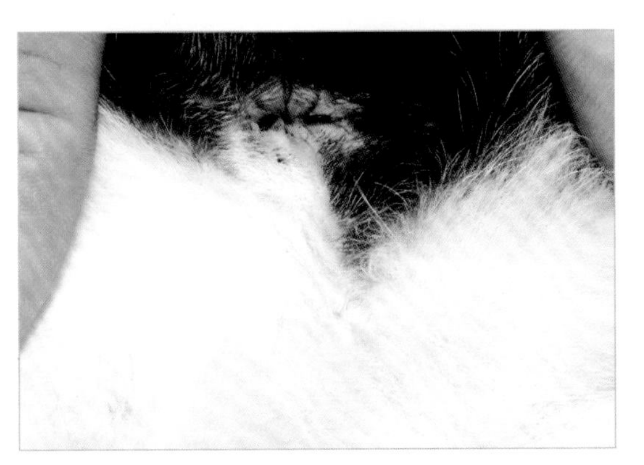

图 1 尿道开口很难识别。只能看到几滴尿液弄湿了该区域的毛发。由于太过狭窄，即使是最好的导尿管也无法插入

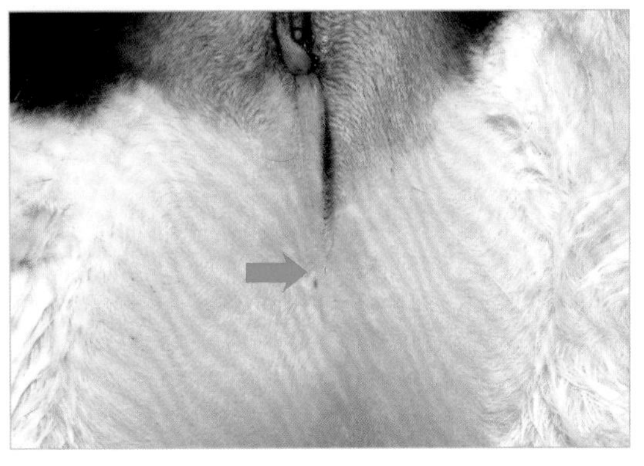

图 2 会阴处剃毛后可见小的尿道开口（箭头）。手术开始前，用荷包缝合法缝合肛门，以防止手术中粪便漏出

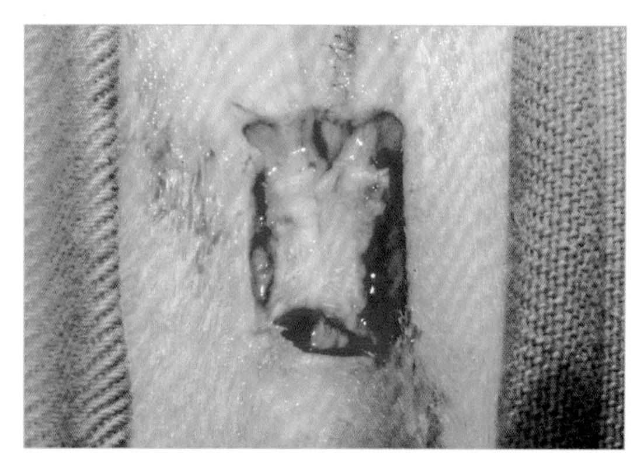

图 3 在尿道口周围切成矩形皮肤区域，去除皮下组织粘连，小心止血

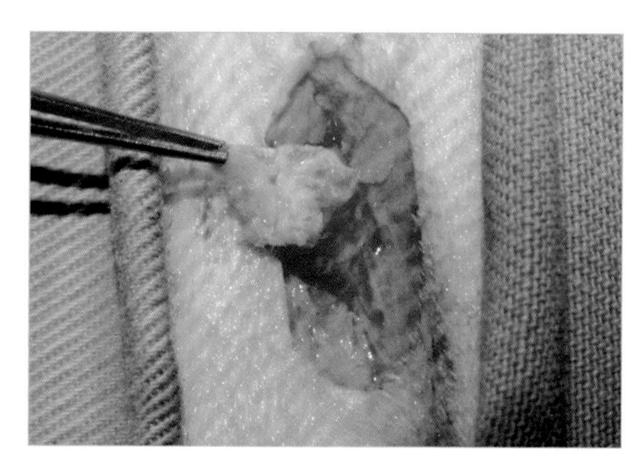

图 4 将阴茎从纤维组织中分离出来，将伤害降至最低

去除盆腔粘连，于坐骨弓插入处横向切开坐骨海绵体肌。在之前的手术中并无进行肌肉分离的步骤，此操作是为了方便阴茎向外移动。

切开尿道中缝，直至尿道球腺，此处尿道腔较宽（图5）。将蚊式止血钳插入其中以确认尿道宽度（图6）。

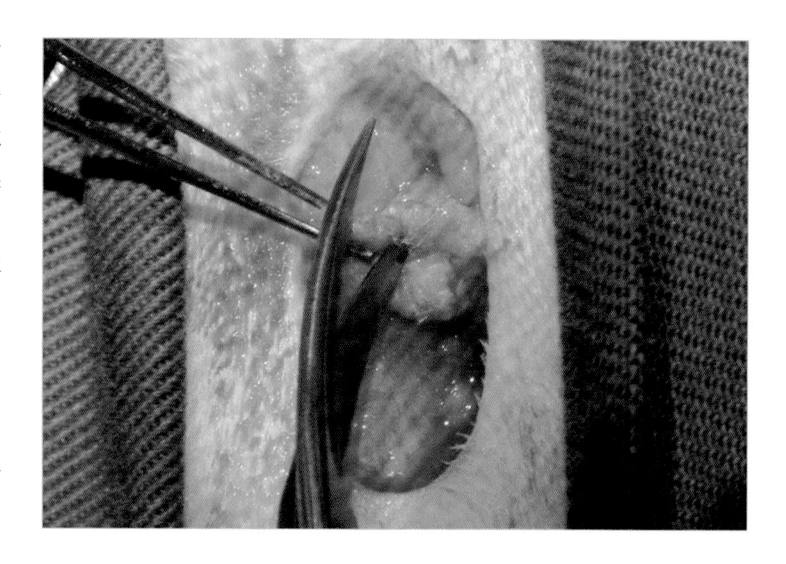

图 5 用细剪刀在尿道背侧切开以扩大其开口

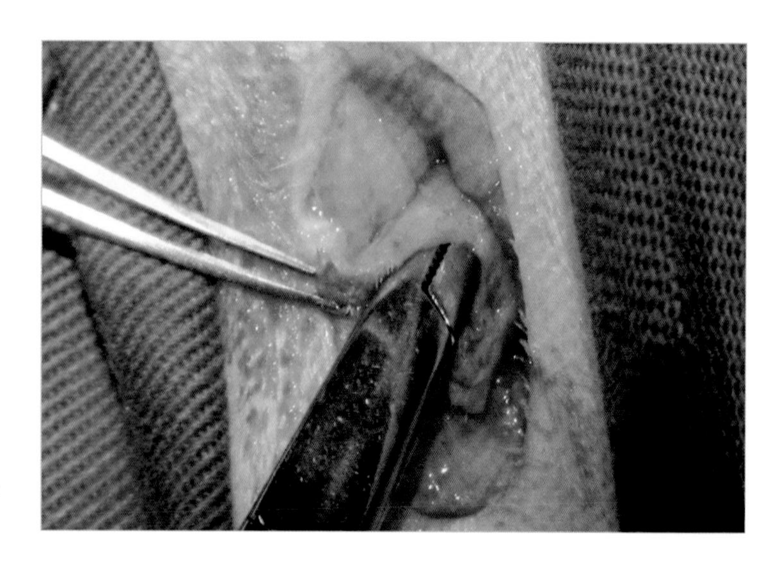

图 6 延长尿道切口，直至蚊式止血钳可无阻碍地深入其中

用人工合成的不可吸收单丝缝合材料以单纯间断缝合方法将尿道黏膜缝合到皮肤上（图 7 和图 8）。此种缝合方式和缝合材料可将组织反应、炎症以及复发的可能性降至最低。

Pituso 从麻醉和手术中完全康复。术后未留置导尿管。手术后，每天用稀释的消毒剂小心清洗伤口，避免对伤口产生刺激，并在伤口上涂上无菌的凡士林软膏，防止尿液渗入皮下组织，以保护皮肤。

患宠预后良好（图 9）。10 天后，拆除缝合线（图 10）。6 个月后，尿道造口直径减小，但并不影响患宠正常排尿。

> 尿道造口缩小是由于疤痕的重塑。因此，应该在初次手术中计算开口的大小，防止开口狭窄。

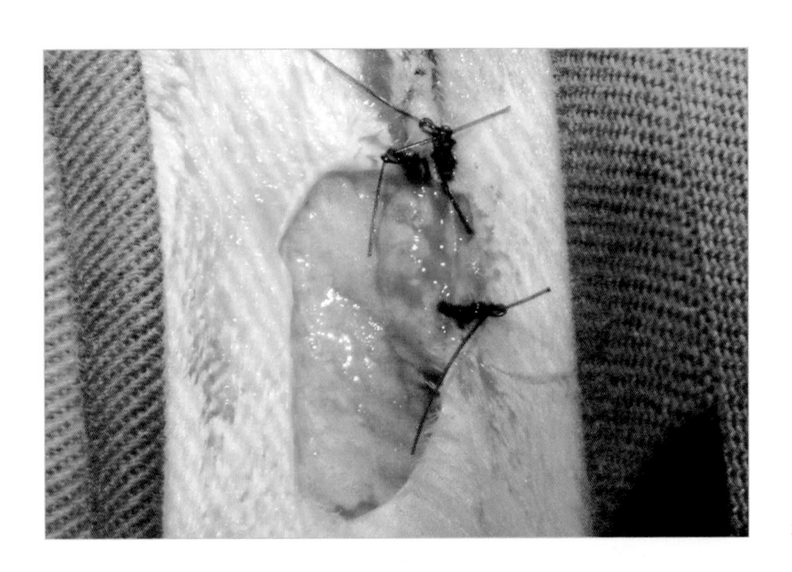

图 7 在皮肤切口的 4 个角上以 45° 缝合尿道黏膜，使尿道开口最大化

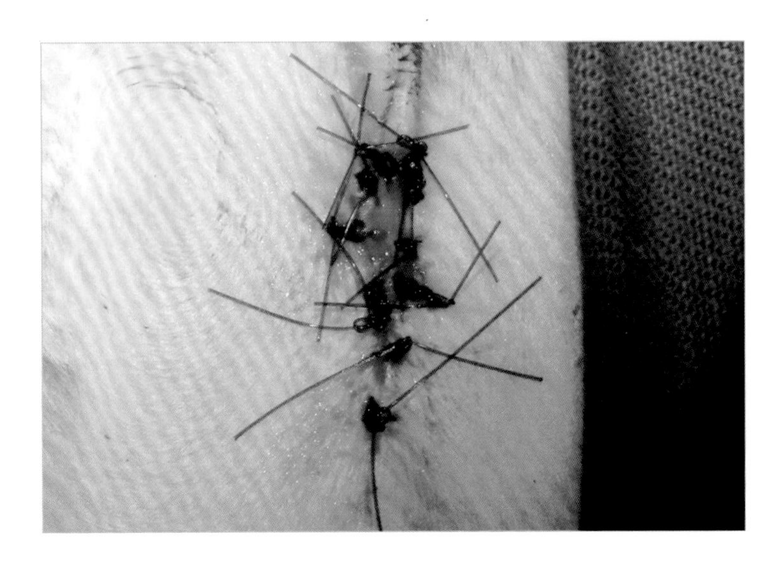

图 8 用 5-0 不可吸收的单丝材料以单纯间断缝合法将尿道黏膜缝合到皮肤上

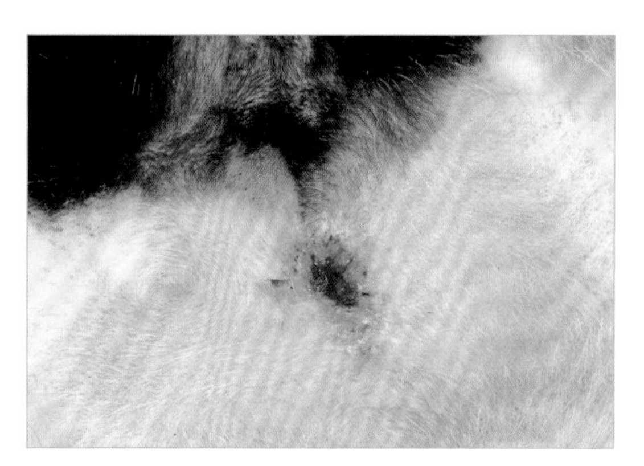

图 9　术后 3 天愈合良好

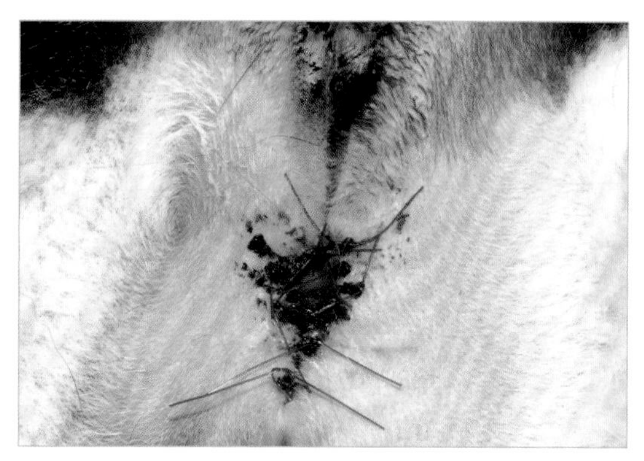

图 10　术后 10 天切口愈合。拆除缝合线，患宠出院

病例分析

失误或手术并发症?

当操作不当时，过多的瘢痕和纤维化是最常见的并发症。

> ✱ 阴茎与盆腔连接部分的不完全剥离，和坐骨海绵体肌的未完全切断，阻碍了阴茎正常的伸缩运动。因此，若尿道黏膜和皮肤之间的缝合线保持紧张状态，会导致伤口收缩和纤维化加重。

尿道与皮肤缝合不当也会导致并发症。若尿液渗入皮下组织，会导致炎症过度、愈合延迟和皮肤坏死。

频繁舔舐伤口所引发的炎症也会导致并发症。因此，很重要的一点是，患宠要长时间佩戴伊丽莎白项圈，甚至在伤口已经愈合几周后也要坚持佩戴。

正确的方法

猫会阴尿道造口术适用于导尿无法解决的尿道梗阻病例，以及常规药物治疗无效的复发病例。

对该手术有多种操作方法上的描述，但是 Wilson 和 Harrison 描述的方法获得了最好的结果（见本页视频 3：猫的会阴尿道造口术）。

以下是该手术可能产生的并发症，应予以了解和控制：

- 术中及术后出血。可通过从中线切开尿道海绵体而不损伤位于侧面的阴茎海绵体来减少出血。然后用连续锁边缝合法将海绵体的切口边缘缝合到皮肤上。
- 伤口裂开由于缝线过紧导致，尿道黏膜缺血。组织发生二期愈合，会导致尿道造口的纤维化和狭窄。
- 尿液渗入皮下组织。如果缝合线放置不当，或者伤口开裂明显，尿液就会进入皮下组织，引起蜂窝组织炎、坏死和瘢痕纤维化。
- 由于炎症过度导致尿道造口术区域的瘢痕性狭窄。

观看视频 3
猫的会阴尿道造口术

病例 21/ 尿道黏膜脱垂

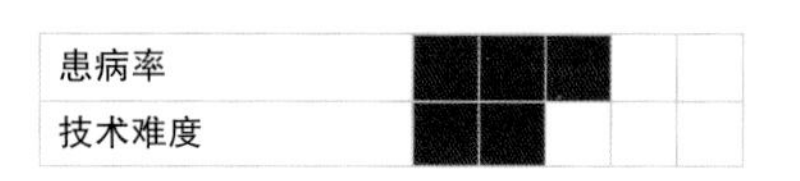

- 失误：没有给患宠佩戴伊丽莎白项圈。
- 失误的后果：因舔舐引起伤口开裂，从而导致尿道脱垂复发。

病例特征

名字	Rómulo
种属	犬
品种	贵宾犬
性别	公
年龄	7月龄

临床病史

Rómulo 来到诊所时，包皮黏膜脱出（图 1）约 10 天。它在连续几次自慰后出现阴茎出血。在其他患宠中，此症状可能会在交配后发生。

阴茎顶端有一深红色圆形肿块。若出现坏死，则病变呈紫色。

对患宠进行矫正手术，包括切除多余的脱垂黏膜。对尿道口进行整形手术。

尿道脱垂

- 病因可能包括泌尿生殖道感染、尿道结石、自慰、性兴奋过度和创伤。
- 据报道，短头品种对该病更易感，其易感性可能与遗传因素有关，或与腹压过高有关，而腹压过高可能是由该犬种常见的呼吸综合征所致。
- 可尝试保守治疗，用涂有凡士林的导尿管使黏膜缩小，或通过荷包缝合减小开口（缝线应保留 3 ～ 5 天），并用局部皮质类固醇软膏进行治疗。
- 当脱垂不可逆或有黏膜坏死的迹象时，建议手术治疗。

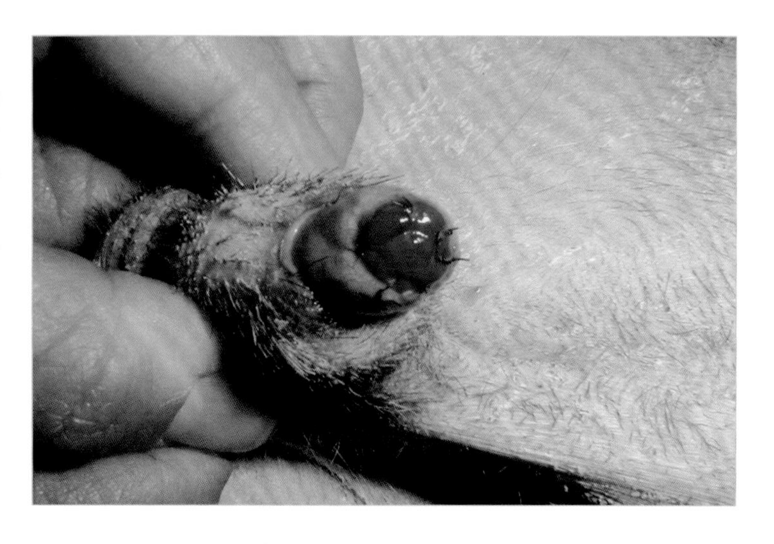

图 1 尿道黏膜脱垂。可以看到前次手术留下的 4-0 单丝尼龙缝合线。尿道黏膜有炎症迹象，可能是由于舔舐伤口所致

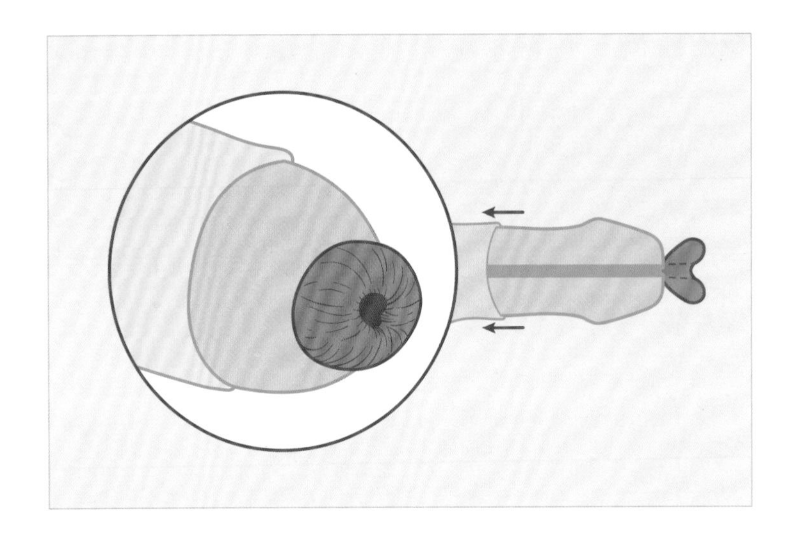

观看视频 4
如何处理脱垂的尿道

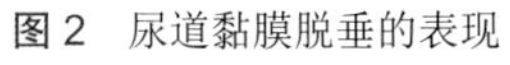

图 2　尿道黏膜脱垂的表现

三四天后黏膜再次脱垂，此时需仔细检查第一次手术的结果。

图 3　脱垂的尿道黏膜有强烈的炎症反应。注意龟头的状况

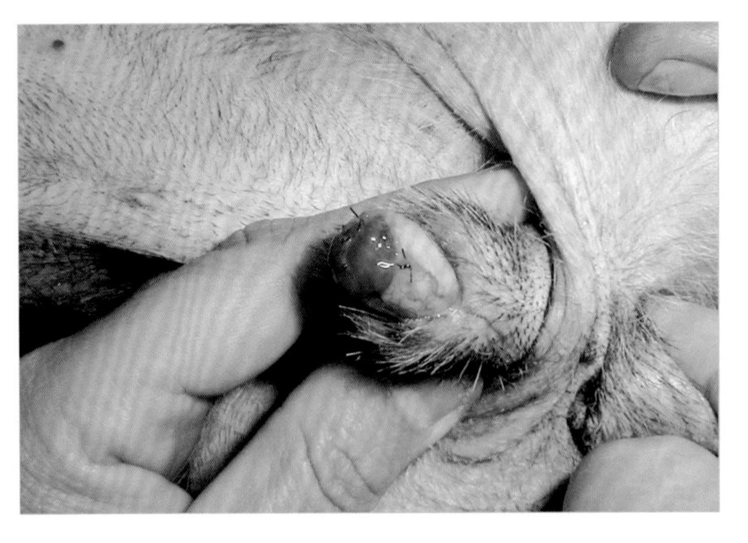

临床经过

由于阴茎龟头肿胀且伤口处有缝合线，所以有必要再次手术。首先拆除缝合线（图 5）。

图 4　病变的腹侧视图。一些缝合线穿过尿道黏膜

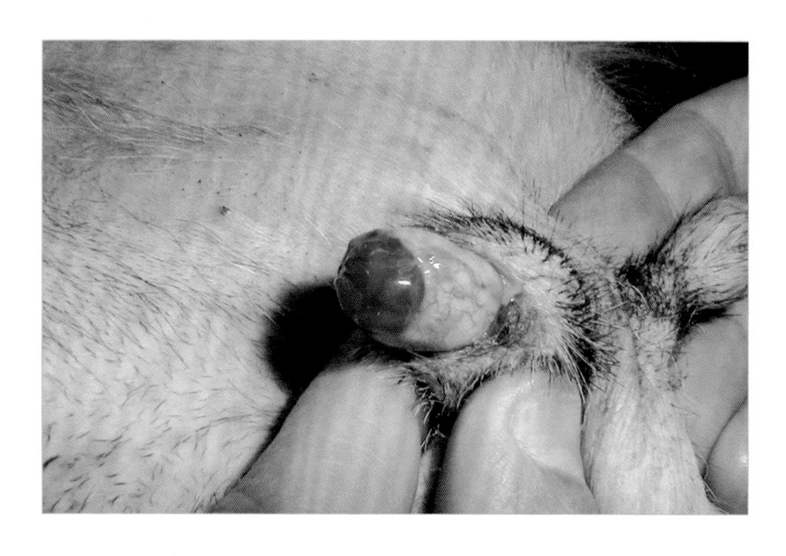

图 5　在第二次手术之前拆除缝合线

用 1% 稀释碘溶液清洗包皮腔。术中放置导尿管（作为支架）以清楚地看到尿道腔（图 7 和图 8）。用戴有无菌手套的手指放置止血带，以便在切开黏膜时暂时减少出血（图 9）。

为了不让尿道缩回到阴茎内，需轻柔而稳定地拉动它，使之“绷紧”。外科医生的助手负责执行这种精细而持续的牵引（图 10）。

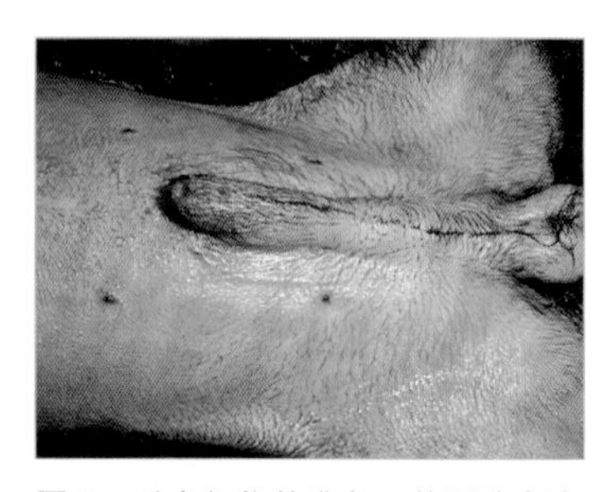

图 6　手术部位的准备。使用消毒液

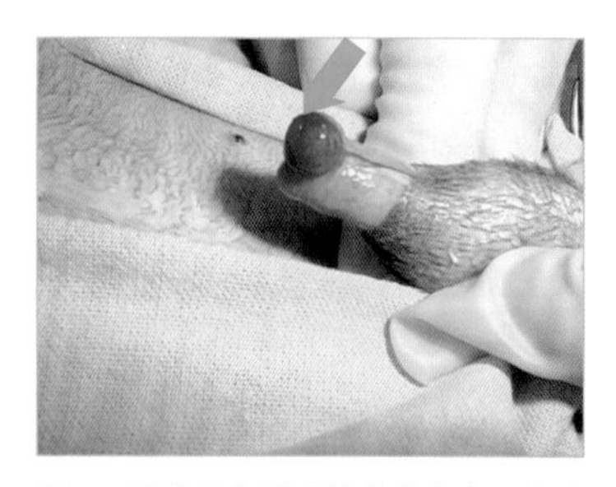

图 7　尿道腔在脱垂的黏膜中央（箭头所指处）

另一种防止尿道缩回的方法是将两根互相垂直的针穿过阴茎 / 尿道。

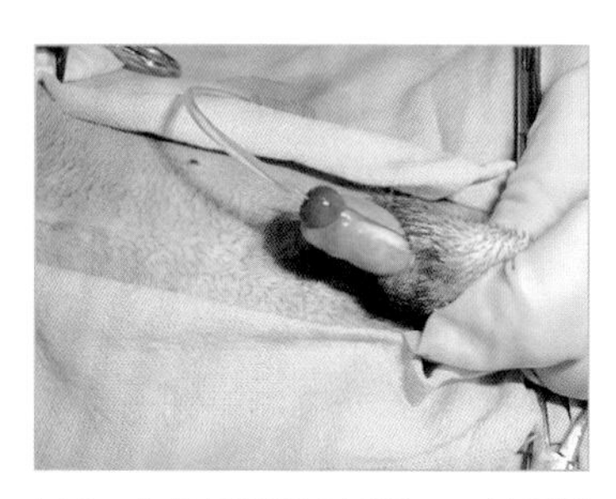

图 8　将导尿管插入尿道口。导尿管起支架的作用

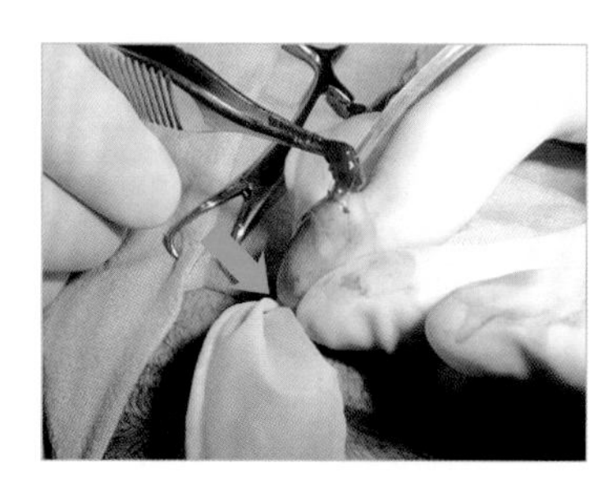

图 9　放置止血带以减少出血（箭头所示）

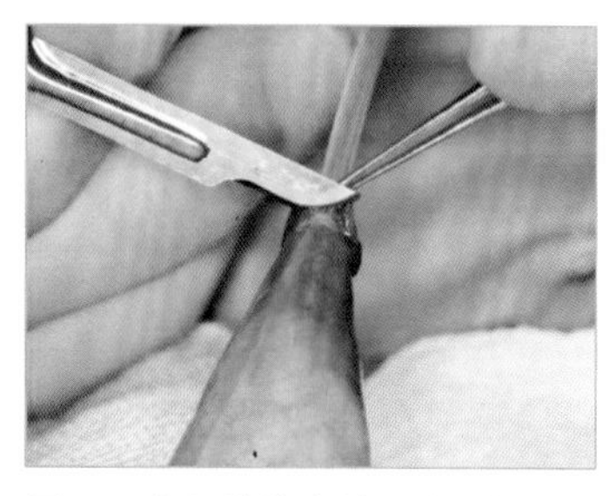

图 10　在尿道缝合前，助手轻轻拉紧，保持尿道张力，防止尿道在缝合前缩回

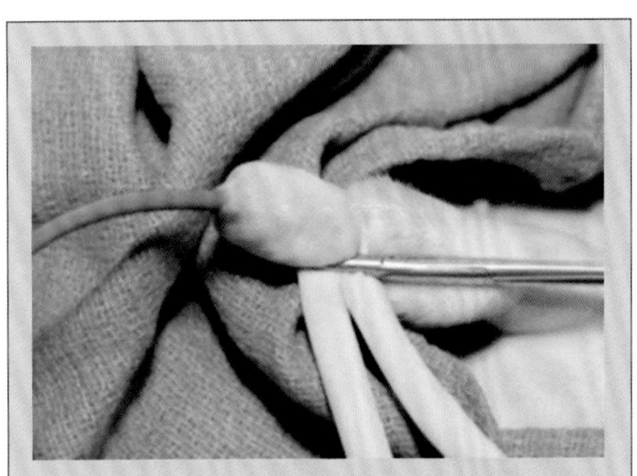

止血带也可以用彭罗斯氏（Penrose）引流管制成。在阴茎根部放置止血带和插入导尿管是这项手术的两个重要组成部分。

修剪和切除多余的黏膜后，采用单纯间断缝合法从尿道黏膜向阴茎黏膜进行缝合。可以使用 4-0 可吸收单丝缝线作为替代缝线材料。

手术结束时，取下止血带，确认没有出血。尿道口出现了一定程度的内翻，是可以接受的结果。

* 止血带留置不应超过 15 分钟，以避免缺血性并发症。

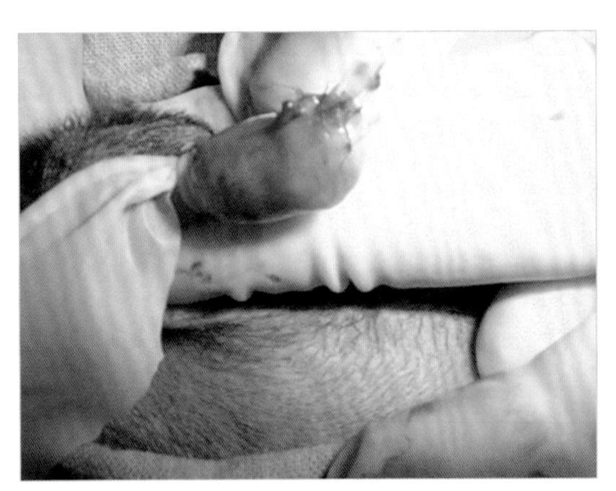

图 11　手术完成

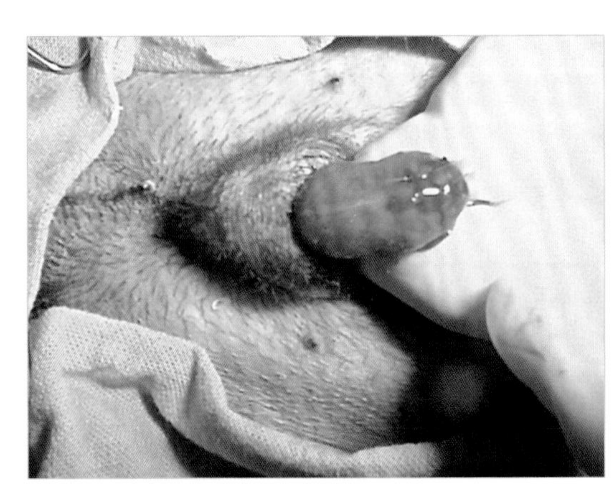

图 12　取下止血带

* 如导尿管需留置数天，应确保导尿管无菌，避免继发性并发症，如上行感染。

在拆除缝合线之前，应佩戴伊丽莎白项圈。

手术效果良好且无并发症，10 天后拆除缝合线。

如果主人同意，建议进行睾丸切除术，以防止患宠发情后病情复发。

病例分析

失误或手术并发症?

主人犯了一个错误，没有遵循医嘱，没有给 Rómulo 戴伊丽莎白项圈。这使得患宠反复舔舐伤口，导致部分缝合线松脱，引起尿道脱垂复发。

主人为宠物提供的术后护理和手术过程本身一样重要。

正确的方法

为矫正尿道黏膜脱垂，在修剪和去除多余的黏膜后［图 13（a）］，采用单纯间断缝合法从尿道黏膜向阴茎黏膜缝合。这使得阴茎黏膜上的尿道黏膜外翻［图 13（b）］，可防止潜在的尿道狭窄问题。环状切除尿道黏膜后，尿道会向内凹陷［图 13（c）］，不会再次脱垂。

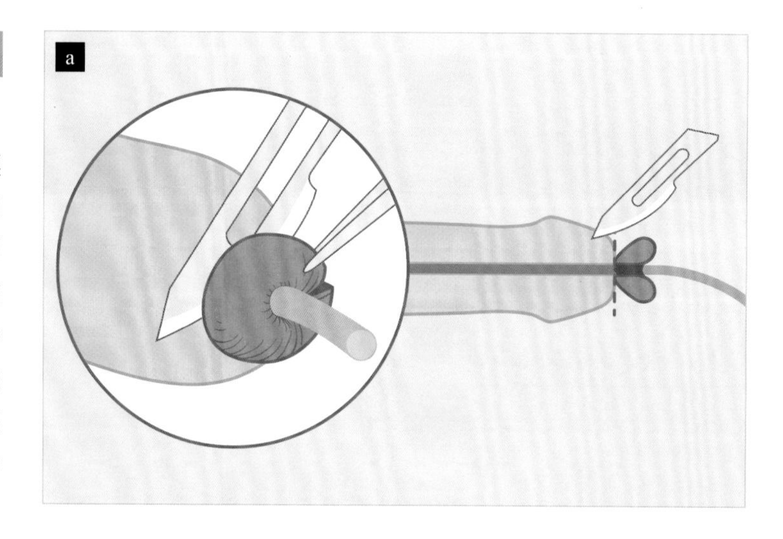

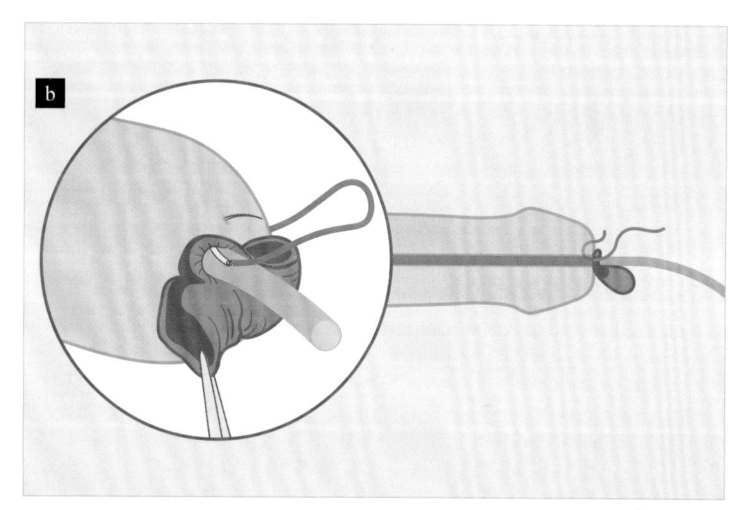

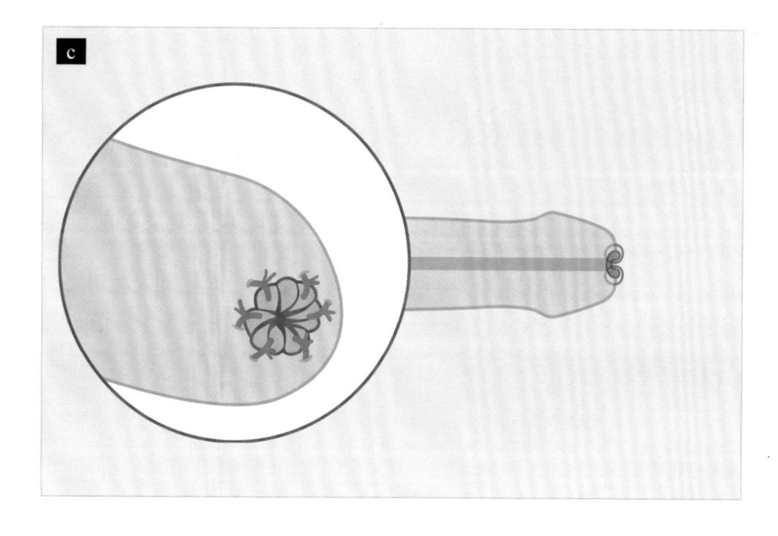

图 13 缝合尿道黏膜和阴茎黏膜的正确操作

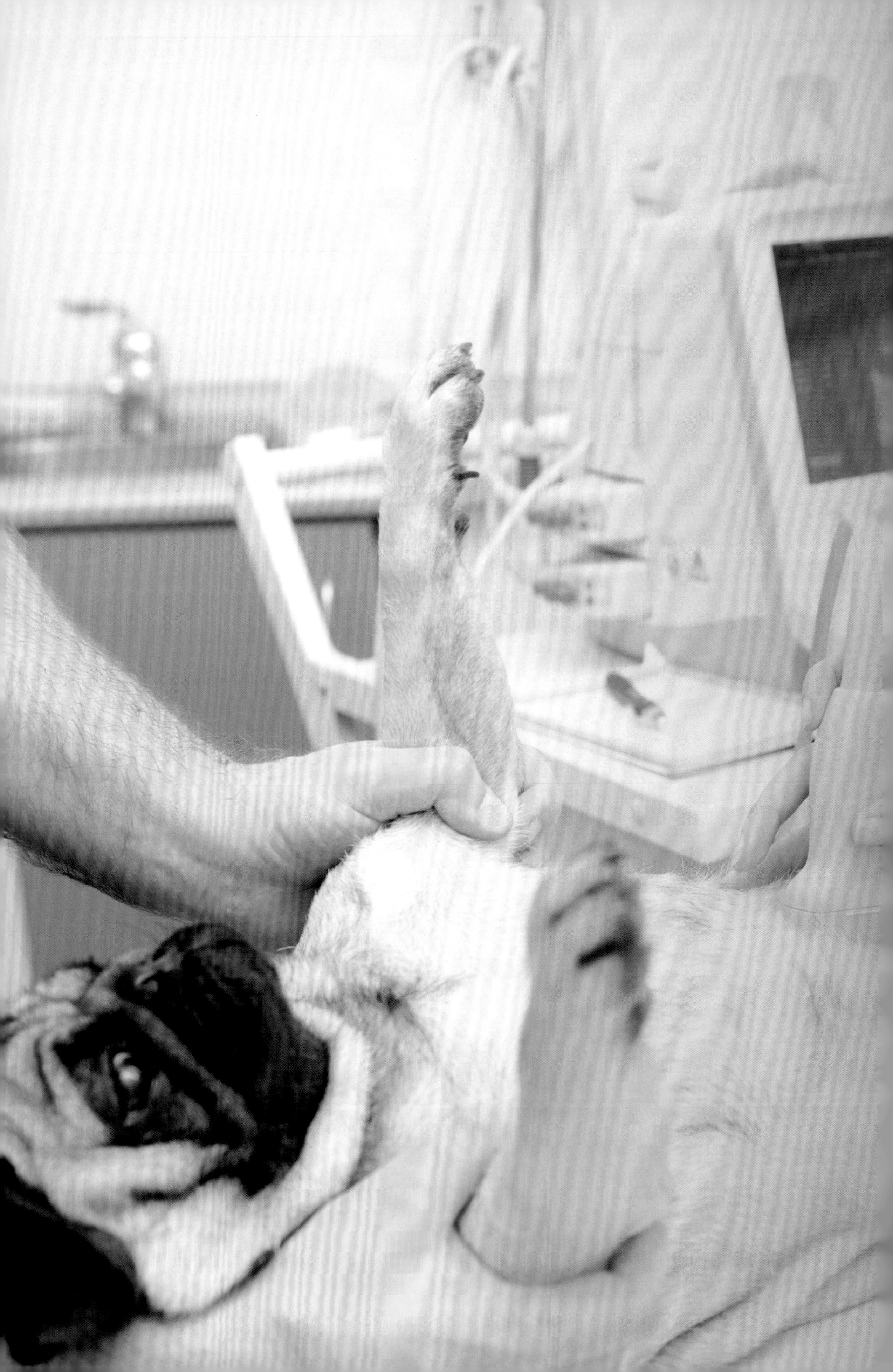

生殖系统外科手术的失误

病例 22/ 输尿管结扎术

病例 23/ 卵巢子宫切除术后粘连

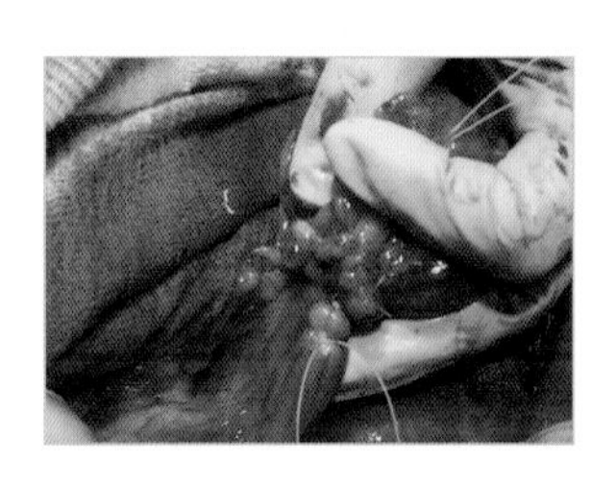

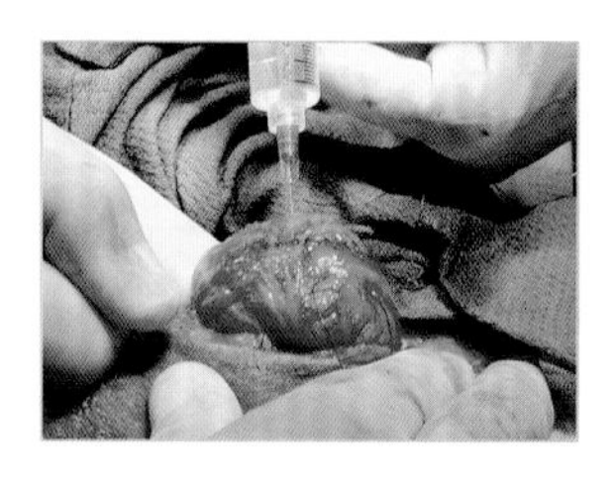

病例 24/ 卵巢子宫切除术后粘连造成的肠梗死

病例 25/ 卵巢残留和子宫积脓

病例 26/ 不正确使用塑料缝线结扎所致的脏器脱出

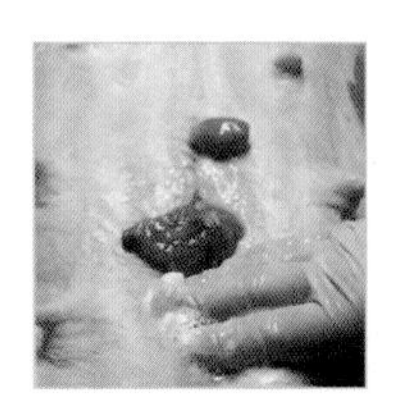

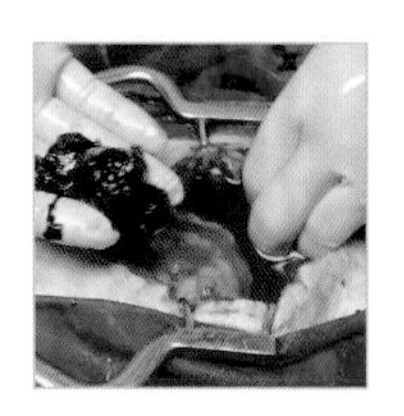

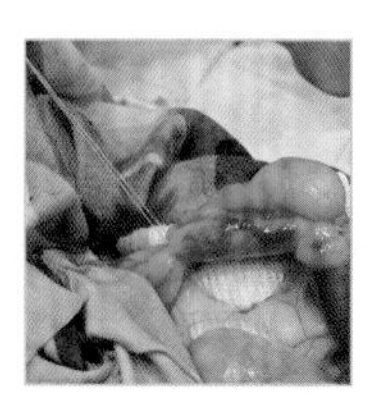

病例 27/ 睾丸切除术与阴囊切除术后血肿

病例 28/ 膀胱切除术和异位睾丸切除术

病例22/输尿管结扎术

患病率	■■■□□
技术难度	■■■■□

- 失误：腹部手术缝合时意外结扎输尿管。
- 失误的后果：全部或部分输尿管闭锁导致输尿管积液或肾积液。

病例特征

名字	Luna
种属	猫
品种	美国短毛猫
性别	母
年龄	8月龄

临床病史

这个病例被带到诊所时临床症状表现为高热、精神沉郁和右侧腹中部疼痛。Luna三个月前经右侧开腹手术进行绝育术。

临床经过

进行全身检查，并要求进行血液分析和腹部超声检查。超声显示早期肾积水或肾盂扩张。

病猫状态稳定，进行广谱抗生素治疗，并在主人的同意下进行开腹探查术。腹腔探查结果显示右侧的输尿管被意外地结扎并被固定在腹壁的疤痕处（图1和图2）。

由于无法修复输尿管，因此分离输尿管与腹壁瘢痕的粘连并进行肾输尿管切除术。肾脏的体积已经增大并导致肾盂积水。如果两个器官都没有受到严重影响，可以进行输尿管膀胱吻合术。

病例分析

失误还是手术并发症？

不幸的是，由于外科医生的技术失误，在侧腹开腹手术中把输尿管缝合在腹壁伤口处，导致病猫在幼龄时就失去了肾。

剖腹手术在关闭腹腔时无意中把输尿管也缝合在腹壁上。输尿管全部或部分闭塞导致输尿管积水的发生。

输尿管积水持续8～10周及以上，几乎没有机会恢复正常。输尿管的压力增加使肾盂进行性扩张，导致肾实质的压力增加，从而萎缩。最终，只剩下形成肾脏“骨架”的结缔组织。

> 如果阻塞发生后2周内得以纠正，预期肾功能可以全面复苏到正常。肾盂积水持续4～6周会导致不可逆转的肾功能丧失。

如果一侧发生输尿管结扎，此侧的肾脏会逐渐丧失功能，而对侧的肾脏通常会代偿最初补偿被影响而逐渐丧失功能。因此，直到临床症状进一步发展，尿素和肌酐值异常变化才明显。

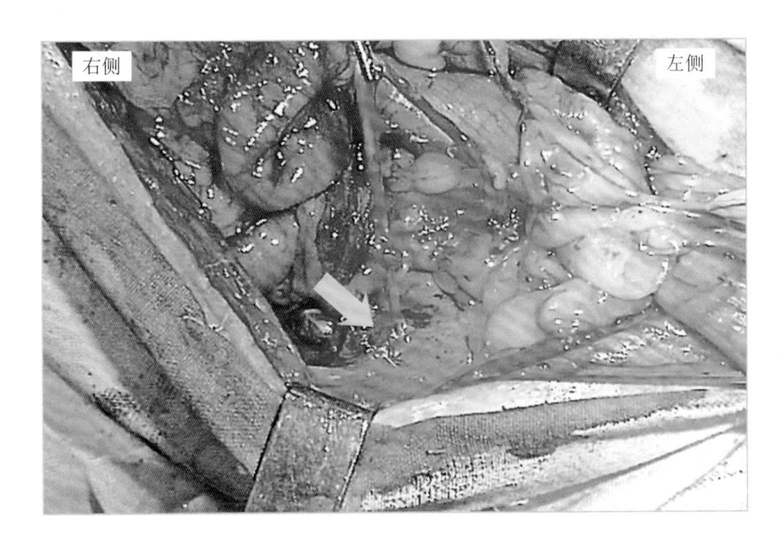

图 1 箭头指示在以前的手术过程中右侧输尿管被意外结扎的位置

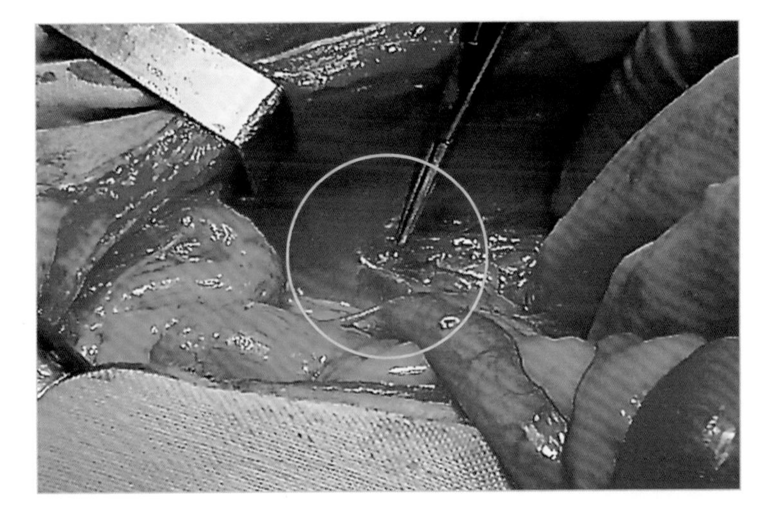

图 2 止血钳指示的是输尿管与腹壁粘连的部位

“卵巢切除术和卵巢子宫切除术是简单的手术”的说法是不切实际的。在卵巢切除术或卵巢子宫切除术时，都有输尿管受伤的风险，或在其近端部分，或在其远端部分（后者更加普遍）。

> ✱ 卵巢切除术和卵巢子宫切除术并不是简单的手术。特别需要注意的是不应将输尿管包裹在缝合线中。

来自世界各地的数百名兽医外科医生每天都会选择腹侧切开法切除雌性宠物的卵巢（卵巢切除术）。在无数的案例中，除了雄性动物的去势，卵巢切除术也是初学者首先需要操作的手术。然而，缺乏一定的解剖知识和基本的外科训练将阻碍他们解决任何可能出现的并发症，如大出血、腹部侧切手术找不到另一侧卵巢，或结扎失败，这将导致患宠严重的并发症，甚至可能导致其死亡。

病例23/卵巢子宫切除术后粘连

患病率	■■■□□
技术难度	■■■□□

- 失误：子宫切除时操作不当。
- 失误的后果：膀胱与腹壁粘连，膀胱功能受到影响。

病例特征	
名字	Frida
种属	犬
品种	德国牧羊犬串
性别	母
年龄	9岁

临床病史

这个病例来诊所就诊是由于过去4个月总是持续地尿频。通过腹部超声显示它的膀胱顶部有团块。它在一年前有一次卵巢子宫切除术的手术史。身体状况良好：一些重要的体征参数正常，食欲良好，没有其它异常临床症状。可明显看见腹下部呈不规则圆形。没有出现血尿。

临床经过

进行完整的验尿，并且进行尿液培养、药敏试验和沉积物细胞学检查。尿液分析显示没有明显的异常，只有微量红细胞和尿蛋白。尿液培养呈阴性，并且细胞学检查结果显示没有肿瘤细胞。

鉴别诊断
膀胱肿瘤：这种肿瘤多数呈恶性或转变为移行性细胞癌；即使在这个病例中位置也相当不寻常。
肉瘤：通过尿液细胞学检查很难诊断；如果通过内窥镜检查未检测到，只有通过探查术能够确诊。

由于持续的临床症状，进行了膀胱镜检查和活组织切片检查。在检查过程中注意到在膀胱顶部区域形成边界清楚的圆形构造：膀胱三角区，输尿管开口和膀胱颈。

从病变区域取的3个组织样品进行的组织病理学检查显示有慢性纤维性病变并且存在膀胱炎。

由于用抗生素和抗炎药的对症治疗未出现效果，要求进行完整的血液检查、心脏病学评估和一系列的胸部X射线检查，检查结果作为手术前的评估指标。结果显示一切正常，再安排进行开腹探查术。

从腹中线进行切开，发现大网膜和左侧的卵巢蒂与膀胱基底部有大面积的粘连。右侧卵巢蒂未发现明显的病变。分离粘连的网膜，定位同侧输尿管位置后，结扎左侧卵巢蒂残端（图1），以切除其与膀胱的粘连。子宫颈也与膀胱有轻微的粘连。

完全分离后进行膀胱检查（图2），通过仔细的触诊，外科医生能够辨别出与顶点相关的变形区域。覆盖变形区域的浆膜与先前黏附的区域相对应，并有直观的变化。

在膀胱两侧放置了牵引线以便于固定，并进行膀胱腹侧切开术。检查膀胱的内表面，圆形的变性区位置与经内窥镜检查出位于顶部的位置相同（图3）。进行全层切除。

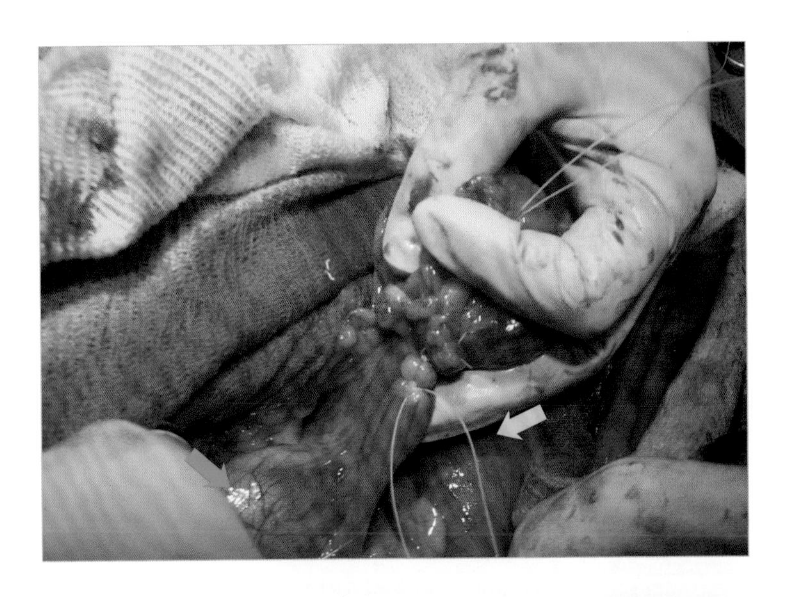

图 1 左侧卵巢蒂在分离粘连的网膜后进行结扎。在图片的左侧能看到肾脏（蓝色箭头）和另一侧的膀胱（黄色箭头）

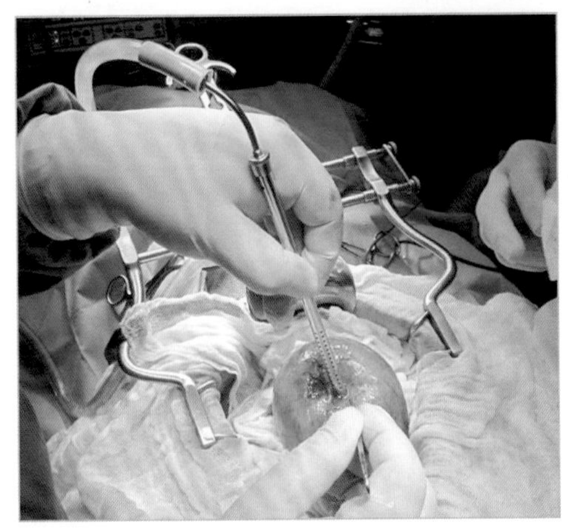

图 2 膀胱用纱布隔离以防止尿液溢出到腹腔内

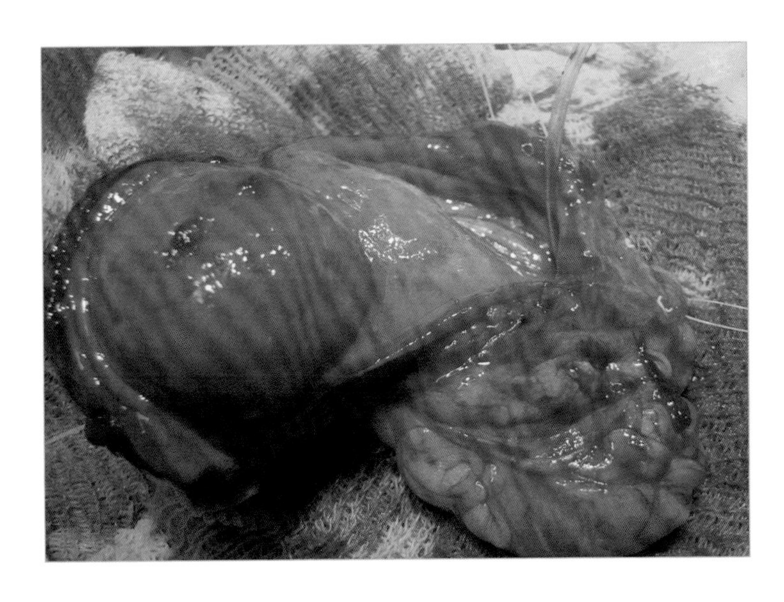

图 3 膀胱黏膜圆形肿块。注意以前的活检部位

图 4　肿块切除后膀胱的外观。留置缝线和导尿管以确保尿道腔保持通畅

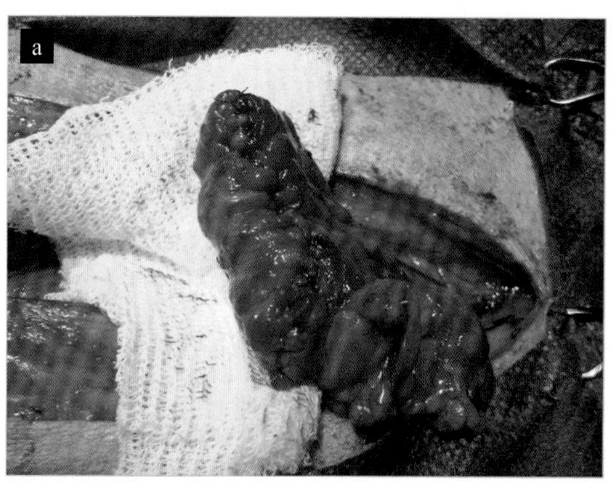

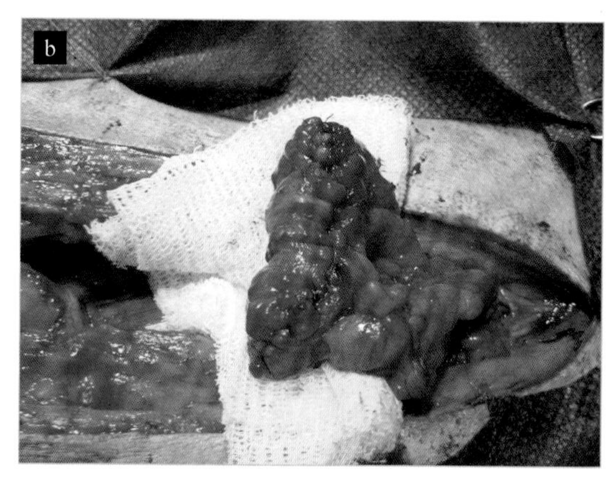

图 5　已完成的膀胱缝合

肿块大约相当于膀胱体积的 50%(图 4)。切除后，拆除固定线，用 4-0 可吸收单股线，采用单纯的间断方式缝合膀胱，同时缝合黏膜下层、肌层和浆膜层，避免穿透膀胱腔，以重建膀胱（图 5)。检查缝合处是否有渗漏。为此，医生将食指放在膀胱背部，并小心地将尿道紧贴耻骨进行堵塞，同时助手将生理盐水注入膀胱内。拔出针头，轻轻压缩膀胱，检查是否有渗漏，同时保持尿道闭塞。如有渗漏，应采用单纯的间断缝合法封闭渗出口，并重新进行检查。然后在常规闭合腹壁之前对腹腔进行冲洗并吸出冲洗液（图 6)。

Frida 恢复得很好。短暂的住院后，经过抗生素和止痛药治疗出院，并告知它的主人，由于它的膀胱容量缩小，小便可能比较频繁，会持续到膀胱恢复正常大小时为止。

术后尿频的症状并没有发生。缝线于 1 周后拆除。

根据肿块的病理组织学诊断为腹膜炎和纤维变性。

病例分析

失误或手术并发症?

在 1 年前进行的卵巢子宫切除术中可能出现了并发症，如复合麻醉、术中大量的出血或组织处理不当，导致膀胱粘连及临床症状的出现。卵巢蒂的长度也可能导致粘连的形成。幸运的是，狗能承受失去 75% ～ 80% 体积的膀胱（膀胱切除术）。膀胱具有很强的再生能力：在 14 ～ 21 天内可恢复到其原始强度的近乎 100%，1 个月内可完全达到再上皮化。

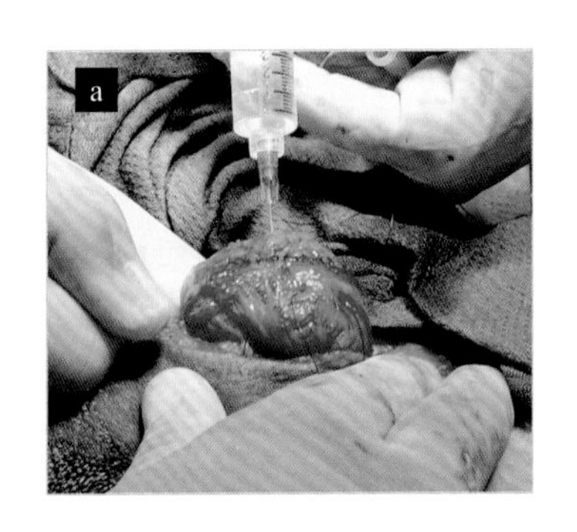

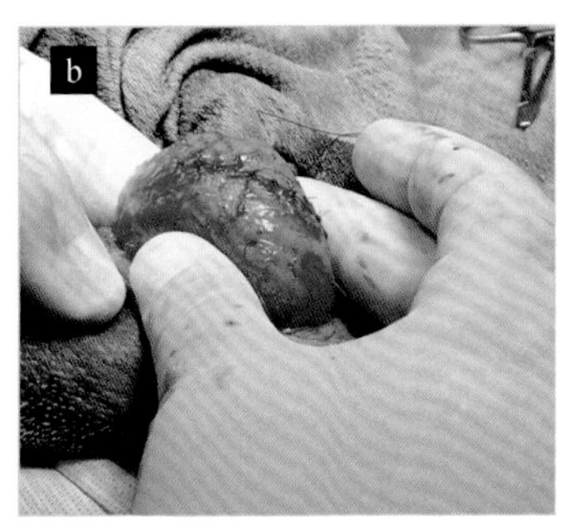

图 6 如何检测缝合处是否渗漏

如果不涉及三角区，可切除 75% 的膀胱。该器官不但会没有任何改变的痊愈，而且在 4 ～ 6 个月内能恢复到正常大小和功能。尽管能够在实验病例中通过用猪的小肠黏膜下层增加膀胱的大小，但一些广泛的切除术并没有选择这种手术方式。这部分小肠黏膜下层提供了一个支架，这样膀胱上皮能够借助其进行再生。随后的瘢痕组织改造、平滑肌肥大、剩余的膀胱组织扩张都有助于提高膀胱的容量。

Frida 也不例外。它的膀胱容量一天天地增加了，并且没有再发生尿频或其他后遗症。

还应考虑到膀胱的血液供给情况，尤其在进行膀胱切除术或其他涉及膀胱的手术时（图 7）。

只涉及一个卵巢蒂并最终粘连在膀胱底部，从而影响膀胱壁。这导致膀胱在排尿时不能正常地放松。为了解决这个问题，需要进行探查术和随之的膀胱部分切除术。

任何干扰血液供应的因素都可能导致膀胱缺血或坏死。因此，处理膀胱三角区和膀胱颈需要格外小心，不要影响血流和损害其余器官的神经分布。

> 另一个需要记住的重要方面是，膀胱和尿道都衬有变移上皮（尿路上皮），产生的黏多糖能够减少细菌的黏附，从而具有抑制细菌的作用。

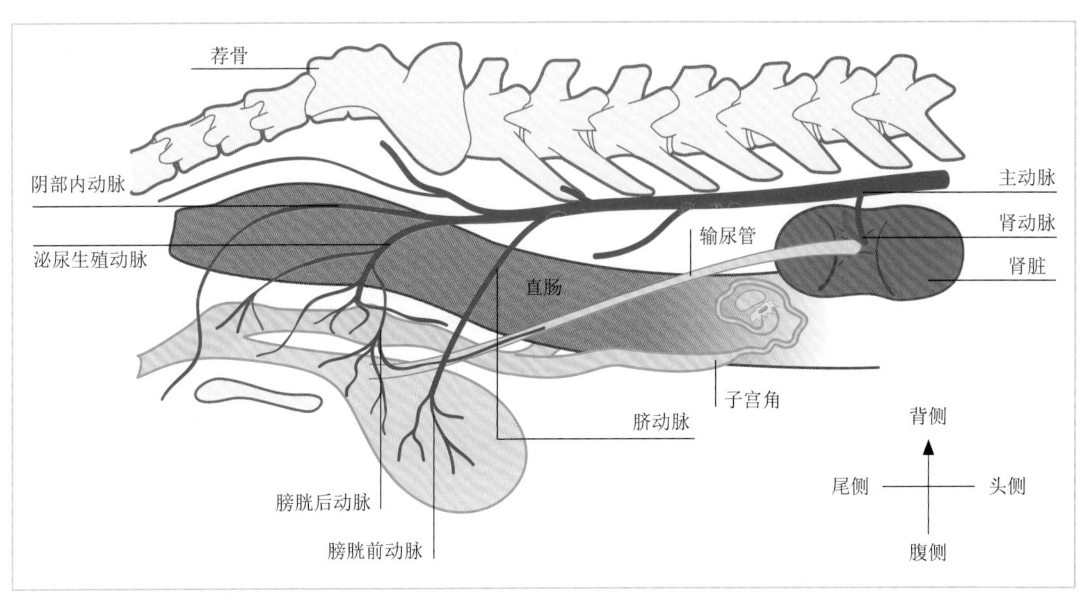

图 7 膀胱的血液供应

病例24/卵巢子宫切除术后粘连造成的肠梗死

患病率	■■■□□
技术难度	■■■■■

- 失误：卵巢子宫切除术中出现问题或组织处理不当。
- 失误的后果：由于限制性粘连导致部分肠梗死。

病例特征	
名字	Negra
种属	犬
品种	可卡犬
性别	母
年龄	8岁

临床病史

这个病例来诊所就诊时临床表现为慢性持续性呕吐，并且对症治疗时部分有效果。先前进行的血液检查没有发现任何异常，但超声检查显示脐部和下腹部之间并涉及部分膀胱顶点处有一个不明确的肿块。主人提到病犬还发生尿频，并在两年前接受了卵巢子宫切除术。

我们要求重新做一次超声和腹部X射线检查。这些检查证实了在脐部和下腹部之间有不明肿块的存在，而且腹膜反应变弱，空肠蠕动区域减少。

鉴别诊断
部分肠梗死（与临床表现一致）。
胃肠道或膀胱肿瘤妨碍食物通过。
卵巢子宫切除术后粘连。

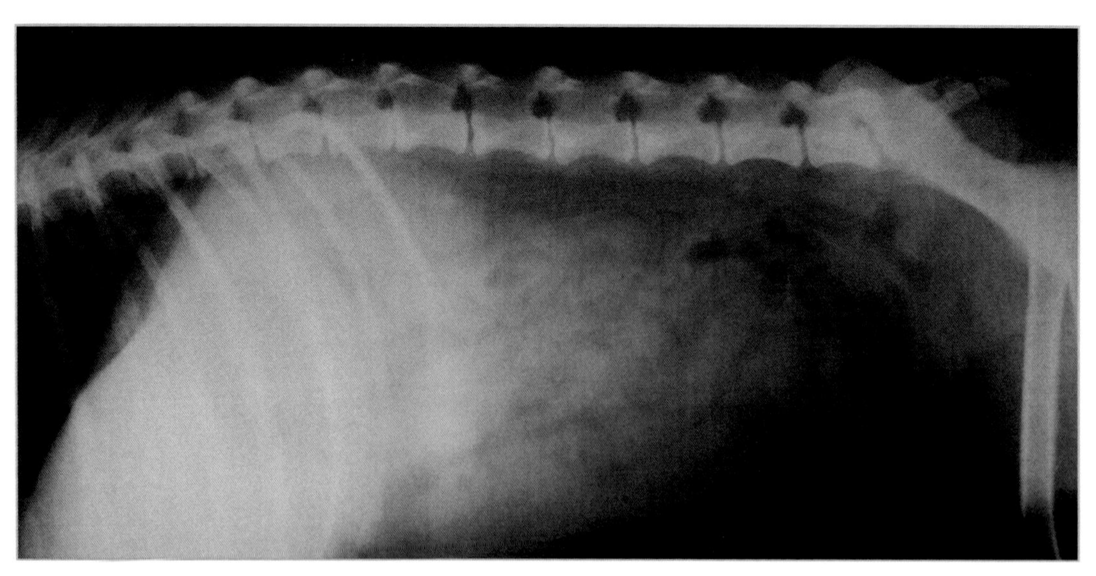

图1 腹部X射线检查显示中腹部结构不清晰，下腹部有部分肠梗死。可能看到部分阻塞图像

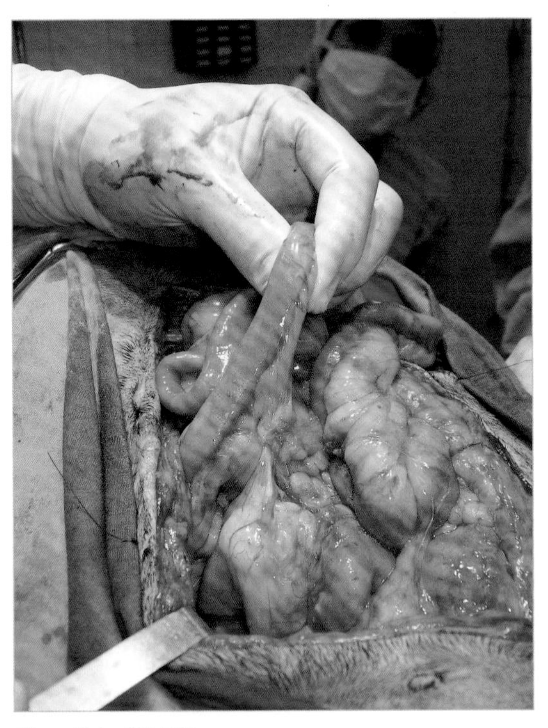

图 2　腹部系膜粘连

临床经过

进行术前评估，并安排了一次剑突耻骨腹部探查术。在探查过程中发现空肠的中 1/3 和膀胱顶点有较广泛的粘连。粘连还涉及部分腹壁和腹膜后壁，因此无法进入卵巢蒂进行检查。除正常情况下进入膀胱的开口外，也不能检查两个输尿管。根据既往病史、影像学诊断，并没有显示出有肾盂积水和慢性病变，诊断两个输尿管均未受损。

子宫颈黏附在膀胱背面，但未见膀胱壁有严重的损伤。粘连并不涉及空肠的很长部分，但引起了强烈的局部腹膜反应、慢性纤维化和部分梗死（图 2 ～图 4）。这样的结果表明分离每一处粘连后，接下来几周又会形成 3 处以上的粘连，因此决定不分离它们。膀胱顶端的区域受到的影响最大，以至于看不到背部的情况。决定进行肠旁路手术。

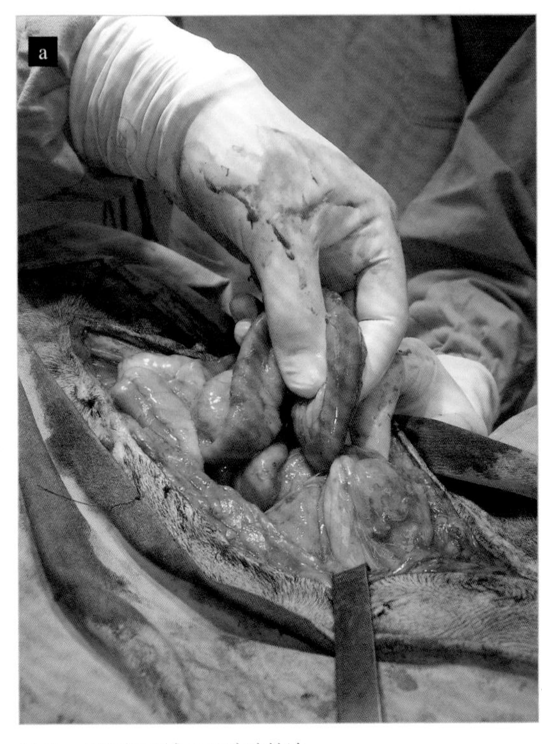

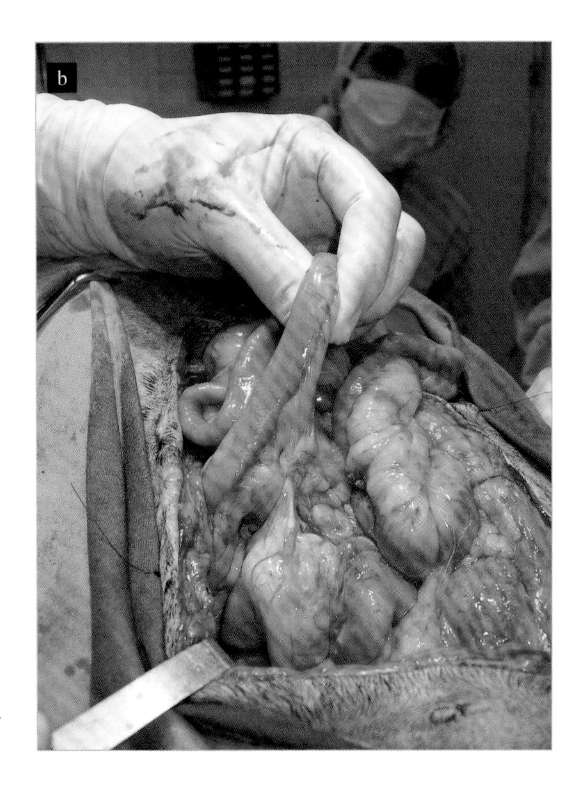

图 3　下腹部区域可见膀胱粘连

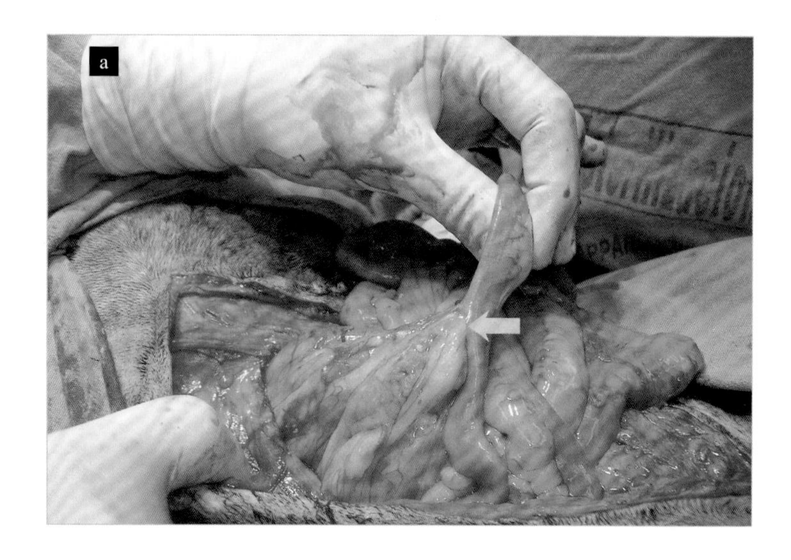

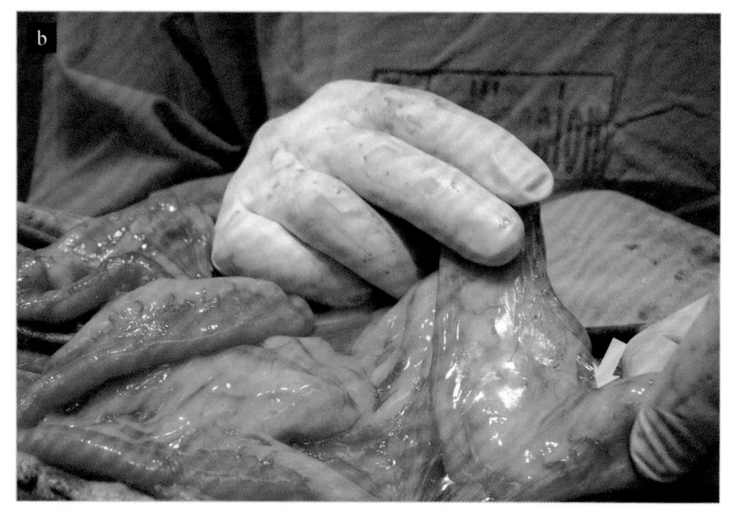

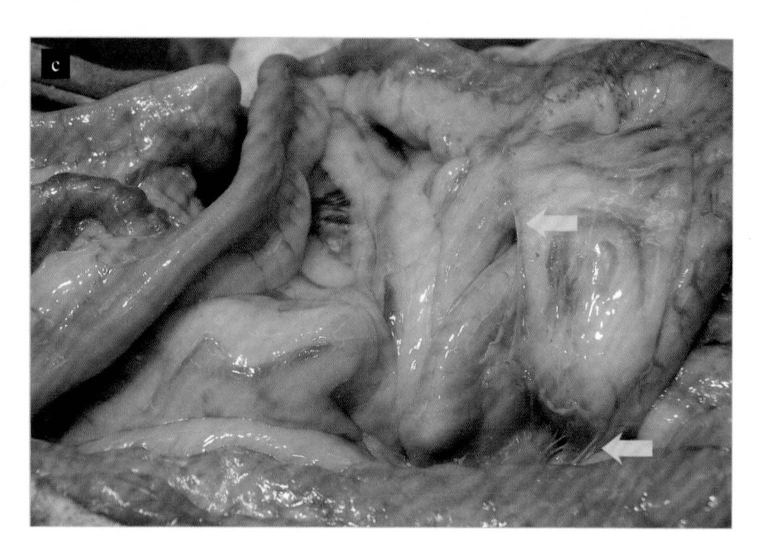

图 4　肠粘连的图像

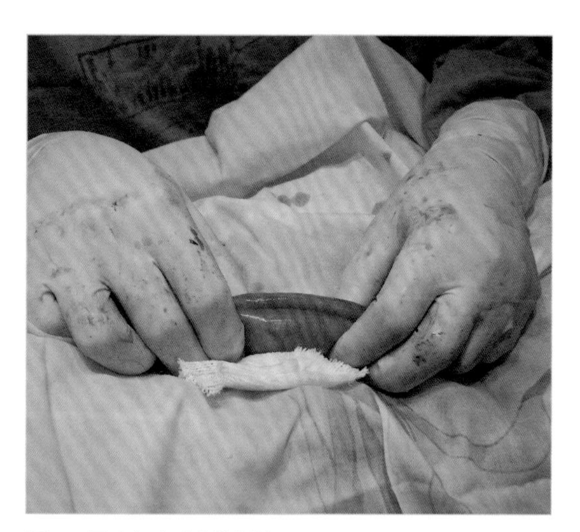

图 5 用于旁路手术的肠袢

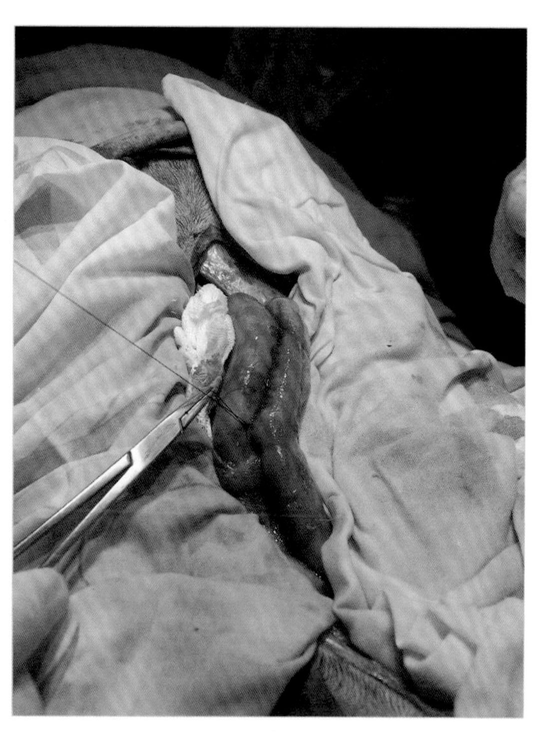

图 6 单纯连续缝合浆膜肌层

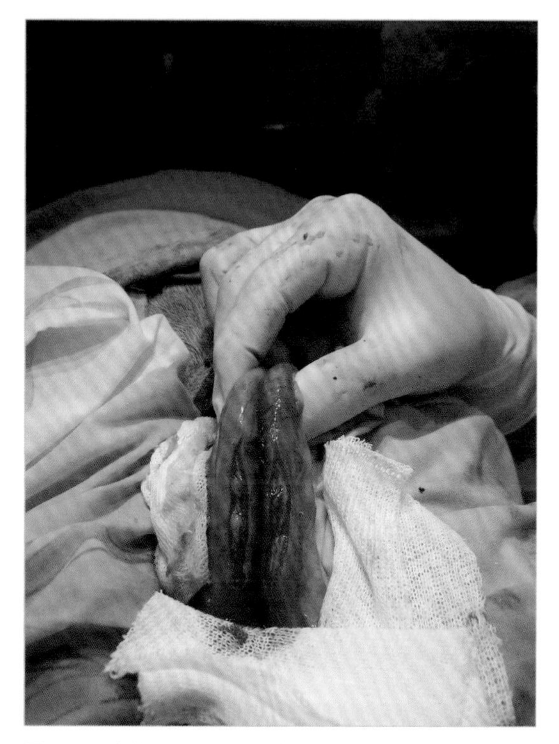

图 7 肠系膜对侧切开空肠壁

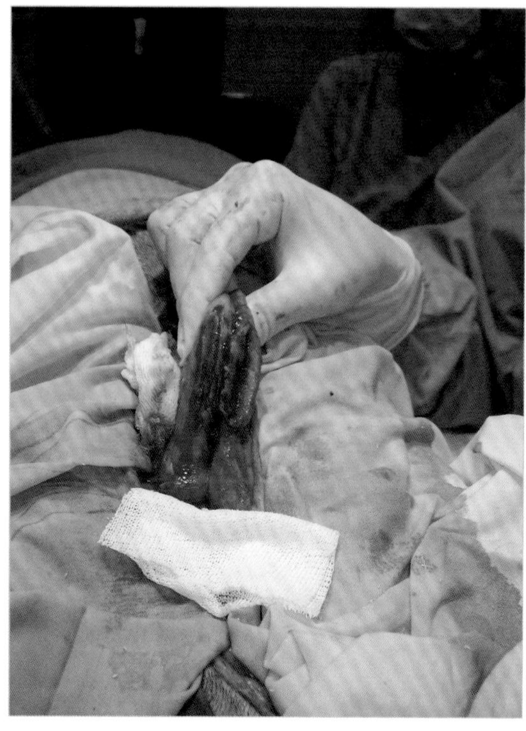

图 8 肠袢切口

肠旁路手术用于绕过空肠段的梗死部位，一方面选择粘连部位之前的健康肠袢，另一方面选择阻塞段肠管之后的一段健康肠袢。一旦阻塞部位被确定，在两段肠管之间进行侧侧吻合，从而形成一个双向肠回路，即保留原来的解剖通路和旁路。肠道运输遵循与河道相同的自然规律，引导其内容物沿着阻力最小的路径运输。

因此，我们选择了两个肠袢（图 5），并使用 4-0 单丝尼龙线进行四次单纯的连续缝合进行侧侧吻合。

此外，还放置了隔离纱布，以防止肠道内容物泄漏到腹腔。如有可能，应尝试将肠袢从中线移开，以防止肠内容物意外溢出。

首先，将两个肠袢的远侧浆膜肌层缝合在一起（图 6）。然后再将空肠的两个肠壁切开（图 7 和图 8），全层缝合连接空肠袢的远侧和近侧壁（图 9 和图 10）。最后缝合两个肠袢的近侧浆膜层（图 11）。新开口的长度必须不小于 3.5 ～ 4cm，这样造口的愈合和改造过程不会导致新开口狭窄，而影响肠道内容物的通过。

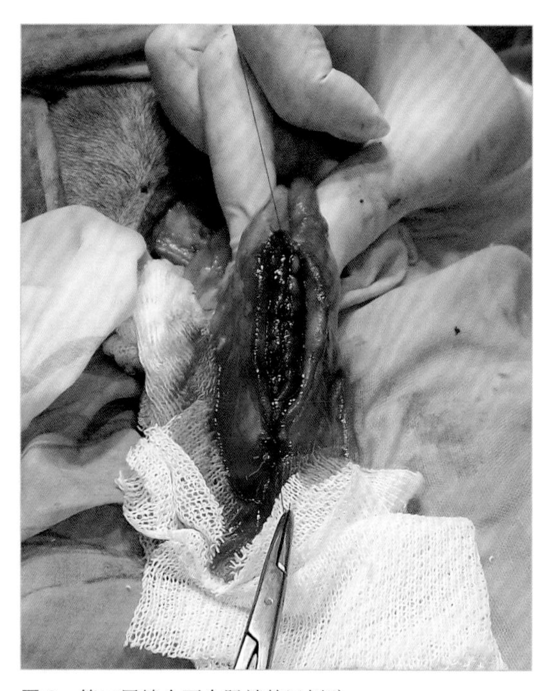

图 9　第二层缝合两个肠袢的远侧壁

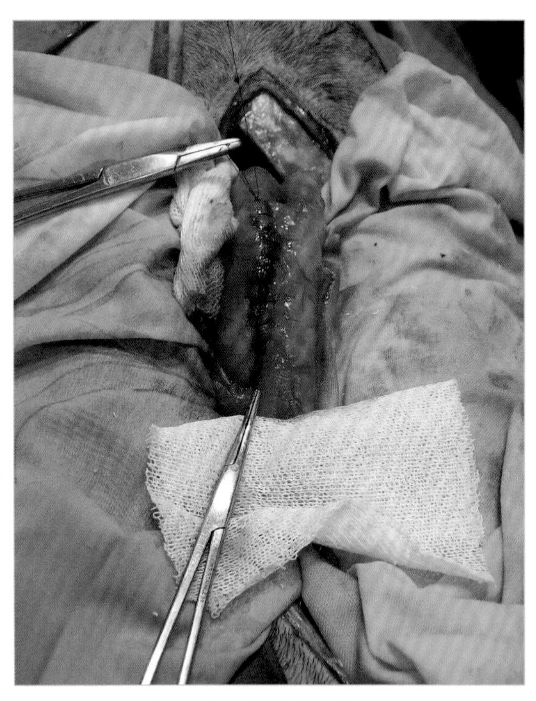

图 10　第三层连续缝合肠袢的近侧壁

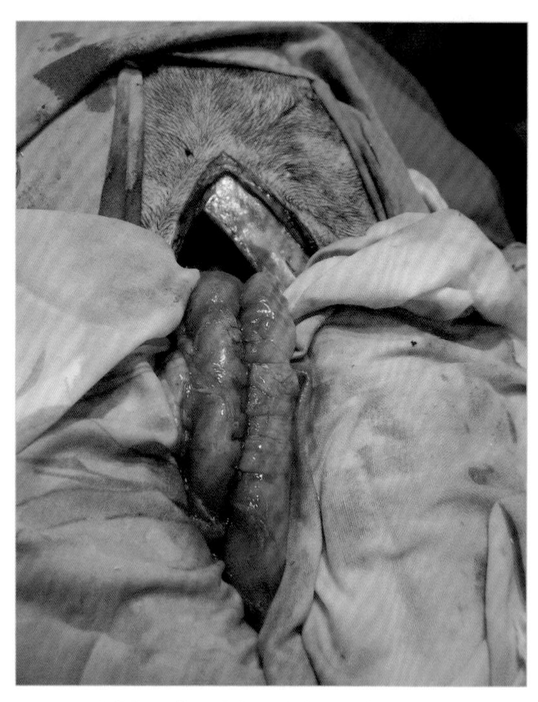

图 11　通过单纯连续缝合将浆膜肌层吻合在一起来封闭切口

一旦吻合完成，就要检查是否有渗漏，并确保肠内容物通过旁路正常流动（图 12）。

为了防止将来粘连，我们对健康的肠袢进行了重置（图 13）。这会造成“引导性”粘连，将来不会影响肠道内容物的通过。腹腔冲洗并吸出冲洗液后，进行关腹手术。

病例住院进行术后重症监护、镇痛和抗生素治疗以及输液。

Negra 的恢复令人满意。24 小时后可以进食，无呕吐，术后继续口服药物。1 周后拆缝合线。患犬没有呕吐发作，但仍偶尔有尿频。

它的生活在接下来的 4 年里正常，之后它出现了不可逆的老年神经系统紊乱，当它的生活质量恶化时，被实施安乐死。

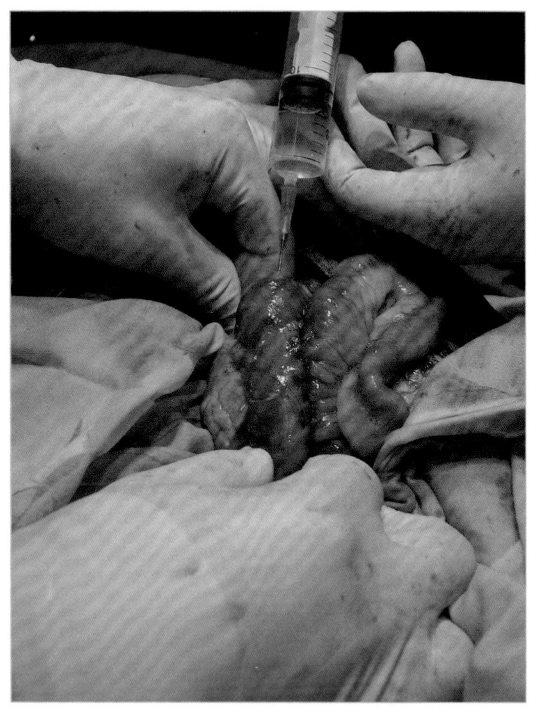

图 12　渗漏试验。两个回路都正常地膨胀，显示通过旁路的流量充足

病例分析

失误或手术并发症？

与以前的病例一样，卵巢子宫切除术中出现并发症，并引起腹膜反应，导致限制性粘连的形成。无菌操作不规范、出血过多、不适当的暴露导致浆膜干燥、组织处理粗暴或麻醉不良都可能引发这一临床症状。

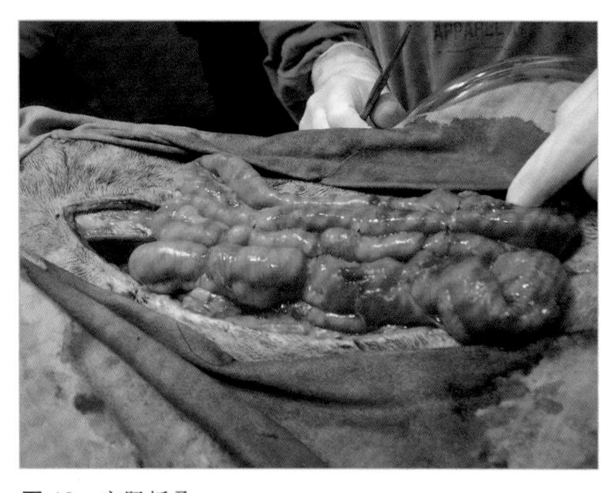

图 13　空肠折叠

> 卵巢切除术和卵巢子宫切除术通常被认为是“小”手术，因此，人们对此手术的关注较少。大多数做这些手术的兽医有时缺乏充足的方法、知识和经验，有时使用的麻醉技术也不恰当。

这种情况下后果严重。随着时间的推移，梗死情况恶化，如果不给病犬做手术，可能会发生完全性肠梗死。手术过程很复杂，即使能解决部分肠梗死，Negra 的余生将一直患有泌尿系统疾病。

在本病例和前一个病例中，患犬最终接受了复杂、危险和昂贵的手术。尽管进行了手术，一些患犬仍有后遗症。笔者知道一些病例由于粘连严重，甚至连手术旁路都无法解决问题，患宠必须接受安乐死。作为一名外科医生，学习和培训可以最大限度地降低在术后出现错误的风险。

病例25/卵巢残留和子宫积脓

患病率[1]	■	■			
技术难度	■	■	■		

- 失误：卵巢切除术后卵巢残留。
- 失误的后果：子宫积脓。

病例特征

名字	Diana
种属	犬
品种	杂种犬
性别	母
年龄	7岁

临床病史

这个病例是在全身不适、呕吐和厌食两天后来诊所就诊。它在一年前通过右侧剖腹手术进行了卵巢切除术。在会诊前40天，Diana再次高烧，这让主人很惊讶，后来兽医告诉主人这种情况偶尔会发生。

病犬在会诊前一周开始出现多饮和多尿。临床检查时，它的黏膜有轻微的充血、5%脱水、脉搏适中、体温39.2℃。乳酸林格氏溶液静脉输液进行液体治疗，并给予广谱抗生素。要求进行腹部超声检查和全血检查。超声检查显示，除了同侧肾后部左侧卵巢残端有直径为5cm的囊肿外，两个子宫角均有中度至重度积液。

血液化验结果如下：

白细胞计数25000，核左移7%。

红细胞压积：34%

总蛋白：8.6 g/dl。

白蛋白：2.7 g/dl。

尿素和肌酐正常。

术前评估通过心脏评估和凝血图完成，并进行了剖腹探查。

鉴别诊断

鉴别诊断包括卵巢残留囊肿或腺体相关肿瘤导致的子宫积脓。

临床经过

进行了腹中线剑突耻骨开腹手术（图1）。两个子宫角有中度积液。右侧卵巢蒂状况良好，但左侧证实有囊肿或肿瘤（图2）。

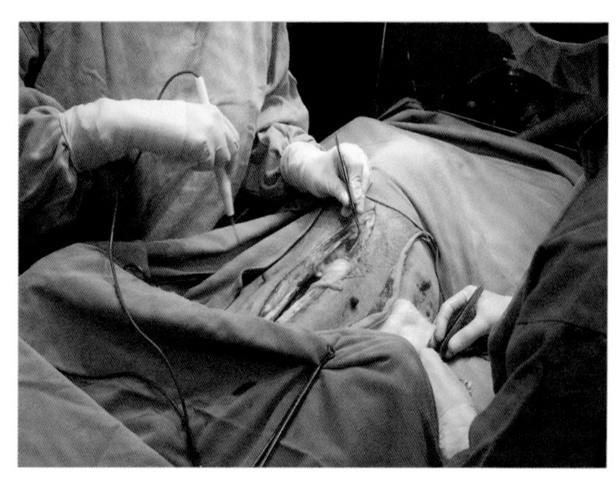

图1 剖腹探查术

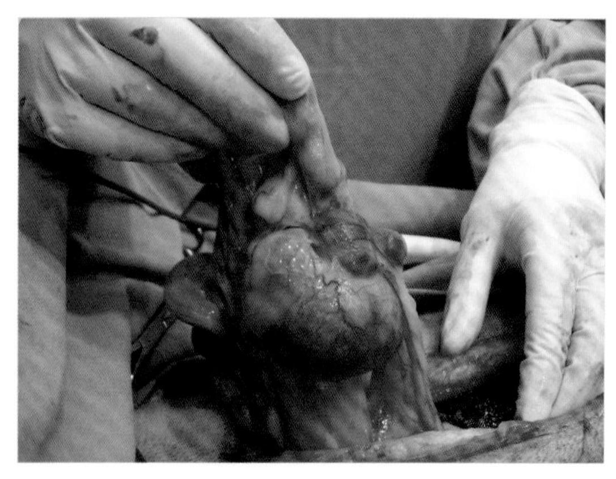

图2 左卵巢原发部位的囊肿或肿瘤

[1] 患病率可能更高，但总的来说仍然无法证实。

图 3　手动撕裂卵巢悬韧带

图 4　先撕开阔韧带，然后进行结扎

找到完整的左悬韧带，然后用手撕开，以便在卵巢蒂处进行正确的结扎（图 3）。这一过程是通过先抓住卵巢蒂和再找到卵巢韧带来完成的。建议将韧带从靠近最后一根肋骨的腹壁处分离出来，因为这时撕裂引起的出血最少，并可自发消退。然后用 3-0 单股尼龙线双重结扎卵巢蒂。

卵巢子宫切除术首先是通过用手撕开子宫阔韧带，然后在子宫颈的前部用 3-0 单股尼龙线进行双重结扎（贯穿结扎和环形结扎）（图 4～图 6），然后切除子宫角。

一旦手术完成，检查止血情况并常规关闭腹腔。将切除的样本进行组织病理学检查。

患犬住院 24 小时进行补液，并用镇痛药和抗生素治疗。它的康复令人满意。Diana 在出院后继续口服药物，7 天后拆除缝合线。组织病理学诊断为子宫内膜炎，卵巢组织残留有滤泡囊肿。

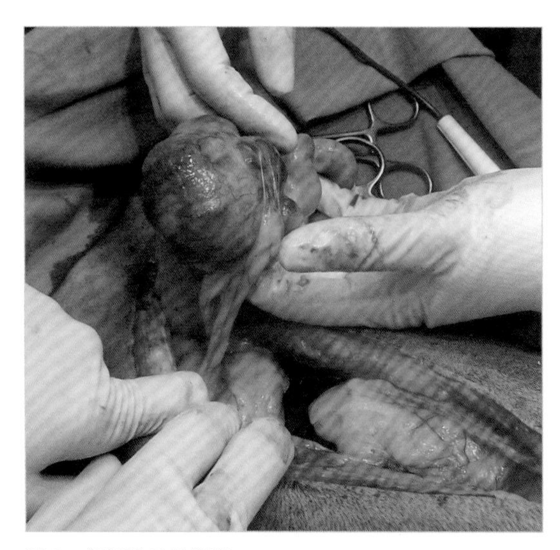

图 5　阔韧带已经撕裂

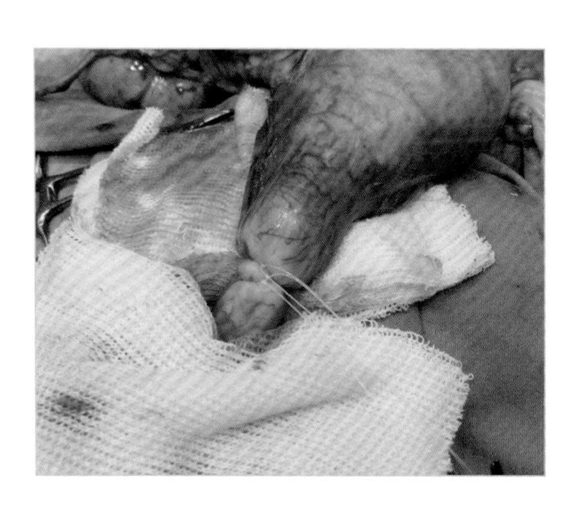

图 6　子宫颈双重结扎

病例分析

失误或手术并发症?

子宫积脓取决于激素刺激的发生。从激素的角度来看，有卵巢碎片残留的患犬意味着体内有完整的激素分泌能力。许多有卵巢残留的母犬从未出现子宫内膜炎，但循环发情，这可能会让它们的主人感到痛苦（卵巢残余综合征）。

这个失误导致了子宫积脓的发展。在这个病例中，幸运的是，严重的败血症没有影响到两个肾脏。通过子宫切除术和切除剩余的卵巢组织，患宠恢复良好，没有任何后遗症。

在大多数普通外科文献中详细描述了卵巢切除术或卵巢子宫切除术的适应证和手术技术。虽然它们被视为常规手术，但并不排除会发生失误或并发症。据报道并发症的发生率在 10% ～ 30%。

如果持续 4 周以上，输尿管意外结扎将导致受影响的肾功能丧失或远端结扎将导致输尿管积水，进而导致肾积水、肾实质完全损坏。这就是为什么输尿管应与卵巢蒂同时进行评估（图 7），以检测可能发生在子宫体周围或卵巢蒂附近（输尿管近端）的任何意外结扎。近端结扎在腹侧壁卵巢切除术中更常见。及时取出结扎线可使输尿管的功能恢复。

小切口或锁孔形切口可导致上述一种或多种并发症。在大多数情况下，良好的腹腔可视化和器官的充分暴露对手术成功是必不可少的。尽管兽医外科文献中描述了腹侧壁卵巢切除术，但在这一手术过程中，偶尔会发生术中或术后并发症。撕裂悬韧带可促进卵巢充分暴露，从而降低失误风险。

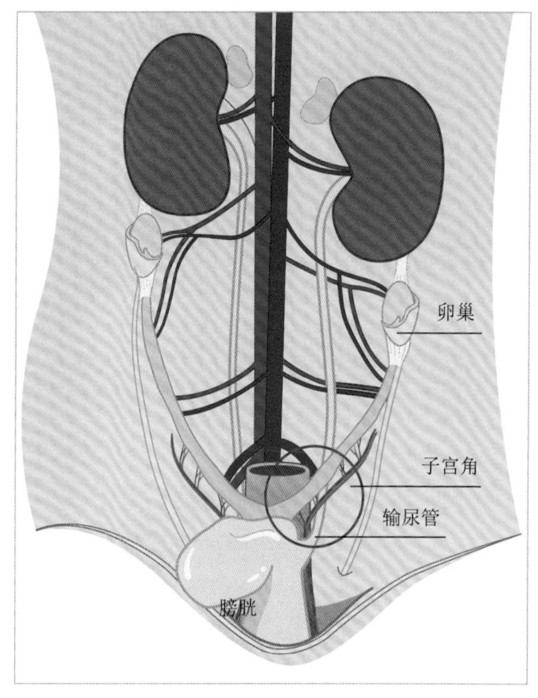

图 7　输尿管与子宫体的关系

卵巢切除术和卵巢子宫切除术最常见的并发症之一是出血，包括从毛细血管损伤导致的血肿或血清肿，到可能危及患犬生命的过度出血。并发症还包括子宫断端周围的结扎错误（输尿管意外结扎）、结扎不牢、瘘管、子宫颈后部结扎导致的阴道出血、裂开、感染子宫积脓、子宫残端积脓、卵巢残余综合征和不同器官各种类型的粘连，以及麻醉事故。

> ✱ 如果不能清楚地看到对侧的卵巢并加以切除时，就不能进行肷部剖腹手术来进行卵巢的切除。通常选择右侧切口，因为右侧卵巢更难发现和暴露。除此之外，左侧卵巢不仅更靠近后部，而且活动性强，使患犬在左侧卧位时更容易操作。

正确的方法

猫左侧卵巢更容易外露，这就是为什么单侧卵巢切除术更为常见。对于狗，如果左侧卵巢的暴露对于患犬来说可能有困难甚至有危险，则应在移除右侧卵巢之后将动物置于相反的卧位以进行左侧卵巢的卵巢切除术。患犬的左侧与右侧的术前准备方式一样，但必须更换使用的创巾和器械，术者和助手都必须更换手套，并且助手应监测患犬移动时气管导管不会对气管造成任何伤害。

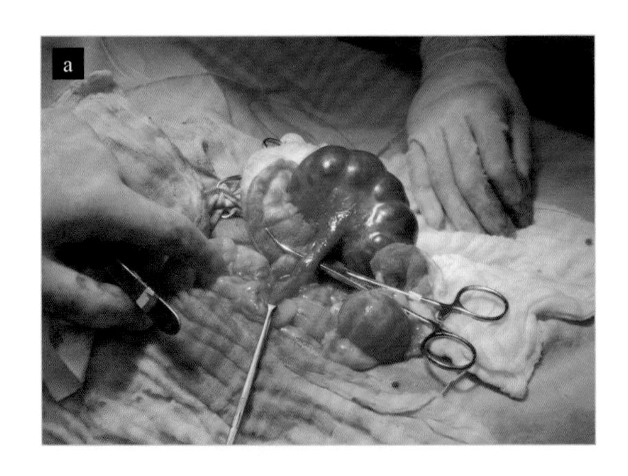

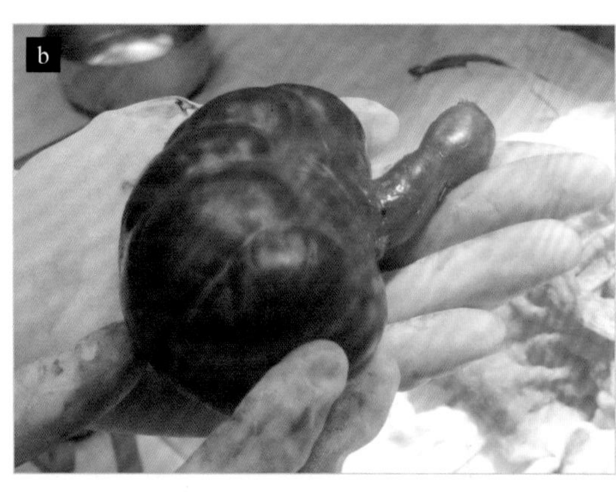

图8 肾积水导致肾切除术（a）和（b）。只有形成肾脏骨架的结缔组织保留下来（c）

病例26/不正确使用塑料缝线结扎所致的脏器脱出

患病率	■□□□□
技术难度	■■■■□

- 失误：用塑料缝合线结扎卵巢动脉和卵巢蒂。
- 失误的后果：腹膜炎和内脏脱出。

病例特征

名字	Brenda
种属	犬
品种	拉布拉多寻回猎犬
性别	母
年龄	7岁

临床病史

病犬因术后内脏器官脱出而被送往医院。它 5 天前做了卵巢子宫切除术。Brenda 表现黏膜苍白、毛细血管充盈时间近 3 秒、心动过速、呼吸急促、触诊疼痛。大网膜从手术伤口中脱出（图 1），且振水音试验呈阳性。进行腹部穿刺，红细胞压积为 25%。

开始静脉输液进行积极的治疗，联合使用抗生素，并要求紧急验血。全身红细胞压积为 27%，总蛋白为 4.2g/dl，血糖为 40mg/dl。液体疗法辅以高渗葡萄糖，询问主人是否可以实施紧急剖腹探查术，即使考虑到手术带来的风险，他也同意了手术。在手术过程中，需要额外补充红细胞。

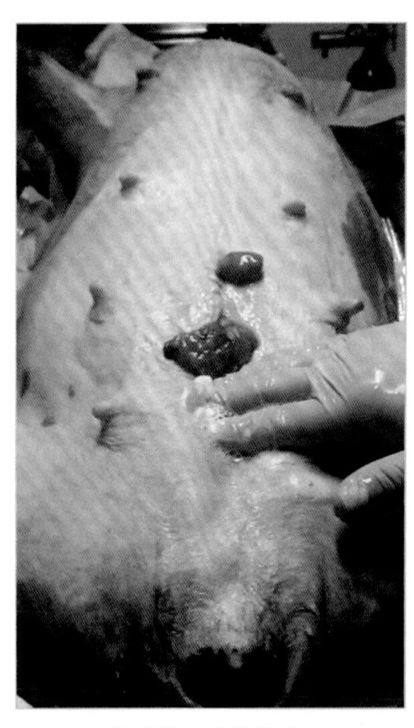

图 1　内脏脱出。术前准备

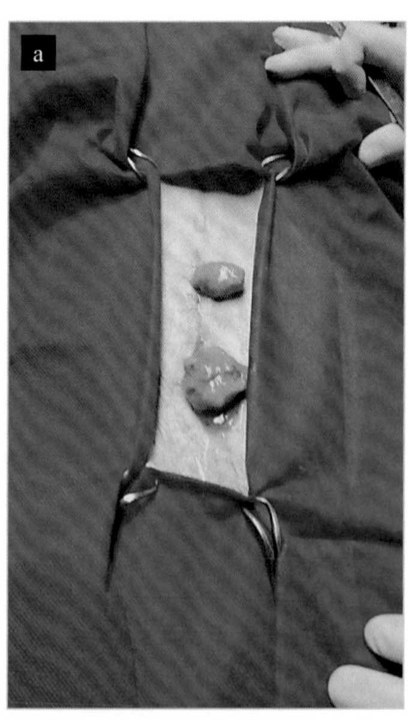

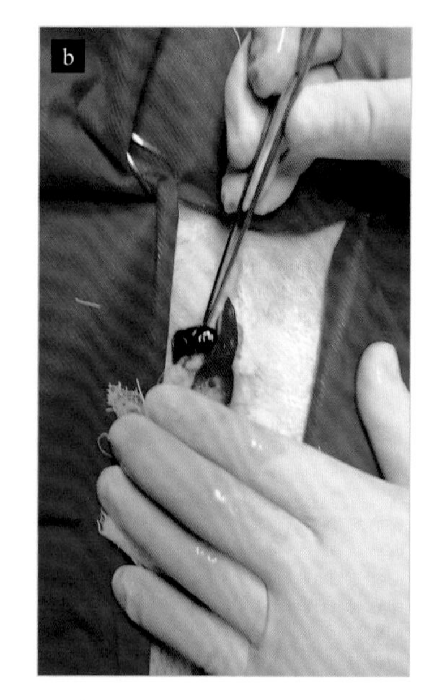

图 2　腹腔通路。发现凝血块

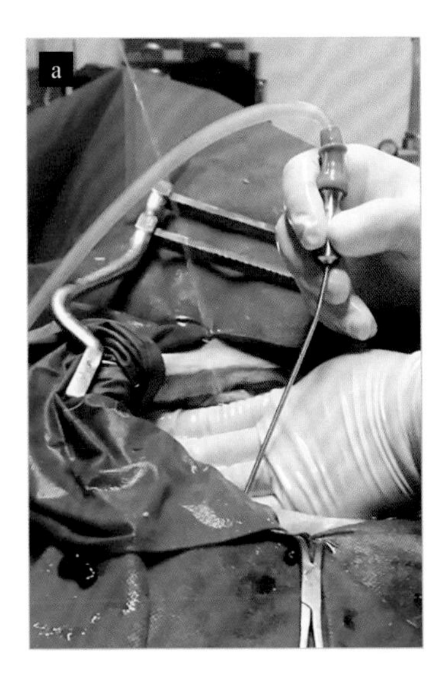

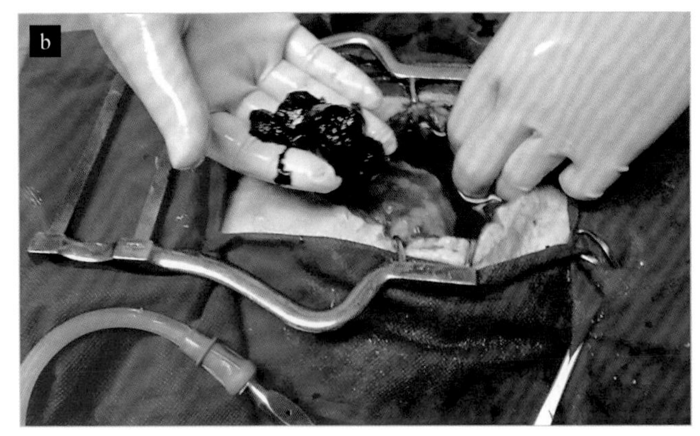

图 3　腹腔抽吸。有凝血块

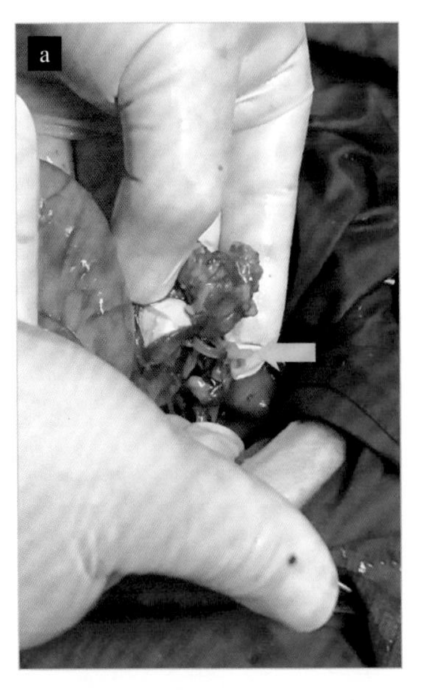

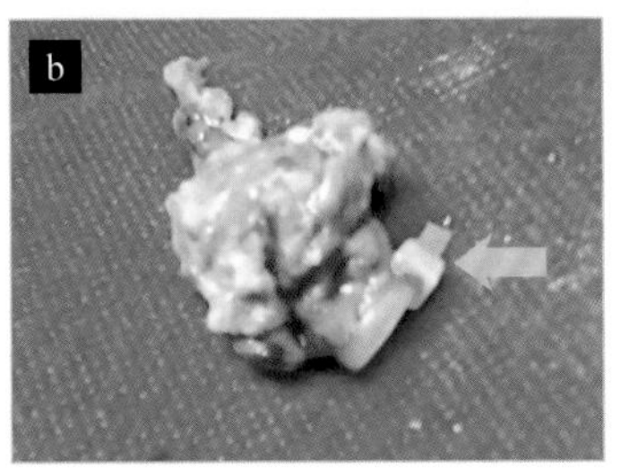

图 4　塑料结扎线松开（a）。取下结扎线。从局部图（b）中可以看到结扎线

临床经过

进行了剑突后剖腹手术（图 2）。切开腹白线后，发现有严重的血色腹水，于是全部吸出（图 3）。然后检查卵巢蒂，发现卵巢血管用塑料缝合线结扎，两侧已经完全松脱（图 4 和图 5）。子宫颈用粗的单股尼龙线进行两次贯穿结扎，没有渗漏。

取下结扎线，用 2-0 单丝尼龙线进行止血结扎，确保止血。腹部冲洗抽吸，取样本进行细菌学检查，常规闭合腹部。

病犬被送往重症监护室。尽管重症监护室的工作人员做了种种努力，但在接下来的 8 个小时内，败血症情况恶化，Brenda 在手术后 12 小时死亡。

病例分析

失误或手术并发症?

显然，这个病例的失误是使用塑料结扎线将卵巢动脉和卵巢蒂结扎起来，这种结扎线因为其体积较大引起了较强的异物反应（图 6），机体不能很好地适应。

由于腹膜炎和内脏脱出，病犬到达医院时已经发生了休克。所以在手术前要给病犬止血，然后把它的身体状况调整到最佳状态，以便为病犬的手术顺利进行做好准备。

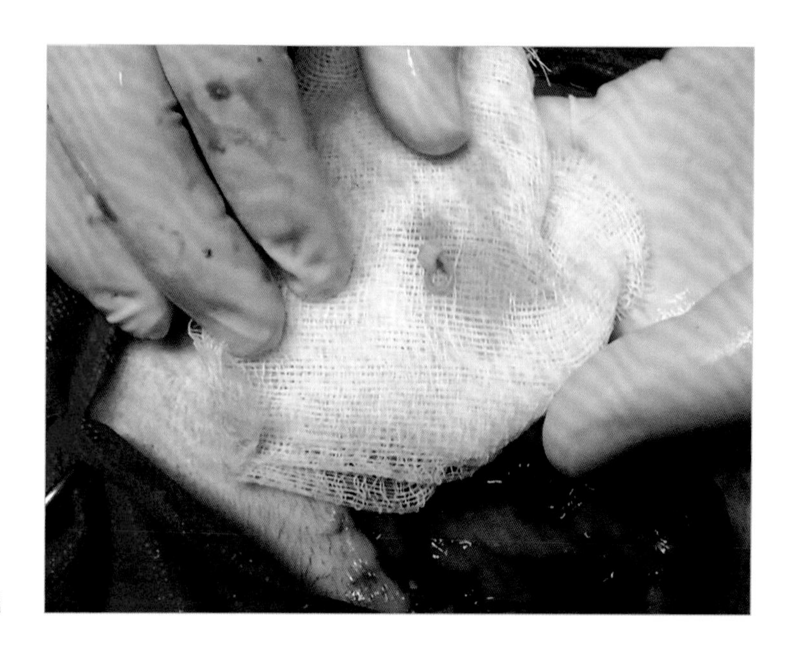
图 5　部分结扎线

失误的主要原因是止血操作不充分。
此外，没有提供适当的术后监测和护理。

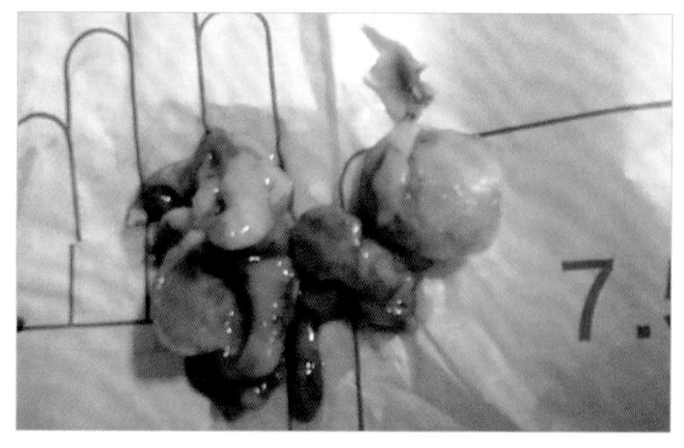

图 6　对结扎线的局部反应

止血是一种有助于预防和阻止出血的生理现象。

止血是机体的一种防御机制，在机体遭受创伤或伤害后，为了减少失血而被激活。

✱ 在所有的外科手术中，组织和血管都会被切断，这会导致术中出血。当发生这种情况时，应用止血技术，以便在身体自身的凝血机制的帮助下，防止进一步的失血。

外科止血技术包括外科医师在手术中用来控制出血的所有技术。一般来说，术中出血可以通过应用适当的止血操作来控制。然而，有时会发生意外出血。当这种情况发生时，外科医生应该怀疑有技术上的错误，如结扎或缝合失败，用高频电刀进行深部和广泛凝血时所造成的组织分离，或毛细血管出血。尽管初期出血可以接受，但术后不久患宠血压恢复时，毛细血管出血可能会增加。止血的目的是控制出血，保护血管完整性，维持外周循环，并实现愈合。

手术止血可能是暂时或永久性的。暂时性止血旨在通过指压或器械压力立即止血。血管结扎是实现永久性止血最常用的方法。也可以使用金属丝或止血夹，以及蜂蜡来控制胸骨切开术中的毛细血管出血。其他永久性物理方法需要专门的设备，如电外科仪器、激光或超声装置或冷冻手术设备。也可使用化学方法，如用纤维素海绵或局部凝血酶止血。

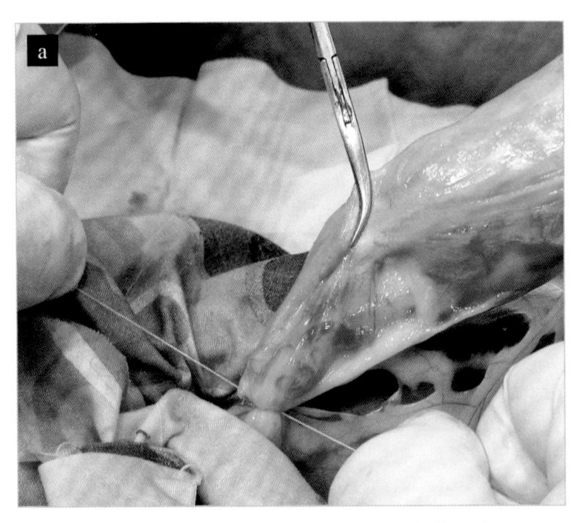
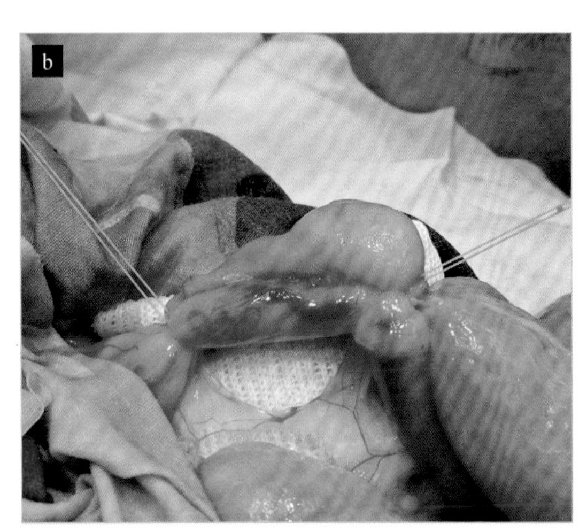

图 7　用 2-0 尼龙线正确结扎卵巢和子宫卵巢动脉

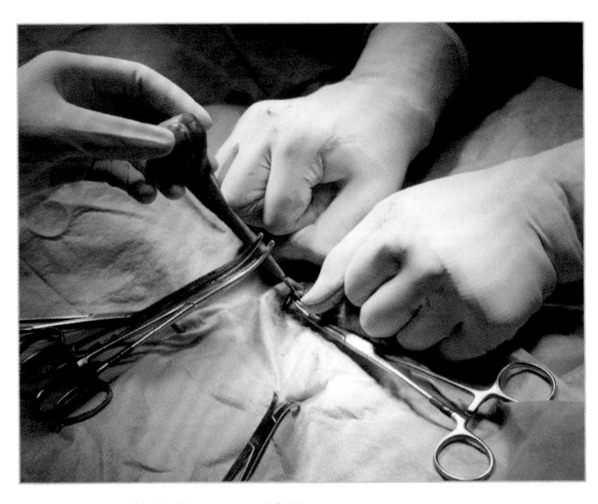

图 8　睾丸蒂结扎。环形结扎

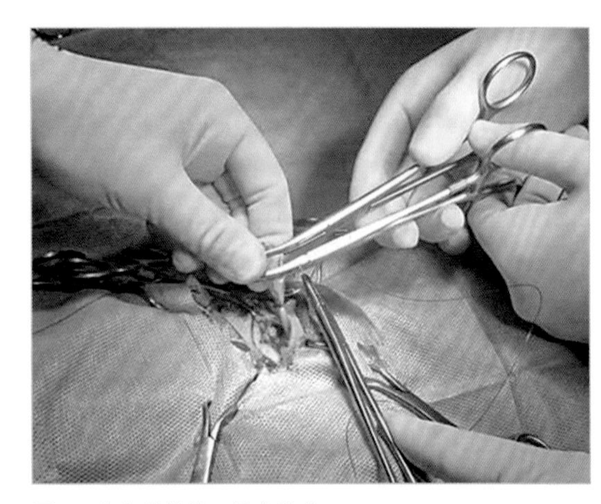

图 9　睾丸蒂结扎。贯穿结扎

正确的方法

在这个病例中，正确的方法是用合适的缝合材料（如聚二氧六环酮、聚丙烯或单丝尼龙）结扎卵巢蒂。这些结扎物易于处置，不产生任何局部反应或感染，是一种非常安全的止血方法。这些缝合材料可以环形或贯穿的方式放置（图 7）。

一般来说，一侧卵巢蒂进行双重结扎，一根结扎线留在体内，另一根结扎线或夹子要移除。双重结扎技术通常包括进行环形结扎和贯穿结扎，根据卵巢蒂的大小可以使用相应的方法（图 8 ～图 10）。

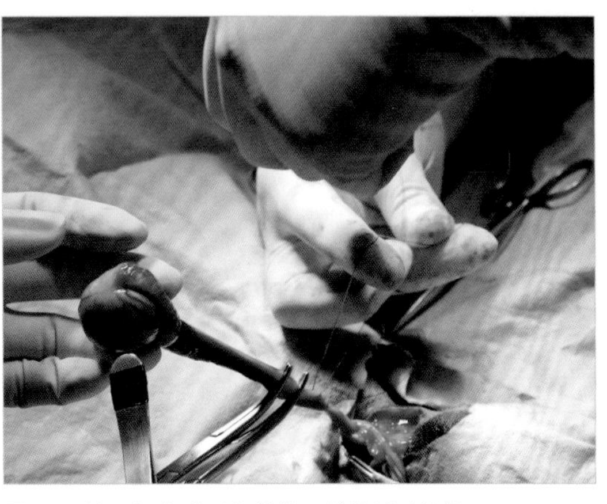

图 10　针已经穿过了卵巢蒂，缝线用手拉紧

病例27/睾丸切除术与阴囊切除术后血肿

患病率	■■■□□
技术难度	■■■■□

- 失误：对患犬的术前评估不正确和未遵守霍尔斯特德（Halsted）原则。
- 失误的后果：术后形成大量血肿和感染。

病例特征

名字	Pancho
种属	犬
品种	杂种犬
性别	公，已去势
年龄	10岁

临床病史

该患犬在一家诊所接受睾丸切除术和阴囊切除术，术后48小时被转诊至急诊和重症监护室。

没有进行过术前检查，因此之前没有关于患犬情况的数据。患犬未接受术后镇痛药和长效抗生素治疗。

患犬的伤口连续出血而没有愈合，并且创伤面在增加。

快速测试血液样本，结果显示，红细胞压积22%，总蛋白5mg/L。

除出血外，Pancho还出现阴囊部位疼痛、体温39.5℃、轻度脱水和全身不适等症状。

临床经过

在伤口部位放置压缩绷带，插入导尿管以监测尿量（图1）。治疗开始进行补液疗法，给予抗生素和静脉注射剂量为3mg/kg的曲马多，以保证患犬状态稳定。

在放置绷带之前，检查伤口和邻近区域，观察在大腿内侧、包皮和脐前延伸区域是否有血肿。对于伤口，观察情况如下（图2和图3）：

- 边缘坏死和发炎。
- 伤口区域皮下水肿。
- 由于缝合线的张力很紧，伤口边缘裂开。
- 皮下广泛肿胀。
- 手术区域剪切不合理。

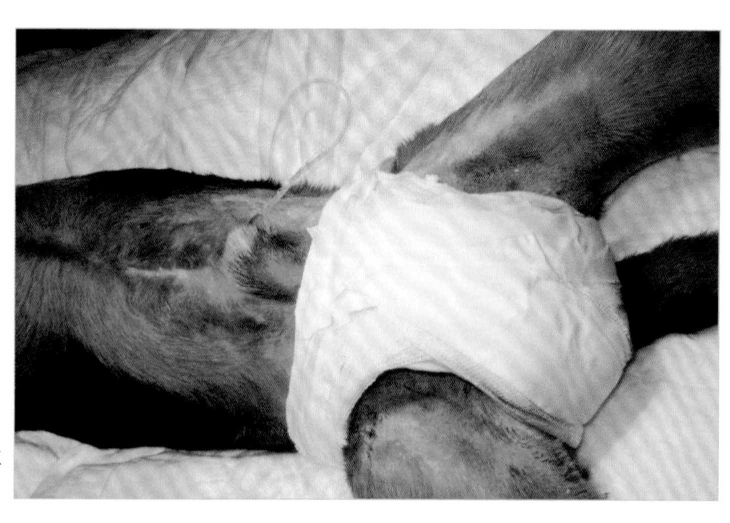

图1 Pancho到达急诊室后，在手术部位和导尿管上使用压迫绷带

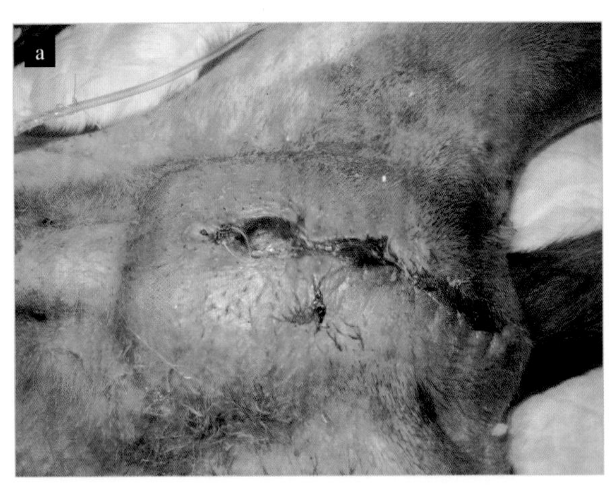

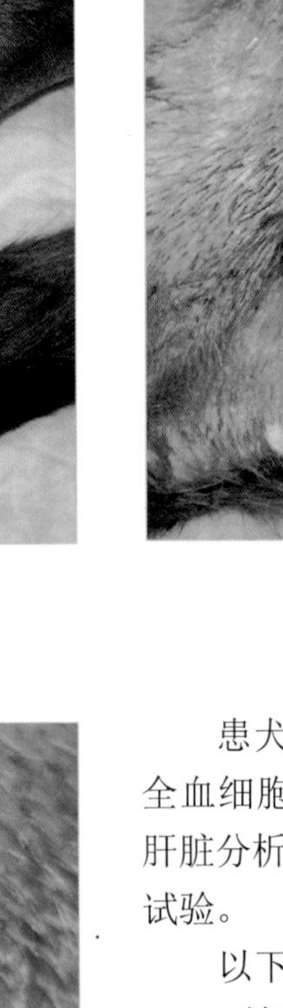

图 2 缝线 / 皮肤伤口外观。（a）侧视图；（b）后视图

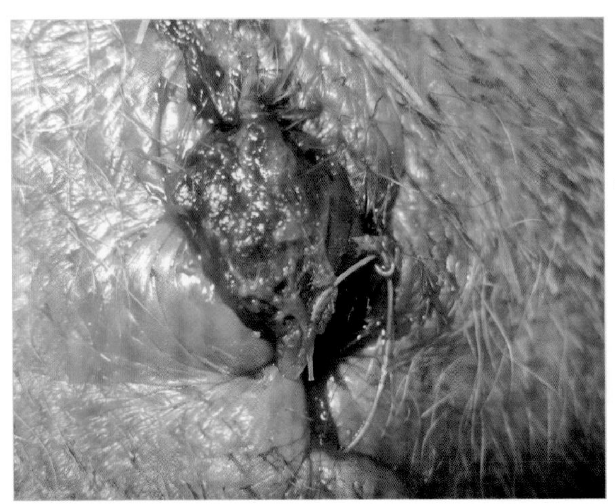

图 3 伤口的具体情况

患犬病情稳定，采集血液样本进行全血细胞计数、生化分析（包括肾脏和肝脏分析），以及总蛋白、白蛋白和凝血试验。

以下是术后出血的原因：

- 精索结扎不充分或缺失。
- 术前评估中未检出凝血功能障碍。

凝血值在正常参数范围内，测试结果显示再生性贫血和稳定的红细胞压积值（没有下降），因此 Pancho 不需要输血。在收到血液学检测结果并用绷带控制出血后，计划对患犬伤口进行手术探查并进行术前准备（图 4 ～图 6）。手术时给予单剂量的美洛昔康（0.2mg/kg 静脉注射）。

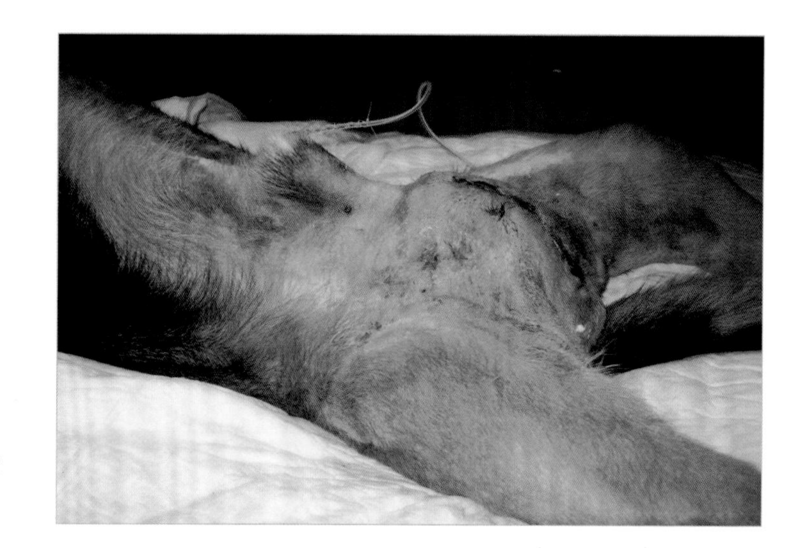

图 4　手术区变化明显。血肿的程度可以观察到

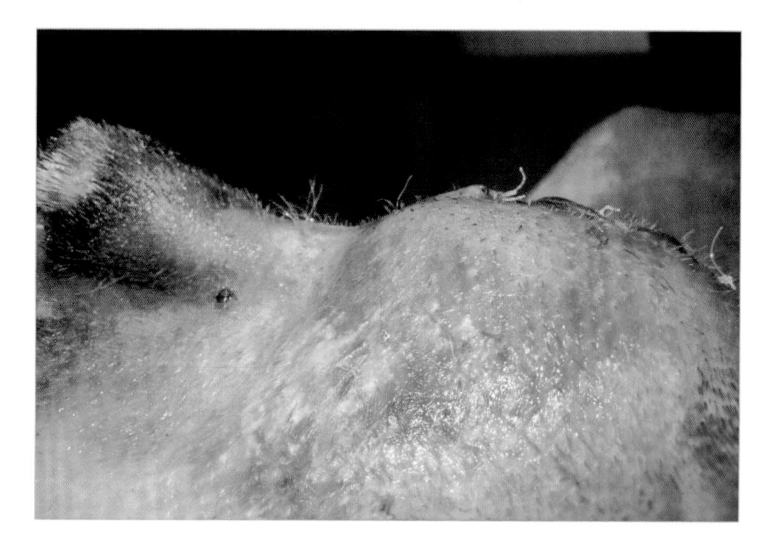

图 5　在阴囊旁区域和包皮处血肿的侧视图

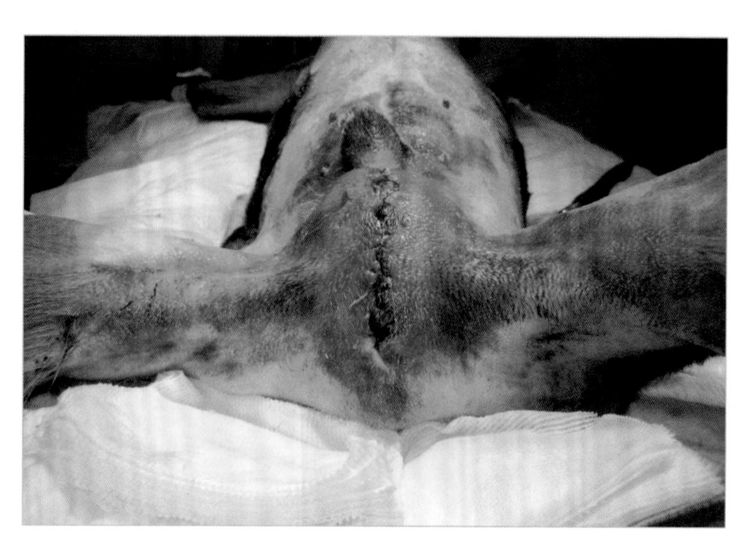

图 6　病犬手术准备

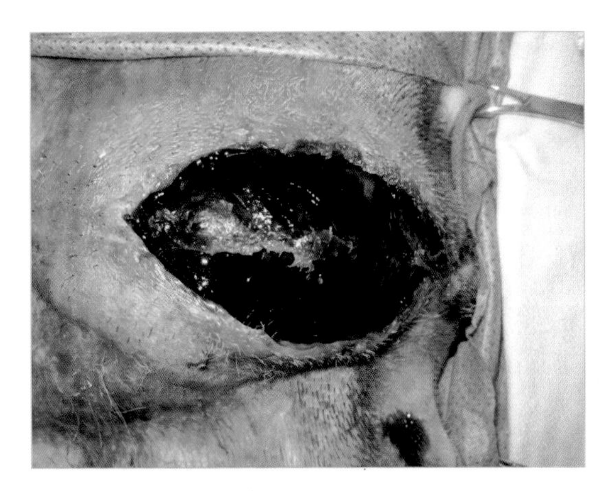
图 7 去除皮肤缝线后的血肿视图

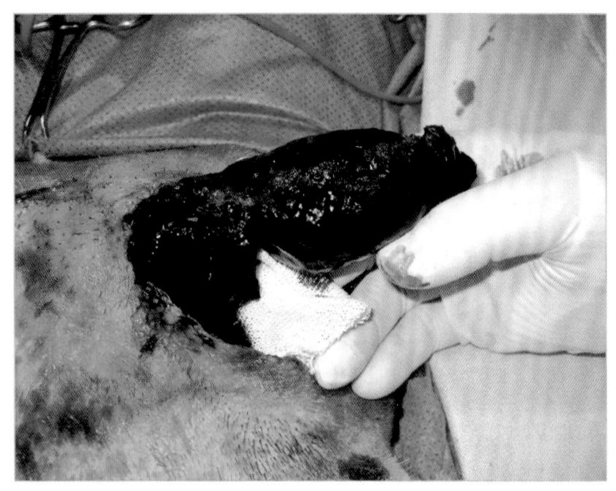
图 8 清除血肿。必须缓慢、非常小心地进行，以避免并发症

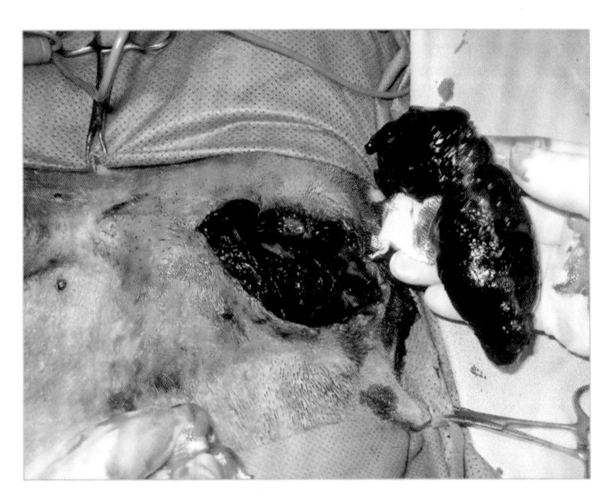
图 9 血肿的部分去除

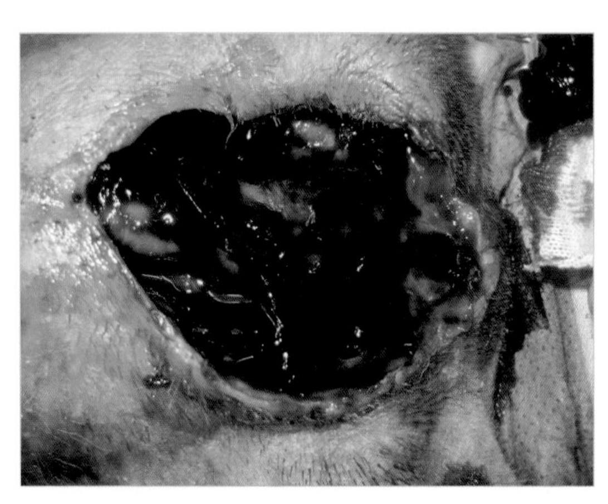
图 10 皮下组织被血肿覆盖

拆下皮肤上的缝合线，发现有大的血肿。皮下没有缝合。用手轻轻地取出血肿（图 8 ～图 10）。如果伤口出血，外科医生应准备进行止血操作，因为一旦取出这些血肿，可能会再次出血。

皮肤血肿及其向腹侧延伸表明腹股沟附近有出血点。因此，探查精索蒂，以便在必要时再次检查和结扎，确保精索蒂不会出现进一步的问题（图 11）。两个精索蒂都有出血。

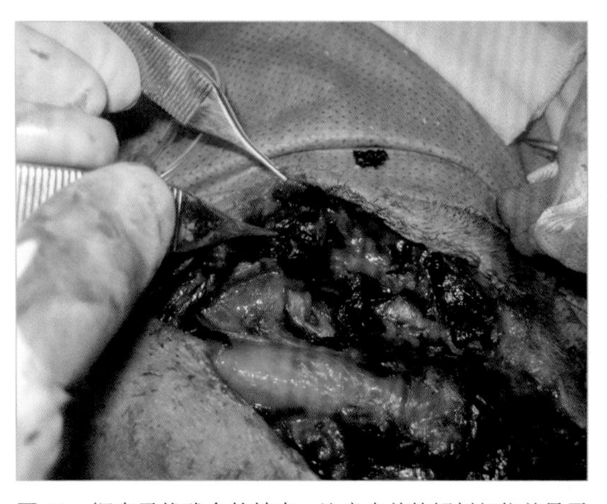
图 11 探查寻找残余的精索。注意先前的解剖部位并暴露阴茎

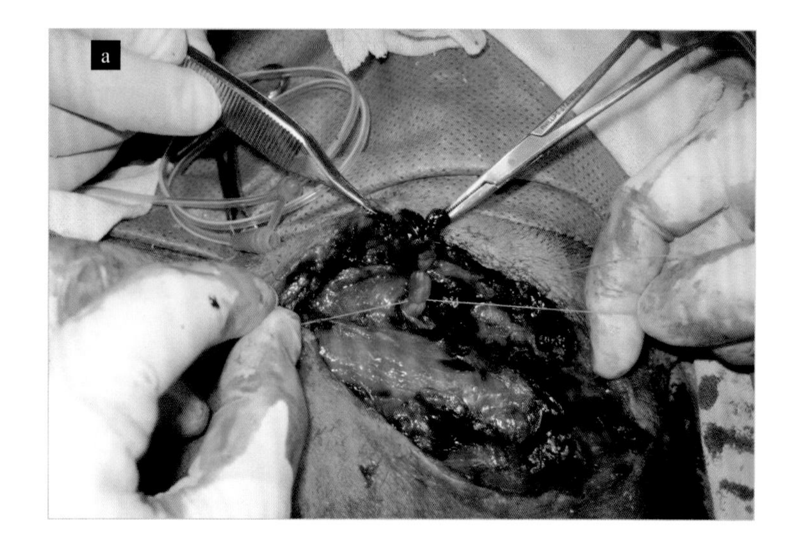

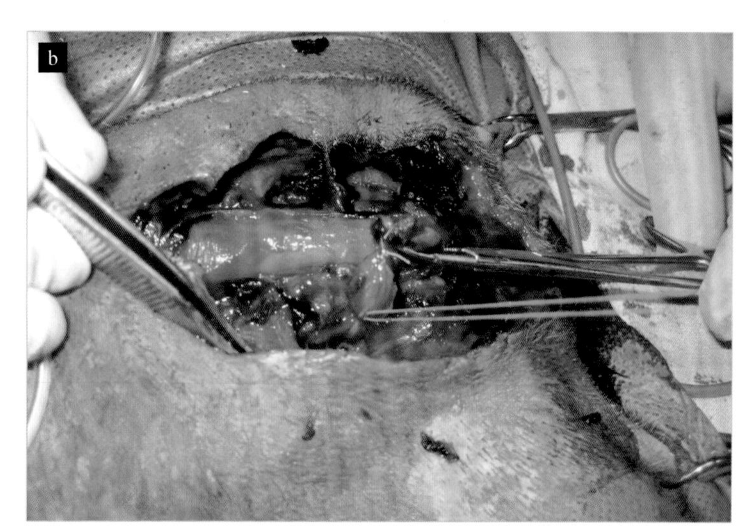

图 12　精索蒂的清洁和结扎

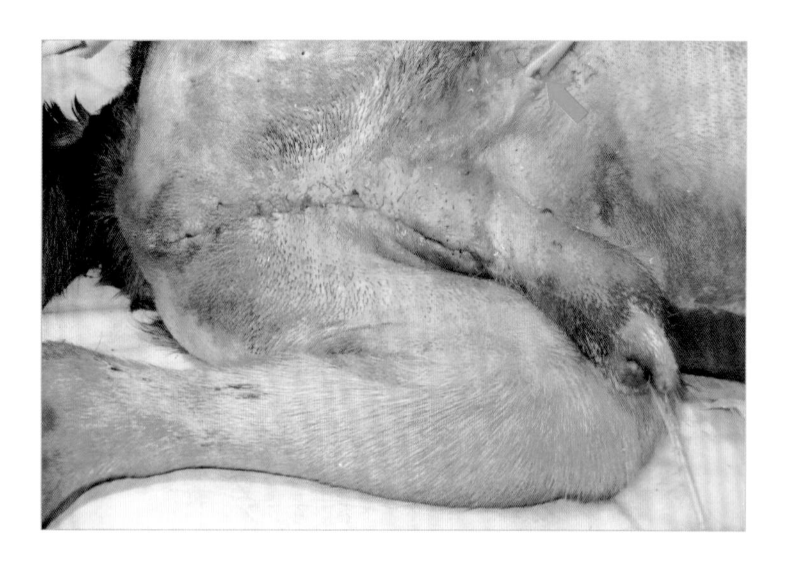

图 13　术后外观。箭头指示引流管

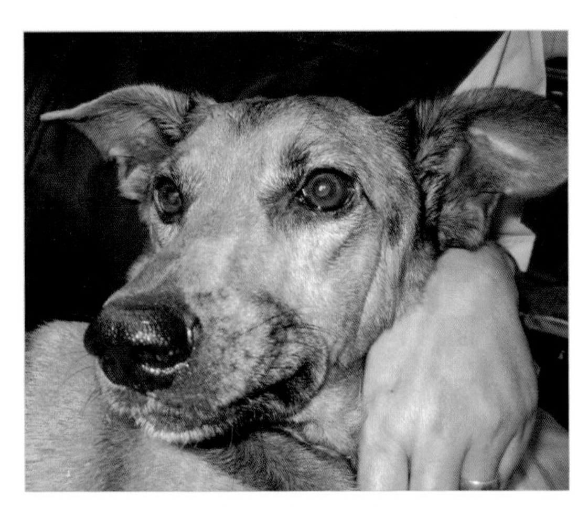

图 14　Pancho 在拆线当天表现很健康

> ✱ 幸运的是，两根精索蒂都留得相当长，这有助于找到它们。如果切得更短，它们可能会迁移到腹股沟管内部，甚至进入腹腔而变得更糟。在后一种情况下，需要采用剖腹手术来找到它们。

从周围组织中小心地分离出精索残端，以避免损伤，并更近距离地结扎精索残端（图 12）。

然后对皮下组织进行冲洗，检查是否有更多出血，并放置彭罗斯（Penrose）引流管来治疗死腔（之前手术中留下）。虽然伤口似乎没有感染，但由于血肿是细菌生长的良好培养基，所以取样进行培养和药敏试验以便进行预防措施。

在伤口完全闭合之前，修剪皮肤边缘，去除多余的皮肤。用 3-0 单丝尼龙线将伤口（皮下和皮内）双层连续缝合（图 13）。

兽医使用喹诺酮类药物（每 12h 一次，用 5d）和曲马多（每 8h 一次，用 4d）进行抗生素治疗。建议 Pancho 戴上伊丽莎白项圈以防止自我损伤。

患犬恢复良好（图 14），治疗反应良好，10 天后拆除缝线。

病例分析

失误或手术并发症?

在这个病例中出现的一些错误，可能导致睾丸切除术、阴囊切除术或其他手术的术后并发症。

失误如下：

- 对病犬的术前评估不正确。
- 止血技术使用不恰当。
- 组织处理不当。
- 死腔清除不当。
- 伤口闭合不正确。

阴茎或尿道也可能被无意中损坏，导致进一步出血或尿道损伤。

这些错误意味着：

- 出血风险可危及患犬生命。
- 术后感染的风险，也可能危及患犬的生命。
- 因组织处理不当（炎症、扩张）和术后镇痛不足而引起的疼痛。

正确的方法

大多数与睾丸切除术和阴囊切除术相关的并发症都可以通过应用霍尔斯特德（Halsted）原则来预防：组织的温和处理、适当的止血，尤其是无菌操作。

精索残端应做两个结扎：一个环向结扎，一个贯穿结扎，以确保充分止血。

在切断结扎线末端之前，应通过松开血管上的牵引力来检查是否有出血。如果出血，应将缝合线的末端提起来定位残端，并修复结扎线以控制出血。再次检查无出血后，可以切断结扎线的末端。

术后不久，由于手术创伤引起的炎症反应，可能会出现轻度水肿和轻微皮肤扩张。该部位皮肤非常敏感，可能会发展为接触性皮炎，并且由于瘙痒会引起自我损伤。因此，建议在这些情况下使用伊丽莎白圈。

病例28/膀胱切除术和异位睾丸切除术

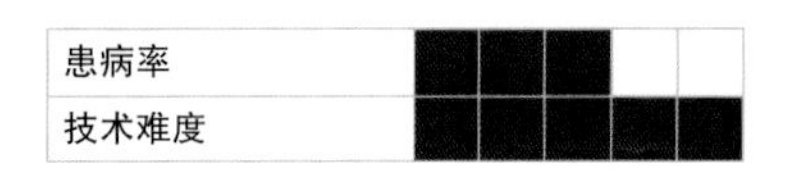

病例特征

名字	Petiso
种属	犬
品种	杂种犬
性别	公
年龄	4岁

- 失误：错误定位异常的睾丸，在没有经验的情况下进行手术。
- 失误的后果：手术中造成输尿管医源性损伤。

临床病史

Petiso在接受单睾症治疗手术8天后被转诊到诊所。剖腹手术中，在膀胱后部发现睾丸肿瘤。肿瘤附着在尿道上，为了切除它，尿道受到了损伤。结果手术中止，尿道缝合，伤口闭合。下降的睾丸也没有被切除。

病犬术后不能排尿，因此没法完全康复。由于导尿管无法到达膀胱，所以进行了多次膀胱穿刺术。

在会诊时，患宠出现严重的腹痛，中度脱水，膀胱充盈，伴有明显的振水音，毛细血管再充盈时间缓慢，心率为每分钟140次，呼吸频率为每分钟32次，体温37℃。

放置静脉导管开始进行液体治疗，同时给予止痛药与抗生素（头孢唑啉、恩诺沙星和甲硝唑）配合使用。进行紧急腹部超声检查（腹部超声探查评估损伤），发现存在一定量的腹腔液并伴随膀胱扩张，右侧异位睾丸位于肾和膀胱之间腹膜后区域。

血液检查显示尿素和肌酐水平偏高，以及低蛋白血症。因此，要求新鲜冷冻血浆，并建议主人对Petiso再进行一次开腹探查。

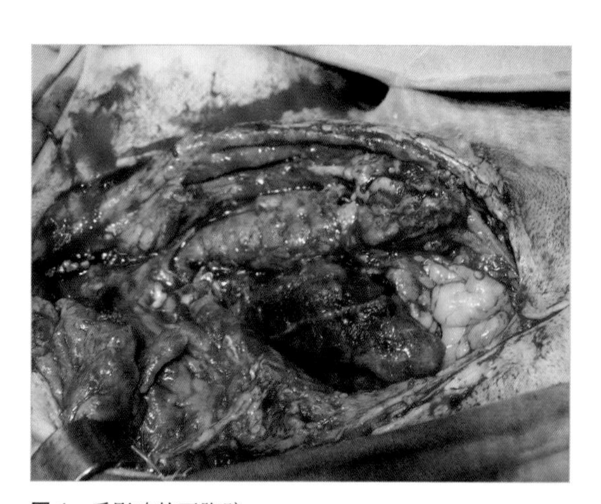

图1 受影响的下腹壁

临床经过

进行了正中线剑突耻骨开腹手术。抽取腹水，检查内脏。观察到广泛性腹膜反应，在下腹部更为严重（图1），尤其是膀胱周围及膀胱颈部（图2）。定位了异位睾丸的位置（图3）并取样进行细菌培养和药敏试验。

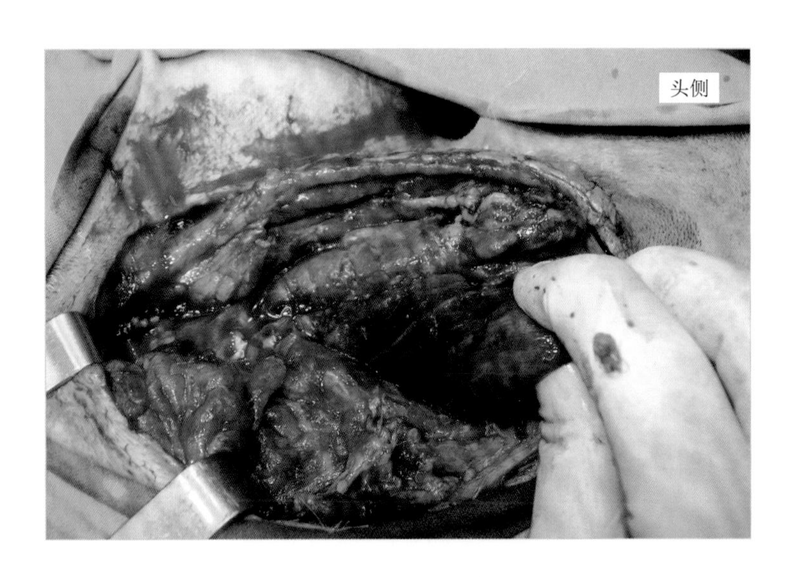

图 2 膀胱严重受损

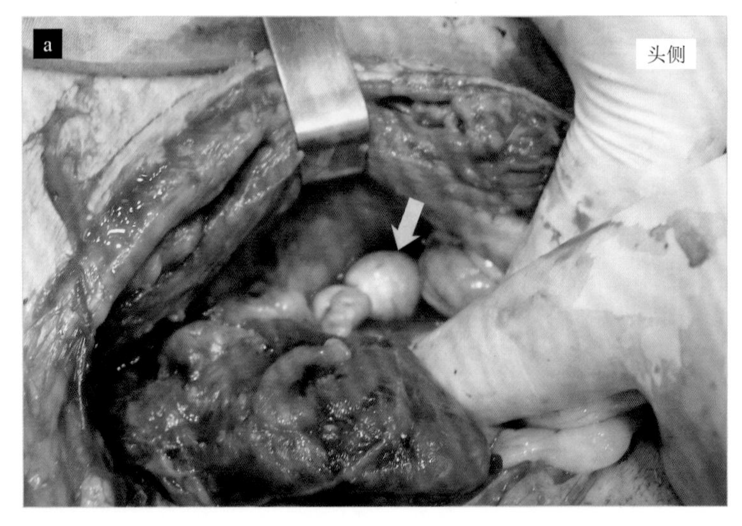

图 3 注意右睾丸保留在腹膜后区的膀胱背面（箭头所示）

分离膀胱周围的一些脂肪粘连，在前列腺和左侧近端尿道之间发现了松散的缝合线（图 4 和图 5）。将其取出，插入一根能够到达膀胱的导尿管（图 6）。

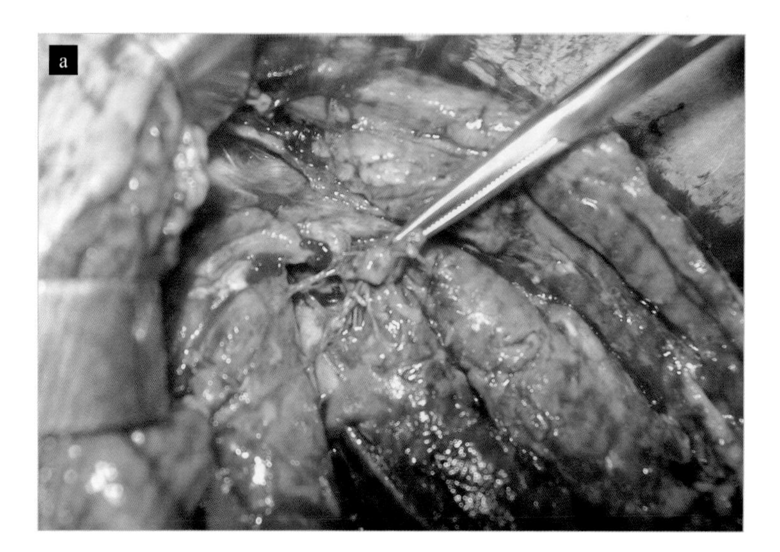

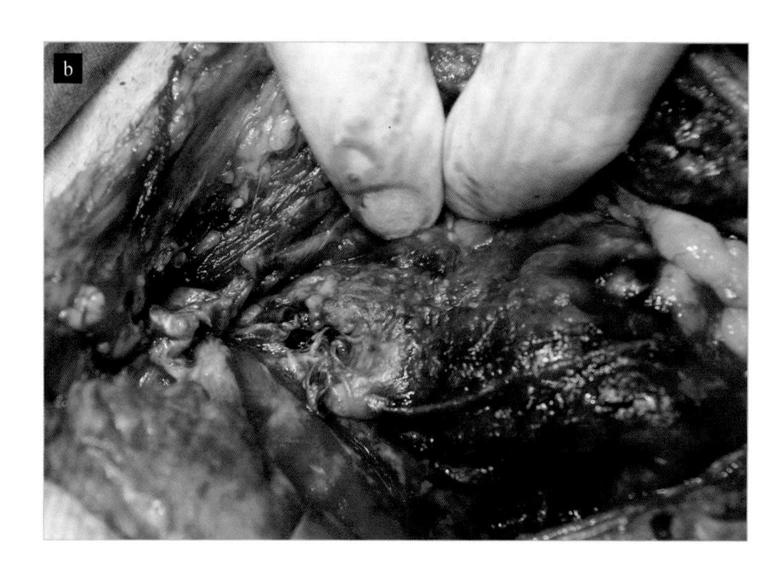

图 4　前列腺和尿道的缝线松动

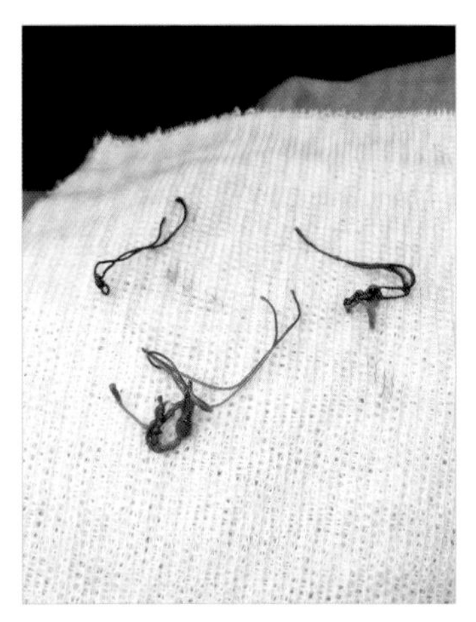

图 5　拆除的缝线

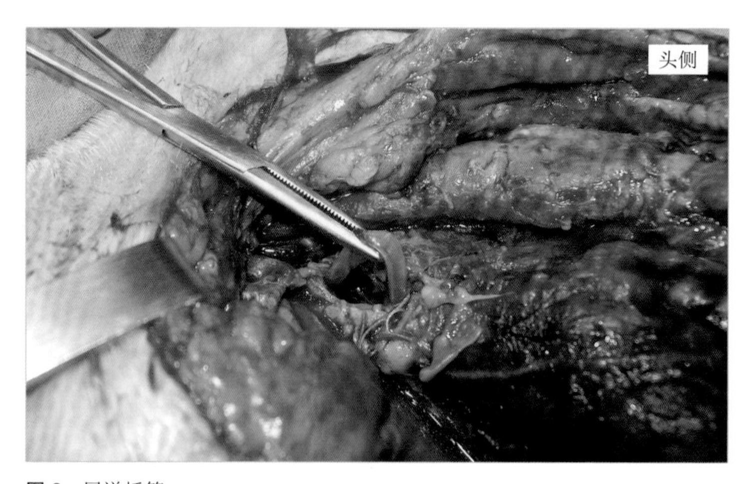

图 6　尿道插管

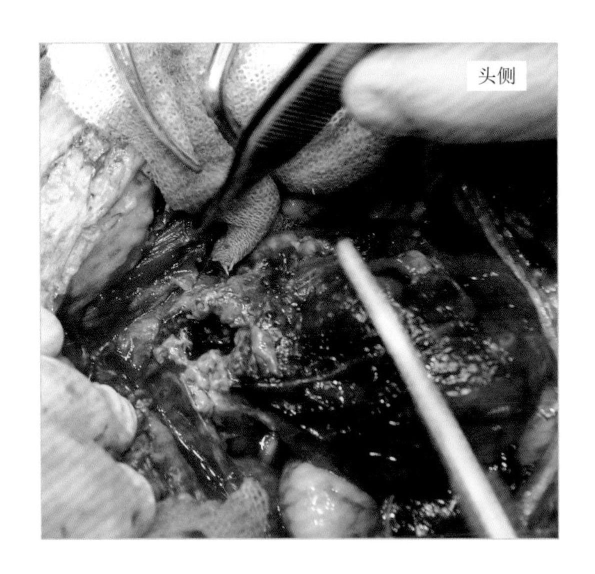

膀胱严重丧失活力，靠近膀胱颈裂开区域的坏死区域影响了左侧输尿管的开口（图 7、图 8）。

决定行部分膀胱切除术，以清除坏死区域，保留疑似或看起来较正常的区域。膀胱的这一部分被切除后，左输尿管就被切除、修整，并重新植入到更健康的膀胱区域中（图 9 ～图 13）。输尿管采用 5-0 单丝可吸收合成缝合材料（聚乙醇）进行单纯间断缝合。

图 7 膀胱颈区裂开

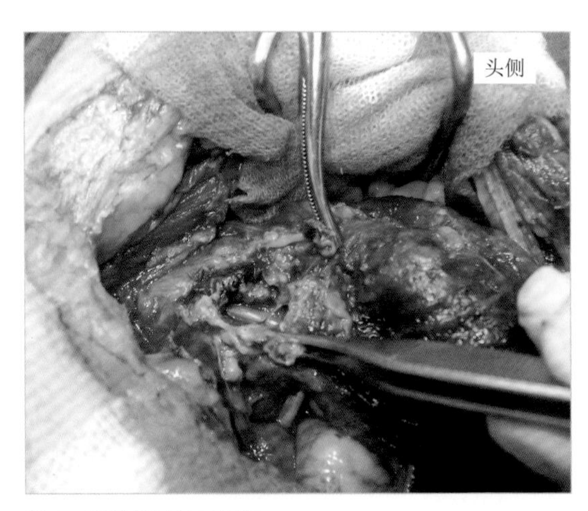

图 8 膀胱颈区插导尿管

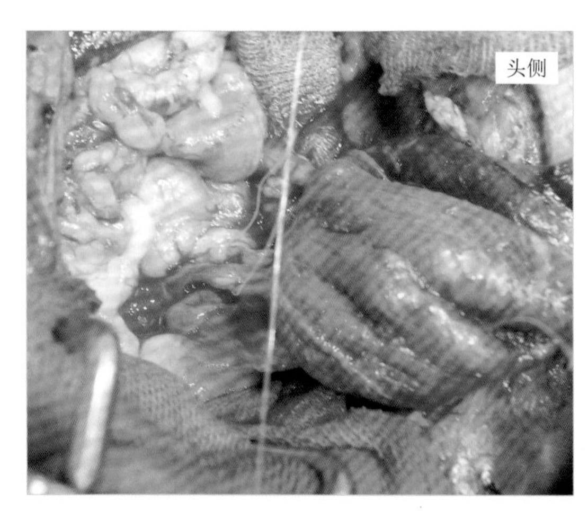

图 9 左输尿管切开及远端结扎

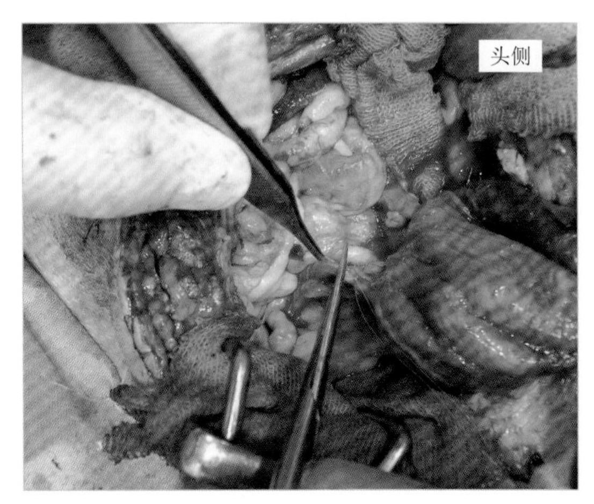

图 10 输尿管切除

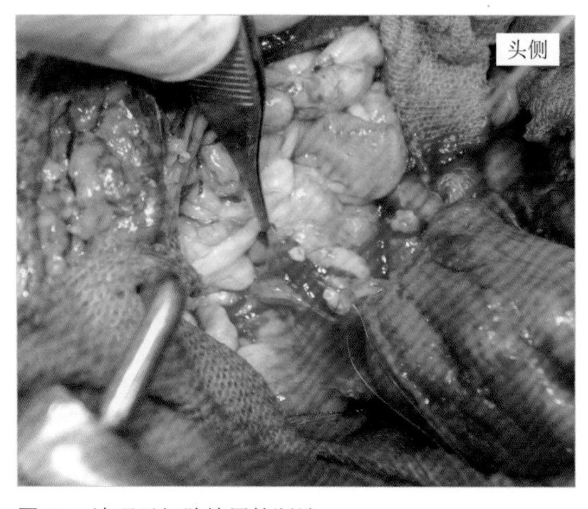

图 11 清理已切除输尿管断端

确保输尿管植入正确，重建膀胱。用单丝尼龙线将近端尿道缝合到膀胱颈，用不可吸收单丝材料进行部分较厚组织的单纯间断缝合完成膀胱缝合，确保黏膜下层也都缝合在内（图 14、图 15）。

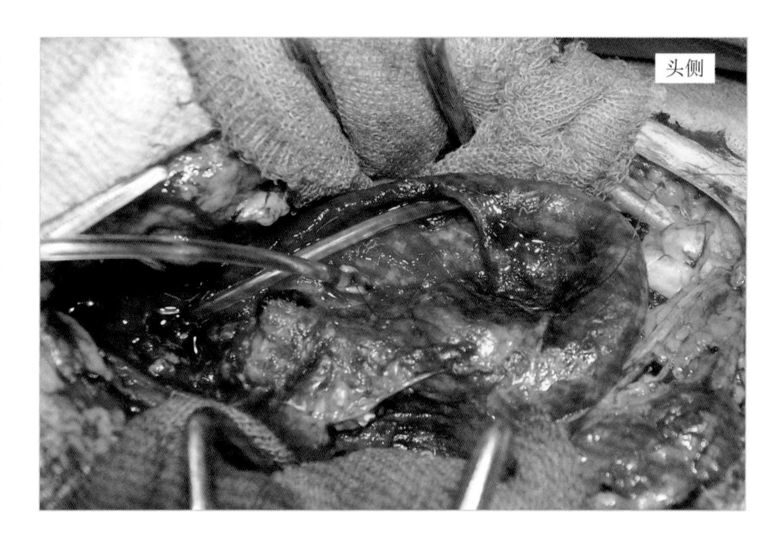

图 12 输尿管与膀胱黏膜的缝合

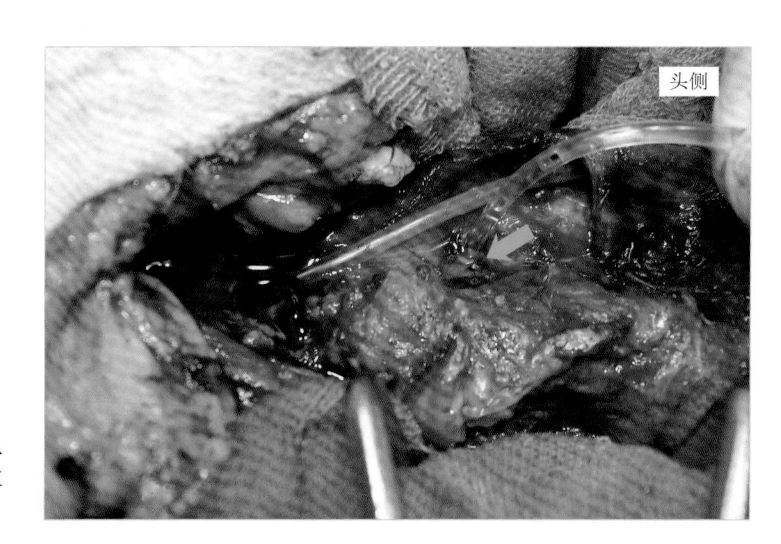

图 13 植入输尿管。放置导管以确认输尿管通畅（箭头所示），然后在重建膀胱之前取出导管

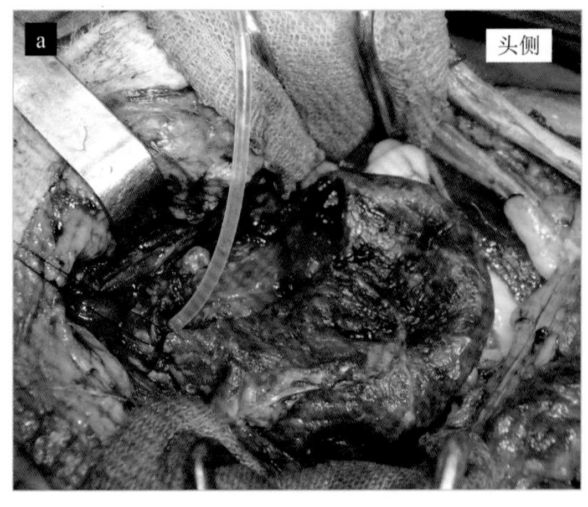

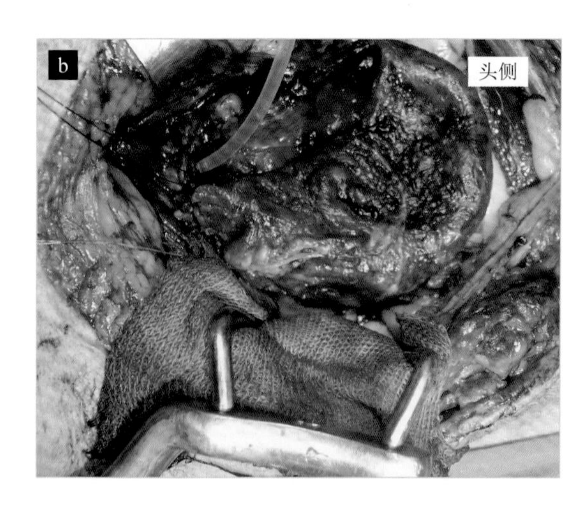

图 14 膀胱颈近端尿道缝合

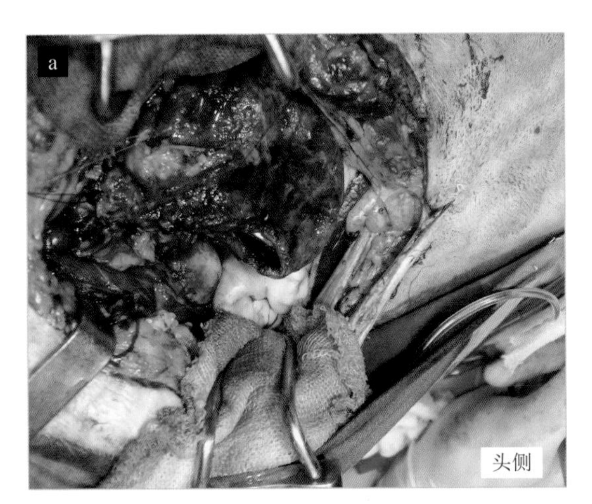

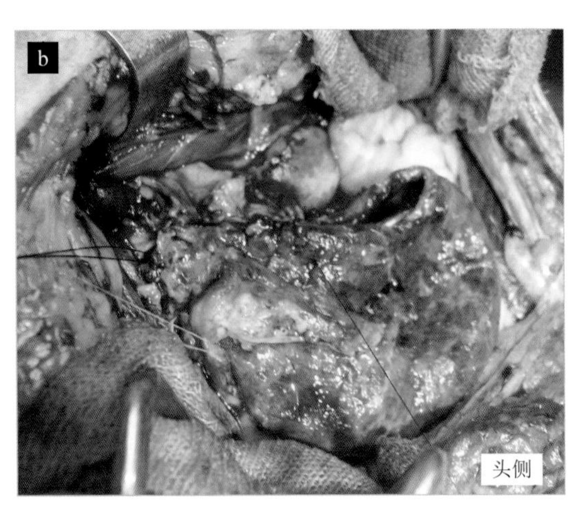

图 15 膀胱修补术的细节

膀胱其余部分仍有充血。腹腔用温热的无菌溶液进行冲洗和抽吸；通过冲洗稍微改善了膀胱的外观。采集新样本进行微生物培养和药敏试验。决定通过网膜补片来增加和优化该区域的血液供应。为了监测排尿量、防止尿潴留，留置了导尿管。切除异位睾丸，闭合空腔。考虑到病犬目前的体况，以及由于尿瘘及其带来的后果，决定等待病犬恢复后取出导尿管。

病犬进行重症监护，但 48 小时后出现新的尿瘘，怀疑膀胱坏死或有新的裂开，建议进行新的剖腹探查。主人拒绝了手术，决定对病犬实施安乐死。

病例分析

失误或手术并发症?

主要的错误是，最初的手术医生不了解正确的腹部解剖结构，因此没有经验来定位这种病理状况病犬的解剖结构。定位异位睾丸不必在腹部切这么大的切口。

> 一般来说，异位睾丸位于肾脏后端和腹股沟之间。如果不能在膀胱旁边看到（这是通常被发现的地方），沿着输精管从膀胱颈向前列腺尿道的方向探查即可。

令人惊讶的是，这个病例中的异位睾丸是右睾丸，然而左侧与前列腺水平的尿道破裂更严重（尿道出现了接近半圈的破裂口），手术医生可能甚至不知道哪个睾丸是异位的。

这一错误不仅是因为缺乏犬的解剖学知识，并且是因为缺乏尿路手术训练造成的。尿道层面的损伤可能是手术过程中的事故造成的。当手术切口很小时，可能难以正确定位异位睾丸，如果继续“盲目”探查，会造成医源性损伤。

> ✱ 在寻找异位睾丸时，使用不合适的工具（如卵巢子宫切除钩）与尿道和输尿管的创伤有关。

正确的方法

应记住，睾丸异位可能是由于睾丸不完全下移所致，它可能在腹股沟管内发现或保留在腹腔内。

腹部超声可以确定哪个睾丸是异位的。另一个确诊异位睾丸的简单方法是正确的睾丸检查。当下降的睾丸移向前部时，它会向一侧滑动，从而提示异位睾丸在哪一侧。一旦进入腹腔，通过识别与前列腺水平的输精管并跟随其方向探查，可以立即定位异位睾丸。

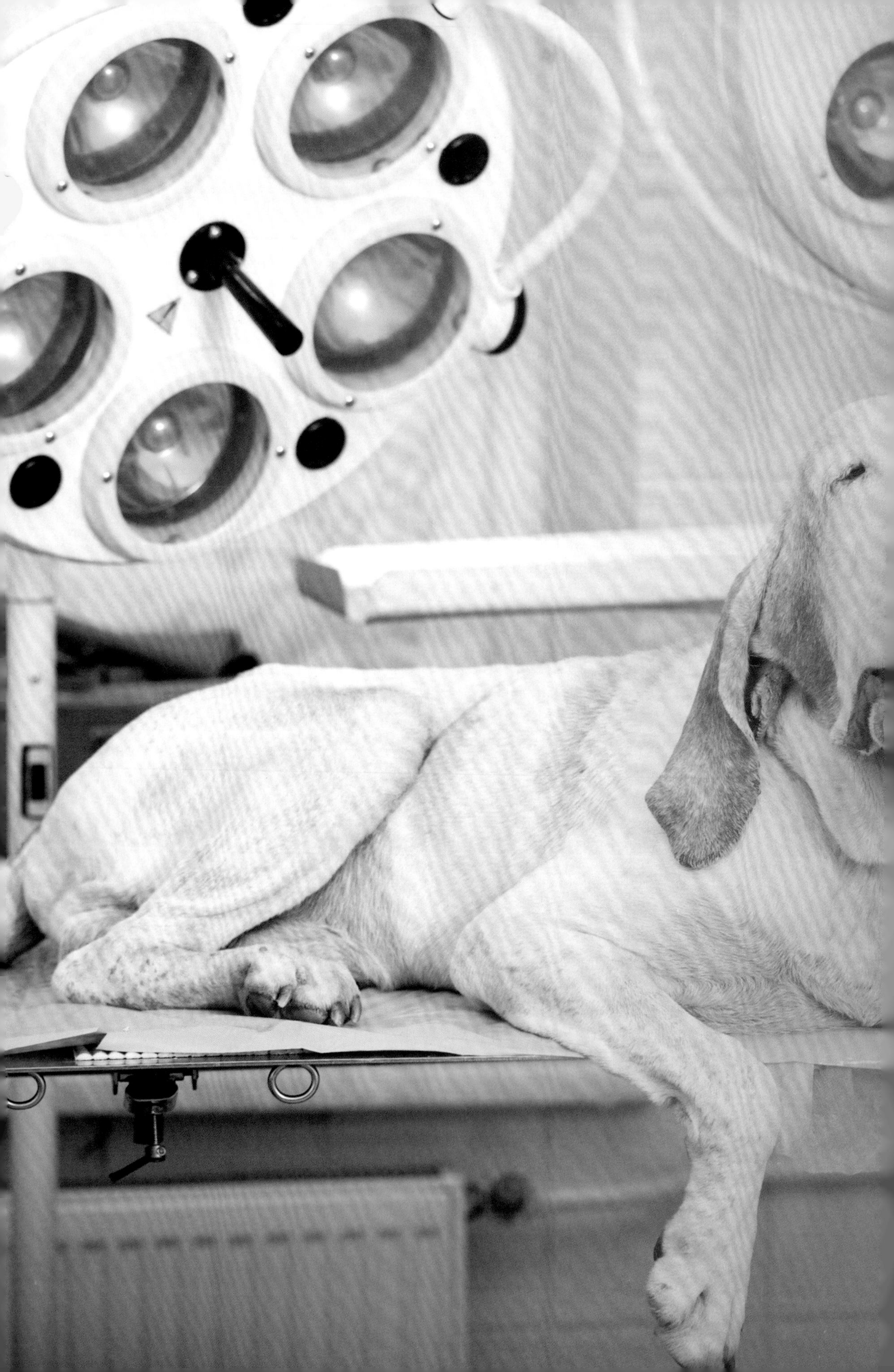

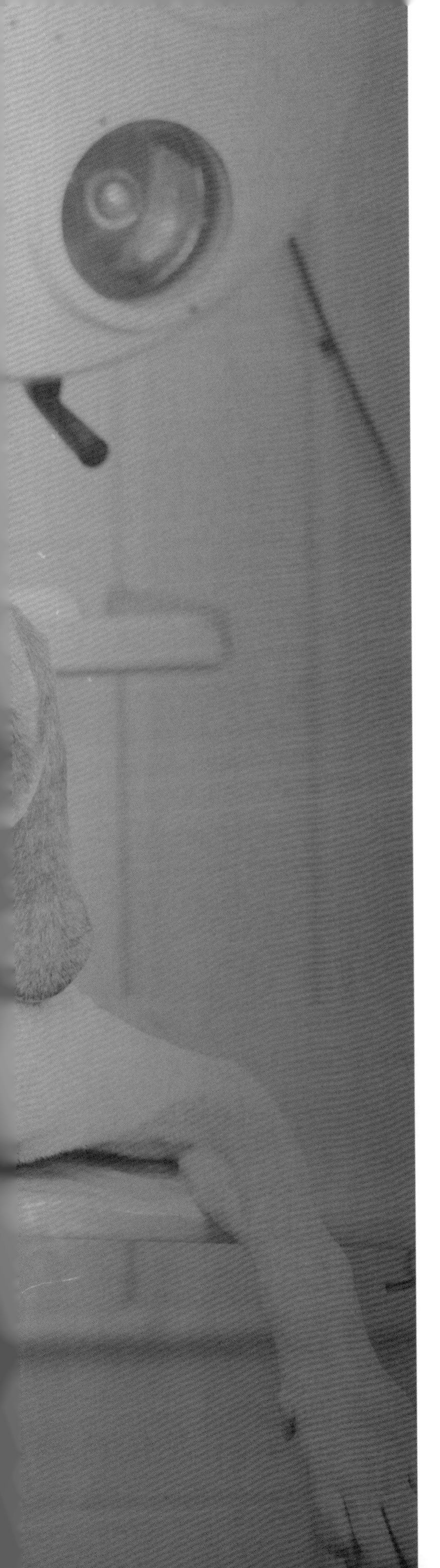

创伤手术中的失误

案例 29/ 桡骨和尺骨粉碎性骨折的固定

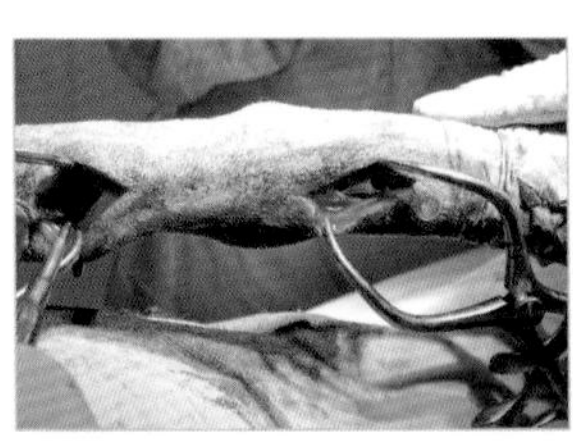

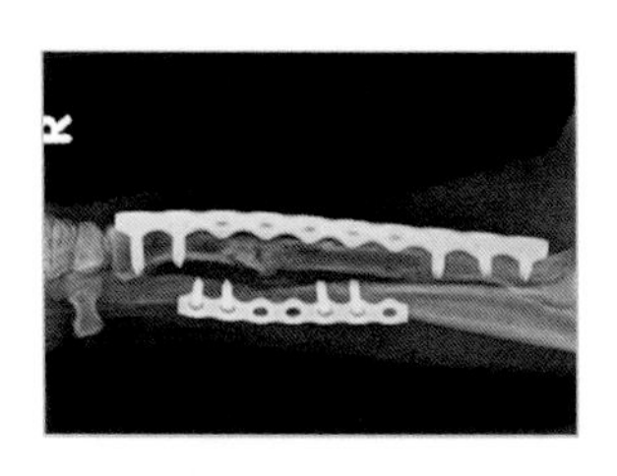

案例 30/ 胫骨和腓骨骨折的固定

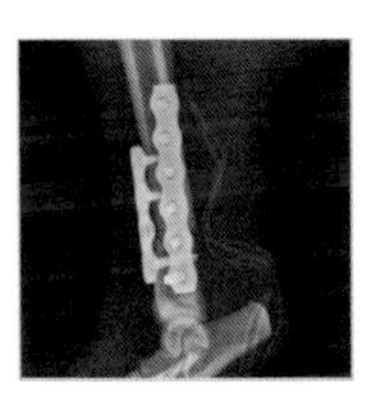

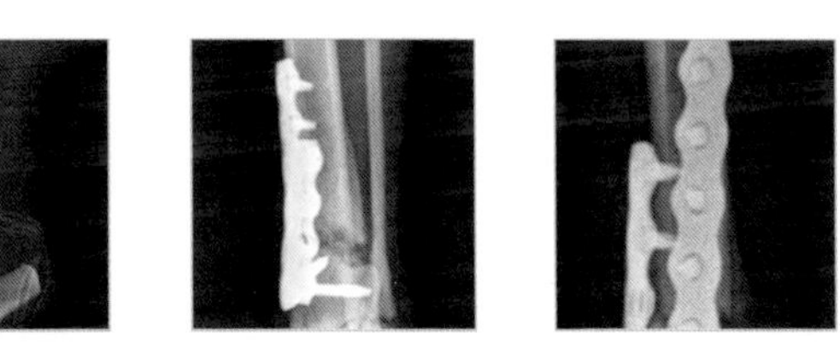

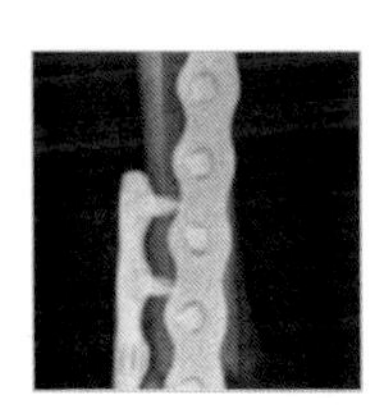

案例 31/ 开放性股骨骨折的固定

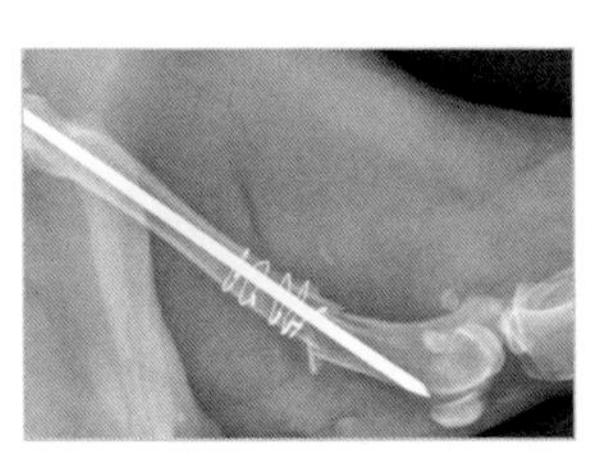

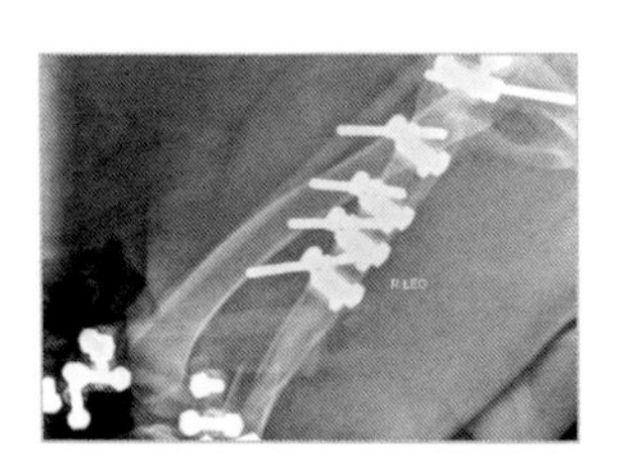

案例 32/ 股骨头和股骨颈切除术

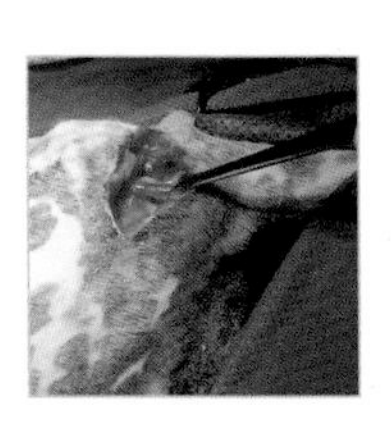

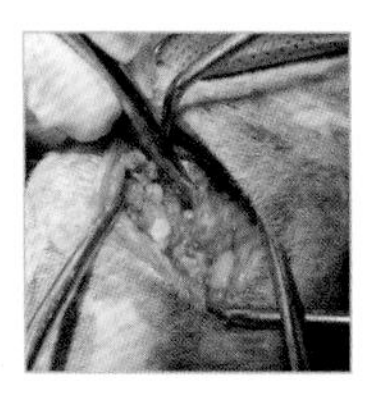

案例 33/ 胫腓骨骨折后通过骨移植的接骨术

病例29/桡骨和尺骨粉碎性骨折的固定

患病率	■■■□□
技术难度	■■■■■

- 失误：骨接合时使用了不适当的植入物。
- 失误的后果：骨折处的异常运动和绷带造成的皮肤损伤。

病例特征

名字	Ronny
种属	犬
品种	西伯利亚哈士奇
性别	公
年龄	1岁

临床病史

Ronny是一只1岁的西伯利亚哈士奇，体重约25千克，在被一辆车撞伤并造成右前肢桡骨和尺骨粉碎性骨折5周后被带到诊所接受第二次检查（图1）。

最初处理这个病例的兽医用髓内针和环扎钢丝治疗了骨折。为了提供额外的稳定性，外科医生放置了加固绷带，并定期更换。

5周后，状况没有明显的改善，而且患犬仍然没有使用患肢，所以主人决定寻求第二种方案。

临床经过

进行了体格和骨科检查。骨折处有异常活动，前肢近端皮肤也有创口。

拍摄患肢的X光片（图2），显示有髓内针和环扎钢丝。骨碎片排列不齐，没有与骨愈合或骨巩固相一致的影像学征象。

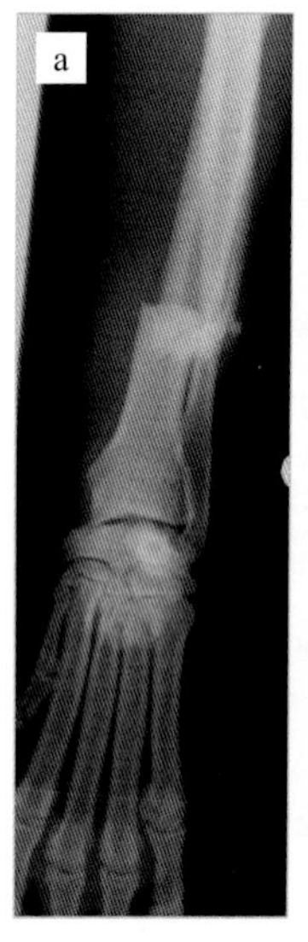

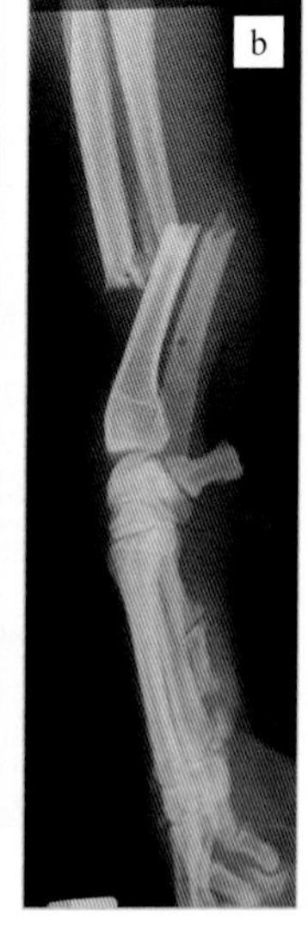

图1　右前肢的前后侧位（a）和内外侧位X光片

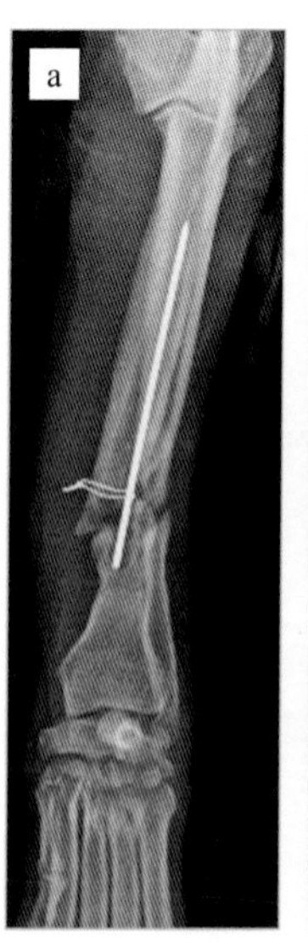

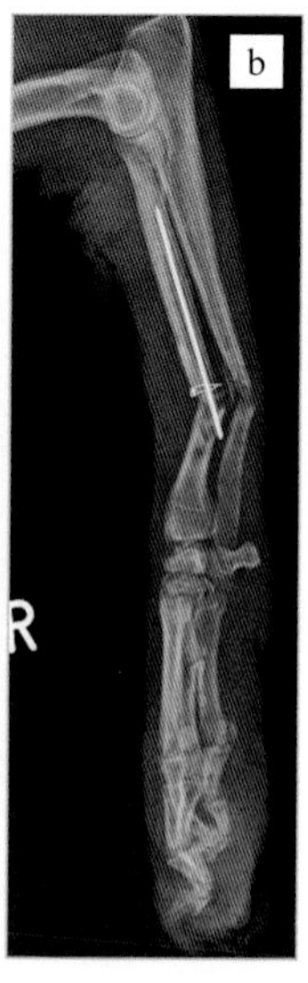

图2　右前肢的前后侧位（a）和内外侧位（b）X光片，可见髓内针和环绕钢丝

为了对已经被破坏的血液供应造成最小程度的损伤，并且由于粉碎性骨折和软骨痂的存在，给骨的复位造成了困难，外科医生决定实施微创手术。

患犬充分麻醉后，根据常规方案做好手术准备，并将肢体悬挂在输液架的吊钩上，以保证肢体正确的对齐，并通过牵引促进肌肉放松。

首先，在骨折处做一个小的内侧切口，通过这个切口取出环扎钢丝和髓内针。同时采集样本进行细菌培养和药敏试验。

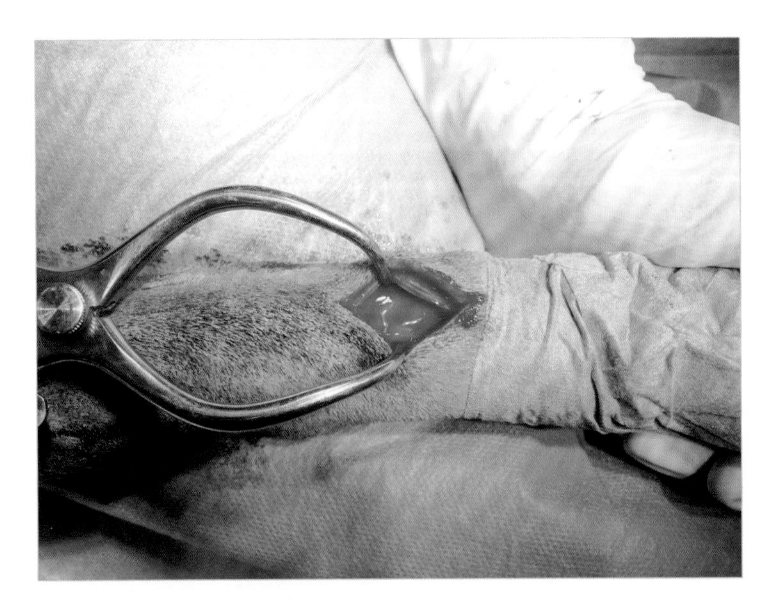

桡骨的背侧远端（图 3）和近端做两个皮肤切口。在伸肌腱和桡骨之间用麦忍巴姆（Metzenbaum）剪刀的钝头做一个切口，在切口内放置接骨板。

图 3 桡骨远端切口

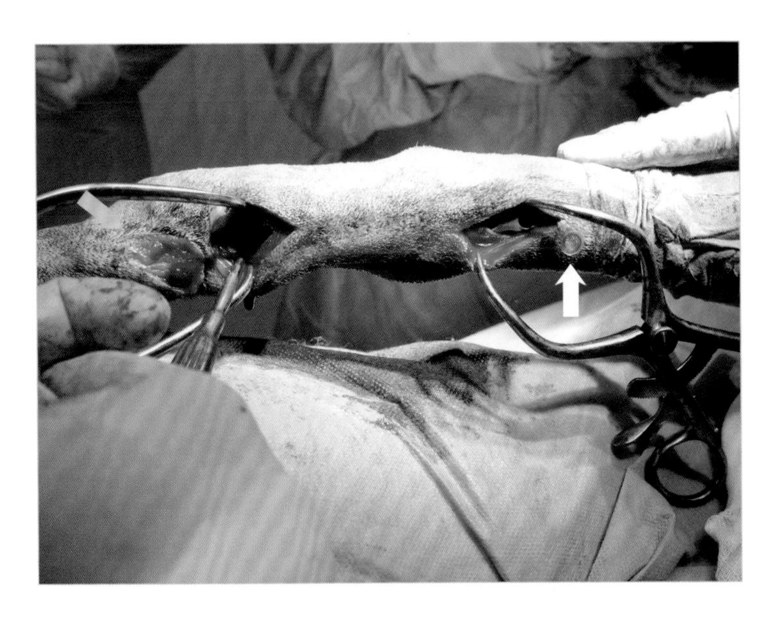

在皮下注射针的帮助下确定前臂腕关节（图 4）。图 4 还显示了因不正确施加绷带引起的皮肤损伤。

图 4 桡骨的近端和远端切口
前臂腕关节通过皮下注射针进行识别（白色箭头）。黄色箭头表示不正确的包扎技术对皮肤造成的损伤

将浸有庆大霉素的可吸收海绵和骨库中的冻干松质骨放置在骨折部位，以防止感染和促进骨巩固（图 5）。

在骨折骨的远端用 2 枚螺钉固定锁定钢板，近端用 3 枚螺钉固定锁定钢板。另一块锁定钢板放置于第一块钢板的对侧，也就是尺骨的外侧面，以增加稳定性。术后 X 光片显示植入物的正确排列和定位（图 6）。

手术 10 天后，宠主带着 Ronny 来进行复查，并拆除缝合线。6 周后，患宠返回进行 X 射线检查（图 7），结果显示两处骨折上都有骨痂。

细菌培养呈阴性，因此停止使用抗生物。

术后 4 个月再进行一次随访检查（图 8）。X 光片显示骨活性增强，骨折排列基本保持，植入物中没有并发症的迹象，如钢板或螺钉的裂缝或松动。

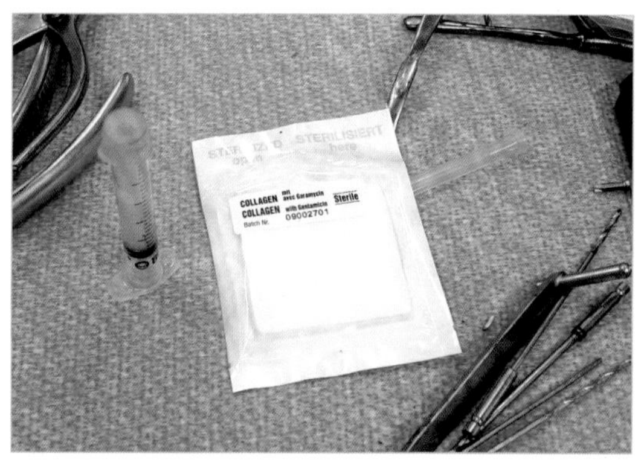

图 5　注射器中的再造冻干骨和浸有庆大霉素的可吸收海绵

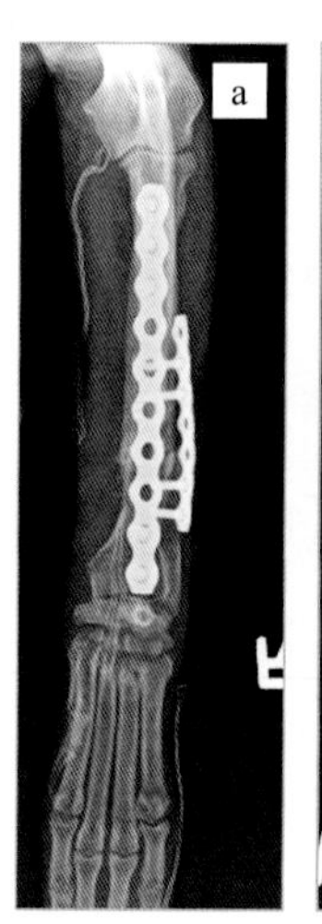

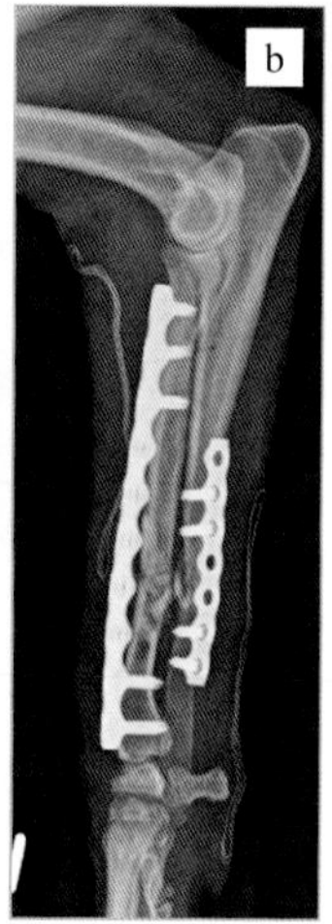

图 6　术后右前肢前后侧位（a）和内外侧位（b）的 X 光片。请注意，两块锁定钢板彼此垂直放置，每根骨头上各有一块

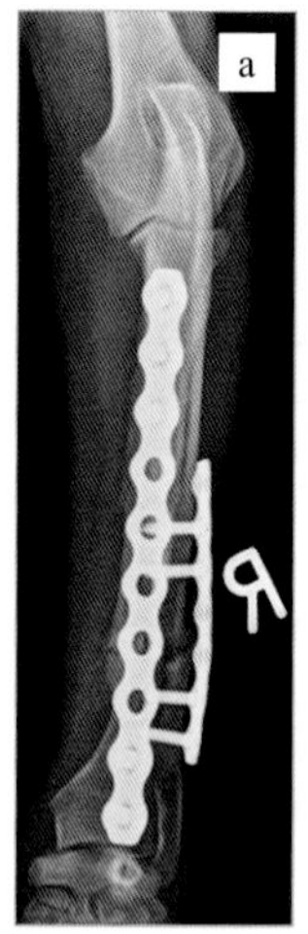

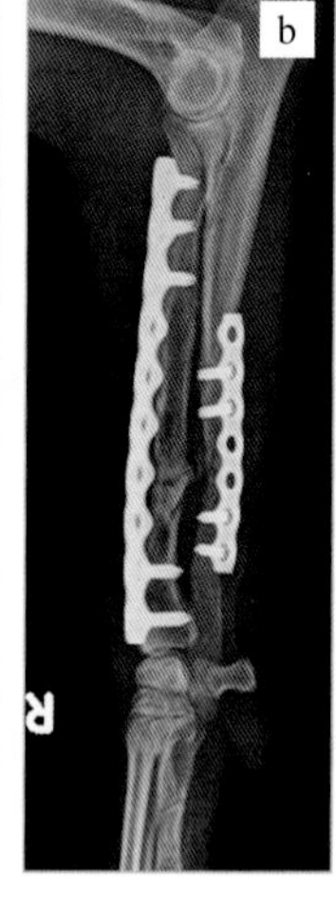

图 7　6 周检查时右前肢的前后侧位（a）和内外侧位（b）的 X 光片。两块骨头上都有骨痂

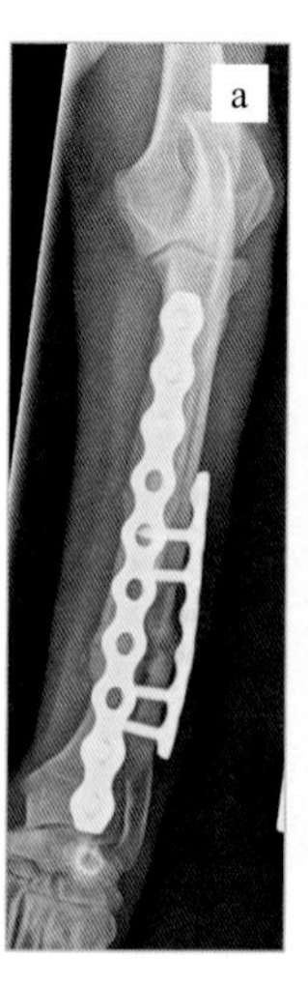

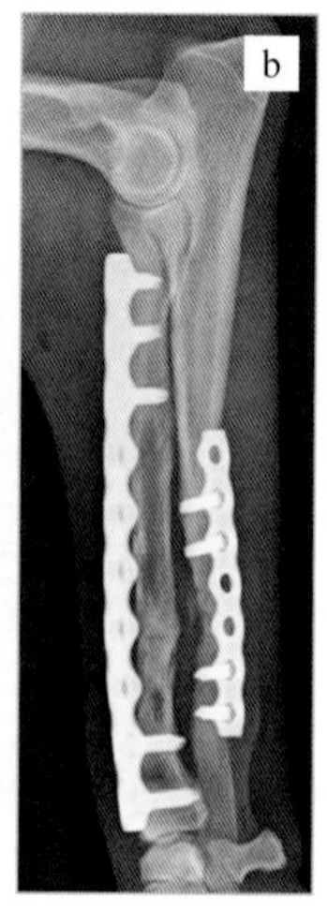

图 8　4 个月检查时右前肢的前后侧位（a）和内外侧位（b）的 X 光片。骨愈合正在正常进行

病例分析

失误或手术并发症？

第一个错误是试图通过髓内针稳定桡骨骨折。髓内针只能抵消弯曲力，不能抵消轴向力或旋转力。

此外，在许多国家，将髓内针放在桡骨内被认为是一种弊端，因为桡骨没有近端或远端的隆起，无法插入髓内针，这使得它不能放置所示尺寸的髓内针（占用了骨髓腔直径的 80% ～ 90%）。

放置髓内针有两种常见的方法：弯曲腕关节并将髓内针穿过关节，或将髓内针穿过骨折部位并伸向近端。骨折加固的首选是前者，但这项技术会使关节老化，是被禁忌的。在这种情况下，外科医生往往使用第二种方法：将髓内针从骨折部位进入，插入近端的骨骺，切断髓内针，在外留下大约 1cm 的突出部分。然后桡骨向远端移动，以便与髓内针相吻合。这项技术常用于掌骨或跖骨骨折，由于肌腱较少，更容易进行。对于桡骨骨折，髓内钉是一种非常短的植入物，不能提供必要的稳定性。

髓内针的使用指南

为了使植入的髓内针能够提供足够的稳定性，其直径应约为髓腔直径的 80% ～ 90%，并且应与另一种植入物相结合来实现髓内针不能提供的支撑力，骨折应该简单（不像本病例是粉碎性的）。

第二个错误是试图用环扎钢丝增加稳定性。环扎钢丝只能用于简单的长斜或螺旋形骨折，并在骨折解剖结构复位时使用。否则，骨折处的移动会导致金属丝松动，从而危及骨膜的血液供应。此外，需要三根或更多的环扎钢丝来提供足够的稳定性。

环扎钢丝只能用于简单的长斜或螺旋形骨折。

总之，在本病例中，两个主要的错误是通过髓内针寻求桡骨的稳定性，并试图使用环扎钢丝增加这种稳定性。

由于不正确的手术计划、不适当的技术和植入物的使用，导致延迟骨愈合。如果这个病犬没有再次手术，很可能会骨折不愈合。

正确的方法

在本病例中，正确的选择应该是放置两块钢板，像后来做的那样一块放在桡骨上，另一块放在尺骨上。

第二个手术是微创手术，以避免对骨膜血管进一步损伤。植入物被移除，因为它们没有提供稳定性，只会增加骨固定的难度。

放置两块钢板，一块放在桡骨上，另一块放在尺骨上。选择这个办法是因为，在桡骨和尺骨的粉碎性骨折中，骨头和钢板之间没有共同的支撑，这可能导致固定失败。另一种常见的治疗此类骨折的方法是桡骨钢板和尺骨髓内钉的结合。在本病例中，髓内钉可以从骨折部位沿近端向前或向后放置，并通过尺骨鹰嘴向外伸出。骨折复位后，将髓内针插入远端骨断面，并在鹰嘴水平切断剩余的髓内钉。

* 使用不适当的技术和植入物治疗骨折会延迟骨愈合。

病例30/胫骨和腓骨骨折的固定

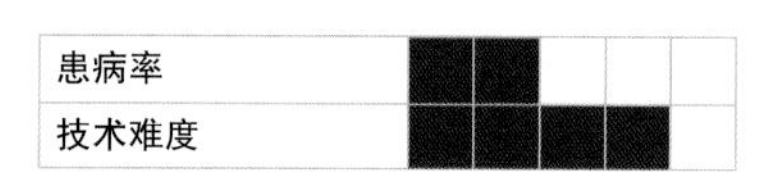

- 失误：缺乏足够的手术计划。
- 失误的后果：用于骨折固定的植入物不足。

病例特征

名字	Pepere
种属	猫
品种	美国短毛猫
性别	公
年龄	2岁

临床病史

Pepere是一只重约4kg的美国短毛猫，从阳台上摔下来后被紧急送进了诊所。在最初的物理检查和/或医学检查中发现右后肢不稳定和咯吱作响。病猫的所有生命参数都在正常范围内。

临床经过

在这些病例中，常规的胸部和腹部X射线检查排除了胸腹部或脊柱创伤。对患肢进行前后位和内外侧位X射线检查。影像学诊断为胫骨远端单纯横断性骨干骨折。腓骨在外侧韧带插入区附近有一个简单的横断性干骺端骨折（图1）。

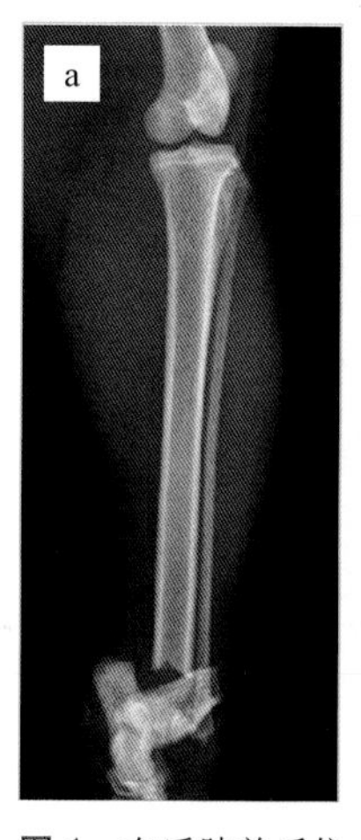

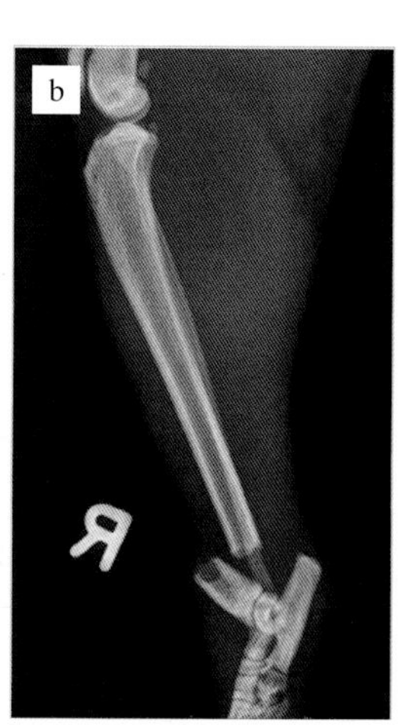

图1 右后肢前后位（a）和内外侧位（b）X光片显示胫骨和腓骨骨折

计划进行开放性手术，以减少胫骨骨折程度，并用位于内侧的6.5mm锁定钢板固定。这种类型的锁定钢板可以被打孔，在个病例中，它被打成有六个孔。

一旦适当麻醉，根据常规程序准备手术部位。采用胫骨内侧和远端通路，借助复位夹，骨折复位并暂时固定。接下来，将钢板放置在胫骨内侧表面，并用4个短螺钉固定在近端骨折断端上。使用两个双皮质锁定螺钉固定远处骨折断端（图2）。

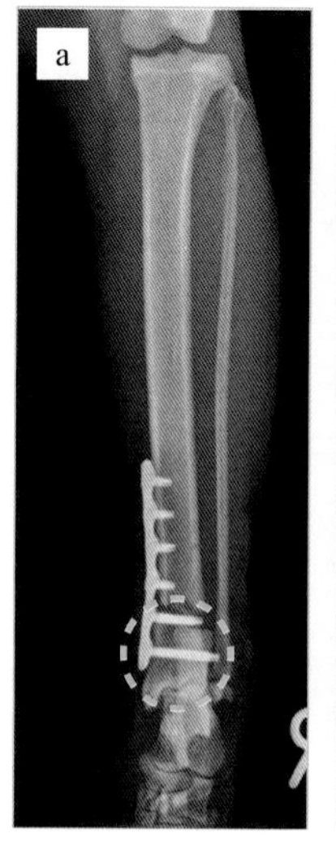

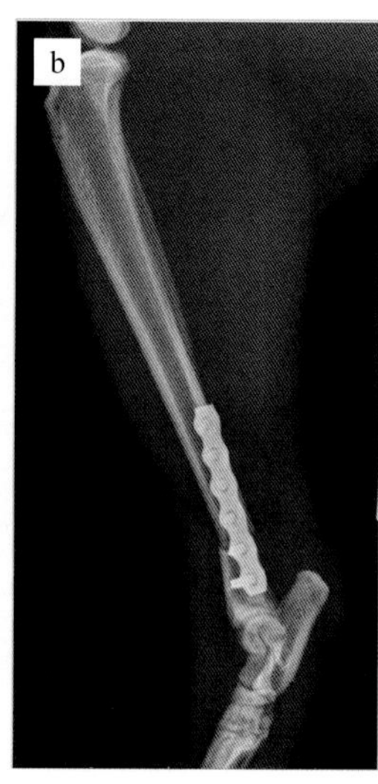

图2 右后肢的前后位（a）和内外侧位（b）X光片，显示用于减少胫骨骨折的钢板和螺钉（圆形的双皮质螺钉）

病例分析

失误或手术并发症?

术后 X 光片显示第五枚螺钉穿过骨折部位。大多数锁定钢板的一个缺点是螺钉只能垂直于板放置。在本病例中，应将钢板放在更远的位置，以避免在骨折处放置螺钉，有以下两种选择：

使用异形板，以便最后一个螺钉不会影响胫腓关节（图 3）。

使用非锁定的皮质螺钉作为最后一个螺钉，因为它可以弯曲。

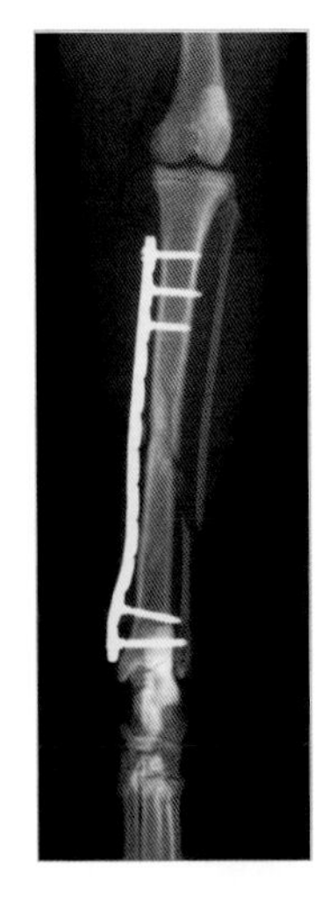

图 3 另一例猫胫骨骨干骨折采用锁定钢板治疗。注意钢板的远端轮廓，这允许远端螺钉平行于胫腓关节放置，从而避免干扰

正确的方法

术后一旦进行了 X 射线检查，并确认了第五根螺钉的位置错误，便立即为患猫准备新的手术。进入手术室后，将第五个螺钉换成较短的螺钉，该螺钉仅锚固在内侧皮质上而不会涉及骨折线。仅仅远端固定是不牢靠的，应在胫骨远端的前面放置第二块锁定板固定骨骼。

大多数锁定板的缺点之一是螺钉只能垂直于钢板放置。

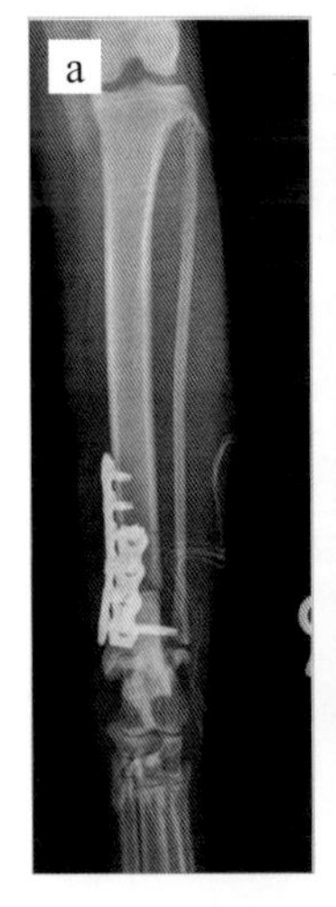

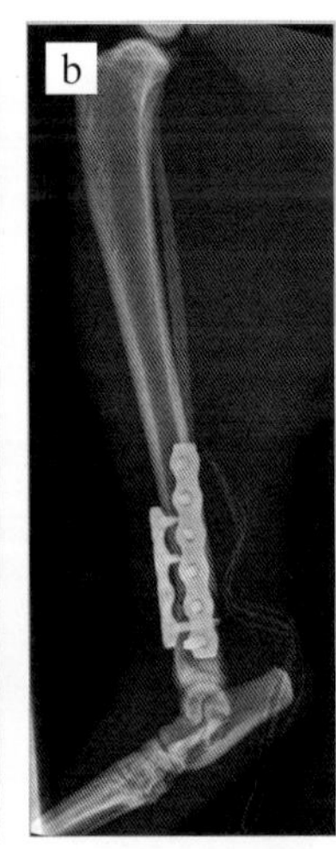

图 4 第二次手术后前后位（a）和内外侧位（b）的随访 X 光片。注意所做的修复

术后 6 周，Pepere 被带回医院进行临床和放射学随访检查（图 5）。观察到一个大骨痂，所有植入物都在正确的位置，没有松动或任何其他并发症的迹象。植入物从未被移除。

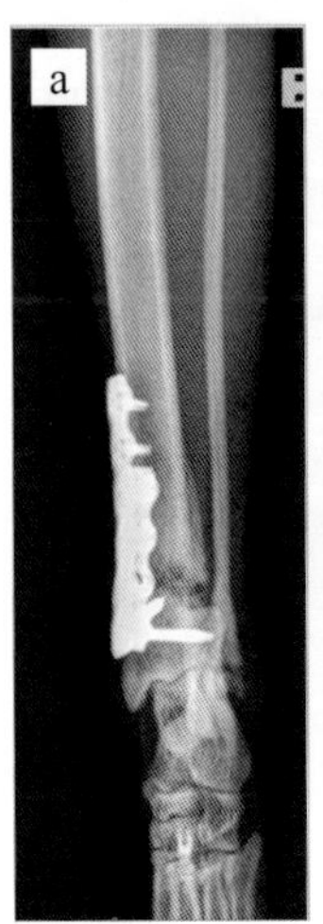

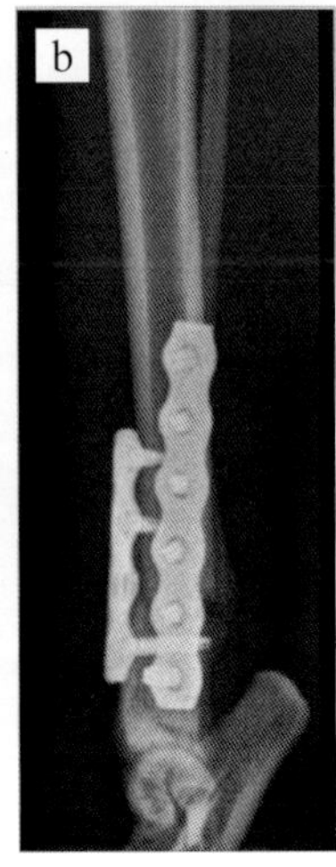

图 5 第二次手术后 6 周的前后位（a）和内外侧位（b）随访 X 光片显示骨痂形成良好，植入物无松动迹象

夹板的比较

与传统的非锁定钢板相比，锁定钢板具有一些特殊的特点。其中之一是非锁定钢板的稳定性依赖于植入物和骨之间产生的摩擦力。这种摩擦的缺点是破坏骨膜区的血液供应，从而影响或延迟骨的巩固，并导致板下骨萎缩。由于锁定钢板在螺钉头部和钢板上的孔之间有一个锁定机制，它们在骨和植入物之间保持最小的接触。因此，较小的接触不会改变局部血液供应。这有利于骨愈合，特别是在诸如胫骨或桡骨远端（血管不良的区域）的区域。此功能允许放置两个正交锁定钢板来治疗关节旁骨折，其中关节附近的碎片太小，不能达到放置至少两个螺钉的要求。

病例31/开放性股骨骨折的固定

患病率	■■□□□
技术难度	■■■■■

- 失误：制定手术计划仓促。
- 失误造成的后果：植入物选择不当。

病例特征

名字	Ryno
种属	犬
品种	杂种犬
性别	公
年龄	7岁

临床病史

Ryno是一只杂种狗，7岁，体重32千克，在午夜时分被紧急送往诊所，它的右腿股骨因受到弯刀袭击而发生开放性、粉碎性骨折（图1）。

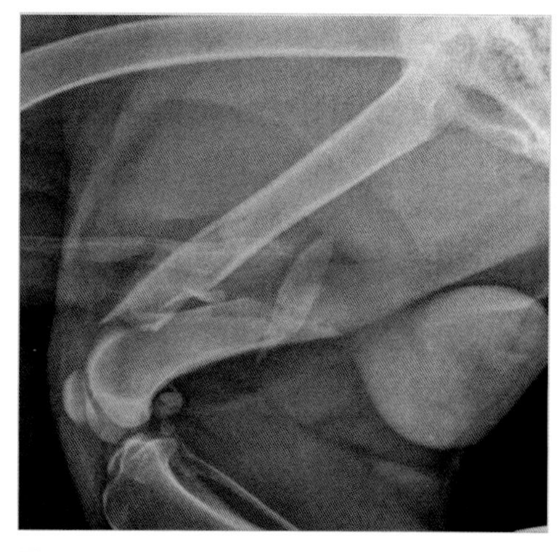

图1 股骨侧位X光片显示了骨折的严重程度

最初治疗此病例的兽医担心这是开放性骨折，曲解了骨折治疗的原则，决定立即将骨折固定下来。骨折用1枚髓内针和5根环扎钢丝固定，试图恢复骨折骨的解剖学形态。只有一张内外侧位X线片用于术后评估（图2）。

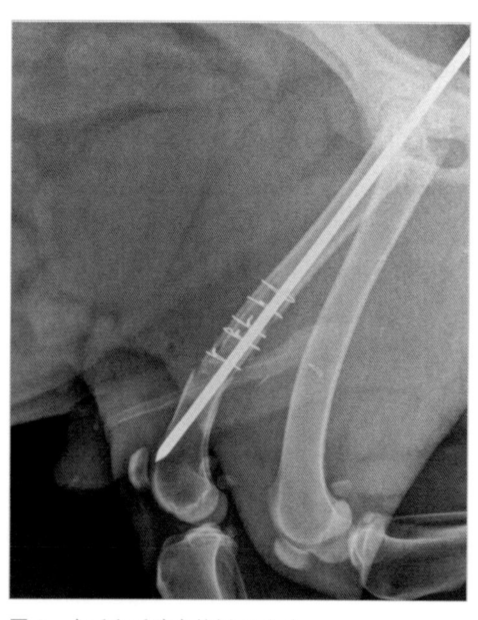

图2 术后右后肢内外侧X光片

术后第二天，医生得出结论，所使用的固定技术不适合该患宠及此类骨折。因此，Ryno 再次被麻醉，拍摄了两个必要的 X 光片（前后侧位和内外侧位）（图 3）。X 光片显示骨折继发性失稳和部分塌陷。因此，决定立即手术，为其植入更合适的植入物。

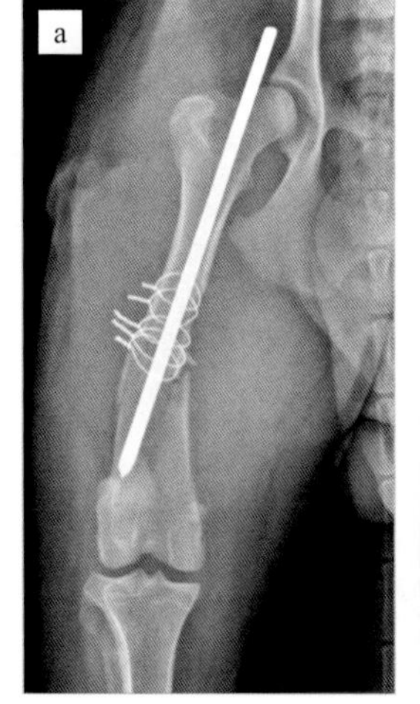

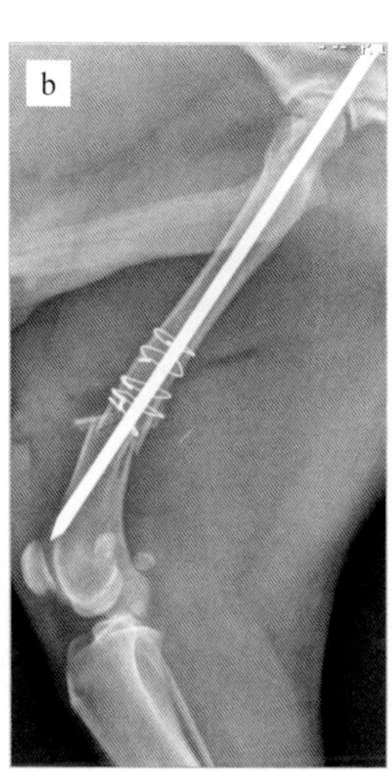

图 3 右后肢的前后侧位（a）和内外侧位（b）X 光片显示骨折继发性失稳和部分内陷

临床经过

由于是开放性骨折，软组织损伤较大，故采用外固定器固定骨折，避免在骨折部位放置植入物。

采用常规操作处理好肢体以进行手术。环扎钢丝被移除，但髓内针最初留在原位，以暂时保持股骨的对齐。然后，外科医生在股骨近端放置了半钉（非贯穿）和一根穿过股骨远端的全钉（贯穿），从外侧到内侧。最后放置侧方连杆，调整夹钳取出髓内针。

假设骨折需要一段较长的时间来固定，则在近端骨折块中再放置 4 个不穿透骨块的螺钉，在远端骨折块中放置 2 个不穿透骨块的螺钉。用连杆将髓内针连接起来。这样做是为了给股骨内侧提供支撑，因为没有内侧支撑的粉碎性骨折有很高的塌陷风险。

另一种选择是将髓内针留在原位置。在手术结束时拍 X 光片（图 4）。

患宠在手术后入院治疗。在整个恢复期内，一直使用止痛药和广谱抗生素。外固定架被衬垫性绷带覆盖以防止损伤，并按照说明把外固定架固定在适当的位置。

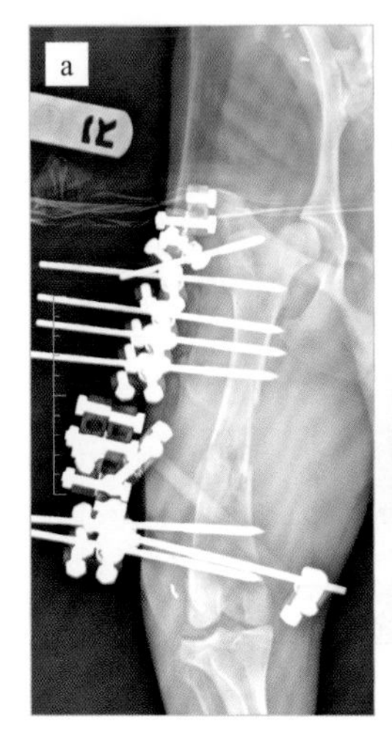

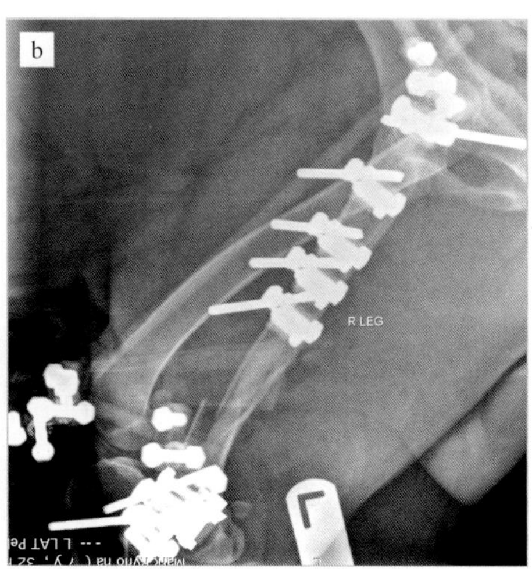

图 4 术后前后位（a）和内外侧位（b）X 光片。髓内针和环扎钢丝已被取出，骨折已用外固定架固定。射线可穿透钢板，以便更好地评估骨固定情况

术后6周拍摄随访X光片（图5）。

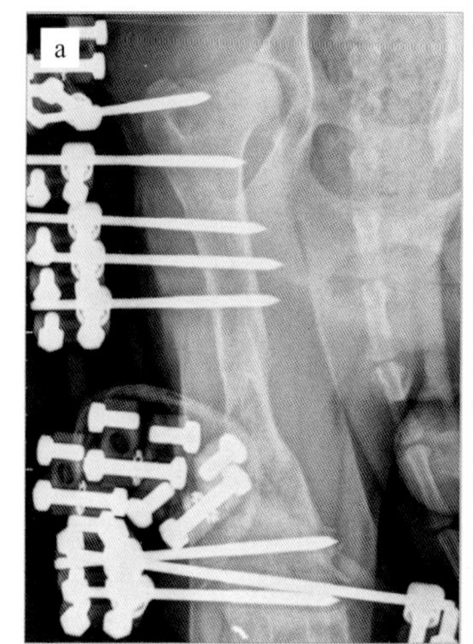

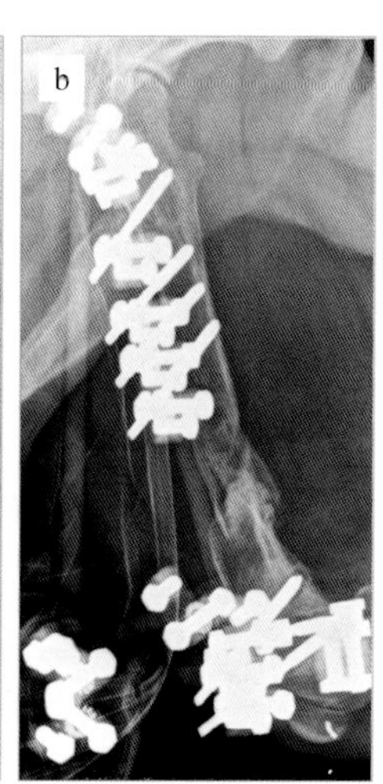

图5 术后6周的前后位（a）和内外侧位（b）X光片。没有观察到骨碎片的减少和排列的变化。可以观察到骨折部位延迟的骨活动，以及与远端钉上的骨吸收迹象，这可能是骨折部位运动的结果。从临床角度看，患宠肢体几乎正常

Ryno在手术后3个月被带回诊所进行随访，虽然仍然没有临床愈合，植入钢钉未发生松动，但仍观察到了骨活动。为了促进骨愈合，移除了内侧连接杆，将外固定器改造成I型固定器（图6）。

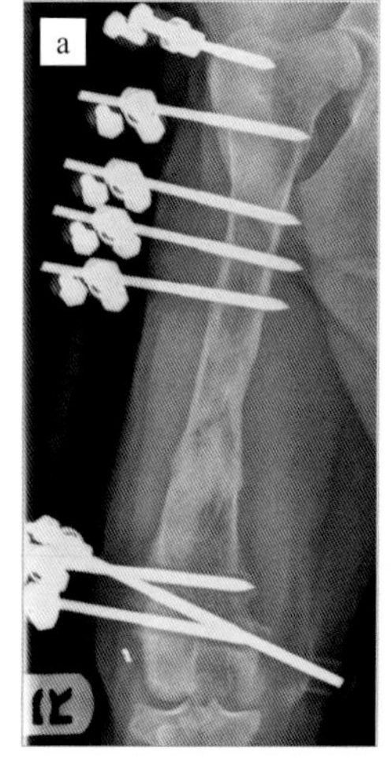

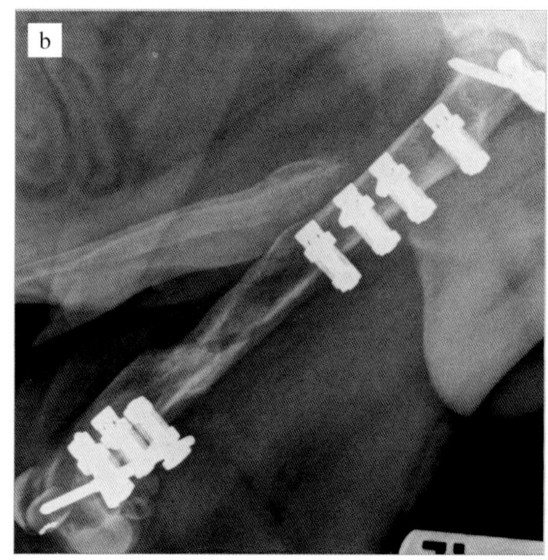

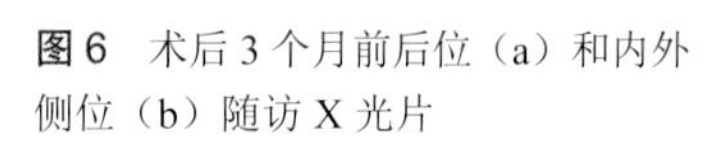
图6 术后3个月前后位（a）和内外侧位（b）随访X光片

手术后6个月患宠再次就诊，植入物被取出。放射学评估显示骨折临床愈合（图7）。

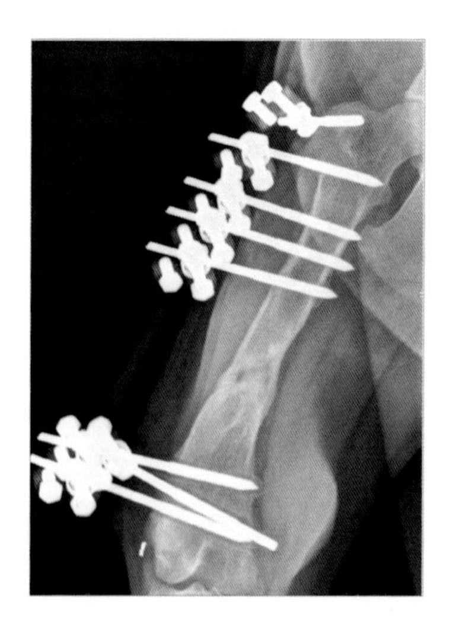

图7 术后6个月，外固定器取出前的前后位X光片

病例分析

失误或手术并发症？

第一个错误是处理的方法。虽然开放性骨折应该尽快处理，但它们的处置不当只会导致并发症。

对于像开放性、粉碎性骨折伴有相当严重软组织损伤的复杂病例，正确的做法应该是首先消毒伤口，保持骨折部位的清洁，然后用绷带包扎，直到第二天对患宠进行机械、生物学和临床评估，以确定最合适的固定方法。

用环扎钢丝固定粉碎性骨折几乎是不可能的，而试图这样做只会对本已受损的血液供应造成更大的损害。这方面的证据是在手术后几个小时拍摄的 X 光片中观察到骨折塌陷（图 3）。

> ✱ 如果没有对情况的正确评估，没有必要的经验，在半夜治疗病犬往往只会导致不必要的并发症。

第二个错误是第一个错误的后果。仓促的术前计划导致植入物的选择不当（例如髓内针太小，达不到骨髓腔的 70%），导致手术仓促进行。结果，骨折没有得到适当的稳定，对局部血液供应造成了损害，这反过来可能导致延迟了骨愈合。

> 单根环扎钢丝只能在解剖复位后用于固定单纯性长、斜形或螺旋形骨折。

错误的治疗方法，使用不适当的技术和植入物来处理骨折，导致需要进行第二次矫正手术，并可能导致延迟骨巩固。

正确的方法

在本病例中，决定再次给病犬做手术，放置外固定器。外固定器的优点是不将植入物放置在骨折部位，从而降低了持续感染的可能。为了在 Ryno 骨折的内侧提供更多的支持，放置了Ⅱ型外固定器。Ⅰ型外固定器不能提供适当的骨巩固所需的稳定性。髓内针本来可以留下来提供额外的稳定性。这种情况下，外科医生不希望在骨折处留下任何植入物。

> 为了获得更大的稳定性和更好的骨折愈合，有时需要使用不同类型的外固定器的组合。

病例32/股骨头和股骨颈切除术

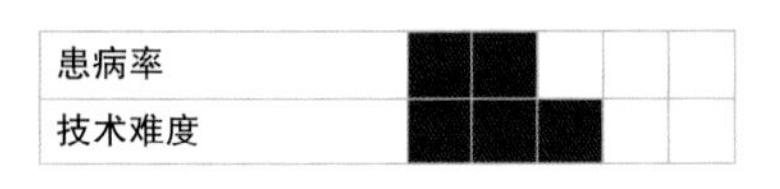

■ 失误：执行股骨头和股骨颈切除术时肢体位置不正确。

■ 失误的后果：3 ～ 4 级跛行。

病例特征

名字	Pirulo
种属	犬
品种	杰克罗素梗
性别	公
年龄	7岁

临床病史

Pirulo 是由一位初诊兽医转诊来的，他曾建议咨询整形外科专家。Pirulo 表现为右后肢 3 ～ 4 级跛行，患肢肌肉明显萎缩。在检查过程中，它还表现出髋关节伸展和外展时的疼痛迹象。

4 个月前，由于创伤性髋关节脱位，患宠接受了右侧股骨头和股骨颈切除术。它没有接受过术后的康复治疗，所以病变的演变并不理想，它也没有完全恢复肢体的功能。

患宠的主人未提供术前和术后诊断性影像资料（X 光片）。

临床经过

拍了一张髋部背腹 X 光片（图 1），显示患肢和股骨颈残端的肌肉萎缩。

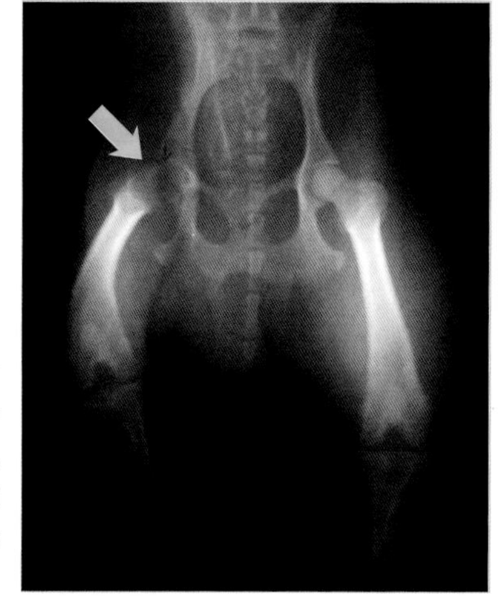

图 1 髋部背腹侧 X 光片显示肌肉萎缩和股骨头残留物（箭头）

主人接受了通过矫正手术来纠正股骨颈切除术，从而减轻了右后肢的不适感。

手术是在初次会诊后 4 天进行的，这是收到术前测试结果所需的时间（图 2）。

图 2 术前阶段的患宠

在右侧髋股关节的前外侧采取经典的手术入路，同时部分切断臀深肌腱，以正确显露股骨头和股骨颈（图 3）。

通过放置单钩牵引器并使延伸的肢体相对于矢状面旋转 90°来使股骨颈的残留物向外暴露。重要的是识别位于股骨后侧的坐骨神经并保护它。应避免使用分离器对神经施加压力。

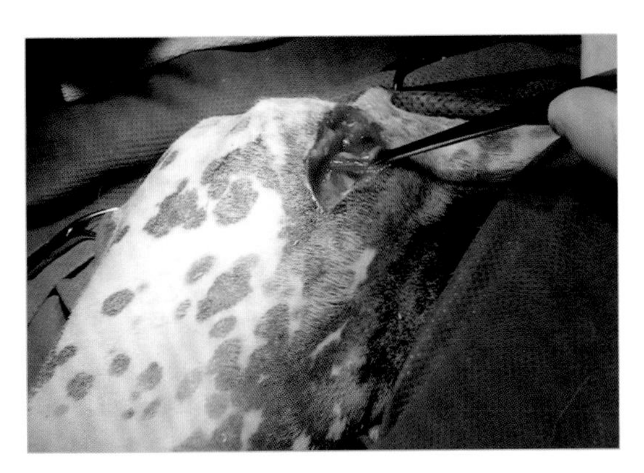

图 3　髋股关节手术路径

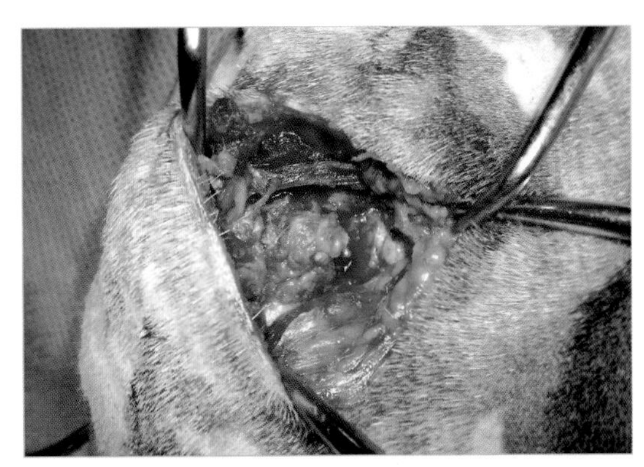

图 4　臀深肌腱部分切断术

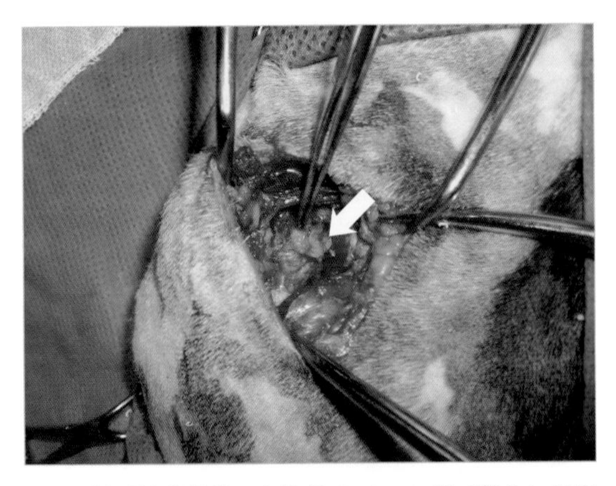

图 5　矫正性截骨前，安德森（Adson）钳（箭头）固定在股骨颈残端上

肢体外展，膝关节伸展，髌骨位于顶端，用摆动锯进行截骨（图 6）。

在切割骨后，用安德森（Adson）截骨器夹住骨块（图 7 ～图 9），用 15 号手术刀切除仍然附着在上面的软组织残留物。被移除的骨骼片段如图 10 所示。

锯切时必须伴随着盐水的持续冲洗，以避免由于刀片与骨的摩擦导致切割区温度升高而引起骨组织损伤。

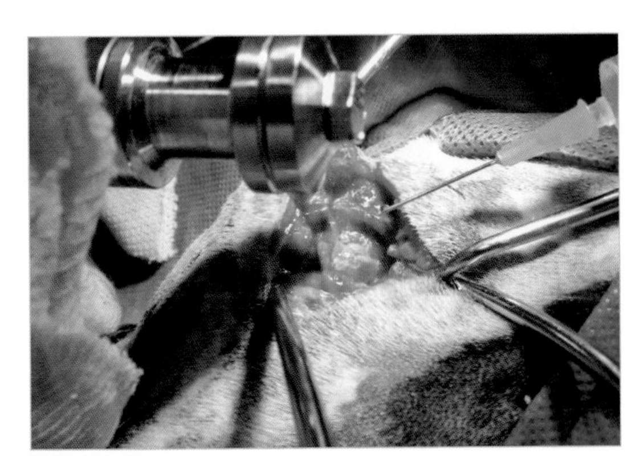

图 6　用圆锯切割股骨头，用生理盐水冲洗

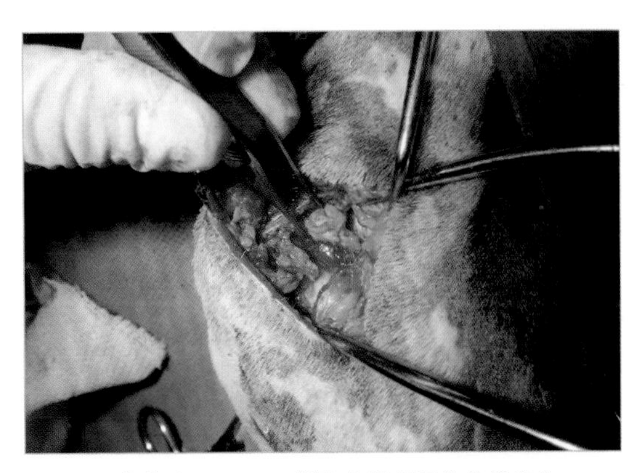

图 7　用安德森（Adson）钳取出股骨颈处的骨碎片

然后，在进行关节囊缝合之前，对伤口进行冲洗和抽吸。臀深肌腱采用可吸收缝合线水平钮孔缝合。用相同的缝合材料连续缝合阔筋膜。其他的缝合按照常规操作进行。

曲马多 3mg/（kg・8h），术后连用 5d。术后没有必要进行背腹位 X 光片的拍摄。

一旦康复，给患宠进行物理治疗以减轻肿胀和恢复患肢的功能，以及缓解前 4 个月异常负重导致的后果（肌肉挛缩、肌肉萎缩和胸腰椎及颈椎体位不当引发疼痛）。

Pirulo 恢复良好，术后 45 天出院。它的肢体在四个月后完全恢复功能，没有更多的疼痛迹象。

病例分析

失误或手术并发症?

在本病例中，出现了几个失误：

- 在肢体处于错误位置的情况下，进行股骨头和股骨颈的切除术，没有对它的解剖结构进行充分的了解和辨识。
- 使用不合适的或质量不好的器械进行截骨术。
- 术后未即刻对患宠进行监护，发现并纠正任何问题或消除并发症。

正确的方法

以下是关于避免股骨头和股骨颈切除术并发症的建议：

- 执行文献中推荐的方法。
- 识别该区域的解剖结构。
- 将固定牵引器（Gelpi）放在切口内，以便更好地暴露手术部位。
- 请一名助手使用手持式牵引器分离术部组织，同时将肢体保持在正确的位置，以便可以进行适当的截骨手术。
- 部分切开股外侧肌（股四头肌的一部分）的起始处有助于更好地暴露股骨颈。
- 在切开骨头后，应该检查切口（通过观察甚至触诊），以确保它是从大转子到小转子的正确方向上。
- 如果触摸到残骨，必须在闭合伤口前将其切除，因为这些碎片会引起疼痛（在患宠处于放松姿态时也可引发疼痛）。
- 如果骨面不规则，可用咬骨钳或锉刀将其磨平。

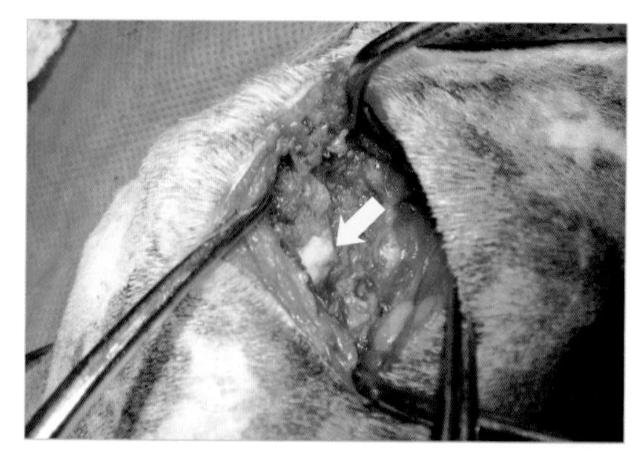

图 8　截骨后股骨的外观。注意从股骨大转子到小转子的切口角度（箭头）

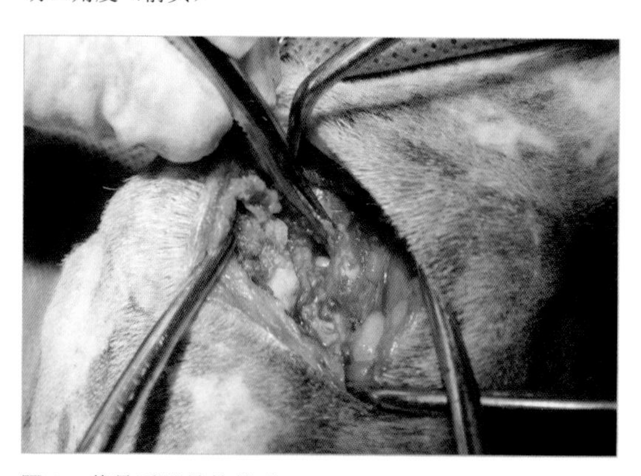

图 9　截骨后股骨的外观

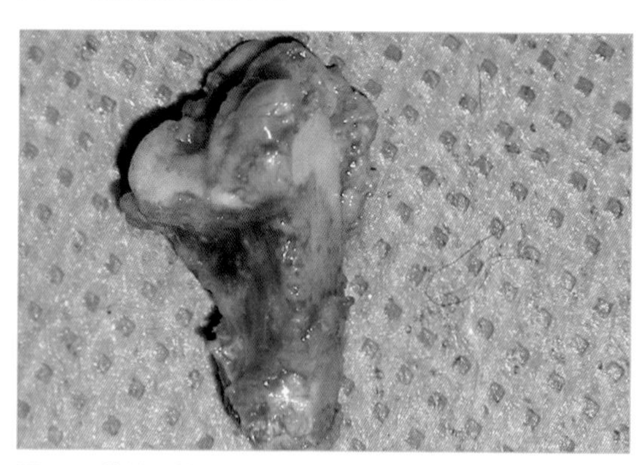

图 10　截骨后的骨碎片，可以看到残留的股骨颈

病例33/胫腓骨骨折后通过骨移植的接骨术

患病率	■■■□□
技术难度	■■■■□

- 失误：骨折固定不充分，没有发现感染，也没有转诊病例。
- 失误的后果：左侧胫骨不愈合。

病例特征

名字	Rocco
种属	犬
品种	杂种犬
性别	公，去势
年龄	7岁

临床病史

主人是通过别的兽医的介绍来到诊所的。Rocco 是一只 7 岁的杂种犬，患有 4 级跛行。两个月前，由于左侧胫骨和腓骨创伤性骨折，Rocco 接受了手术。自受伤以来，一直跛行。

体检时观察到左侧胫骨轴变形，触诊时疼痛和活动。宠主没有手术前的原始 X 光片，但提供了手术后的 X 光片，显示：

- 骨折不愈合（中间 1/3 的横形骨干骨折）。
- 在远端的髓内针（显然是在手术过程中放置的）。
- 慢性骨髓炎的明显放射学征象。
- 一些明显的放射透明区域，可能对应于在初始过程中放置的外部固定器的残留物，这一细节得到了主人的证实。

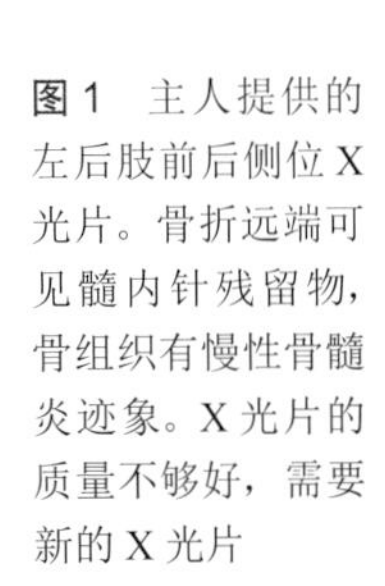

图 1 主人提供的左后肢前后侧位 X 光片。骨折远端可见髓内针残留物，骨组织有慢性骨髓炎迹象。X 光片的质量不够好，需要新的 X 光片

临床经过

物理检查后拍新的 X 光片以评估骨折的情况。X 光片显示出与慢性骨髓炎相似的图像。

在初次手术后 2 个月的随访和第一次转诊期间拍摄的 X 光片（图 2）显示，由于骨折部位的不稳定，延迟了骨愈合。

需要做血象和生化检查，并开始治疗骨髓炎。

解决胫骨不愈合的手术预定在骨髓炎好转后进行（图 2）。

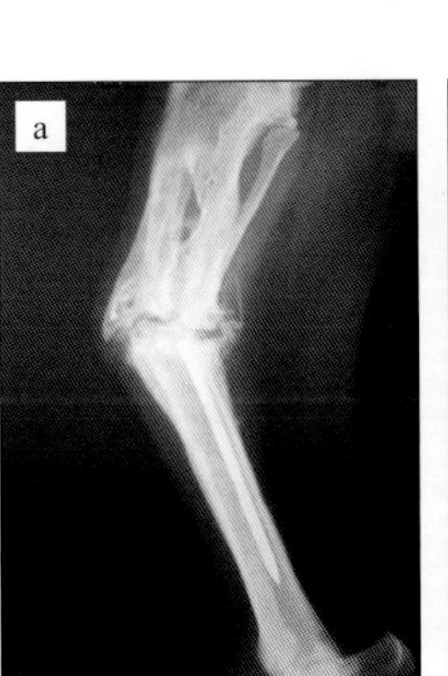

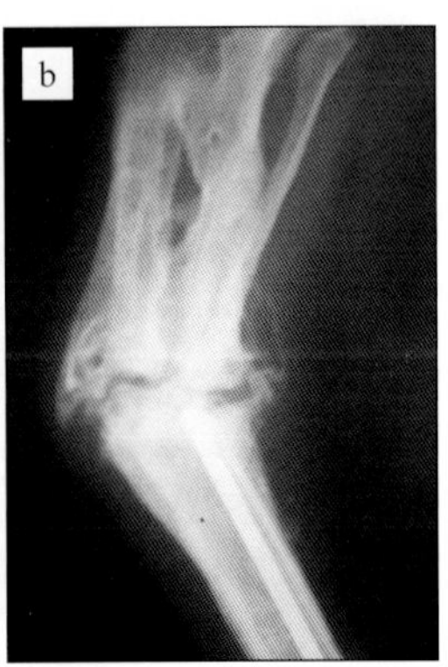

图 2 患肢的内外侧位 X 光片。可见延迟性骨质愈合，伴有腓骨骨折和髓内针（a）；在骨与肥厚性骨不连之间可观察到骨的部分愈合（b）

一旦新的手术方法被认为是可行的，就再次做新的血液测试、凝血时间和常规心脏学评估。所有这些术前检查结果都是正常的，所以安排了手术。麻醉后，对两后肢进行了术部准备（图 3）。

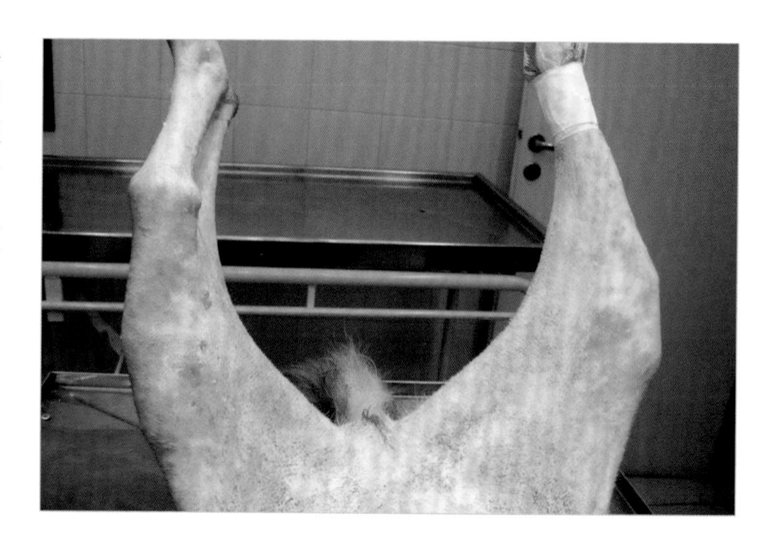

图 3　覆盖后肢的毛发在麻醉状态下被剪掉。注意左后肢的变形

首先，从右侧胫骨获取骨松质，然后将其放置在骨折处。从胫骨近骨骺端的内侧入路（图 4），钻了一个足以让一把精细的刮刀尖端进入的孔。伤口缝合按照常规方法进行。

松质骨组织应在获取后立即使用。直接暴露在环境中 30 分钟会杀死大部分获取的细胞，而浸泡在盐水中会抑制成骨。如果由于任何原因延迟使用，提取的组织应该放在一个无菌容器中，容器内衬着浸泡在患宠血液中的湿润纱布，并用额外的浸血纱布覆盖，直到使用为止。

然后使用左侧胫骨内侧入路（图 5）。

一旦到达骨折部位（图 6），外科医生继续切除纤维组织，寻找髓内半钉，并将其取出（图 7）。钉子和骨头碎片都被送到实验室：前者进行培养和药敏试验，后者进行组织病理学分析，以确定组织类型。在个病例中，纤维组织在增生过程中形态极有可能与骨组织相似，因此必须仔细辨认以排除引发赘生物的可能。

清洗骨折端，置入 3.5 mm 动态压力钢板和 9 枚螺钉，然后置入之前分离的松质骨。在置入第一批螺钉时，用复位钳固定钢板。钢板的放置过程如图 8 所示。

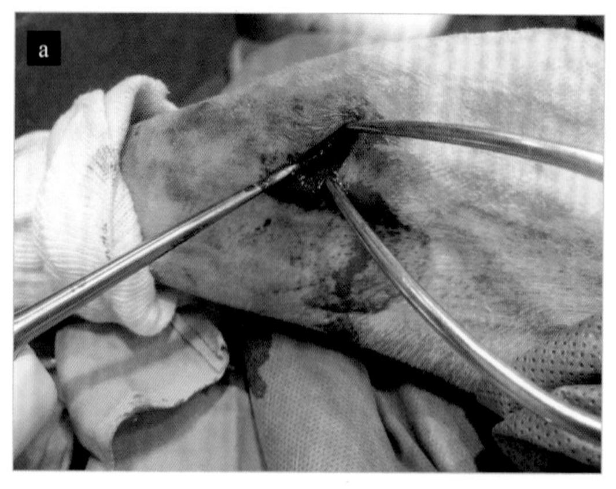

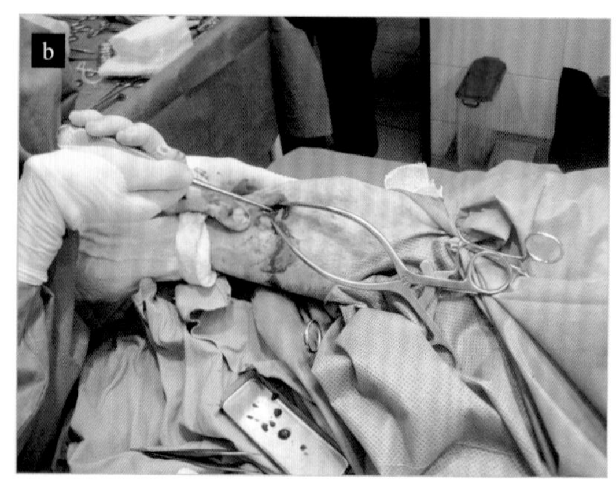

图 4　从胫骨近端骨骺内侧入路（a），从患宠右侧胫骨获取骨松质组织（b）

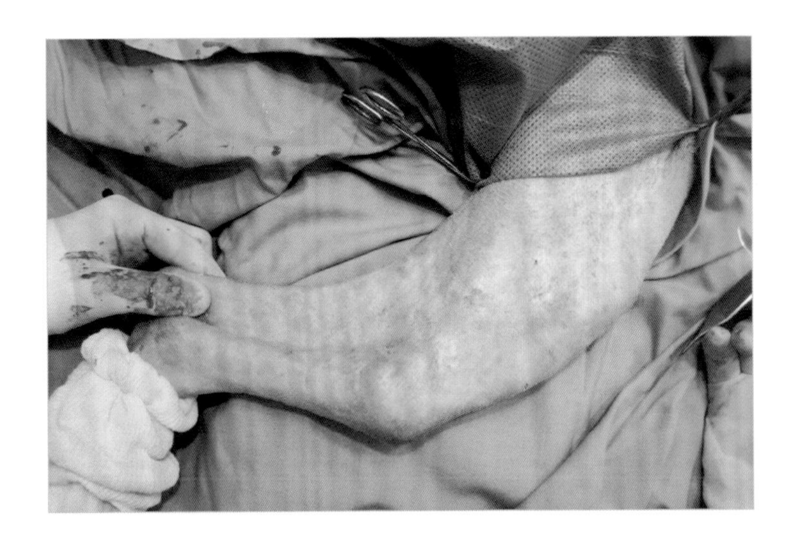

图 5　左胫骨内侧入路

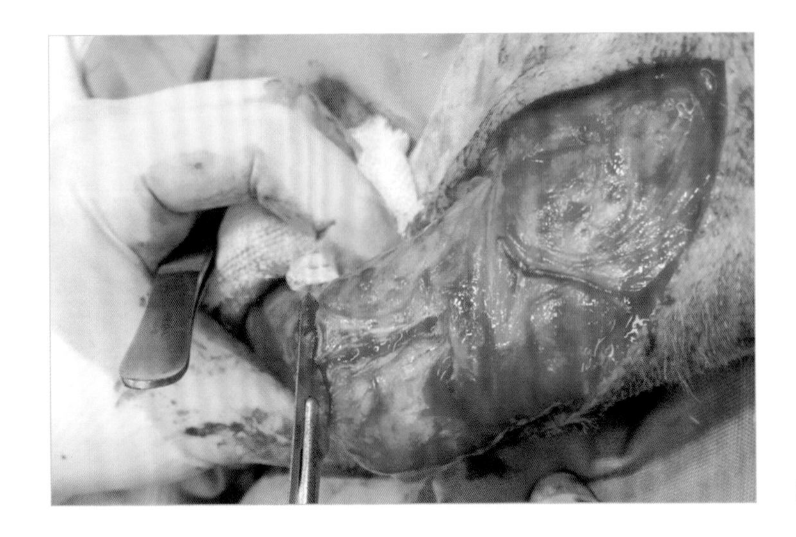

图 6　在骨折部位切开

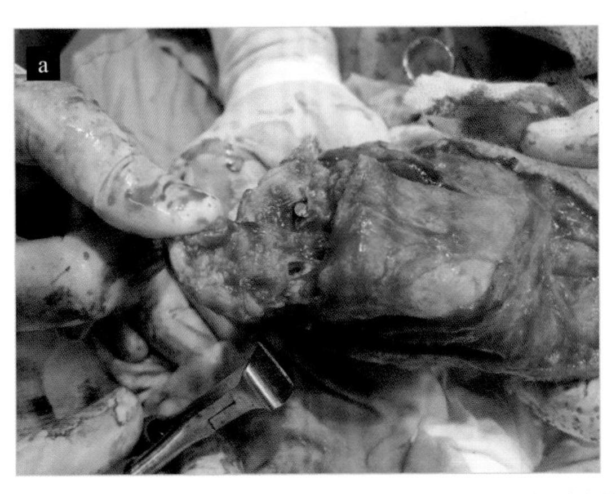

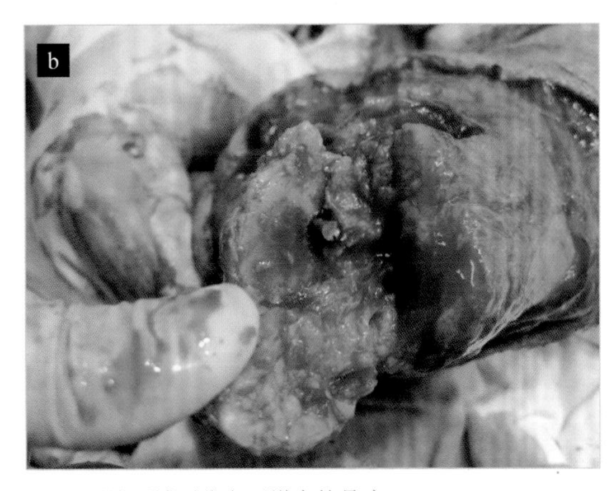

图 7　注意髓内针的残留物。特写图像示出了残留的髓内针（b）和因该区域不稳定而增生的骨痂

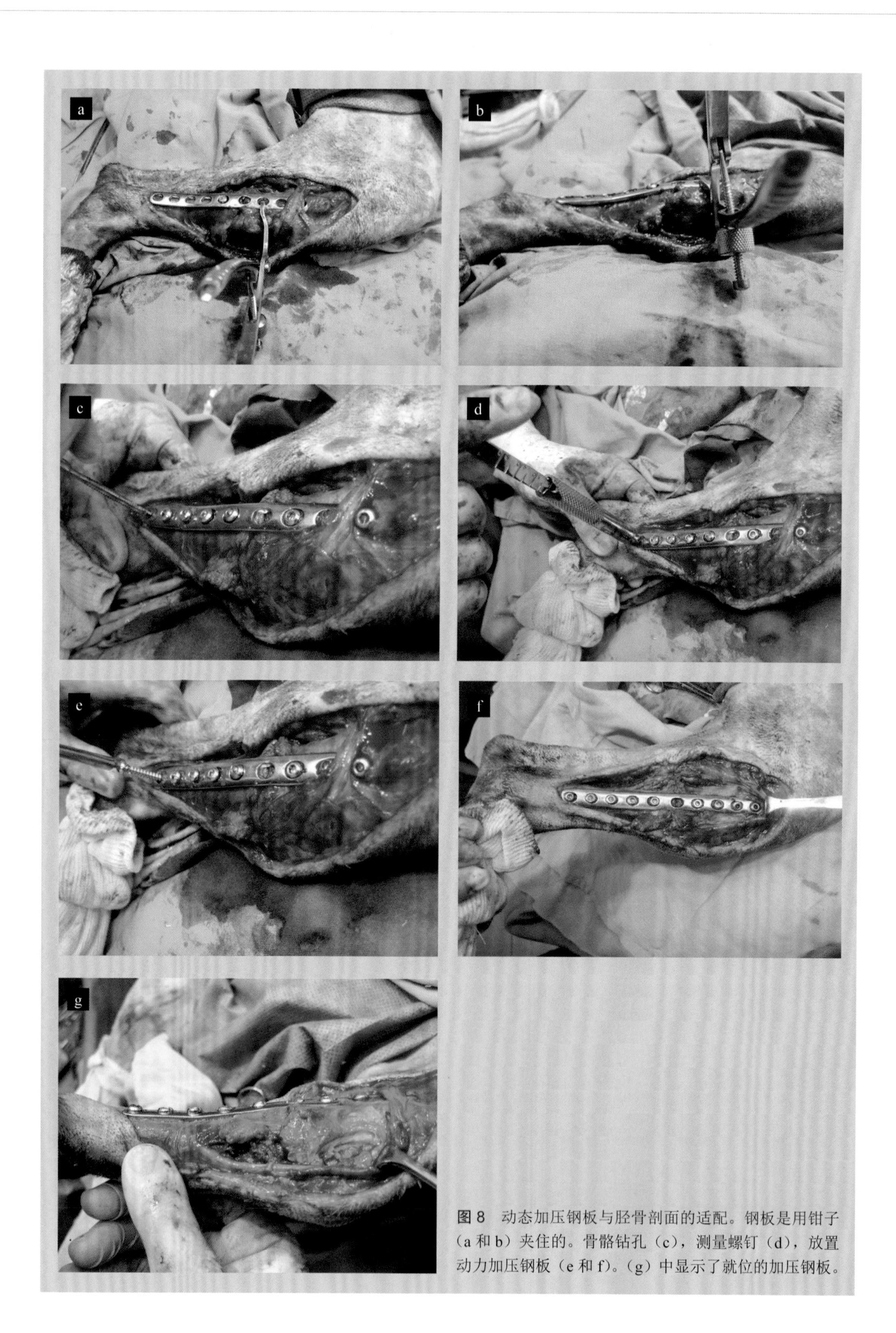

图 8　动态加压钢板与胫骨剖面的适配。钢板是用钳子（a 和 b）夹住的。骨骼钻孔（c），测量螺钉（d），放置动力加压钢板（e 和 f）。（g）中显示了就位的加压钢板。

该区域定期清洗和包扎。在患处放置软垫绷带24小时以减少术后炎症。术后拍X光片（图9），然后每月检查1次（图10）。3个月后确认骨折愈合。

虽然观察到动力加压钢板固结良好，形状正常，但有些螺钉过长，给患宠带来不适。这一点应该被考虑到，特别是当螺钉被放置在几乎没有周围肌肉组织的骨骼中时。

第二次手术于6个月后取出钢板和螺钉。

病例分析

失误或手术并发症？

在本病例中，出现了以下失误：

- 骨折固定不正确。
- 手术无菌和术后护理不足。
- 未能及早发现骨感染并及时治疗。
- 即使面临严重并发症也不转诊，延长了患宠的康复时间，影响了患宠的生活质量。

正确的方法

骨髓炎是骨皮质、骨和髓腔的炎症。它通常由细菌引起，尽管可能涉及其他感染源。

如果骨髓炎是创伤后的，就像本病例这种情况一样，感染源可能是通过在受伤时直接接触、在骨折手术治疗过程中受到污染或从先前感染的邻近组织延伸到感染部位。

如果是慢性骨髓炎，其中有无血管的皮质骨，则应切除骨骼以解决感染，这通常与延迟愈合或骨不连有关。

松质骨移植是日常实践中最常用的移植物类型，用于刺激延迟愈合的骨折，替换粉碎性骨折中的一段断骨，刺激骨折处的血循环，以及提供促进骨愈合的因素。

> 在处理骨折时，必须使用提供极大稳定性的接骨技术，如动力加压钢板或锁定钢板和螺钉。外固定器也可以使用，但是它们比钢板更容易发生微小的移动。

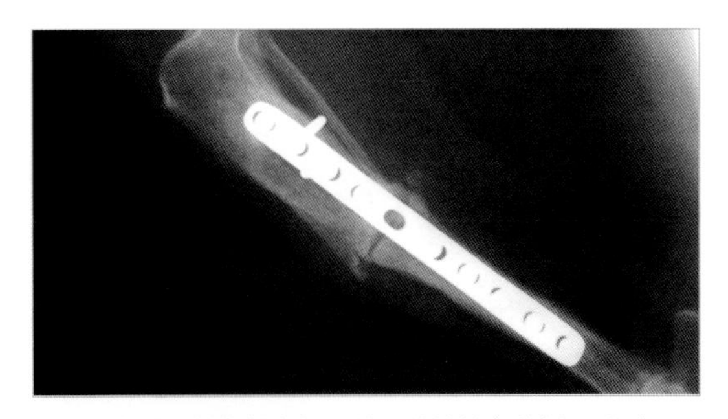

图9 术后即刻拍摄左侧胫骨和腓骨的内外侧X光片

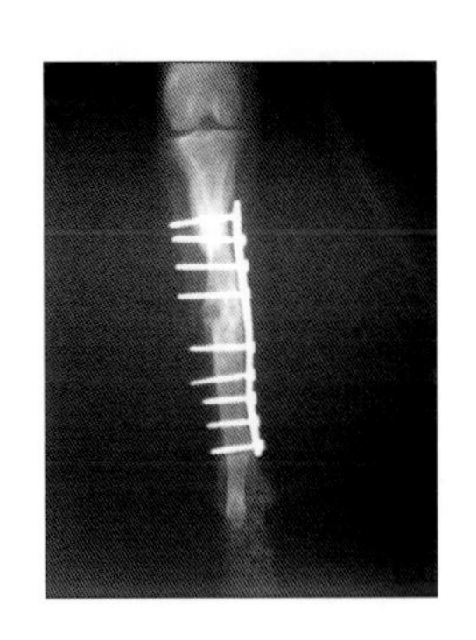

图10 第二次手术后3个月的前后位X光片，可见骨折的愈合。有些螺丝很长，给病犬带来不适

新鲜松质骨的自体移植除了具有良好的成骨潜能外，还能确保移植物的组织相容性和活细胞的存在。松质骨移植可以在感染的情况下存活，尽管在炎性渗出物存在或局部血液供应受到威胁的情况下，其疗效可能会降低。建议在必须增强骨折部位的血液供应并需要促进骨质巩固的情况下使用。

移植物的着床处不能包含坏死组织和血肿。部分移植的松质骨必须放置在受体床的骨松质附近，但不能太紧密，以免阻碍物质的交换。

接下来，取样本进行培养、组织学和组织病理学研究，将骨碎片放入Stuart运载培养基中。根据药敏试验结果选择合适的抗生素治疗。

创伤后骨髓炎的诊断通常不需要对骨骼进行组织病理学检查，但在没有创伤病史的情况下可以进行组织病理学检查，以鉴别感染和肿瘤。

> 在骨感染的病例中，应首先治疗慢性骨髓炎。只有当炎症在临床和放射学上有所改善时，才能进行骨折的固定。

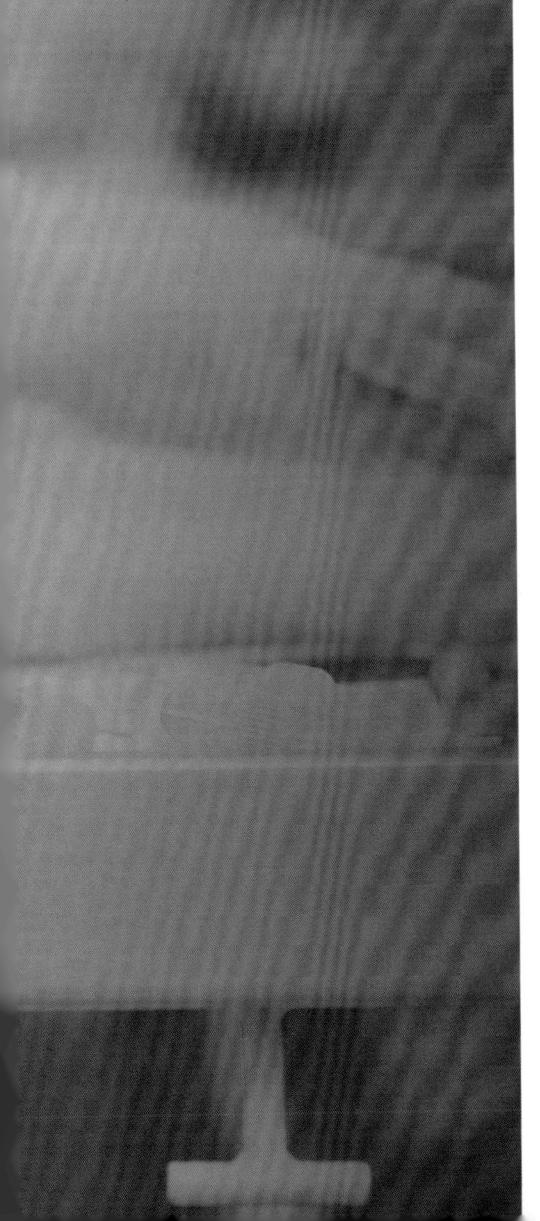

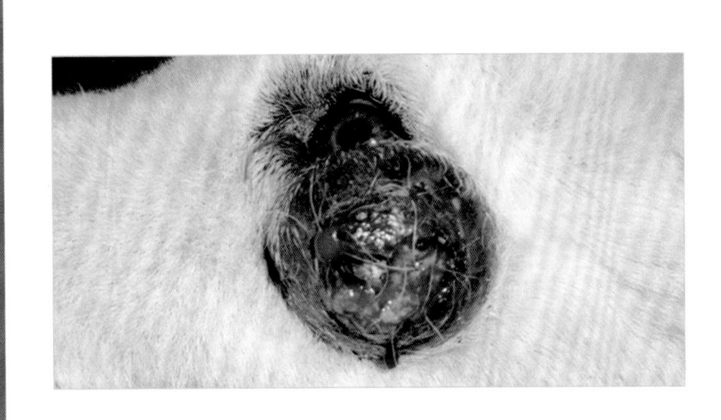

眼科手术失误

病例 34/ 纤维瘤切除术

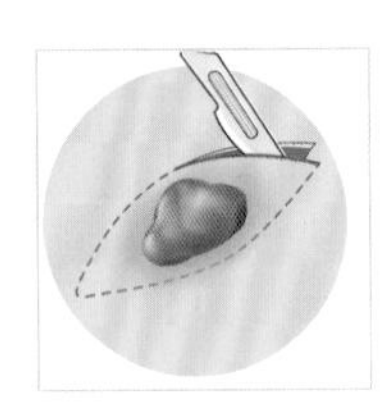

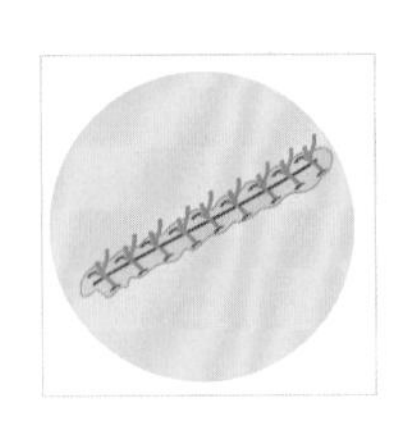

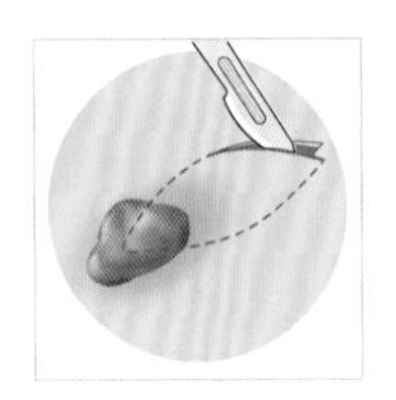

病例 35/ 耳后轴型皮瓣覆盖术

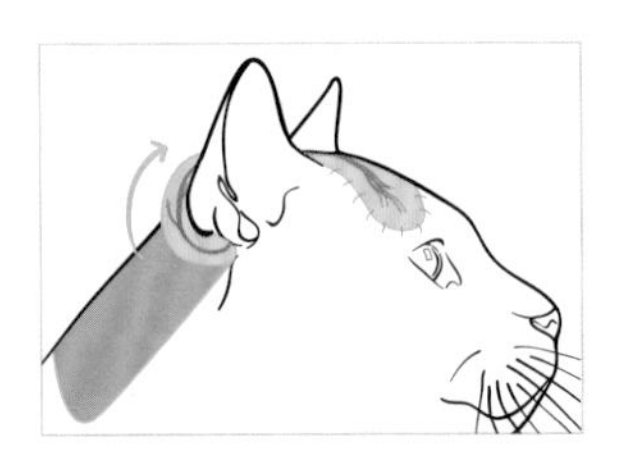

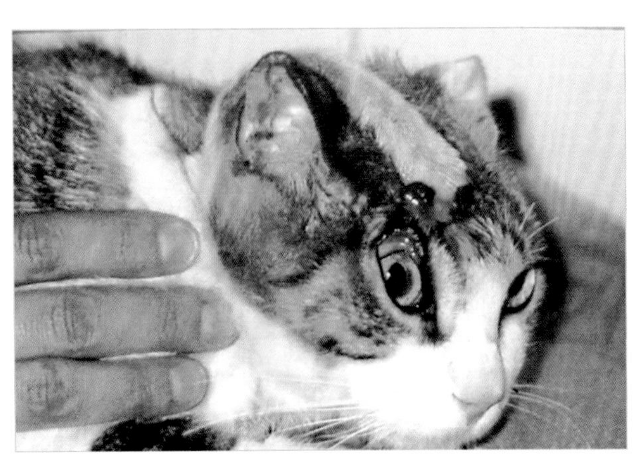

病例34/纤维瘤切除术

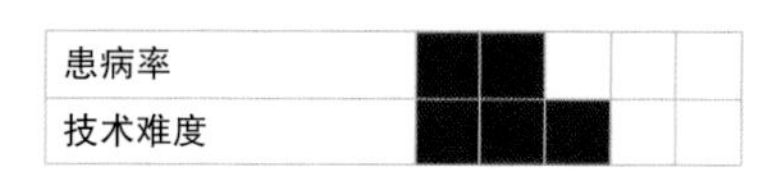

- 失误：左眼的纤维瘤没有在体积小的时候切除。
- 失误的后果：纤维瘤的体积大幅增加。

病例特征

名字	Juno
种属	犬
品种	库瓦兹
性别	公，去势
年龄	9岁

临床病史

在咨询第一家兽医诊所后，主人被告知待 Juno 左眼的肿瘤生长到引起问题时再处理。这项建议的目的是眼睛必须与肿瘤一起被切除。在宠主寻求第二种意见后，患犬被转诊到另一家诊所。

临床经过

Juno 的全身和特殊体格检查显示左眼下眼睑有赘生物（图 1）。其表面发生溃疡但未与下方皮肤粘连（图 2）。赘生物没有波及眼睑游离缘，这为随后尝试切除和修复提供了一个小边缘。在进行了一个完整的眼科检查后与宠主沟通，决定进行切除并做活检（图 3）以获得用于组织病理学诊断的样本，并完全清除眼睑皮肤上的赘生物。另外对样本进行了组织培养和药敏试验。

组织病理学诊断确定它是纤维瘤。

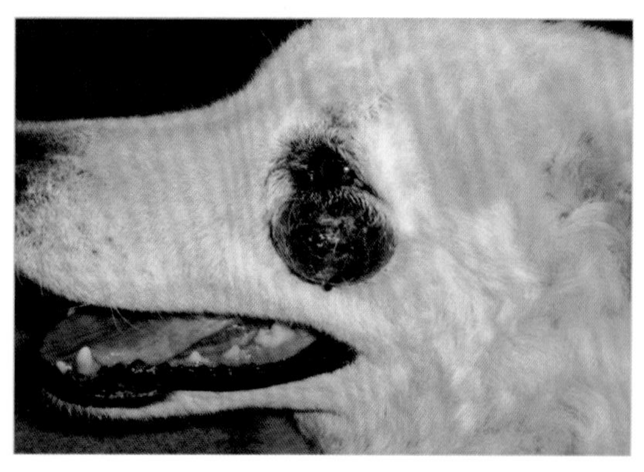

图 1 病犬左眼的外观

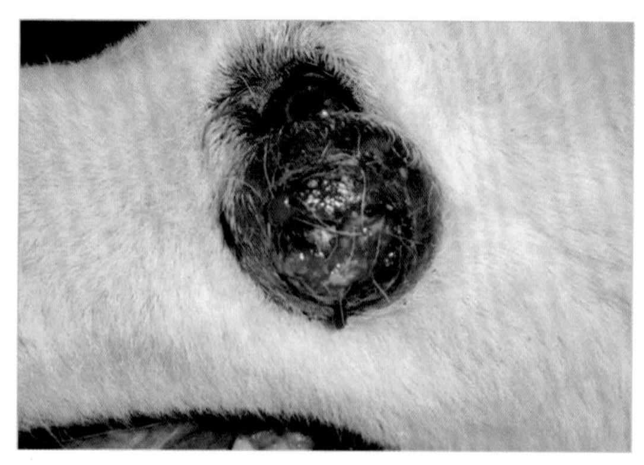

图 2 肿瘤的具体情况

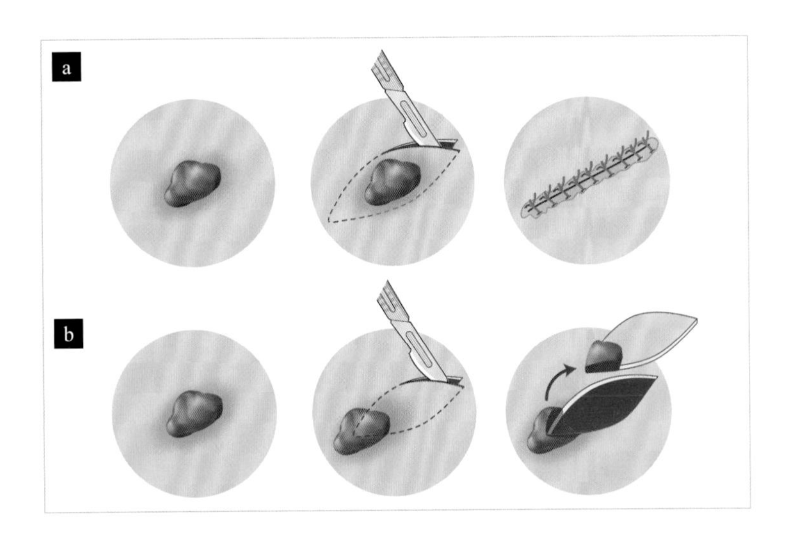

图 3 切口处的活组织检查（a）和切除部活组织检查（b）的差异

病例分析

失误或手术并发症?

在这个病例中，出现了一些临床管理失误。一方面，没有对左眼进行彻底的检查和组织活检，另一方面，尽管患犬在切除赘生物时可能会失去一只眼睛，但主人并没有被提供第二种建议。

如果主人没有寻求第二建议，那么宠物就会失去一只眼睛，或者可能不得不承受正在感染的溃疡组织带来的后果。

纤维瘤发生在所有品种犬中，但主要见于成年犬。它们是良性肿瘤，起源于皮肤和皮下结缔组织中的成纤维细胞。通常是单个肿瘤，多发于四肢、腹侧和头部。它们可以是圆顶形的，伴有肿瘤蒂，并可含有黑色素。它们的质地可能坚硬有弹性（硬质纤维瘤），或者柔软黏稠（软质纤维瘤）。

> 虽然纤维瘤的治疗是有选择性的，但建议进行完整的手术切除，因为它们可以长到相当大。切除通常可治愈。

正确的方法

对患犬适当麻醉并准备好手术区域。在眼睑游离缘区域留出了安全界限并进行赘生物的切除。考虑到肿瘤的基底面不太宽，我们做了一个菱形切口。

控制出血后，通过钝性剥离将皮肤与皮下组织轻微分离，并使用不可吸收的 4-0 单丝缝合材料缝合。一旦患犬从麻醉中清醒过来，就让宠主在患犬身上佩戴伊丽莎白项圈，直到拆除缝合线。建议使用非甾体类抗炎药和局部抗生素。7 天后拆除缝合线。

轻微的瘢痕性眼睑外翻是手术的后遗症（图 4）。可以用沃顿琼斯（V-Y）眼睑整形术来纠正眼袋；然而，由于后遗症没有导致宠物进一步的并发症，宠主拒绝了手术。

图 4 手术后 5 个月 Juno 眼睛的外观

病例35/耳后轴型皮瓣覆盖术

患病率	■	■	■	□	□
技术难度	■	■	■	■	□

- 失误：推荐把眼球切除术作为解决头部开放性创伤和眼睑瘢痕性外翻引起不适的方案。
- 失误的后果：病猫可能会失去眼睛。

病例特征

名字	Suertudo
种属	猫
品种	美国短毛猫
性别	去势公猫
年龄	2岁

临床病史

患猫 Suertudo 因事故而被遗弃（图 1），后来它被新主人发现，新主人决定收养它并负责伤口的初步治疗。患猫整体上状况良好，大多数伤口已经愈合，但作为事故的后遗症，头部仍有一个大伤口没有愈合，右上眼睑回缩，成为瘢痕性外翻。在主人决定寻求第二种意见后，Suertudo 被带到诊所。据宠主说，最初治疗患猫的兽医没有足够的能力和经验来处理这类创伤。兽医称 Suertudo 的眼睑会保持原样，直到它开始引起眼睛问题时必须摘除眼球。同时，兽医曾建议在头部开放伤口涂抹愈合软膏，但不会有明显的作用。

临床经过

患猫的全身和特定体格检查显示右上眼睑外翻。在进行彻底的眼科检查后，确认右眼状况良好。尽管由于上眼睑收缩导致角膜暴露增加，但角膜既不干燥也无损伤，这可能是由于泪膜蒸发的增加及其对角膜表面的直接影响造成的。创伤没有涉及下眼睑游离缘，这可以解释为什么角膜前泪膜完整。泪液管道系统没有受到很大影响，并表现对荧光素渗透良好。

与宠主讨论了使用耳后轴型皮瓣覆盖术将外翻眼睑恢复到正常位置并同时闭合头部伤口的可能性。为了实现这一目标，手术至少需要两步（图 2）。宠主同意了。

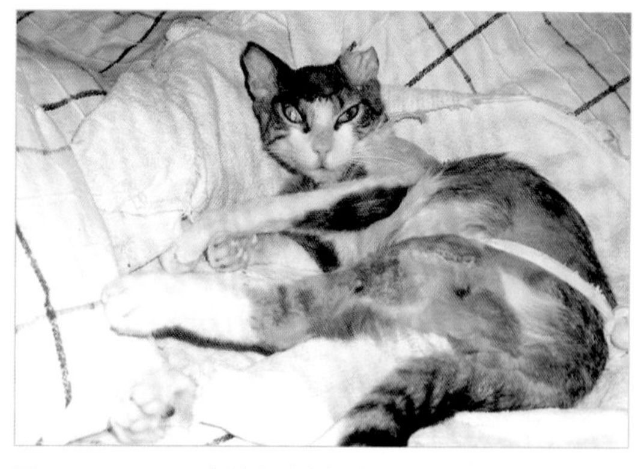

图 1 Suertudo 正在从事故中恢复

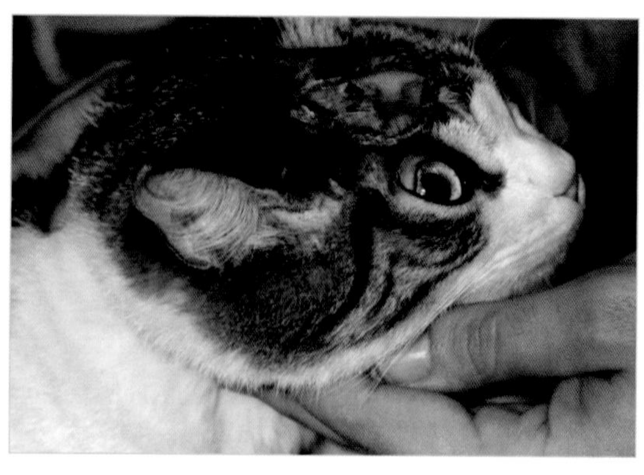

图 2 整形修复前 Suertudo 的外貌

病例分析

失误或手术并发症?

外科医生在伤口愈合初期等待的时间过长，并且没有将病例转诊给另一位兽医，因为颅骨伤口的重建延迟，让眼球异常暴露，丧失了正常眨眼的能力，导致患猫失去一只眼睛。

即使在熟练的外科医生的手中，面部缺陷的重建术也是一个严峻的挑战。因此，查阅文献并了解该部位的解剖结构，以及仔细检查患猫对于取得成功非常重要。不能忽视与宠主的沟通，以便他们更好地了解并能够做出最适合他们宠物的决定。

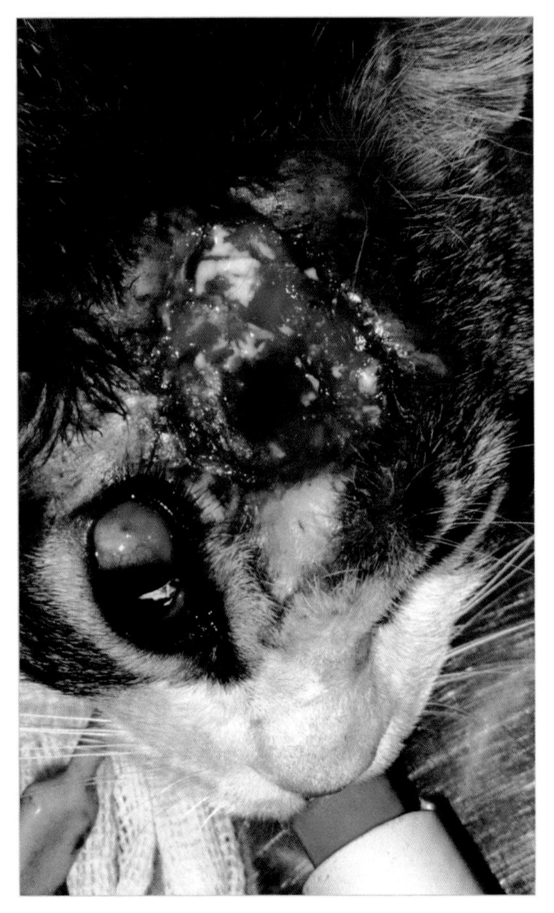

图 3　病猫在麻醉状态下剪去毛发并清洁

正确的方法

对患猫充分麻醉并准备好手术区域。剪掉 Suertudo 头颈部的背侧和外侧毛发以便于取皮瓣（图 3）。

手术首先清除头部背侧区域的结痂并对伤口进行常规清洁。进行清创手术，直到皮瓣的基底接触部位毛细血管轻度出血。用纱布按压控制出血。

接下来，建立了一个耳后轴型皮瓣（图 5）。这种类型的皮瓣用于重建颈部和头部后背侧区域的皮肤缺陷。它也可以延伸以覆盖眼眶区域的缺陷。皮瓣包含耳尾动脉和静脉，位于耳前毛状软骨基底尾部 1cm 处，与寰椎翼水平。

将宽大的基底皮瓣向背部翻转。将它朝向头部并以扇形展开覆盖颅骨部位的缺损。通过钝性剥离术缓解了右眼上眼睑的牵引力（图 6）。

> 皮瓣必须取自健康的肉芽组织，或者位于没有痂皮或感染的皮肤，保证具有足够的血管发育能力以产生肉芽组织。这一血管表面可以通过外科手术创造，也可以是通过手术清洁的表面。

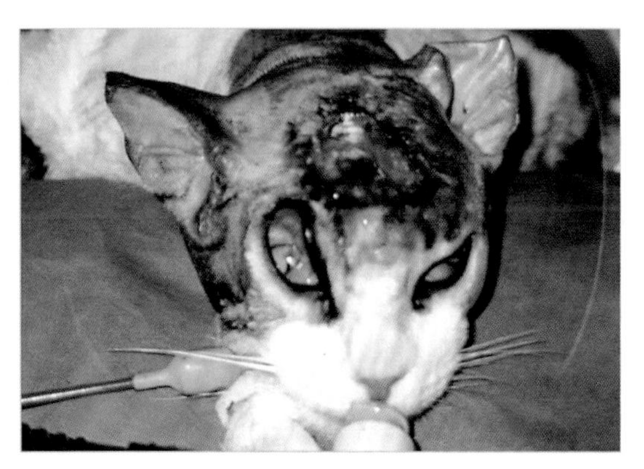

图 4　准备手术的病猫。在清洁和消毒过程中，清除头部上的部分结痂。可以更详细地观察瘢痕性外翻

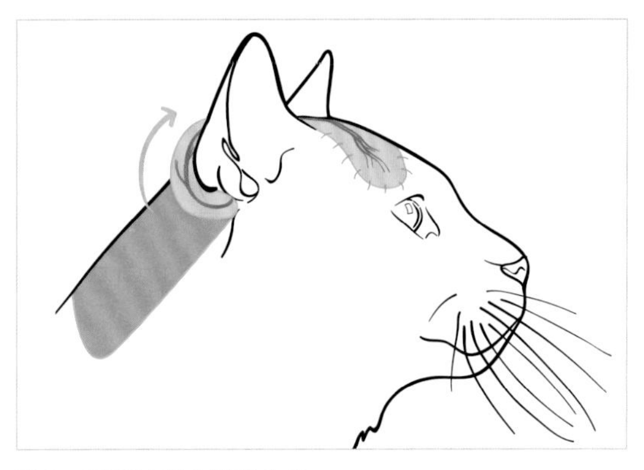

图 5　耳后轴型皮瓣覆盖术

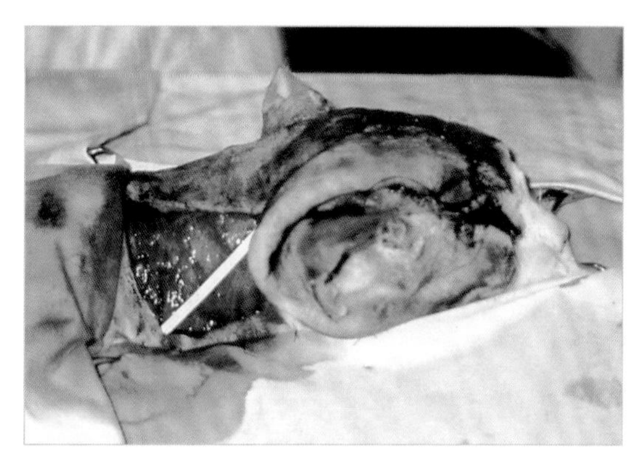

图 6　皮瓣转移到颅骨上并缝合。患处引流

使用 4-0 可吸收和不可吸收的单丝缝合材料缝合皮瓣。采用可吸收缝线材料将皮瓣的皮下组织固定于受体基部的结缔组织和眼睑组织下层。使用不可吸收的材料将皮瓣缝合到颅骨和眼睑的皮肤上。将纱布垫放在该部位并用缝线固定（绑扎绷带）以增加皮瓣表面与颅骨之间的接触（图 7）。

将皮瓣其余部分的边缘缝合在一起，使扁平皮瓣变成管状。

将取皮瓣的部位缝合两层，并放置潘罗斯引流管排出组织层间的液体。使用 3-0 可吸收缝合材料缝合皮下组织层，并使用 3-0 不可吸收的缝合材料以单纯间断式缝合皮肤。有时，供区两端以 Y 形缝合，中间部分缝合成线形。

手术后，给予患猫注射抗生素治疗 2 天，然后口服抗生素治疗 7 天。告知宠主使用非甾体抗炎药并在伤口局部涂抹抗生素，并建议 Suertudo 佩戴伊丽莎白项圈，直到缝合线被移除。

手术后约 48 ～ 72 小时进行随访，观察到颅骨上皮瓣的最外缘及侧缘具有小的缺血区（图 8）。

用棉签清洁该部位，并涂抹愈合软膏。尽管仍然可以看到眼睑萎缩，但该部位愈合良好（图 9）。手术后 10 天拆除缝合线。

在两次外科手术间对右眼进行了定期复查，以避免不必要的并发症。在没有其他改变表明需要用药的前提下，要求宠主保持该部位的卫生。泪液分泌良好，有助于保持角膜良好的健康状态。如果有必要，可能会用人工泪液。

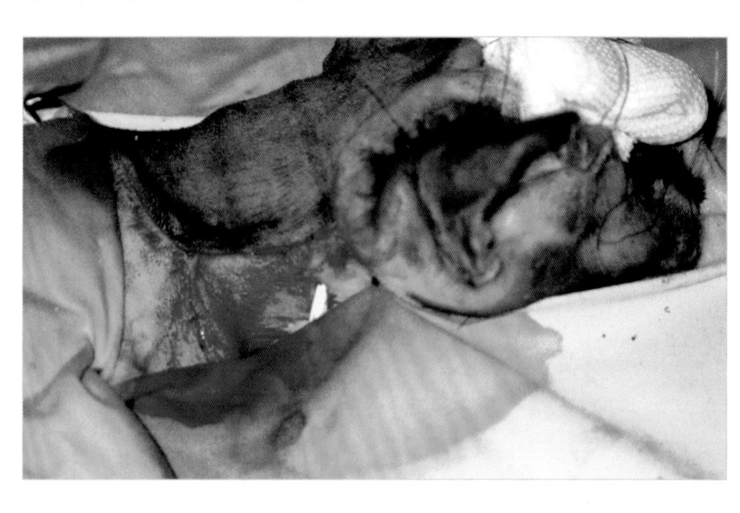

图 7　用缝合线将纱布固定在移植部位，以促进皮瓣附着于受植皮肤基底部位

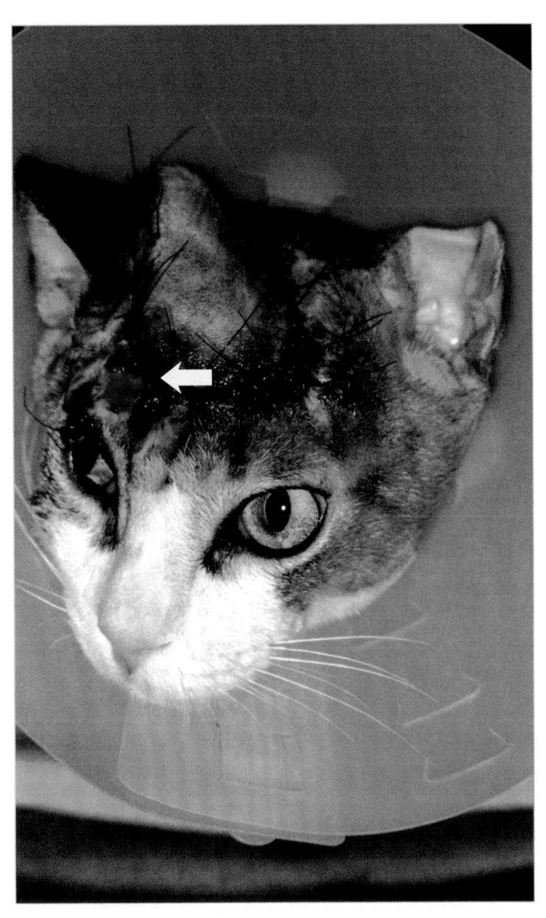

图 8　皮瓣侧缘缺血区（箭头）

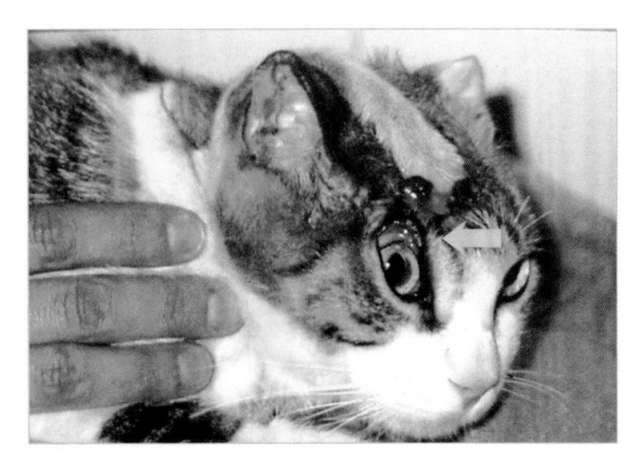

图 9　愈合过程中在皮瓣外侧缘的缺血区（箭头所指）

图 10　观察到创伤区域愈合并生长出毛发

在病猫康复后，只要发现皮瓣很好地生长在新的位置，Suertudo 将准备进行第二次手术。

将病猫麻醉以便在皮瓣上进行操作，此时皮瓣呈管状。将皮瓣在轴型基部切开，并向眼睑背侧移位。在该处将皮瓣游离端伸展并缝合到右眼睑背部的皮肤游离缘。因为疤痕组织不再对眼睑施加牵引力，矫正了眼睑外翻，因此眼睑回缩到先前位置（图 11 和图 12）。使用伊丽莎白项圈，直到 10 天后拆除缝合线。

在最后阶段，将管状皮瓣切开并缝合复位，使其在额部缺损部位和右眼上眼睑之间形成带状组织（图 13）。7 天后拆除缝合线。

最后一步程序暗示，当皮瓣的毛发长出来后，它按照原来的方向向眼睑生长。因此指导宠主保持该区域毛发较短以避免并发症。纠正了外翻并且成功覆盖了头骨部位裸露皮肤（图 14 ～图 17）。

如果没有寻求第二种意见，Suertudo 会失去一只眼睛，并且可能遭受头部组织长期溃烂的后果。

这种类型的皮瓣最常见的并发症是血管的扭结或部分扭转，从而影响血液供应。这将导致皮瓣因全部或局部缺血坏死。

*

动脉或静脉阻塞可导致皮瓣蒂坏死达 50%。在两种血管中，静脉阻塞比动脉阻塞更常见，并产生影响正常血液循环的血栓。

> ✱ 死腔的存在可能导致组织产生不利于皮瓣存活的积液。

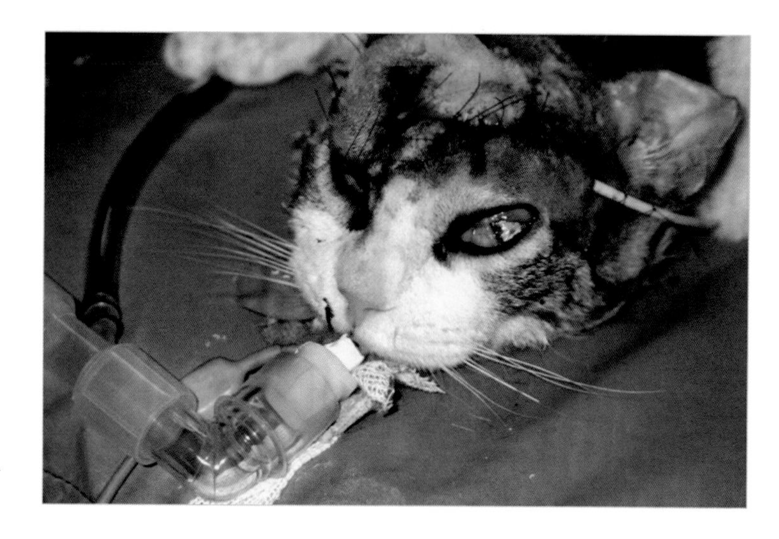

图 11 皮瓣缝合在新位置。左侧放置引流导管

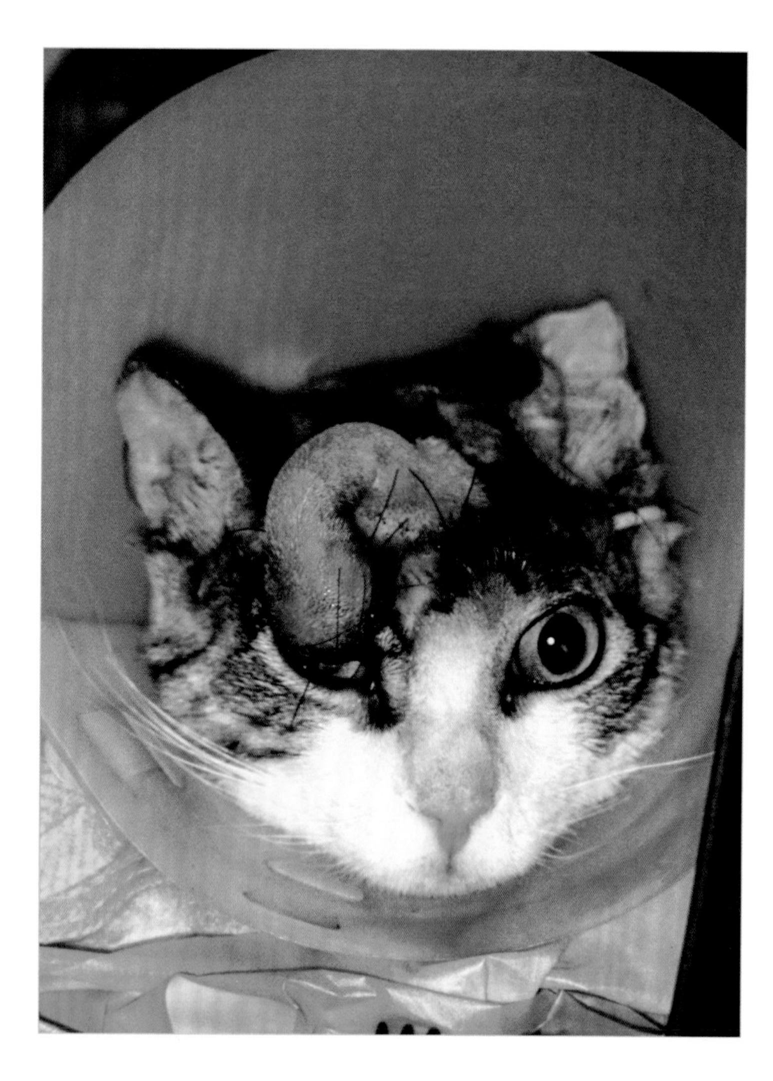

图 12 眼睑上的管状皮瓣

图 13　最终痊愈

图 14　术后 5 个月（一）

图 15　术后 5 个月（二）

图 16　术后 4 年

图 17　术后 8 年

本类手术的轻微并发症包括肿胀、伤口局部裂开和皮瓣尖端坏死。皮瓣尖端的部分裂开和局部缺血坏死需要二次手术治疗，但有时如本病例所示，等待和监测康复过程中的继发性问题可能会带来积极的结果。这些皮瓣通常愈合，没有其他并发症，达到可接受的美观度和功能效果。

外科医生应遵循文献中关于创建皮瓣蒂的指南。

> ✱ 如果没有合适地创建皮瓣，它可能不含有伴行血管，或者可能缺乏存活所需的血液供应。

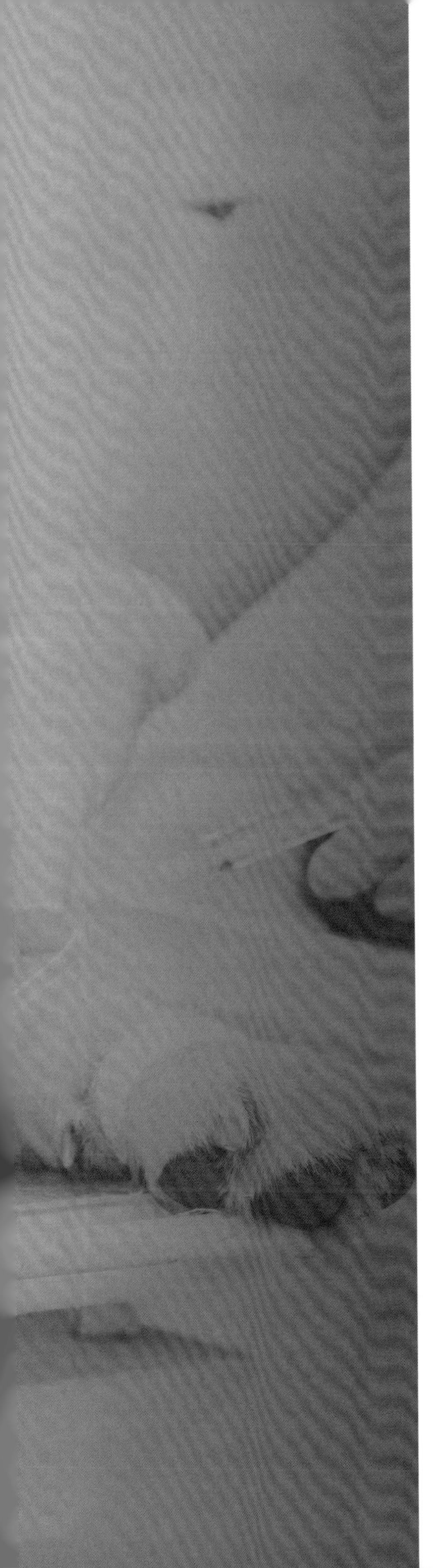

肿瘤手术中的失误

病例 36/ 眼睑肿瘤切除术

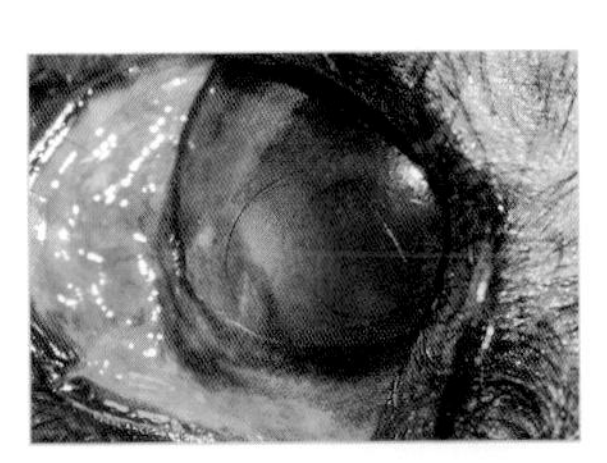

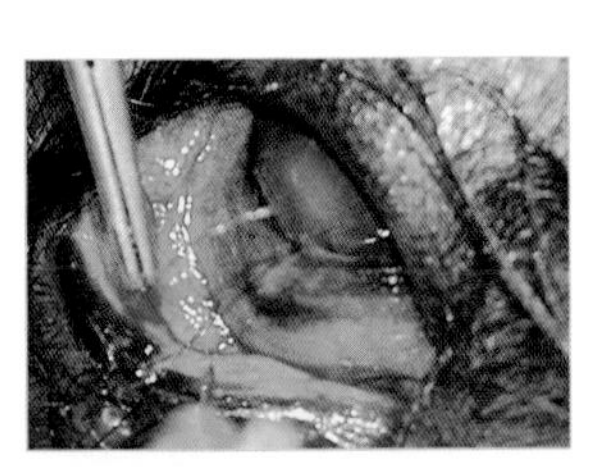

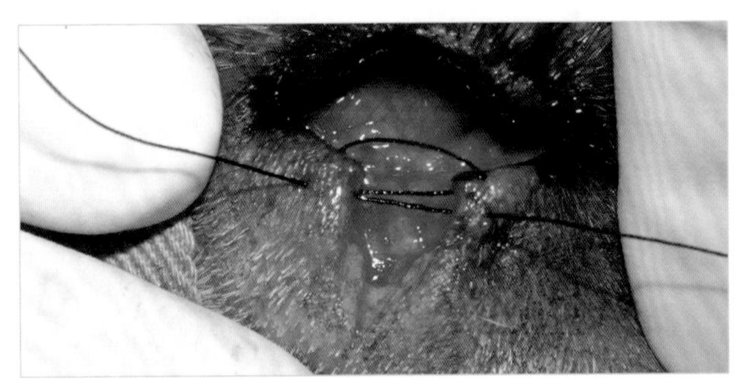

病例 37/Z 字成形术

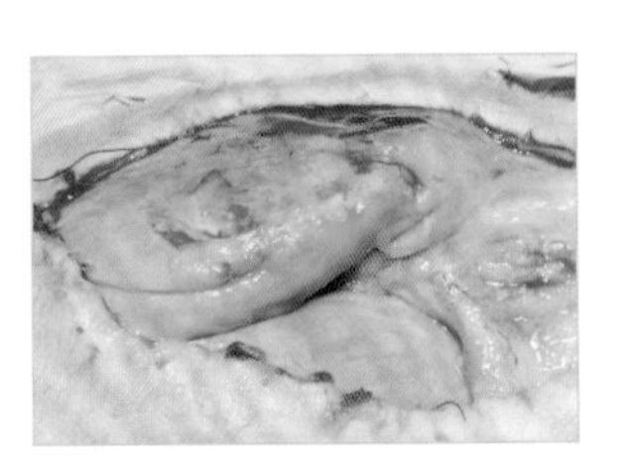

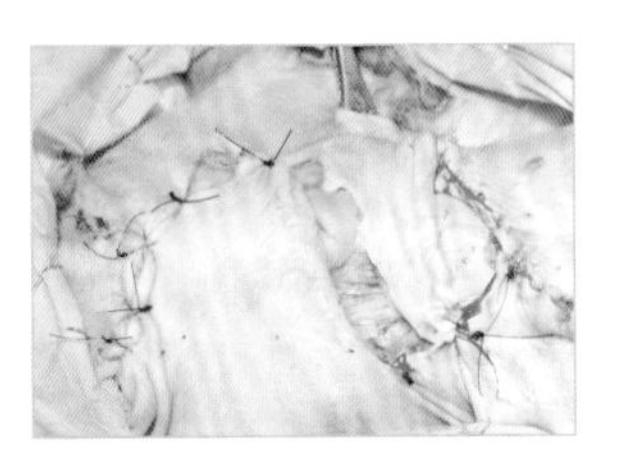

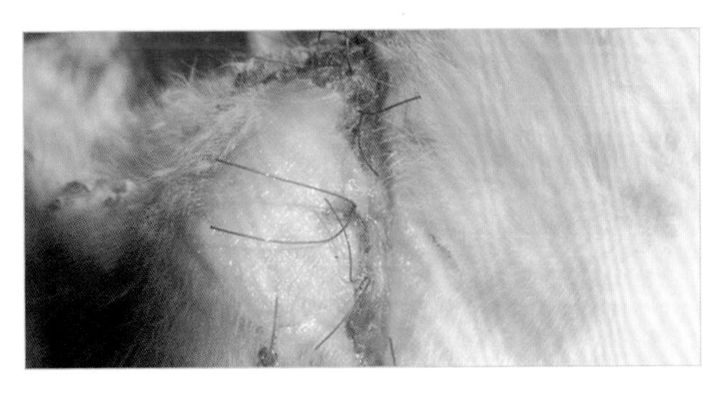

病例36/眼睑肿瘤切除术

患病率	■■□□□
技术难度	■■□□□

- 失误：将最初的手术不适归因于术后炎症。
- 失误的后果：眼部疼痛，角膜损伤，眼球穿孔。

病例特征

名字	Otto
种属	犬
品种	雪纳瑞
性别	公
年龄	6岁

临床病史

Otto因右眼下睑缘肿瘤，在接受手术7天后被送至诊所。

术后第二天它便开始出现眼部不适与疼痛，这些症状最初被归因于术后眼睑发炎。

由于药物治疗无效且伴有严重的眼睑痉挛和泪液分泌过多症状，因此患宠被转诊（图1）。

图1　患宠右眼剧痛。在进行眼睑外部检查时，观察到前一次手术中的单丝缝合材料（箭头所指处）

临床经过

使用麻醉滴眼液，以便检查眼表。下眼睑结膜轻度充血，在角膜的腹侧和中央部分可见一个被荧光素染色的巨大缺损（图2）。

由于角膜缺损可能是由眼睑手术造成的，因此对眼睑内侧进行了仔细检查。在眼睑下部发现了导致角膜损伤的缝合线（图3）。

在本病例中，需要去除所有的缝合线，并确保眼睑内侧没有留下任何缝合材料（图4）。

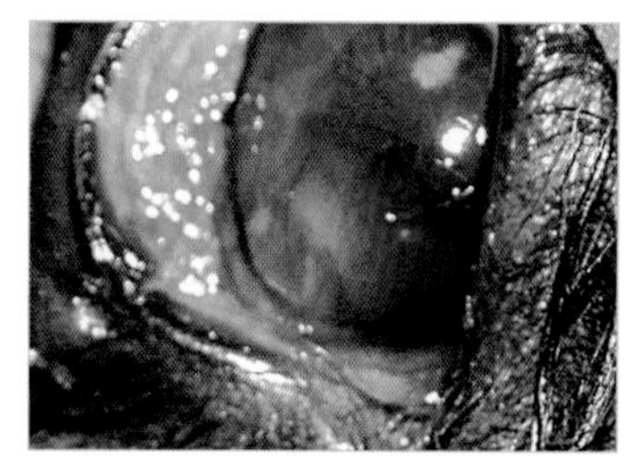

图2　眼表检查发现角膜中央腹侧区域有一个巨大缺损

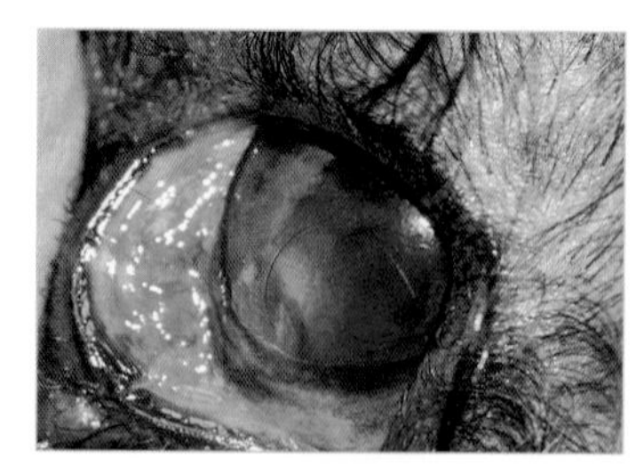

图3　磨损角膜的部分缝合线位于眼睑下部

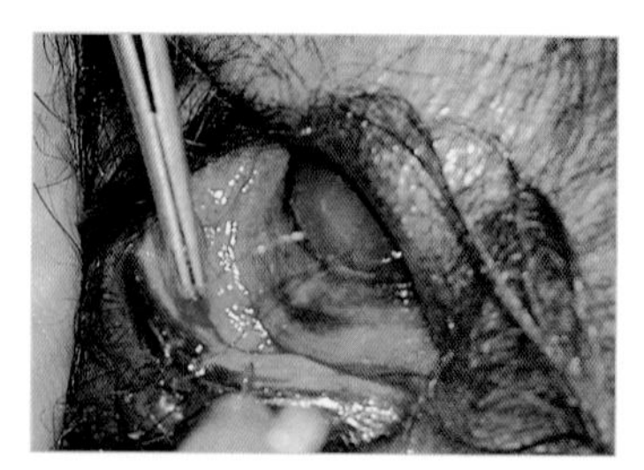

图4　小心剪断线结并去除缝合线，尤其是位于眼睑内侧的部分。其中一段缝合线与角膜直接接触

由于角膜病变不深，这个问题的解决方案很简单。一旦缝合线被拆除，并结合以下治疗方案，角膜会迅速愈合：

- 氯霉素滴眼液，每 8 小时滴 1 滴。
- 人工泪液，尽可能频繁地滴。
- 睫状肌麻痹滴眼液，每 12 小时滴 1 滴。

通过拆除磨损角膜的缝合材料，该问题得以解决，患宠治疗效果良好。角膜病变在 10 天后愈合（图 5）。

此病例中，没有造成严重后果，但在类似病例中，角膜病变可能更严重，并导致后弹力膜膨出，甚至可能造成眼睛穿孔，这就需要进行复杂的角膜重建手术来解决。

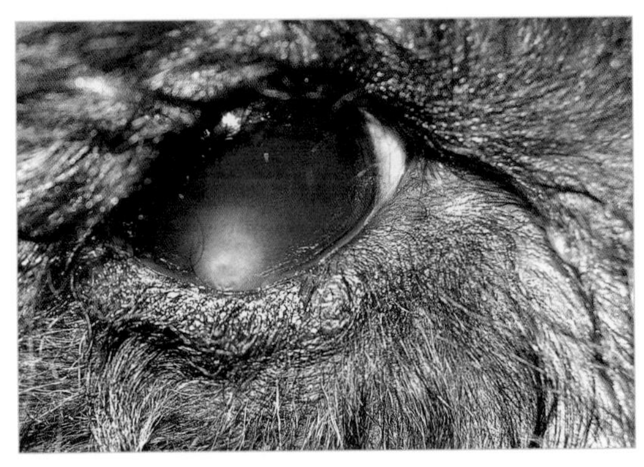

图 5　10 天后，荧光素染色呈阴性，给予地塞米松滴眼液以减少瘢痕形成（1 滴 /8 小时，持续 2 周）

病例分析

失误或手术并发症?

Otto 的角膜病变是在切除肿瘤后缝合下眼睑时出现失误而造成的。眼睑缝合应包括睑板膜，但不应包括结膜，以避免缝合材料与角膜相接触。如果缝合线穿过结膜，其与角膜的摩擦会引起疼痛，并可导致包括眼穿孔在内的重大损伤（图 6 和图 7）。

正确的方法

要使眼睑缝合稳定，必须包括睑板膜，睑板膜是结膜的一部分。但是，我们应该尽量避免让缝线穿过结膜，这种情况一旦发生，缝合材料将与眼睛表面接触，这可能导致非常严重的角膜损伤。

> 眼睑肿瘤切除术是小动物诊疗中常见的外科手术。一般来说，由于眼睑有丰富的血液供应，伤口愈合很快，感染的概率也很小，所以手术效果很好。

观看视频 5
眼睑肿瘤的高频电刀切除

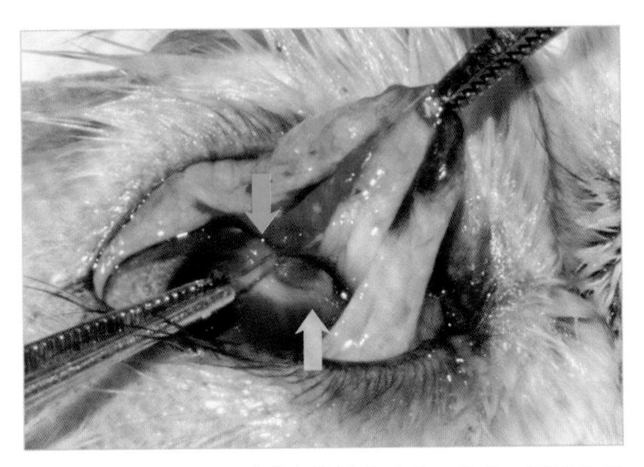

图 6　该患宠进行了瞬膜上的外科手术。其中一根缝合线与角膜接触（蓝色箭头）并导致了后弹力膜膨出（黄色箭头）

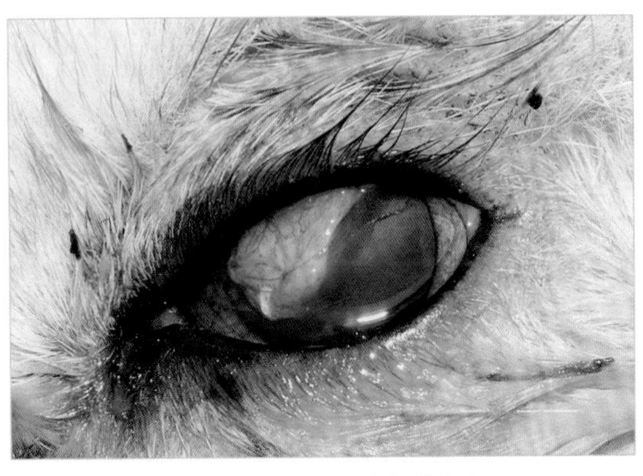

图 7　在上部做滑动结膜瓣以治疗角膜病变

图 8 所示是闭合睑缘创面的最佳缝合方法，因为此法能很好地对合睑缘。

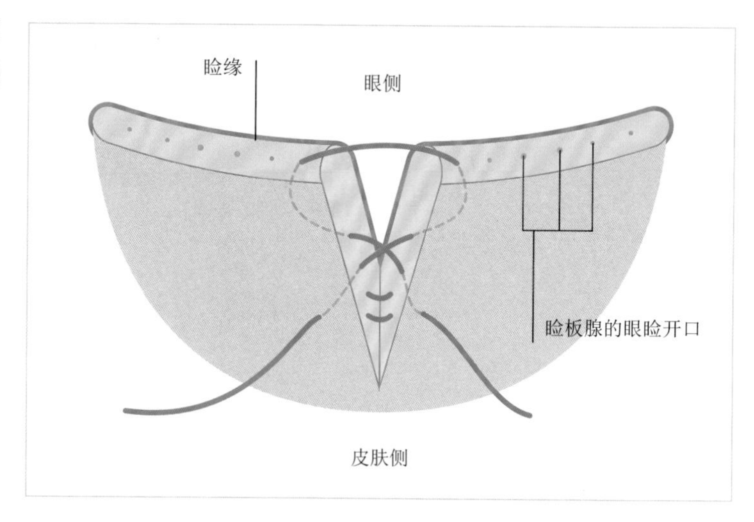

图 8　缝合睑缘的正确操作

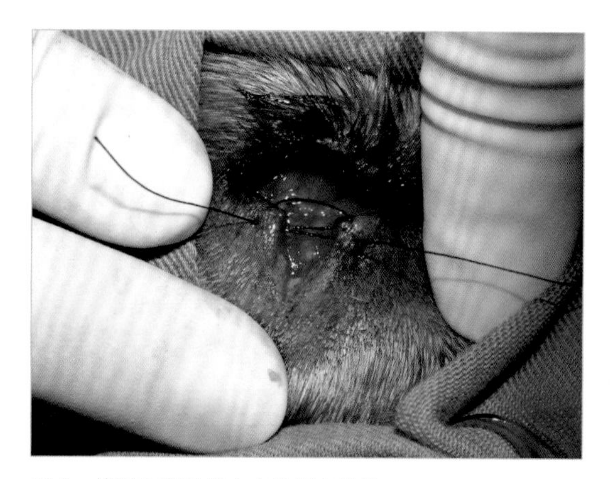

图 9　按图 8 所示缝合方法闭合睑缘

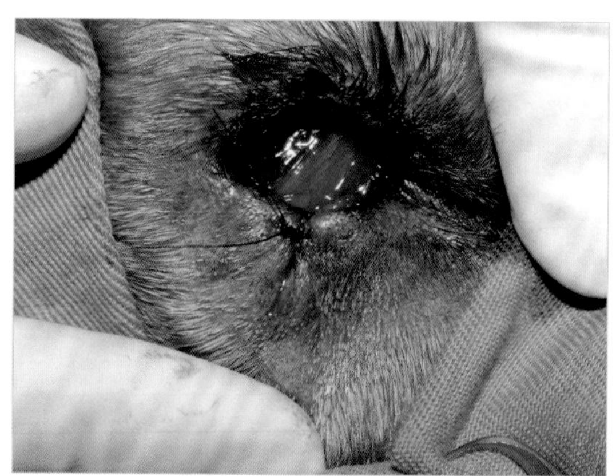

图 10　图 8 所示缝合方法能很好地对合睑缘

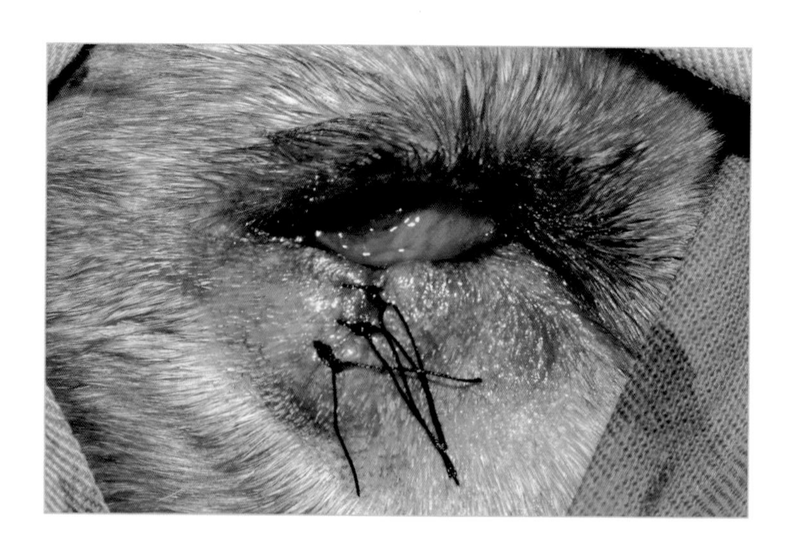

图 11　缝合完毕后的伤口外观

病例37/Z字成形术

患病率	■■■□□
手术难度	■■■□□

- 失误：缝合伤口边缘张力过大。
- 失误的后果：伤口裂开。

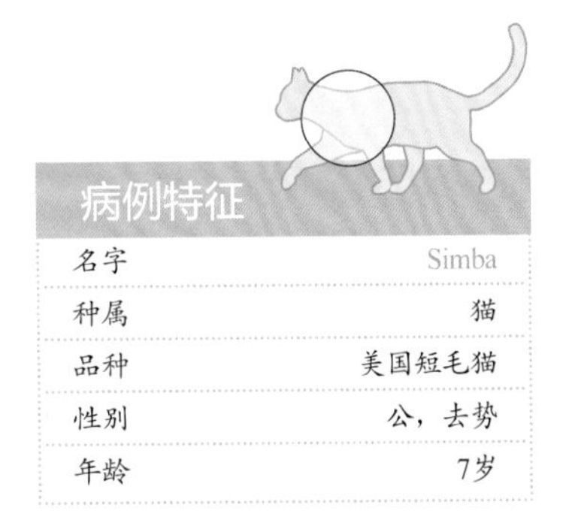

病例特征	
名字	Simba
种属	猫
品种	美国短毛猫
性别	公，去势
年龄	7岁

临床病史

患宠是一只名叫Simba的公猫，在肩胛间区域接受了皮下疫苗注射。

因注射引发了肿瘤，通过细针活检诊断为肉瘤。经主人同意，对患宠进行手术，对患部肿瘤进行广泛切除。放射学检查未见肺部肿瘤转移和骨棘突生长。组织学分析证实此为纤维肉瘤。

临床经过

在初始手术中，对受影响区域进行了范围长达3cm的广泛切除，包括对相邻的肌肉腱膜的切除。鉴于肿瘤尺寸较小（约8mm）且无任何明显的内部病变，未对棘突和肩胛骨进行处理。

切一个纵向椭圆形切口，放置牵引线，并用橡胶管包裹牵引线以减少对组织的张力。然而，10天后伤口尚未愈合，且皮肤边缘分离更加严重（图1）。

采用Z字成形术修复伤口。

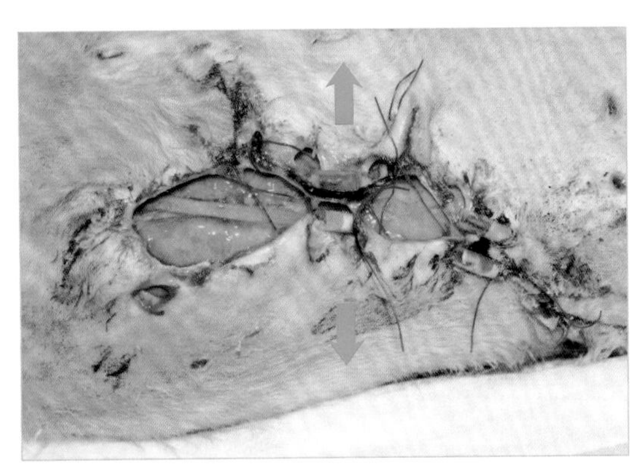

图1 在受张力作用的组织中，伤口开裂是非常常见的。事实上，张力会导致缝合线松脱或导致撕裂、缺血或组织坏死。图中箭头表示的是胸腔背侧区域所受的张力线

> 感染部位的肉瘤应切除，边缘应扩大2～3cm。

病例分析

失误或手术并发症?

原则上，肩胛间区域的外科手术及其愈合过程不应引起任何问题，因为该区域的皮肤活动方便，可以避免缝合张力。

然而，对该患宠而言，为清除患病区域，必须进行相当广泛的切除，以改善预后并将复发的可能性降至最低。

对于猫来说，注射部位的肉瘤在局部水平上比其他肉瘤更具侵略性。因此，应尽快手术治疗，切除病灶周围2～3cm的肿块以及与之相连的筋膜。应在初次手术中切除，因为若肿瘤复发，二次手术的治愈概率会更小。

> ✱ 伤口不应与皮肤张力线垂直，以防止伤口边缘裂开，也能使瘢痕组织的形成更加稳定。

在 Simba 这个病例中，伤口边缘所受到的张力导致了伤口开裂。外科医生应该使用皮瓣将张力降至最低，尤其是此病例中伤口垂直于胸廓的张力线。

如果怀疑伤口边缘张力过大，应设计皮瓣或切口成形术，以尽量减少张力，确保组织愈合。

正确的方法

垂直于张力线的伤口很可能会出现开裂，特别是在皮肤缺损严重的情况下（图 2）。

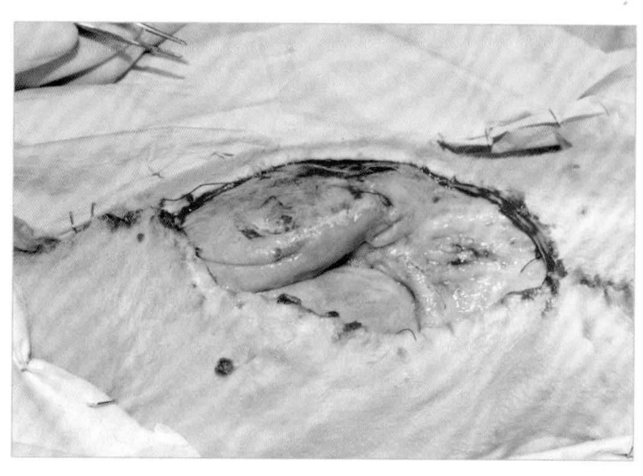

图 2 去除缝线后伤口外观

如图所示，Z 字成形术可避免缝合线与张力线保持垂直。此法可用于解决 Simba 这样的病例。

Z 字成形术可改变伤口方向，使之与张力线平行。创建两个三角形的皮瓣，覆盖在缺口处，使缺口中间部分处于松弛状态。皮瓣是通过在伤口两侧平行于张力线的两个切口来创建的（图 3）。

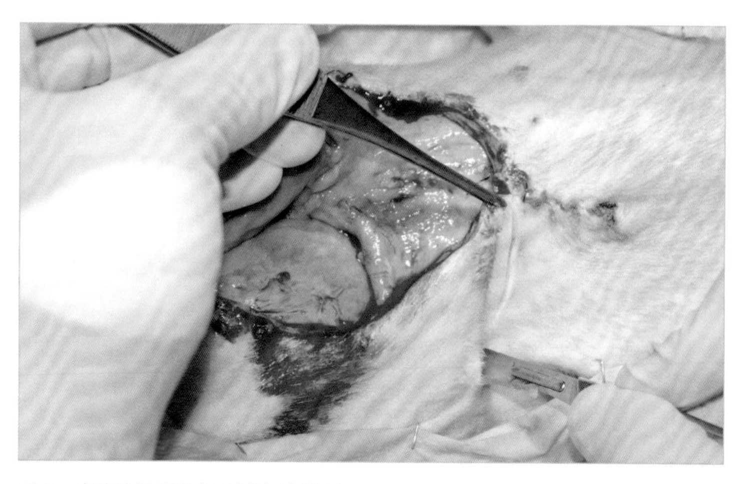

图 3 皮肤缺损用两个三角形皮瓣闭合

在每个三角形下方切开皮下组织，并使皮瓣沿相反方向旋转（图 4）。

图 4 创建三角形皮瓣，覆盖在缺口处

下一阶段，使用可吸收缝合材料，以单纯间断缝合法将皮瓣缝合到下层的肌肉上，并用不可吸收的单丝缝合材料缝合皮肤边缘（图 5 和图 6）。

在该病例中，结果是令人满意的，伤口愈合良好，除了中心区域的靠前部分已被感染，需要将缝合线保留一段时间。一旦确认伤口愈合，将缝合线逐渐取出。术后 18 天取出最后一根缝合线，患宠出院（图 7 ～图 9）。

皮肤缺损修复良好，无明显并发症和不良反应。

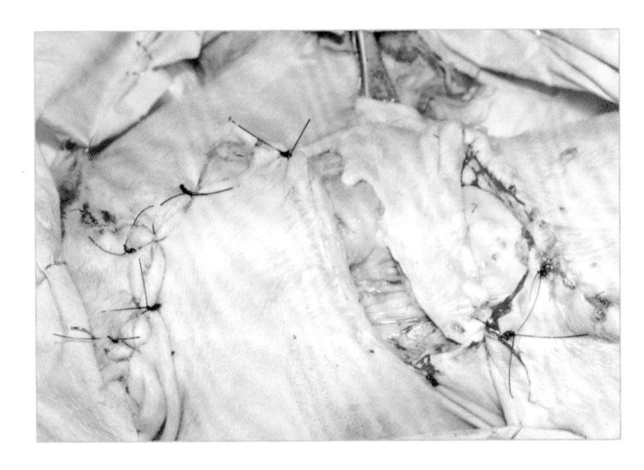

图 5　将皮瓣旋转并以单纯间断缝合法将其缝合到肌肉层

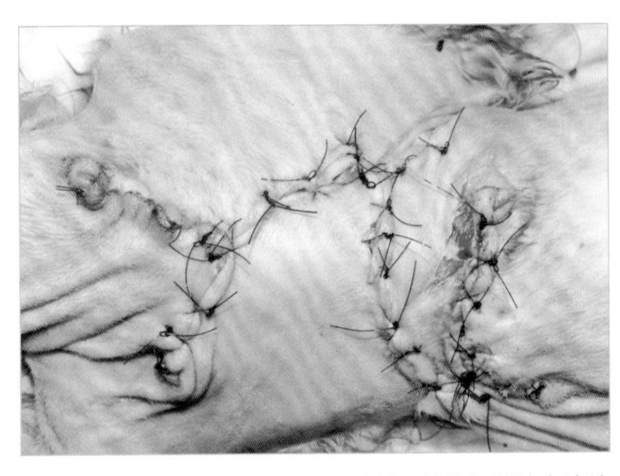

图 6　使用不可吸收的单丝缝合材料以单纯间断缝合法缝合伤口边缘

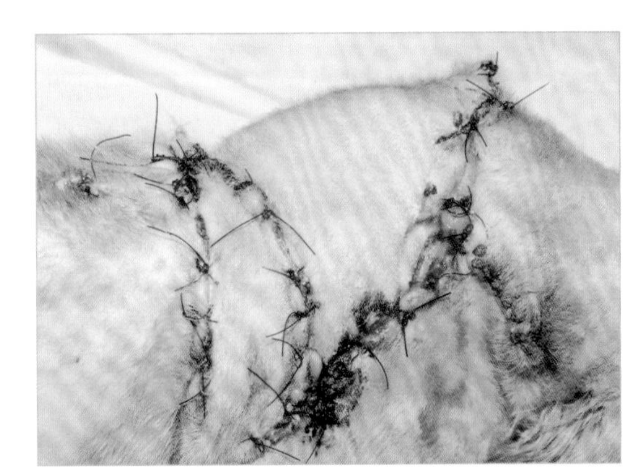

图 7　术后 3 天伤口外观

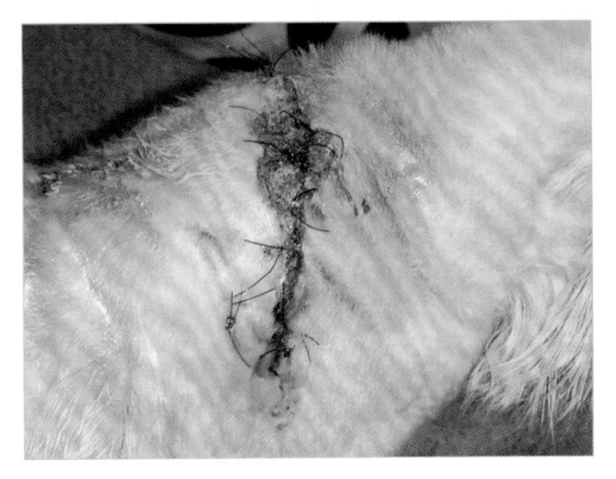

图 8　术后 12 天伤口外观

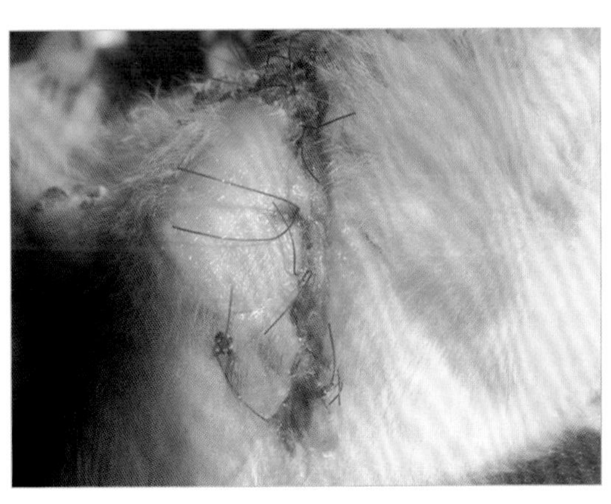

图 9　术后 18 天伤口外观

参考文献

Altpeter, t., luckhArdt, k., lewis, J.N. et al. Expanded Surgical Time Out: A Key to Real- Time Data Collection and Quality Improvement. *J Am Coll Surg*, 2007; 204(4): 527-532.

AmericAN college of surgeoNs. *Patient Safety Manual*, 1979.

BeAl, m.w., BrowN, d.c., shofer, f.s. The effects of perioperative hypothermia and the duration of anesthesia on postoperative wound infection rate in clean wounds: a retros- pective study. *Vet Surg*, 2000; 29(2): 123-127.

BohNeN, J.m.A., liNgArd, l. Error and surgery: can we do better? *Canadian Journal of Sur- gery. Journal Canadien de Chirurgie,* 2003; 46(5): 327-329.

BreNNmAN, t.A., Leape, L., et al. Incidence of adverse events and negligence in hospi- talized patients. Results of the Harvard Medical Practice Study I. *N Engl J Med*, 1991; 324(6): 370-376.

ceriANi cerNAdAs, J.m. El error en medicina: reflexiones acerca de sus causas y sobre la necesidad de una actitud más crítica en nuestra profesión. *Archivos Argentinos de Pediatría*, 2001; 99(6): 522-529.

costello, m.f., droBAtz, k.J., AroNsoN, l.r., kiNg, l.g. Underlying cause, pathophysiolo- gic abnormalities, and response to treatment in cats with septic peritonitis: 51 cases (1990-2001). *JAVMA*, 2004; 225(6): 897.

deBeNedetti, e. *Los caminos del error clínico*. Buenos Aires: EUDEBA, 1960.

duell, J.r., thiemAN-mANkiN, k.m., rochAt, m.c. *et al*. Frecuency of dehiscence in hand- sutured and stapled intestinal anastomoses in dogs. *Vet Surg,* 2016; 45(1): 100-103.

etchells, e., o'Neill, c., BerNsteiN, m. Patient Safety in Surgery: Error Detection and Preven- tion. *World Journal of Surgery,* 2003; 27(8): 936-41.

eugster, s., schAwAlder, p., gAscheN, f., BoerliN, p. Prospective study of postoperative sur- gical site infections in dogs and cats. *Vet Surg*, 2004; 33(5): 542-550.

ferreres, A.r. El error en Cirugía. *Rev Argent Cirugia.* Special issue, 2009.

gfeller, r.w., crowe, d.t. The emergency care of traumatic wounds: current recommen- dations. *Vet Clin North Am Small Anim Pract*, 1994; 24(6): 1249-1274.

gfeller, r.w. *Small Animal Emergency & Critical Care Medicine: Self-Assessment Color Review.* R. Kirby Editor. Manson Publishing, 1988.

grABer, m.l. The incidence of diagnostic error in medicine. *BMJ Quality & Safety*, 2013; 22(Suppl 2): ii21-ii27.

hofer t.p., kerr, e.A., hAywArd, r.A. What Is an Error? *Effective Clinical Practice*, 2000; Nov-Dec; 3(6): 261-269.

kerN, J.w., shoemAker, w.c. Meta-analysis of hemodynamic optimization in high-risk pa- tients. *Crit Care Med*, 2002; 30: 1686-1692.

kohN, l.t., corrigAN, J.m., doyle, d.J. To err is human: building a safer health system. *Ca- nadian Medical Association. Journal*, 2001; 164(4): 527.

leApe, l. Error in Medicine. *JAMA*, 1994; 272(23): 1851-1857.

leApe, l., lAwthers, A.g., BreNNAN, t.A., JohNsoN, w.g. Preventing medical injury. *QRB Qual Rev Bull*, 1993; 19(5): 144-149.

mAkAry, m.A., holzmueller, c.g., thompsoN, d.A. et al. Operating Room Briefings: Wor- king on the Same Page. *The Joint Commission Journal on Quality and Patient Safety*, 2006; 32(6): 351-355.

mckNeAlly, m.f., mArtiN, d.k., igNAgNi, e., d'cruz, J. Responding to Trust: Surgeons' Pers- pective on Informed Consent. *World Journal of Surgery*, 2009; 33(7): 1341-1347.

mANuel, B.m., NorA, p.f. (Eds). *Surgical patient safety. Essential information for surgeons in today's environment*. Chicago: American College of Surgeons, 2004.

mellANBy, r.J. ANd herrtAge m.e. Survey of mistakes made by recent veterinary graduates,

Veterinary Record, 2004; 155: 761-765.

moliNA BAreA, r., moliNA BAreA, J., cApitáN VAllVey, J. Errores evitables por personal sanita- rio y no sanitario en Cirugía General. *Portales Médicos*. September 2016.

o'coNNor, t., pApANikolAou, V., keogh, i. Safe surgery, the human factors approach. The Surgeon, 2010; 8(2): 93-95.

pAtcheN delliNger, e. d., hAusmANN, s.m., BrAtzler, d.w. et al. Hospitals collaborate to de- crease surgical site infections. *Am. J. Surg*, 2005; 190(1): 16-17.

reAsoN, J. Safety in the operating theatre- Part 2. *Qual Saf Health Care*, 2005; 14: 56-61.

reAsoN, J. *Human Error*. New York: Cambridge University Press, 1990.

rösch, t., lightdAle, c.J., Botet, J.f. *et al.* Localization of Pancreatic Endocrine Tumors by Endos-copic Ultrasonography. *N Engl J Med,* 1992; 326: 1721-1726.

roseNBAum, J.m., coolmAN, B.r., dAVidsoN, B.l. et al. The use of disposable skin staples for intestinal resection and anastomosis in 63 dogs: 2000 to 2014. *J Small Anim Pract.* 2016;57(11):631-636.

shoemAker, w.c., Appel, p.l., krAm, h.B. Haemodynamic and oxygen transport responses in survivors and nonsurvivors of high-risk surgery. *Crit Care Med,* 1993; 21: 977-990.

shoemAker, w.c., Appel, p.l., krAm, h.B. et al. Prospective trial of supranormal values of sur- vivors as therapeutic goals in high risk surgical patients. *Chest,* 1988; 94: 1176-1185.

shoemAker, w.c., Appel, p.l., krAm, h.B. Tissue oxygen debt as a determinant of lethal and non-lethal postoperative organ failure. *Crit Care Med*,1988; 16: 1117-1120.

szANthó, g. Medical errors: Some definitions. *Rev Méd Chile*, 2001; 129(12): 1466-1469. stArfield, B. Is US health really the best in the world? *JAMA*, 2000; 284(4): 483-485. thorek, m. *Surgical errors and safeguards.* Philadelphia: J. B. Lippincott Company, 1934. VeeN, e.J., BosmA, e., roukemA, J.A. Incidence, nature and impact of error in surgery. *British*

Journal of Surgery, 2011; 98(11): 1654-1659.

wAeschle, r.m., BAuer, m., schmidt, c.e. Errors in medicine. Causes, impact and improve- ment measures to improve patient safety. *Anaesthesist*, 2015; 64(9): 689.

wANzel, k.r., JAmiesoN, c.g., BohNeN, J.m. Complications on a general surgery service: incidence and reporting. *Can J Surg*, 2000; 43: 113-117.

weArs, r.l. Human Error in Emergency Medicine. *Annals of Emergency Medicine*, 1999; 34(3): 370-372.

world heAlth orgANizAtioN. *Surgical safety checklist and implementation manual* (1st ed.), 2008.

本书旨在回顾在日常实践中对狗和猫外科手术操作中可能出现的手术失误和并发症进行回顾。

本书适用于刚开始从业的外科医师和住院医师，以及经验丰富的兽医，因为无论有多少经验，都不要忘记随时都可能发生错误。本书将指导临床兽医解决手术中和术后期间可能出现的问题，并帮助他们预测这些问题。